Contents

Review Article

Short Notes

(listed on the last page of the issue)

Pre-printed Titels and Abstracts of Papers

to be published in this or in the Soviet journal „Физика Твердого Тела" (Fizika Tverdogo Tela).

physica status solidi

Volume 5 · Number 1 · Pages 1 to 214 and K 1 to K 56

1964

AKADEMIE-VERLAG · BERLIN

Subscriptions and orders for single copies should be addressed to

AKADEMIE-VERLAG GmbH, Berlin W 8, Leipziger Straße 3—4 or to Buchhandlung KUNST UND WISSEN, Erich Bieber, 7 Stuttgart S, Wilhelmstr. 4—6 or to Deutsche Buch-Export und -Import GmbH, Leipzig C 1, Postschließfach 276

Editorial Note:

"physica status solidi" undertakes that a paper *accepted for publication* before the 8th of any month will be published within 50 days of this date unless the author requests a postponement.

In special cases there may be some delay between *receipt* and *acceptance* of a paper due to the review and, if necessary, revision of the paper.

Schriftleiter und verantwortlich für den Inhalt: Professor Dr. Dr. h. c. P. Görlich, Berlin C 2, Neue Schönhauser Str 20 bzw. Jena, Humboldtstr. 26. Redaktionskollegium: Dr. S. Oberländer, Dr. E. Gutsche, Dr. W. Borchardt. Anschrift der Schriftleitung: Berlin C 2, Neue Schönhauser Str. 20, Fernruf: 426788. Verlag: Akademie-Verlag GmbH, Berlin W 8, Leipziger Str. 3—4, Fernruf: 220441, Telex-Nr. 011773, Postscheckkonto: Berlin 35021. — Die Zeitschrift „physica status solidi" erscheint jeweils am 1. des Monats. Bezugspreis eines Bandes DM 60,-. Bestellnummer dieses Bandes 1068/5. Für 1964 sind 4 Bände vorgesehen. Gesamtherstellung: VEB Druckerei „Thomas Müntzer" Bad Langensalza. — Veröffentlicht unter der Lizenznummer 1310 des Presseamtes beim Vorsitzenden des Ministerrates der Deutschen Demokratischen Republik.

physica status solidi

Volume 4

1964

AKADEMIE-VERLAG · BERLIN

Subscriptions and orders for single copies should be addressed to

AKADEMIE-VERLAG GmbH, Berlin W 8, Leipziger Straße 3—4 or to Buchhandlung KUNST UND WISSEN, Erich Bieber, 7 Stuttgart S, Wilhelmstr. 4—6 or to Deutsche Buch-Export und -Import GmbH, Leipzig C 1, Postschließfach 276

Schriftleiter und verantwortlich für den Inhalt: Professor Dr. Dr. h. c. P. Görlich, Berlin C 2, Neue Schönhauser Str. 20 bzw. Jena, Humboldtstr. 26. Redaktionskollegium: Dr. S. Oberländer, Dr. E. Gutsche, Dr. W. Borchardt. Anschrift der Schriftleitung: Berlin C 2, Neue Schönhauser Str. 20, Fernruf: 42 67 88. Verlag: Akademie-Verlag GmbH, Berlin W 8, Leipziger Str. 3—4, Fernruf: 220441, Telex-Nr. 011773, Postscheckkonto: Berlin 35021. — Die Zeitschrift „physica status solidi" erscheint jeweils am 1. des Monats. Bezugspreis eines Bandes DM 60,—. Bestellnummer dieses Bandes 1068/4. Für 1964 sind 4 Bände vorgesehen. Gesamtherstellung: VEB Druckerei „Thomas Müntzer" Bad Langensalza. — Veröffentlicht unter der Lizenznummer 1310 des Presseamtes beim Vorsitzenden des Ministerrates der Deutschen Demokratischen Republik.

Contents

3. Short Notes

Author Index

Review Article

phys. stat. sol. 5, 3 (1964)

Institut für Experimentalphysik der Universität des Saarlandes, Saarbrücken

Innere Bandübergänge als Absorptionsmechanismus freier Ladungsträger in Halbleitern (I)

Von

F. R. Kessler

Inhaltsverzeichnis

1. Einleitung

Unter inneren Bandübergängen als Absorptionsmechanismus versteht man durch Lichtquanten angeregte Übergänge von Elektronen zwischen Energiebändern, die sich energetisch *überlappen* und auf diese Weise gemeinsam beispielsweise das Valenz- oder Leitungsband bilden. Für diese inneren Bandübergänge soll hier der Terminus „Intrabandübergänge" (lat. intra = innerhalb) verwendet werden.

Intrabandübergänge stellen einen Absorptionsmechanismus dar, der sich speziell in elektronischen Halbleitern — von diesen soll hier ausschließlich die Rede sein — beobachten läßt. Dabei handelt es sich um eine Absorption *freier Ladungsträger*, die der Dichte der Elektronen im Leitungsband bzw. der Dichte der Löcher im Valenzband proportional ist, also auch mit dieser variiert werden kann.

Es ist ohne weiteres verständlich, daß ein derartiger *Intra*bandübergang innerhalb des *Leitungs*bandes ausschließlich durch die *freien* Elektronen ausgeführt wird und deswegen der zugehörige Absorptionskoeffizient proportional zu ihrer Dichte ist.

Daß aber die Intrabandabsorption durch Übergänge innerhalb des *Valenz*bandes ebenfalls ausschließlich eine Absorption *freier* Ladungsträger ist, bedarf vielleicht eines besonderen Hinweises: Ein völlig besetztes Valenzband bietet innerhalb seiner selbst keine Möglichkeit der energetischen Anhebung von Elektronen. Erst wenn ein freier Platz (ein Loch) existiert, kann unter Berücksichtigung von Impuls und Energieerhaltung ein Elektron dorthin angehoben werden. Entsprechend der Konzeption des positiven Loches kann man das auch so ausdrücken, daß das Loch einen entsprechenden Intrabandübergang „nach unten" macht. Hier ist also der Absorptionskoeffizient proportional zur Zahl der freien Löcher. Entsprechend der Fermi-Verteilung der Löcher nehmen diese Löcher-Übergänge ihren Ausgang vom oberen Valenzbandrand, wobei unter Umständen nur zu berücksichtigen ist, daß der Übergang unmittelbar beim $\mathfrak{k}$-Wert des Extremums ausfällt, falls es sich um sogenannte verbotene Übergänge handelt.

Damit ergibt sich bereits die Abgrenzung zu den sogenannten „Interbandübergängen" *gebundener* Elektronen, die mit Hilfe der Lichtquanten aus — am absoluten Nullpunkt völlig — besetzten Bändern über eine verbotene Energielücke hinweg (lat. inter = zwischen) in unbesetzte Bänder erfolgen. Der Interbandübergang vom Valenz- in das Leitungsband setzt bekanntlich mit der Absorptionskante der Fundamentalabsorption ein, sei es als direkter oder indirekter Übergang. Der Interbandübergang ist damit prinzipiell von der Dichte der *freien* Ladungsträger unbeeinflußt, wenn nicht indirekt, wie z. B. beim InSb, durch entartete und damit erhebliche Auffüllung des Leitungsbandes die energetische Distanz für diesen Übergang vergrößert wird, also eine spektrale *Verschiebung* der Absorption stattfindet, die ihrerseits mit der Dichte der freien Ladungsträger in einem, meist nicht linearen Zusammenhang steht.

Freie Ladungsträger besitzen damit insgesamt *zwei* Absorptionsmechanismen. Die früher ausschließlich betrachtete „klassische" Absorption ist die „Leitungsabsorption", wie sie von Drude [1] bereits im Jahre 1900 für ein im Kristallgitter frei bewegliches Elektronengas berechnet wurde. Dabei erfolgt eine Energieabgabe in der Form von Joulescher Wärme an das Gitter wie beim Gleichstrom oder Wechselstrom. Nur handelt es sich, dem ultraroten Spektralbereich entsprechend, um Frequenzen in der Größenordnung von 10^{14} Hz. Da die Stoßzeiten unter bestimmten Voraussetzungen aus der Gleichstrombeweglichkeit übernommen werden können, ist bei der Leitungsabsorption im optischen Bereich nur noch zusätzlich die Massenträgheit der freien Ladungsträger zu berücksichtigen. Die Bindung der Elektronen an das Kristallgitter, d. h. die Quantentheorie der Elektronenbewegung in der Form der De-Broglie-Wellen in einem periodisch modulierten Potential, kann relativ einfach durch die Verwendung der „effektiven Masse" m^* berücksichtigt werden.

Gebraucht man anstelle dieser elektrotechnischen Interpretation der „Leitungsabsorption" diejenige mit Hilfe von Photonen und Phononen, so handelt es sich dabei um eine energetische Anhebung von Elektronen innerhalb *eines* (Unter-)Bandes (d. h. eines zusammenhängenden $E(\mathfrak{k})$-Verlaufs), eine energetische Anhebung, die also nur unter gleichzeitiger Impulsänderung vollzogen werden kann. Da die Lichtquanten des ultraroten Spektralbereiches auf Grund ihrer großen Wellenlänge gemäß

$$P_{\text{Quanten}} = h/\lambda$$

einen vernachlässigbaren Impuls P besitzen, gemessen an der zur Energieänderung der *Elektronen* notwendigen Impulsänderung, die um ca. 4 Zehnerpotenzen größer ist (zu einem ΔE von 1 eV gehört ein ΔP von größenordnungsmäßig $h \cdot 10^{10}$), muß der Impuls durch Wechselwirkung mit dem Kristallgitter ausgeglichen werden, d. h. durch Phononenemission oder Phononenabsorption. Dabei ist umgekehrt meist die Energie der Phononen neben der Lichtquantenenergie zu vernachlässigen. Es handelt sich bei der Leitungsabsorption (vgl. Fig. 1) also notwendigerweise um einen indirekten Übergang, d. h. um einen Dreierstoß zwischen Elektron, Lichtquant und Schallquant, und zwar innerhalb eines $E(\mathfrak{k})$-Verlaufs.[1])

Beim Intrabandübergang jedoch handelt es sich in erster Linie um *direkte* Übergänge zwischen zwei *verschiedenen* $E(\mathfrak{k})$-Verläufen, d. h. um einen *Zweier*stoß zwischen Elektron und Lichtquant mit praktisch „senkrechtem" Übergang von einem Unter-Band in ein anderes. Aus der größeren Wahrscheinlichkeit eines Zweierstoßes gegenüber einem Dreierstoß folgt, daß der Absorptionsquerschnitt eines freien Ladungsträgers auf Grund des Intrabandüberganges im Schwerpunkt der Absorption meist größer ist als der auf Grund der Leitungsabsorption. So wird in vielen Fällen dort, wo energetisch, d. h. nach Maßgabe der Lichtquantenenergie, *beide* Prozesse möglich sind, das Absorptionsspektrum freier Ladungsträger von den direkten Intrabandübergängen beherrscht.

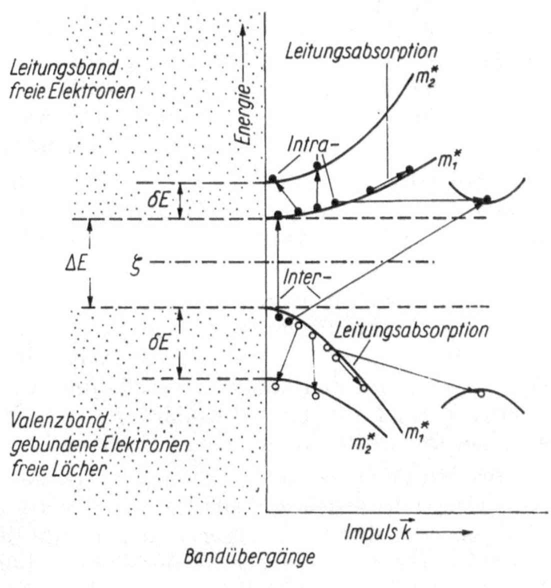

Fig. 1. Schema zur Veranschaulichung der verschiedenen Übergangsmöglichkeiten im Bändermodell (Leitungsabsorption, Intraband- und Interbandübergänge)

[1]) In der Literatur wird häufig die so definierte „Leitungsabsorption" mit dem Namen Intrabandabsorption bezeichnet. Da auf diese Weise zwei *völlig verschiedene* Absorptionsmechanismen, nämlich die Zwischenbandübergänge *freier* Ladungsträger *innerhalb* des Leitungsbandes bzw. *innerhalb* des Valenzbandes und die Zwischenbandübergänge *gebundener* Elektronen über eine verbotene Energie*lücke* hinweg, mit dem *gleichen* Namen „Interbandübergänge" belegt werden, möchte der Verfasser vorschlagen, die oben definierten Bezeichnungen zu verwenden und damit zwischen Leitungsabsorption, Intrabandübergängen und Interbandübergängen eindeutig zu unterscheiden.

Es besteht auch die Möglichkeit *indirekter* Intrabandübergänge, von Übergängen also, die mit Phononenwechselwirkung zwischen zwei Unter-Bändern erfolgen, z. B. zwischen zwei relativen Minima bzw. Maxima des Leitungsbandes bzw. Valenzbandes. Die Übergangswahrscheinlichkeiten sind in analoger Weise relativ gering. Auch setzt die Phononenabsorption eine entsprechende Phononendichte im Gitter, d. h. eine entsprechende Temperatur, voraus. Falls zum Übergang z. B. zwischen zwei relativen Extrema *eine diskrete* Impulsdifferenz aufzubringen ist, läßt sich aus dem Energie-Impuls-Zusammenhang der Gitterschwingungen leicht die Debye-Temperatur der notwendigen Phononen und damit die erforderliche Anregungstemperatur angeben.

Man kann sich dabei unter Umständen auf experimentelle Dispersionskurven der Phononen stützen, denn in jüngster Zeit sind mit Hilfe der Neutronenbeugung die Gitterschwingungszweige gerade der wichtigsten Halbleiter Germanium und Silizium experimentell vermessen worden.

Fig. 1 zeigt in einem Schema die verschiedenen Übergangsmöglichkeiten im Bändermodell und veranschaulicht damit die Leitungsabsorption und die Gruppe der Intrabandübergänge. Ferner ist für die Interbandübergänge vom Valenz- ins Leitungsband ein direkter und ein indirekter Übergang eingezeichnet.

Es bleibt zu erwähnen, daß Intrabandübergänge experimentell nur erfaßbar sind, wenn die überbrückte energetische Differenz kleiner ist als die Breite der verbotenen Energielücke zwischen Valenz- und Leitungsband. Denn da die Zahl der *freien* Ladungsträger im Halbleiter stets um viele Größenordnungen *kleiner* ist als die Zahl der Valenzelektronen, wird eine Intrabandabsorption, die spektral mit einer Interbandabsorption zusammenfällt, stets von dieser völlig überdeckt. Auch erscheint es ausgeschlossen, das Vorhandensein eines Intrabandüberganges etwa an einem Defekt in der Quantenausbeute der Eigen-Photoleitung, die mit dem Interbandübergang verbunden ist, aufzufinden.

Intrabandübergänge lassen sich also nur auf der langwelligen Seite der Absorptionskante im sogenannten Durchlässigkeitsbereich der Halbleiter beobachten. Damit bewegt man sich, der Energielücke der Halbleiter gemäß, im wesentlichen im ultraroten Spektralbereich, z. B. bei Germanium oberhalb von 2 μm.

Auf ein durch Intrabandübergänge beherrschtes Absorptionsspektrum stießen zuerst Briggs und Fletcher [2] im Jahre 1952 bei der Vermessung des Absorptionsspektrums von p-leitendem Germanium im Bereich von 2 μm an aufwärts (Fig. 2). Die Autoren äußerten bereits die, wie sich nachträglich herausstellte, richtige Vermutung, daß die Erklärung in der Struktur des Valenzbandes, die in einer energetischen Überlappung von Unter-Bändern besteht, zu suchen sei.

Diese Messungen an p-Germanium wurden sehr bald bestätigt [3, 4], wobei der Nachweis, daß es sich wirklich um die Absorption freier Löcher handelt, durch die Proportionalität der Absorption zur Zahl der freien Löcher geführt wurde. Diese Schlußweise ist jedoch bei der Variation der Zahl der freien Löcher durch Dotierung nicht ganz stichhaltig, da es sich bei gleicher Proportionalität prinzipiell auch um einen Absorptionsmechanismus handeln kann, der durch die geladenen Akzeptoren hervorgerufen wird. Da aber injizierte [5, 6] und photoelektrisch [7, 8, 9, 10, 11] erzeugte Löcher sowie der Eigenleitungsfall [12] das gleiche Spektrum liefern, liegt in dieser Hinsicht kein Fehlschluß vor. Derartige Messungen, bei denen die Löcherdichte ohne die parallel laufende Akzeptordichte variiert wird, wurden jedoch erst später durchgeführt. Wir werden weiter unten auf sie zurückkommen.

Fig. 2. Der Absorptionsindex $k = K \frac{\lambda}{4\pi}$ von p-Typ-Germanium mit verschiedenem spez. Widerstand und das Spektrum von Reingermanium zum Vergleich (Nach BRIGGS und FLETCHER, 1952 [2])

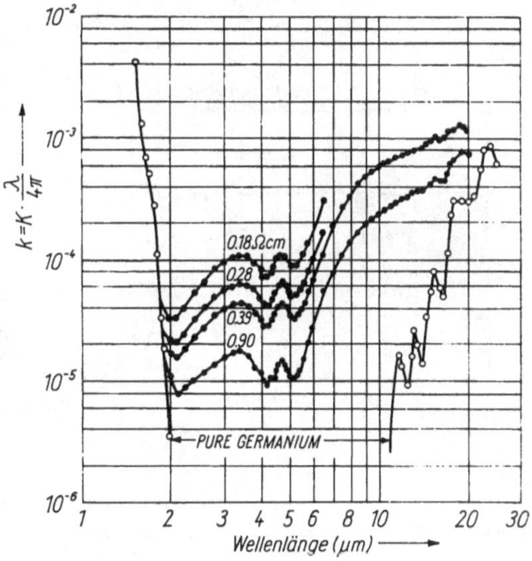

Historisch folgte zunächst 1953 aus den Ergebnissen der Zyklotronresonanz am Germanium [13, 14] die Bestätigung der Existenz zweier sich überlappender Valenzbänder verschiedener effektiver Masse mit zusammenfallendem Energiemaximum (Entartung) bei $\mathfrak{k} = 0$.

Es sei bemerkt, daß man mit Hilfe der Zyklotronresonanz im stationären Zustand der Trägerdichte nur dann ein Unter-Band auffinden kann, wenn dessen absolutes Extremum mit dem Bandrand zusammenfällt, also dort Entartung herrscht. Andernfalls, und zwar besonders bei den für das Resonanzexperiment erforderlichen tiefen Temperaturen, ist das Band nicht hinreichend stark genug besetzt.

Da diese beiden Valenzbänder zur Deutung des relativ kurzwelligen Absorptionsspektrums nicht ausreichten, nahm KAHN 1955 [15], gestützt auf die theoretischen Berechnungen des Bändermodells von HERMAN und CALLAWAY [18] aus dem Jahre 1953, ein drittes Valenzband an, für dessen Maximum er rückwärts aus dem Absorptionsspektrum der Löcher einen Abstand von 0,3 eV unter dem Bandrand ermittelte.

Nach der Entwicklung der Bänder aus den Atomeigenfunktionen der Elektronen ist dieses dritte Valenzband auch zu erwarten. Fällt es bei einfacherer Rechnung bei $\mathfrak{k} = 0$ ebenfalls mit dem Bandrand zusammen, so erhält man unter Berücksichtigung der Spin-Bahn-Wechselwirkung für die Elektronen eine entsprechende energetische Absenkung. Diesbezügliche Rechnungen wurden z. B. von KANE [17] durchgeführt.

Fig. 3 zeigt schematisch anhand eines Bändermodellausschnittes bei $\mathfrak{k} = 0$ die jetzt dreifache Möglichkeit für Intrabandübergänge und die Zuordnung zu dem von KAHN berechneten Absorptionsspektrum der Löcher. Hier sind zunächst nur die direkten Intrabandübergänge berücksichtigt, auf das Auftreten auch der indirekten wird weiter unten hingewiesen.

Das Absorptionsspektrum auf Grund der Intrabandübergänge zeigt die Form von unsymmetrischen Absorptionsbanden, deren quantitativer Verlauf für die

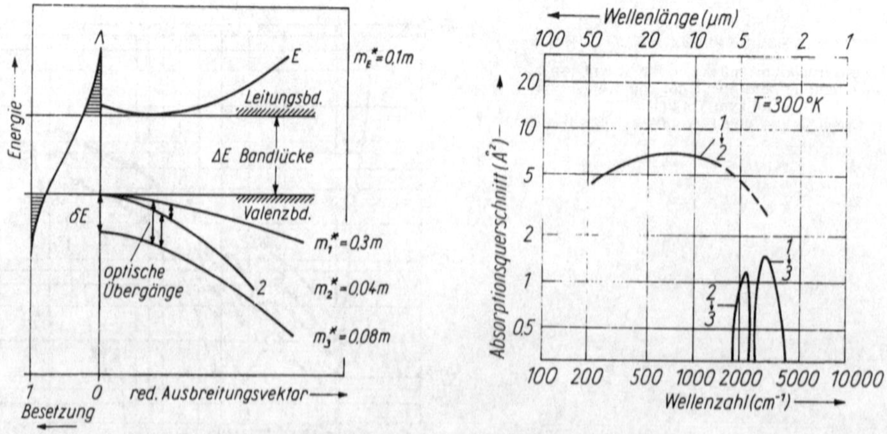

a b

Fig. 3. Intrabandübergänge freier Löcher in Germanium

a) Bändermodellausschnitt bei $\mathfrak{k} = 0$ mit Einzeichnung der drei direkten Übergänge zwischen den Zweigen des Valenzbandes (schematisch)

b) Berechneter Absorptionsquerschnitt in den zugehörigen Absorptionsbanden nach KAHN [15], bezogen auf ein freies Loch unter der Annahme rein parabolischer Bänder

direkten Übergänge berechenbar ist, wobei Experiment und Theorie eine sehr befriedigende Übereinstimmung zeigen.

Das folgende 2. Kapitel beschäftigt sich mit dieser theoretischen Berechnung für den einfachsten Fall parabolischer, sphärischer und zentrischer, d. h. mit Extremum bei $\mathfrak{k} = 0$ versehener, Bänder. Die Ableitung läßt aber leicht erkennen, wie man im Fall nichtparabolischer, anisotroper und nicht zentrischer Bänder vorzugehen hat, um den Absorptionskoeffizienten zu berechnen, wobei man unter Umständen zu numerischer (Rechenmaschinen-) Rechnung übergehen muß.

Das 3. Kapitel skizziert kurz die Methode der ,,Photoabsorption“ als spezielle experimentelle Technik, die Absorption freier Ladungsträger zu vermessen. Diese Technik hat beim Studium der Intrabandübergänge eine gewisse Rolle gespielt, so daß es angebracht erscheint, dazu ein Wort der Erläuterung zu sagen.

Im Kapitel 4 werden einige experimentelle Ergebnisse an verschiedenen Halbleitern vorgeführt und diskutiert. Diese Auswahl bemüht sich, einige charakteristische Fälle herauszugreifen, die bestimmte Fragen (z. B. der Kristallstruktur) im Zusammenhang mit den Intrabandübergängen aufwerfen, auf diese Weise Ergänzungen bringen (z. B. *p*-Banden in InSb bei *entarteter* Trägerdichte) und zur Aufklärung des Bändermodells des betrachteten Halbleiters beitragen (z. B. beim Selen).

Bei der notwendigen Platzbeschränkung trägt diese, auf jeden Fall interessante Auswahl notwendigerweise einen subjektiven Charakter.

Deswegen bringt das 7. Kapitel eine tabellarische Übersicht über das bisher vorliegende gesamte experimentelle Material mit Literaturangaben, wobei Vollständigkeit angestrebt wurde.

Um beim Prinzipiellen zu bleiben, bringt jedoch zunächst noch das 5. Kapitel Bemerkungen über den Einfluß der Intrabandübergänge auf Brechungsindex und Reflexionsvermögen und das 6. Kapitel über das Erscheinen von Intrabandübergängen in Emission.

2. Theorie des Absorptionsspektrums bei Intrabandübergängen

2.1 Zurückführung des Absorptionskoeffizienten auf quantenmechanische Ersatzoszillatoren anhand des Bändermodells

Der Absorptionskoeffizient K (m^{-1})[2]) gibt die Abnahme der Strahlungsintensität (hier speziell als Intensitäts*dichte* bezogen auf die Fläche 1 m^2) in einem homogenen Volumen auf der Strecke d an:

$$I = I_0 e^{\cdot K d} \qquad \left[\frac{\text{Energie}}{\text{s m}^2}\right]. \tag{1}$$

Er steht mit den optischen Konstanten n und k (aus dem komplexen Brechungsindex $\mathfrak{n} = n - i\,k$) in dem Zusammenhang

$$K = \frac{4\,\pi\,k}{\lambda_{\text{Vakuum}}} \tag{2}$$

bzw., ausgedrückt mit Hilfe der sogenannten optischen Leitfähigkeit

$$\sigma_{\text{opt}} = 4\,\pi\,\varepsilon_0\,n \cdot k \cdot \nu\,, \tag{3}$$

$$K = \frac{\sigma_{\text{opt}}}{\varepsilon_0\,n \cdot c}\,; \qquad c = \text{Vakuumlichtgeschwindigkeit}. \tag{4}$$

Die optische Leitfähigkeit ist von der Gleichstromleitfähigkeit σ_0 zu unterscheiden, da die Leitfähigkeit bei hohen (d. h. optischen) Frequenzen selbst frequenzabhängig wird, wie z. B. aus der Theorie der „Leitungsabsorption" nach DRUDE bekannt ist, die die Massenträgheit der freien Ladungsträger bei hohen Frequenzen berücksichtigt.

Kennt man die optische Leitfähigkeit, so kann man mit (3) den Absorptionskoeffizienten berechnen, wenn, wie im vorliegenden Fall, der Brechungsindex vom betrachteten Absorptionsmechanismus nicht beeinflußt wird. Im Beobachtungsbereich der Intrabandübergänge hat der Brechungsindex einen nahezu wellenlängenunabhängigen, konstanten Wert. Dieser Sonderfall einer scheinbaren „Entkopplung" von Brechungsindex und Absorption ist für Halbleiter im Durchlässigkeitsbereich (d. h. also bei „schwacher" Absorption) typisch, da der hohe Brechungsindex allein durch die bei höheren Frequenzen liegende Fundamentalabsorption, die mit der Absorptionskante beginnt, bestimmt ist [18].

Die direkte Berechnung der optischen Leitfähigkeit aus elektrischen Strömen oder gemäß (3) über den komplexen Brechungsindex aus der elektrischen Polarisation des Mediums braucht bei der Quantentheorie der Band-Band-Übergänge nicht durchgeführt zu werden. Vielmehr sei hier der Absorptionskoeffizient unter Erinnerung an die Tatsache berechnet, daß er auf Grund seiner Definition (1) im infinitesimalen Bereich

$$\frac{dI}{I} = -\,K\,dx \tag{5}$$

nichts anderes darstellt als den Quotienten aus der pro Sekunde und Volumeneinheit absorbierten Energie und der pro Flächeneinheit und Sekunde in das Volumen einströmenden Energie

$$K = -\frac{dI}{dx} \cdot \frac{1}{I} = \frac{A_{\text{absorbiert}}\left[\frac{\text{Energie}}{\text{s m}^3}\right]}{I\left[\frac{\text{Energie}}{\text{s m}^2}\right]}. \tag{6}$$

[2]) Da alle Rechnungen im MKSA-System durchgeführt werden, hat hier der Absorptionskoeffizient die Dimension m^{-1}. In der Praxis wird meistens die Angabe in cm^{-1} gemacht.

Es sei bemerkt, daß sich die Formel (4) sofort ergibt, wenn man einsetzt:

a) für die pro Sekunde und Volumeneinheit absorbierte Energie

$$A_{\text{abs}} = \sigma_{\text{opt}} \overline{E^2} = \sigma_{\text{opt}} \frac{1}{2} E_0^2 , \tag{7}$$

$\overline{E^2}$ zeitlicher Mittelwert des Quadrates der Feldstärke, deren Maximalwert bei reiner Sinusform E_0 beträgt;

b) für die einfallende Intensitätsdichte (Poyntingvektor unter Berücksichtigung der um n verminderten Phasengeschwindigkeit, aber der um n^2 erhöhten Energiedichte in dem Medium)

$$I = \varepsilon_0\, c \cdot n \cdot \frac{1}{2} E_0^2 . \tag{8}$$

Ferner sei bemerkt, daß der Absorptionskoeffizient, korpuskular aufgefaßt, gleich ist dem Produkt aus dem (differentiellen) Absorptionsquerschnitt q (Wirkungs- oder Stoßquerschnitt) und der Dichte der absorbierenden Teilchen (Stoßpartner) N

$$K = q \cdot N . \tag{9}$$

Die Berechnung des Absorptionskoeffizienten erfolgt quantentheoretisch so, daß man die pro Sekunde und Volumeneinheit absorbierte Energie berechnet. Danach gibt man dann häufig rückwärts über Gleichung (4) eine diesbezüglich äquivalente optische Leitfähigkeit an.

Die absorbierte Energie pro Sekunde und Volumeneinheit ist gegeben durch das Produkt aus $h\nu$ und der entsprechenden Zahl der absorbierten Lichtquanten. Diese ist das Produkt, gebildet aus der Übergangswahrscheinlichkeit $W(\nu)$ zwischen zwei Energiezuständen im Abstand $h\nu$ und der Dichte der Energiezustände $n(\nu)$, bezogen auf den Übergang mit $h\nu$. Das Ganze ist ferner mit einem Ausschließungsfaktor zu multiplizieren, der die Besetzungswahrscheinlichkeiten des Ausgangszustandes, aber auch des Endzustandes, und damit das Pauliprinzip berücksichtigt.

Erfolgt der Übergang über eine größere energetische Distanz, wie bei den Interbandübergängen, so genügt es, die Ausgangszustände als vollständig besetzt und die Endzustände als völlig frei anzusetzen, da die „Auflockerung“ der Fermikante nur in der Größenordnung von kT liegt (bei Zimmertemperatur ca. $^1/_{40}$ eV). Bei den Intrabandübergängen mit kleinen Bandabständen kann jedoch unter Umständen der Endzustand bereits thermisch merklich besetzt sein, und dies ist zu berücksichtigen. Wäre er z. B. vollständig besetzt, so kann wegen des Pauliprinzips kein Übergang stattfinden, die Absorption bleibt Null.

Auf der anderen Seite besteht bei endlicher Besetzung des Endzustandes und merklicher Zahl freier Plätze im Ausgangszustand die Möglichkeit der induzierten Emission mit der gleichen Wahrscheinlichkeit. Bei der Bilanz der absorbierten Lichtquanten sind diese emittierten Lichtquanten in Abzug zu bringen.

Insgesamt erhält man für die pro Sekunde und Volumeneinheit absorbierte Energie beim Übergang von Band j nach i

$$\underset{j\to i}{A(\nu)} = h\,\nu \cdot W(\nu) \cdot n(\nu)\,[f_j^E f_i^L - f_i^E f_j^L] , \tag{10}$$

wobei die Größen stets die Mittelwerte über ein endliches spektrales Intervall ν bis $(\nu + d\,\nu)$ darstellen.

Neben den bereits oben definierten Funktionen bedeuten:

f_j^E Besetzungswahrscheinlichkeit der Ausgangszustände im Band j mit Elektronen, (11)

f_i^L Besetzungswahrscheinlichkeit der Endzustände im Band i mit freien Plätzen, (12)

f_i^E Besetzungswahrscheinlichkeit der Endzustände im Band i mit Elektronen, (13)

f_j^L Besetzungswahrscheinlichkeit der Ausgangszustände im Band j mit freien Plätzen. (14)

Zur Berechnung der spektralen Abhängigkeit der Absorption hat man neben $W(\nu)$ und $n(\nu)$ auch die Besetzungswahrscheinlichkeiten als Funktion von $h\nu$ auszudrücken. Dies wird im folgenden in einzelnen Schritten geschehen.

Zunächst kann man die Übergangswahrscheinlichkeit $W(\nu)$ noch durch die sogenannten Oszillatorenstärken ausdrücken und ferner von $\underset{j\to i}{A}(\nu)$ direkt auf den Absorptionskoeffizienten umrechnen.

Die quantenmechanischen Oszillatorenstärken sind definiert durch (vgl. weiter unten: (54) ff.)

$$f^{\mathfrak{a}}_{0,j\to i} = \frac{2\,|\mathfrak{a}\cdot\mathfrak{p}_{j,i,\mathfrak{k}}|^2}{m\,h\,\nu_{j\to i}} \quad [1]\,. \tag{15}$$

Dabei bedeutet $\mathfrak{a}$ den Einheitsvektor in Richtung des elektrischen Feldes der linearpolarisierten elektromagnetischen Welle.

Die Bedeutung der Oszillatorenstärke liegt darin, daß mit ihrer Hilfe die quantenmechanischen Dispersions- bzw. Absorptionsformeln auf den klassischen Fall reduziert werden können. Ein Elektron, das an sich Übergänge in mehrere verschiedene Energiezustände machen kann, dem also mehrere Resonanzfrequenzen zuzuordnen wären, wirkt bezüglich *eines* herausgegriffenen Überganges $j \to i$ nur mit der „Stärke" $f_{0,j\to i} \leqq 1$. Insgesamt gilt jedoch der Summensatz (vgl. weiter unten)

$$\sum_l{}' \left(f^x_{0,j\to l} + f^y_{0,j\to l} + f^z_{0,j\to l}\right) = 1\,, \tag{16}$$

$l = i, \ldots$ (alle Bandnummern $\neq j$).

Während bezüglich des Brechungsindexes über *alle* Übergänge zu summieren ist, da jede Resonanzstelle einen Beitrag zur Polarisierbarkeit liefert, genügt es für die Absorption, nur den Übergang zu berücksichtigen, für den die Energiebilanz erfüllt ist:

$$h\,\nu_{j\to i} = E_i - E_j\,. \tag{17}$$

Um zu konkreten Werten zu gelangen, hat man über das stets benutzte kleine spektrale Intervall $d\nu$ zu mitteln. Hat man darin $n(\nu)\,d\nu$ Elektronen pro Volumeneinheit, die zu einem Übergang mit $h\nu$ bis $h(\nu + d\nu)$ fähig sind, und ist in diesem Intervall deren gemittelte Oszillatorenstärke gleich $\bar{f}_{0,j\to i}$, so ist dies N klassischen Oszillatoren mit der Resonanzfrequenz ν und der Dämpfungskonstanten pro Masse γ äquivalent. Es gilt also

$$\frac{N}{\gamma} = n(\nu)_{j\to i}\,\bar{f}_{0,j\to i} \qquad \left[\frac{\mathrm{s}}{\mathrm{m}^3}\right] [1] \tag{18}$$

(vgl. z. B. Fröhlich [19], Seite 111, Gleichung 15).

Um Gleichung (10) auf die Oszillatorenstärken $\bar{f}_{0,j\to i}$ umzuformen (in Zukunft sei der Mittlungsstrich weggelassen), berechnet man die pro Sekunde und Volumeneinheit absorbierte Energie zunächst für klassische Oszillatoren an der Resonanzstelle: (7) ergibt mit (3) den Zusammenhang

$$A(\nu) = 2\,\pi\,\varepsilon_0\,\nu\cdot\frac{1}{2}\,E_0^2\,2\,n\,k \qquad \left[\frac{\text{Energie}}{\text{m}^3\,\text{s}}\right]. \tag{19}$$

Die Größe $2\,n\,k$ ergibt sich aus der klassischen Theorie [18], die mit der bekannten Bewegungsleichung (im linearen Ansatz)

$$\ddot{x} + \omega_0^2\,x + \gamma\,\dot{x} = \frac{e}{m}\,E(t) \tag{20}$$

beginnt und für $2\,\pi\,\nu = \omega_0$, d. h. an der Stelle der Resonanz, zu

$$2\,n\,k = \frac{e^2}{\varepsilon_0\,m\cdot 2\,\pi\,\nu}\cdot\frac{N}{\gamma} \tag{21}$$

führt. Setzt man jetzt (18) ein, d. h. geht man auf die Quantentheorie über, so erhält man

$$A(\nu)_{j\to i} = \frac{1}{2}\,E_0^2\,\frac{e^2}{m}\cdot n(\nu)\,f_{0,j\to i}(\nu)\,, \tag{22}$$

wobei noch der Ausschließungsfaktor $[f_j^E\,f_i^L - f_i^E\,f_j^L]$ aus (10) hinzuzufügen ist. Damit wird gemäß (6) mit (8) der Absorptionskoeffizient für den Übergang $j \to i$

$$K(\nu)\;[\text{m}^{-1}] = \frac{1}{\varepsilon_0\cdot c\cdot n}\cdot\frac{e^2}{m}\,n(\nu)\,f_{0,j\to i}(\nu)\,[f_j^E\,f_i^L - f_i^E\,f_j^L]\,. \tag{23}$$

Die einzelnen Faktoren müssen nun in ihrer Frequenzabhängigkeit ermittelt werden, um das Absorptionsspektrum zu erhalten.

Dazu ist es zweckmäßig, die Übergänge zunächst im $\mathfrak{k}$-Raum zu lokalisieren, d. h. zu dem $h\,\nu$ das zugehörige $\mathfrak{k}$ zu ermitteln. Diese $\mathfrak{k}$-Werte stellen die Verbindung zum Bändermodell her. Auf diese Weise lassen sich aus dem $E(\mathfrak{k})$-Verlauf des Bändermodells die gesuchten Größen Oszillatorendichte, Übergangswahrscheinlichkeit und Besetzungswahrscheinlichkeit gewinnen. Die Kenntnis des $E(\mathfrak{k})$-Verlaufs beschränkt sich praktisch jedoch auf einfache Fälle und besonders auf den Fall, daß die parabolische Näherung für den $E(\mathfrak{k})$-Verlauf noch verwendet werden kann.

Im folgenden wird ein derart einfacher Fall zugrunde gelegt, und zwar zwei parabolische, isotrope, mit Extremum bei $\mathfrak{k} = 0$ versehene Bänder, die bei $\mathfrak{k} = 0$ einen energetischen Abstand δE besitzen. Die beiden Bänder können also dargestellt werden in der Form

$$E_1 = E_{\text{Bandrand}} \pm \frac{\hbar^2}{2\,m_1^*}\,|\mathfrak{k}|^2\,, \tag{24}$$

$$E_2 = E_{\text{Bandrand}} \pm \delta E \pm \frac{\hbar^2}{2\,m_2^*}\,|\mathfrak{k}|^2\,, \tag{25}$$

wobei das positive Vorzeichen für zwei Bänder des Leitungsbandes, das negative Vorzeichen für zwei Bänder des Valenzbandes gilt.

Das Band mit der Indizierung „1“ ist also stets dasjenige, das bei $\mathfrak{k} = 0$ den Bandrand bildet. Bei $\delta\,E = 0$ fallen dort beide Bänder zusammen. Mit Hilfe dieser Zählweise ist es möglich, die Übergänge der Elektronen im Leitungsband und der Löcher im Valenzband mit gleicher Indizierung zu erfassen.

Die effektiven Massen sind mit dem richtigen Vorzeichen für *freie* Ladungsträger gemäß ihrer Definition (reduziert auf den isotropen Fall)

$$\frac{1}{m^*} = \pm \frac{1}{\hbar^2} \frac{\partial^2 E}{\partial \mathfrak{k}^2} \begin{cases} + \text{ für freie Elektronen im Leitungsband} \\ - \text{ für freie Löcher im Valenzband} \end{cases} \tag{26}$$

einzusetzen.

Für den Zusammenhang zwischen der zum Übergang erforderlichen Lichtquantenenergie (= Betrag der Energiedifferenz $= |E_2 - E_1|$) und dem Ausbreitungsvektor $\mathfrak{k}$ gilt damit

$$h\,\nu_{1\to 2} = \delta E + \frac{\hbar^2}{2\,m_{12}^*} |\mathfrak{k}|^2 , \tag{27}$$

wobei m_{12}^* die sogenannte reduzierte effektive Masse ist gemäß der Definition

$$\frac{1}{m_{12}^*} = \frac{1}{m_2^*} - \frac{1}{m_1^*} . \tag{28}$$

Qualitativ kann man schon diskutieren, daß die *kurzwellige* Grenze des Absorptionsspektrums für negative reduzierte effektive Masse, d. h. für $m_2^* > m_1^*$, bei $h\nu = \delta E$ liegt und dies ebenso, wenn m_2^* ein anderes Vorzeichen hat als m_1^*, d. h. wenn $m_2^* < 0$ ist und damit Band 2 einen anderen Krümmungssinn als Band 1 hat.

Für $0 < m_2^* < m_1^*$ dagegen gibt δE wegen des *positiven* Vorzeichens der reduzierten effektiven Masse die *langwellige* Grenze des Absorptionsspektrums an.

2.2 Berechnung der Oszillatorendichte

Die Berechnung der Oszillatorendichte $n(\nu)$ in Abhängigkeit von der Frequenz, d. h. der Zahl der möglichen Übergänge pro Volumeneinheit mit einer definierten Frequenz ν unter Berücksichtigung der zweifach möglichen Spineinstellung, erfolgt mit Hilfe der Zustandsdichte $D(E)$ als Funktion der Energie.

Für ein parabolisches, isotropes, mit Extremum bei $\mathfrak{k} = 0$ versehenes Band besteht der folgende bekannte Zusammenhang:

$$\text{Leitungsband } D(E) = 4\,\pi \left(\frac{2\,|m_{ED}^*|}{h^2}\right)^{3/2} [E - (E_{\text{Rand}} + \delta E)]^{1/2} \tag{29}$$

für $E \geqq (E_{\text{Rand}} + \delta E)$,

$$\text{Valenzband } D(E) = 4\,\pi \left(\frac{2\,|m_{LD}^*|}{h^2}\right)^{3/2} [(E_{\text{Rand}} - \delta E) - E]^{1/2} \tag{30}$$

für $E \leqq (E_{\text{Rand}} - \delta E)$.

Die effektiven Massen m_D^* sind hier mit dem Index D versehen, da es sich dabei um die „effektive Masse der Zustandsdichte" („density [of states] effective mass") handelt, die nur im Falle eines parabolischen, isotropen und zentrischen[3]) Bandes identisch ist mit der effektiven Masse, die bei Beschleunigungsvorgängen maßgebend ist.

Ist z. B. das Band zwar parabolisch, aber nicht isotrop und liegt das Extremum bei k_{x0}, k_{y0}, k_{z0}, wird es also dargestellt durch die Gleichung

$$E(\mathfrak{k}) = E(\mathfrak{k}_0) + \frac{\hbar^2}{2}\left[\frac{(k_x - k_{x0})^2}{m_x^*} + \frac{(k_y - k_{y0})^2}{m_y^*} + \frac{(k_z - k_{z0})^2}{m_z^*}\right], \tag{31}$$

[3]) Das heißt mit Extremum bei $\mathfrak{k} = 0$.

wobei die Fläche zweiten Grades $E(\mathfrak{k}) = \text{const}$ auf die Hauptachsen x, y, z transformiert ist, so ergibt sich die effektive Masse der Zustandsdichte m_D^* zu [20]

$$m_D^* = (s^2\, m_x^* \cdot m_y^* \cdot m_z^*)^{1/3}\,. \tag{32}$$

Dabei ist s die Zahl der Extrema in der reduzierten Brillouinzone.

Für Germanium und Silizium z. B. gelten die folgenden Zahlenwerte [21]:

Germanium

Für Elektronen im Leitungsband: $s = 4$; $m_{ED}^* = 0{,}55\, m_0$

Für Elektronen im Valenzband: $s = 1$; Band 1; $m_{L1D}^* = -\, 0{,}35\, m_0$

$s = 1$; Band 2; $m_{L2D}^* = -\, 0{,}04\, m_0$

gemittelt über Band 1 und 2 bei thermischer Gleichgewichtsverteilung:

$$m_{LD}^* = -\, 0{,}36\, m_0$$

Silizium

Für Elektronen im Leitungsband: $s = 6$; $m_{ED}^* = 1{,}08\, m_0$

Für Elektronen im Valenzband: $s = 1$; Band 1; $m_{L1D}^* = -\, 0{,}35\, m_0$

$s = 1$; Band 2; $m_{L2D}^* = -\, 0{,}156\, m_0$

gemittelt: $m_{LD}^* = -\, 0{,}59\, m_0$.

Nach diesen Ausführungen über die allgemeine Energieabhängigkeit der Zustandsdichte $D(E)$ und unter Hinweis auf die Ableitung dieser Zustandsdichte soll nun die Oszillatorendichte $n(\nu)$ für den ins Auge gefaßten einfachen Fall berechnet werden. Es sei bemerkt, daß die Oszillatorendichte im doppelten Sinn eine Dichte ist: eine Zahl pro Volumeneinheit und pro Frequenzintervall mit der Dimension [s/m³].

Da die Zustandsdichte im $\mathfrak{k}$-Raum eine Konstante ist und unter Berücksichtigung der zweifachen Spineinstellung ($^1/_4\, \pi^3$) beträgt, läßt sich die Zahl der Oszillatoren pro Volumeneinheit für das Intervall $h\,\nu$ bis $h\,(\nu + d\nu)$ über Gleichung (27) berechnen, indem man das zugehörige „Volumen" im $\mathfrak{k}$-Raum (eine Kugelschale vom Volumen $4\,\pi\, k^2\, dk$) berechnet und mit der (konstanten) Zustandsdichte im $\mathfrak{k}$-Raum multipliziert.

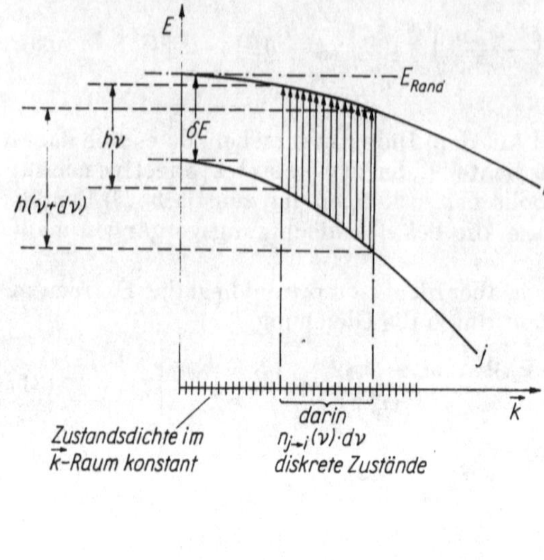

Fig. 4. Eindimensionales Schema zur Darstellung der Oszillatorendichte

Fig. 4 erläutert diesen Zusammenhang in eindimensionaler Darstellung.

Durch Kombination der dreidimensionalen Zustandsdichte im $\mathfrak{k}$-Raum $\left(\frac{1}{\pi^2} k^2 \, dk\right)$ mit Gleichung (27) und ihrer Ableitung erhält man nach Division durch $d\nu$ die Oszillatorendichte in Abhängigkeit von der Frequenz pro Volumeneinheit:

$$n(\nu)_{1\to 2} = 4\pi \left(\frac{2\,|m_{12}^*|}{h}\right)^{3/2} (|h\,\nu - \delta E|)^{1/2} \tag{33}$$

mit $h\,\nu \geqq \delta E$ für m_{12}^* positiv und $h\,\nu \leqq \delta E$ für m_{12}^* negativ, worin die reduzierte effektive (Zustands-) Masse m_{12}^* gemäß der Definition (28) auftritt.

2.3 Berechnung der Besetzungswahrscheinlichkeiten

Die Besetzungswahrscheinlichkeit der Bänder wird in ihrer Abhängigkeit von der Energie durch die Fermiverteilung

$$f(E) = \frac{1}{e^{\frac{E-\zeta}{k\,T}} + 1}\,; \qquad \zeta \text{ Fermienergie} \tag{34}$$

angegeben, die man, falls keine Entartung vorliegt und stets

$$|(E - \zeta)| \gg k\,T \tag{35}$$

ist, durch die klassische Boltzmannverteilung ersetzen kann.

In diesem Fall ist die Besetzungswahrscheinlichkeit des Leitungsbandes mit Elektronen gegeben durch

$$f(E) = e^{-\frac{|E-\zeta|}{k\,T}}\,. \tag{36}$$

Dies ist ebenso die Besetzungswahrscheinlichkeit des Valenzbandes mit Löchern, denn für die Besetzungswahrscheinlichkeit mit Löchern gilt wegen der Voraussetzung (35)

$$1 - f(E) = e^{-\frac{|E-\zeta|}{k\,T}}\,. \tag{37}$$

Um die Kenntnis des Ferminiveaus ζ zu umgehen, kann man davon Gebrauch machen, daß die Gesamtzahl der Elektronen (bzw. Löcher) im Leitungsband (bzw. Valenzband) gegeben ist durch

$$N_E = \int_{E_{\text{Rand}}}^{\infty} D(E)\, f(E)\, dE \tag{38}$$

bzw. durch

$$N_L = \int_{E_{\text{Rand}}}^{-\infty} D(E)\, f(E)\, dE\,.$$

Die Integrationsgrenzen können dabei statt bis zum anderen Bandrand bis ∞ bzw. $-\infty$ verschoben werden, da stets die Breite des Bandes $\gg k\,T$ ist. Setzt man Dichtefunktion und Boltzmannverteilung ein, so läßt sich das Integral durch Substitution auf die Form der Eulerschen Gammafunktion bringen und damit lösen. Man erhält

$$N_E = \overline{N}_E \cdot e^{-\frac{E_{\text{Rand}}-\zeta}{k\,T}} \tag{39}$$

bzw.

$$N_L = \overline{N}_L \cdot e^{-\frac{\zeta-E_{\text{Rand}}}{k\,T}} \tag{40}$$

mit $\overline{N}_E$ bzw. $\overline{N}_L$ als den sogenannten effektiven Zustandsdichten, die auch in den Konstanten des Massenwirkungsgesetzes auftreten, wenn man die Temperaturabhängigkeit der Zahl der freien Ladungsträger auf diese Weise darstellen will:

$$\overline{N}_E = 2\left(\frac{2\pi\,|m^*_{E\,D}|\,k\,T}{h^2}\right)^{3/2}, \tag{41}$$

$$\overline{N}_L = 2\left(\frac{2\pi\,|m^*_{L\,D}|\,k\,T}{h^2}\right)^{3/2}. \tag{42}$$

Damit ist das Ferminiveau aus der Besetzungswahrscheinlichkeit zu eliminieren, und man erhält für die Besetzungswahrscheinlichkeit eines Leitungsbandes mit Elektronen

$$f(E)_E = N_E \cdot \frac{1}{\overline{N}_E} \cdot e^{-\frac{(E-E_{\text{Rand}})}{k\,T}} \tag{43}$$

bzw. eines Valenzbandes mit Löchern

$$f(E)_L = N_L \cdot \frac{1}{\overline{N}_L} \cdot e^{-\frac{(E_{\text{Rand}}-E)}{k\,T}}. \tag{44}$$

Die Besetzungswahrscheinlichkeiten müssen noch auf die Abhängigkeit von $h\,\nu$ umgeformt werden. Bleiben wir zunächst beim Leitungsband.

Das unterste Band hatte die Nr. 1 und ist als Ausgangszustand für den Elektronenübergang mit j zu bezeichnen. Kombiniert man nun (24) mit (27), so erhält man für die Abhängigkeit der Energie des Bandes von der Lichtquantenenergie des Überganges

$$E_1 = E_{\text{Rand}} + \frac{m^*_{1\,2}}{m^*_1}(h\,\nu - \delta E)\,. \tag{45}$$

Setzt man dies in $f(E)_E$ (43) ein, so erhält man jetzt die gewünschte Frequenzabhängigkeit der Besetzungswahrscheinlichkeit des j-ten Bandes mit Elektronen (vgl. (11) die Definition von f_j^E) zu

$$f^E_{j=1} = N_{E_1}\frac{1}{\overline{N}_{E_1}} \cdot e^{-\frac{m^*_{1\,2}}{m^*_1}\cdot\frac{(h\,\nu-\delta E)}{k\,T}}. \tag{46}$$

Für die Besetzungswahrscheinlichkeit des Endzustandes (i-Band, Band 2) mit freien Plätzen kann man näherungsweise den Wert 1 einsetzen, da praktisch die Energiedifferenz der Bänder beim *betrachteten* Übergang sehr viel größer ist als $k\,T$. Wenn δE groß ist gegen $k\,T$, trifft dies *immer* zu; für $\delta E = 0$ müßte man schon bei hohen Temperaturen oder sehr langen Wellen spektroskopieren, um Abweichungen von dieser Näherung feststellen zu können. Selbst im Band 1, dem *untersten* Band, ist die Besetzungswahrscheinlichkeit mit *freien* Plätzen im nicht entarteten Fall immer noch praktisch $= 1$.

Für das Valenzband ergibt sich analog für die Besetzungswahrscheinlichkeit des obersten Bandes 1 mit Löchern, zwar dem *End*zustand für den *Elektronen*übergang (an sich gilt dafür die Bezeichnung i), dem Ausgangszustand jedoch für den als Übergang von Löchern aufgefaßten Prozeß:

$$f^L_1 = N_{L_1}\frac{1}{\overline{N}_{L_1}} \cdot e^{-\frac{m^*_{1\,2}}{m^*_1}\cdot\frac{(h\,\nu-\delta E)}{k\,T}}. \tag{47}$$

Auch im Valenzband kann in analoger Weise für die Besetzung des j-Zustandes (des untersten Bandes 2) mit *Elektronen* die Wahrscheinlichkeit 1 eingesetzt werden.

Zur Erfassung der *induzierten Emission* benötigt man, wenn man sich zunächst wieder auf die Betrachtung des Leitungsbandes beschränkt, die Besetzungswahrscheinlichkeiten des Endzustandes (i-Band) mit Elektronen, während man bei der zu betrachtenden Rückkehr der Elektronen aus diesem i-Band in das j-Band dort, wegen der bei Nichtentartung stets noch relativ sehr kleinen Dichte an freien Elektronen, die Besetzungswahrscheinlichkeit des j-Bandes mit freien Plätzen = 1 setzen kann.

Die Zahl der freien Elektronen im Band i (Band 2) berechnet sich analog wie die oben beschriebene im Band j. Man hat dazu die $E_2(\mathfrak{k})$-Funktion (25) mit der Beziehung zwischen Lichtquantenenergie und Ausbreitungsvektor (27) zu kombinieren und erhält

$$E_2(\nu) = E_{\text{Rand}} + \delta E + \frac{m_{12}^*}{m_2^*}(h\nu - \delta E)\,. \tag{48}$$

Setzt man dies in die Besetzungswahrscheinlichkeit (43) ein, so erhält man

$$f_{i=2}^E = N_{E_2}\frac{1}{\bar{N}_{E_2}}\, e^{-\left(\frac{\delta E + \frac{m_{12}^*}{m_2^*}(h\nu - \delta E)}{k\,T}\right)}\,. \tag{49}$$

Die reduzierte effektive Masse m_{12}^* ist mit ihrem richtigen Vorzeichen einzusetzen. Der Spektralbereich ist dabei, wie schon angegeben, beschränkt auf

$$h\nu \geqq \delta E \quad \text{für} \quad m_{12}^* \text{ positiv}, \qquad h\nu \leqq \delta E \quad \text{für} \quad m_{12}^* \text{ negativ.}$$

Hier ist wieder statt der Elektronenzustandsindizes j bzw. i die Bandnumerierung 1 bzw. 2 verwendet, denn in dieser Form gelten die Formeln für den Elektronenübergang $1 \to 2$ im Leitungsband und für den Löcherübergang $1 \to 2$ im Valenzband in gleicher Weise, wobei das der Energielücke am nächsten liegende Band die Nr. 1 erhält und δE den *Betrag* der Energiedifferenz der beiden Bänder bei $\mathfrak{k} = 0$ bezeichnet. Bei der Anwendung auf das Valenzband hat man nur den Index E (= Elektronen) durch den Index L (= Löcher) zu ersetzen. Die reduzierte effektive Masse ist im übrigen ebenfalls mit ihrem richtigen Vorzeichen einzusetzen.

Insgesamt erhält man also die im folgenden zusammengestellten Besetzungswahrscheinlichkeiten:

$$\left.\begin{aligned} f_1^E &= N_{E_1}\frac{1}{\bar{N}_{E_1}}\, e^{-\frac{m_{12}^*}{m_1^*}\left(\frac{h\nu - \delta E}{k\,T}\right)}, && (50)\\ f_2^L &= 1 && (51)\end{aligned}\right\}\quad \text{für Absorption;}$$

$$\left.\begin{aligned} f_2^E &= N_{E_2}\frac{1}{\bar{N}_{E_2}}\, e^{-\left(\frac{\delta E + \frac{m_{12}^*}{m_2^*}(h\nu - \delta E)}{k\,T}\right)}, && (52)\\ f_1^L &= 1 && (53)\end{aligned}\right\}\quad \text{für induzierte Emission.}$$

Anhand der Formel (52) bestätigt sich die auch anschaulich verständliche Tatsache, daß man die induzierte Emission nicht zu berücksichtigen braucht, wenn $\delta E \gg k\,T$ ist, d. h. wenn der Endzustand mit Elektronen bzw. Löchern nur vernachlässigbar bevölkert ist.

Bei den in den Besetzungswahrscheinlichkeiten auftretenden Gesamtelektronendichten N_{E_1} und N_{E_2} bzw. in den Löcherdichten N_{L_1} und N_{L_2} ist zu beachten, daß es sich um die Gesamtdichten in dem als Index bezeichneten Band handelt. Meist kennt man jedoch aus makroskopischen Messungen z. B. aus dem Halleffekt nur die totale Elektronendichte bzw. Löcherdichte, in der die Elektronen bzw. Löcher des Bandes 1 und 2 *zusammen*gefaßt sind. Hier muß also zunächst eine Aufschlüsselung vorgenommen werden, d. h. es muß bekannt sein, wie sich die Elektronen bzw. Löcher verhältnismäßig auf die beiden Bänder verteilen.

Aus den Absorptionsintensitäten bei der Zyklotronresonanz sind solche Zahlenverhältnisse zu gewinnen. Für Germanium kennt man z. B. $N_{L_1}:N_{L_2} = 21 : 1$; für Silizium lautet das Verhältnis: $N_{L_1}:N_{L_2} = 5 : 1$.

Diese Aufschlüsselung kommt jedoch nur zwischen zwei Bändern in Frage, bei denen $\delta E < 2\,k\,T$ ist, andernfalls ist das zweite Band nur vernachlässigbar besetzt.

2.4 Berechnung der Oszillatorenstärken

Zur Berechnung der spektralen Abhängigkeit des Absorptionskoeffizienten bedarf es der in Abhängigkeit von ν dargestellten Oszillatorenstärke $f_{0,j\to i}$ für den Übergang aus dem Band j in das Band i. Dabei werden zunächst die Oszillatorenstärken in Abhängigkeit vom Ausbreitungsvektor $\mathfrak{k}$ berechnet, der Übergang auf die Lichtfrequenz ν erfolgt über Gleichung (27), die für den isotropen Fall den Zusammenhang zwischen der Lichtquantenenergie und dem „Ort" im $\mathfrak{k}$-Raum angibt.

Wie schon unter (15) angegeben, wird die Oszillatorenstärke definitionsgemäß durch das Quadrat des Impulsmatrixelementes $\mathfrak{p}_{j\,i,\,\mathfrak{k}}$ bestimmt [22]:

$$f^{\mathfrak{a}}_{0,j\to i,\mathfrak{k}} = \frac{2\,|\mathfrak{a}\cdot\mathfrak{p}_{j\,i,\,\mathfrak{k}}|^2}{m\cdot h\,\nu_{j\to i}} \quad [1]\,. \tag{54}$$

Dabei bedeutet $\mathfrak{a}$ den Einheitsvektor in Richtung des $\mathfrak{E}$-Vektors der elektromagnetischen Welle.

Für den (direkten) Übergang aus dem Zustand j in den Zustand i ist

$$\mathfrak{p}_{j\,i,\,\mathfrak{k}} = \frac{\hbar}{i}\int \psi^*_{i,\,\mathfrak{k}}\,\mathrm{grad}\,\psi_{j,\,\mathfrak{k}}\,d\tau\,. \tag{55}$$

Ist z. B. der $\mathfrak{E}$-Vektor linear in x-Richtung polarisiert, so ist

$$f^x_{j\to i,\,\mathfrak{k}} = \frac{2}{m\,h\,\nu}\,|(p_{j\to i,\,\mathfrak{k}})_x|^2 \tag{56}$$

mit

$$(p_{j\to i,\,\mathfrak{k}})_x = \frac{\hbar}{i}\int \psi_i^*\,\frac{\partial}{\partial x}\,\psi_j\,d\tau\,. \tag{57}$$

Das Skalarprodukt $\mathfrak{a}\cdot\mathfrak{p}_{j\,i,\,\mathfrak{k}}$ in (54) bedeutet, daß ein derartiger, durch ein Lichtquant ausgelöster Übergang nur dann stattfindet, wenn der $\mathfrak{E}$-Vektor der elektromagnetischen Strahlung zum Elektronenimpuls $\mathfrak{p}_{i,\,\mathfrak{k}}$ im Ausgangszustand,

d. h. der Bewegungsrichtung des Elektrons im Ausgangszustand, parallel ist, bzw. es wirkt nur die zu $\mathfrak{E}$ parallele Impulskomponente. Denn der klassische Teilchenimpuls $\mathfrak{p}_{i,\mathfrak{k}}$ ist quantentheoretisch gegeben durch

$$\mathfrak{p}_{i,\mathfrak{k}} = \frac{\hbar}{i} \int \psi^*_{i,\mathfrak{k}} \operatorname{grad} \psi_{i,\mathfrak{k}} \, d\tau . \tag{58}$$

Wegen des gemeinsamen grad $\psi_{i,\mathfrak{k}}$ hat das Impulsmatrixelement der Übergangswahrscheinlichkeit die gleiche Richtung wie der Teilchenimpuls. Nur bei parallel zum $\mathfrak{E}$-Vektor gerichteter Bewegung kann das Elektron also aus der elektromagnetischen Welle Energie aufnehmen, wobei sich der *reduzierte* Ausbreitungsvektor bzw. der *reduzierte* Impuls nicht ändert. Wegen dieser Konstanz des Ausbreitungsvektors bzw. Impulsvektors gelten diese Betrachtungen der Richtungsbindung auch für die induzierte Emission, d. h. bei der Rückkehr des Elektrons aus dem Zustand i in den Zustand j. Deswegen können bei der Energiebilanz zur Berechnung der optischen Leitfähigkeit die induzierten Übergänge mit *gleicher* Oszillatorenstärke einfach subtrahiert werden.

Im Fall eines *isotropen* Bändermodells sind die drei Komponenten des Vektors grad ψ gleich und der Stoff ist auch optisch isotrop. Statt (54) kann man dann schreiben

$$f_{0,j\to i,\mathfrak{k}} = \frac{1}{3} \cdot \frac{2\,|\mathfrak{p}_{j\,i,\mathfrak{k}}|^2}{m\,h\,\nu_{j\to i}} \quad [1] . \tag{59}$$

In diesem Fall ist die Oszillatorenstärke unabhängig vom Polarisationszustand der elektromagnetischen Welle.

Bei Gleichung (59) handelt es sich um den räumlichen Mittelwert

$$f_{0,j\to i,\mathfrak{k}} = \frac{1}{3} (f_0^x + f_0^y + f_0^z) , \tag{60}$$

für den der quantenmechanische Summensatz [19]

$$\sum_l f_{0,j\to l} = 1 , \qquad l = i, \ldots \text{(alle Bandnummern} \neq j) \tag{61}$$

gilt.

Da man das Impulsmatrixelement nur innerhalb eines relativ kleinen $\mathfrak{k}$-Bereiches in der Nähe des Bandrandes beim Extremum von $E(\mathfrak{k})$ zu kennen braucht — für größere $\mathfrak{k}$-Entfernungen vom Extremum aus werden ja die Besetzungswahrscheinlichkeiten verschwindend klein —, kann man die $\mathfrak{p}_{j\,i,\mathfrak{k}}$ entwickeln und in erster Näherung darstellen (hier für das Extremum bei $\mathfrak{k} = 0$):

$$p_{ji}(\mathfrak{k}) = p_{ji}(0) + \left[\frac{\partial}{\partial k} p_{ji}(\mathfrak{k})\right]_{\mathfrak{k}=0} \cdot \mathfrak{k} + \cdots . \tag{62}$$

Anhand dieser Entwicklung lassen sich zwei Fälle unterscheiden:

1. „Verbotene" Übergänge

Für $p_{ji}(0) = 0$ ist das Impulsmatrixelement bei $\mathfrak{k} = 0$ insgesamt Null und damit auch Oszillatorenstärke und Absorption. Man hat definiert, in diesem Fall von einem „verbotenen" (direkten) Übergang zu sprechen. Für endliche $\mathfrak{k}$-Werte tritt wegen des zweiten Summanden jedoch Absorption auf. Bei isotropen und *parabolischen* Bändern ist das Impulsmatrixelement dem Betrag des Ausbreitungsvektors proportional, denn es ist in diesem Fall

$$\left[\frac{\partial}{\partial k} p(\mathfrak{k})\right]_{\mathfrak{k}=0} = \text{const} = B . \tag{63}$$

Die Oszillatorenstärke für den verbotenen Übergang beträgt also

$$f_{\substack{0, j \to i, \mathfrak{k} \\ \text{verboten}}} = \frac{2}{3\, m_0\, h\, \nu_{j \to i}} \cdot B^2 \cdot (\mathfrak{k})^2 \tag{64}$$

bzw., auf die Lichtquantenenergie bezogen statt auf $\mathfrak{k}$, unter Zuhilfenahme der oben abgeleiteten Beziehung (27)

$$|\mathfrak{k}|^2 = \frac{2\, m_{12}^*}{\hbar^2} (h\, \nu_{j \to i} - \delta E)\,, \qquad f_{\substack{0, j \to i \\ \text{verboten}}} = \frac{4\, m_{12}^*}{3\, m_0\, \hbar^2} B^2 \left(\frac{h\,\nu - \delta E}{h\,\nu}\right). \tag{65}$$

2. ,,Erlaubte‘‘ Übergänge

Für $p_{ji}(0) = A \neq 0$ spricht man von einem ,,erlaubten‘‘ Übergang. Man vernachlässigt dann neben A den zu $\mathfrak{k}$ proportionalen zweiten Summanden in (62) und erhält auf diese Weise für die Oszillatorenstärke

$$f_{\substack{0, j \to i \\ \text{erlaubt}}} = \frac{2}{3\, m_0} A^2 \frac{1}{h\, \nu_{j \to i}}\,. \tag{66}$$

Die Frage, ob nun das Impulsmatrixelement bei $\mathfrak{k} = 0$ verschwindet oder nicht, wird entschieden durch den räumlichen Symmetriecharakter der ψ-Funktion im j-Zustand und im i-Zustand.

Nur wenn das Produkt

$$\varrho = \psi_{j, \mathfrak{k}}^* \operatorname{grad} \psi_{i, \mathfrak{k}} \tag{67}$$

für $\mathfrak{k} = 0$ symmetrisch ist, d. h. wenn gilt

$$\varrho(\mathfrak{r}) = \varrho(-\,\mathfrak{r})\,, \tag{68}$$

hat das räumliche Integral, das sich für die $p_{j \to i}$ über den ganzen Raum erstreckt einen von Null verschiedenen Wert. Das setzt voraus, daß ψ_i und ψ_j auf jeden Fall einen *ungleichen* Symmetriecharakter haben, d. h., wenn ψ_i symmetrisch ist, muß ψ_j unsymmetrisch sein bzw. umgekehrt.

Die ψ-Funktionen im periodischen Gitter des Festkörpers sind ganz allgemein vom Typus

$$\psi_{\mathfrak{k}}(\mathfrak{r}, t) = u(\mathfrak{r})\, e^{i\left(\frac{E}{\hbar} t - \mathfrak{k}\,\mathfrak{r}\right)}\,, \tag{69}$$

wobei $u(\mathfrak{r})$ eine gitterperiodische Funktion ist, die eine Amplitudenmodulation angibt und auch die Normierungskonstante enthält.

Auf diese Weise reduziert sich die Symmetriebetrachtung auf die enthüllende Funktion $u(\mathfrak{r})$, denn durch Einsetzen von (69) erhält man für das Impulsmatrixelement

$$\mathfrak{p}_{j \to i, \mathfrak{k}} = \frac{\hbar}{i} \int u_{j, \mathfrak{k}}^* \operatorname{grad} u_{i, \mathfrak{k}}\, d\tau + \hbar\, \mathfrak{k} \int u_i^*\, u_j\, d\tau\,. \tag{70}$$

Auf Grund der Orthogonalität der ψ-Funktion im Band j und i ist

$$(u_i^*\, u_j) = 0\,, \tag{71}$$

d. h., der zweite Summand in (70) entfällt, und es bleibt

$$\mathfrak{p}_{j \to i, \mathfrak{k}} = \frac{\hbar}{i} \int u_{j, \mathfrak{k}}^* \operatorname{grad} u_{i, \mathfrak{k}}\, d\tau\,. \tag{72}$$

Die Frage des Symmetriecharakters, d. h. die Frage, ob es sich um ,,verbotene‘‘ Übergänge handelt, muß anhand der speziellen ψ-Funktionen geklärt werden, die sich im Leitungsband bzw. Valenzband überlappen und Anlaß zu den Intrabandübergängen geben.

In dem speziellen Fall, daß die Unterbänder aus den *gleichen* Atomeigenfunktionen (s-, p- oder d-Zustände) entstanden sind und Entartung herrscht bzw. diese nur durch eine sekundäre Wechselwirkung (z. B. Spin-Bahn-Wechselwirkung) aufgehoben ist, wird man gleiche Symmetrieeigenschaften und damit einen verbotenen Übergang annehmen können.

Ein derartiger Fall ist gerade bei den p-Banden des Germaniums gegeben.

Die Frage, ob der Symmetriecharakter der ψ-Funktion mit dem betreffenden $E(\mathfrak{k})$-Verlauf im Bändermodell, der unter Umständen experimentell, z. B. durch Zyklotronresonanz, bestimmbar ist, in Zusammenhang steht, ist zu bejahen, denn quantenmechanisch besteht bezüglich des klassischen Teilchenimpulses die Gleichheitsrelation: Masse $\times$ Gruppengeschwindigkeit = quantenmechanischer Erwartungswert des Impulses:

$$\mathfrak{p}_i = m_0 \frac{1}{\hbar} \nabla_k E = -i\hbar \int \psi_i^* \operatorname{grad} \psi_i \, d\tau , \tag{73}$$

oder eindimensional:

$$p_{ix} = m_0 \frac{1}{\hbar} \frac{\partial E}{\partial k_x} = -i\hbar \int \psi_i^* \frac{\partial}{\partial x} \psi_i \, d\tau . \tag{74}$$

Auf Grund dieser Beziehung steht die Symmetrieeigenschaft der ψ-Funktion eines Elektrons mit dem *Vorzeichen* des Integrals und so mit der Krümmungsrichtung des $E(\mathfrak{k})$-Verlaufs im Zusammenhang. Ob eine Aussage möglich ist, daß Intrabandübergänge zwischen Bändern mit *gleichem* Vorzeichen der effektiven Masse stets *verbotene* Übergänge sind, dagegen Übergänge zwischen Bändern mit ungleichem Vorzeichen der effektiven Masse stets erlaubt sind, wäre noch theoretisch zu untersuchen.

Ein Vergleich des vorliegenden experimentellen Materials bei Silizium und Germanium bzw. Selen und Tellur scheint diesen Zusammenhang zu bestätigen.

Bei den speziellen ψ-Funktionen der Elektronen in einem Oszillatorpotential (gebundene Elektronen) läßt sich dieser Zusammenhang auch theoretisch verifizieren, indem man die bekannten Eigenwert-Funktionen einsetzt [23].

Ein Anhaltspunkt für die *allgemeine* Gültigkeit dieses Satzes steht jedoch noch aus.

2.5 Diskussion der vollständigen Formel

2.5.1 Proportionalität zur Dichte freier Ladungsträger

Im Vorangehenden sind alle Faktoren, die in der Formel für den Absorptionskoeffizienten (Gleichung (23)) auftreten, berechnet worden. Faßt man die Konstanten zusammen in der Abkürzung

$$Q = \frac{e^2\, 16\, \pi^3\, 2^{3/2}}{\varepsilon_0 \cdot c \cdot n \cdot m_0^2 \cdot 3\, h^5} \cdot \frac{B^2}{\bar{N}_{E,L}} \left(|m_{12}^*|\right)^{5/2} , \tag{75}$$

so erhält man als Endergebnis für den *verbotenen* Intrabandübergang zwischen dem Band 1 und 2, wobei das Band 1 das der verbotenen Energielücke am nächsten liegende ist,

$$\underset{\text{verboten}}{K_{1\to 2}} = Q \cdot N_{E,L} \cdot \frac{(|h\nu - \delta E|)^{3/2}}{h\nu} \cdot \left[e^{-\frac{m_{12}^*}{m_1^*}\left(\frac{h\nu - \delta E}{kT}\right)} - e^{-\frac{\delta E + \frac{m_{12}^*}{m_2^*}(h\nu - \delta E)}{kT}} \right] \tag{76}$$

mit $h\nu \geqq \delta E$ für m_{12}^* positiv,

$h\nu \leqq \delta E$ für m_{12}^* negativ.

In dieser Form ist die Formel sowohl für Elektronen im Leitungs- als auch für Löcher im Valenzband gültig. Für $\delta E \gg kT$ bleibt der Emissionanteil vernachlässigbar.

Für den *erlaubten* Übergang hat man nur die Konstante B durch A zu ersetzen und gemäß der Oszillatorenstärke für den erlaubten Übergang (vgl. (65) mit (66)) durch $2 \cdot |m_{12}^*| \cdot (|h\nu - \delta E|)$ zu dividieren.

Als erstes wichtiges Ergebnis ist festzustellen, daß der Absorptionskoeffizient proportional ist zur Zahl der freien Elektronen N_E bzw. der freien Löcher N_L im Leitungsband bzw. im Valenzband.

Es muß hier erwähnt werden, daß diese Proportionalität des Absorptionskoeffizienten zur Dichte der freien Träger streng nur bei parabolischen Bändern gilt, d. h. bei Übergängen zwischen zwei Bändern, die jeweils ausschließlich durch *eine* effektive Masse beschrieben werden können. Bei nichtparabolischen Bändern hängt die effektive Masse des freien Ladungsträgers davon ab, in welchem energetischen Abstand er sich vom Bandrand befindet. Damit werden die Verhältnisse sehr viel komplizierter. Ist z. B. außerdem die Zustandsdichte, d. h. die effektive Masse am Bandrand, klein und liegt Entartung der Trägerdichte vor, so werden die freien Ladungsträger bei wachsender Dichte gemäß der Fermiverteilung in wachsendem Abstand vom Bandrand ,,eingebaut“ und haben dort dann eine andere effektive Masse als diejenige am Bandrand. Auf diese Weise gelten für die Intrabandübergänge ganz verschiedene reduzierte effektive Massen. Man kann das auch so ausdrücken: Die mittlere, reduzierte effektive Masse einer Gesamtzahl von freien Ladungsträgern ist konzentrationsabhängig.[4]) Diese Konzentrationsabhängigkeit hebt dann die Proportionalität des Absorptionskoeffizienten zur Trägerdichte auf.

2.5.2 Qualitativer Verlauf des Spektrums

Zieht man nur die frequenzabhängigen Faktoren in Betracht, so kann man das Absorptions*spektrum* diskutieren. Man erhält für den verbotenen direkten Übergang

$$K_{\text{verboten}} \sim \frac{(|h\nu - \delta E|)^{3/2}}{h\nu} \left[e^{-\frac{m_{12}^*}{m_1^*}\left(\frac{h\nu - \delta E}{kT}\right)} - e^{-\frac{\delta E + \frac{m_{12}^*}{m_2^*}(h\nu - \delta E)}{kT}} \right] \tag{77}$$

mit der bereits bei (76) genannten Beschränkung für $h\nu$. Grundsätzlich sind drei Fälle möglich:

a) $\delta E = 0$ (dann ist stets m_{12}^* positiv),

b) $\delta E \neq 0$ (m_{12}^* positiv),

c) $\delta E \neq 0$ (m_{12}^* negativ).

Die Fig. 5 stellt schematisch einen der Fälle dar, nämlich $\delta E \neq 0$ und m_{12}^* positiv. In diesem Falle erstreckt sich die Absorption, bei $h\nu = \delta E$ beginnend, zu höheren Frequenzen. Durch die Multiplikation der drei Frequenzgänge Oszillatorendichte, Oszillatorenstärke und Besetzungswahrscheinlichkeit, die in Fig. 5 ebenfalls getrennt eingezeichnet sind, ergibt sich die unsymmetrische Absorptions-

---

[4]) Derartige Verhältnisse liegen im n-leitenden InSb vor. Die Abweichung der Absorption, in diesem Falle der Leitungsabsorption, von der Proportionalität zur Trägerdichte kann umgekehrt zur Analyse des $E(\mathfrak{k})$-Verlaufs verwendet werden [24].

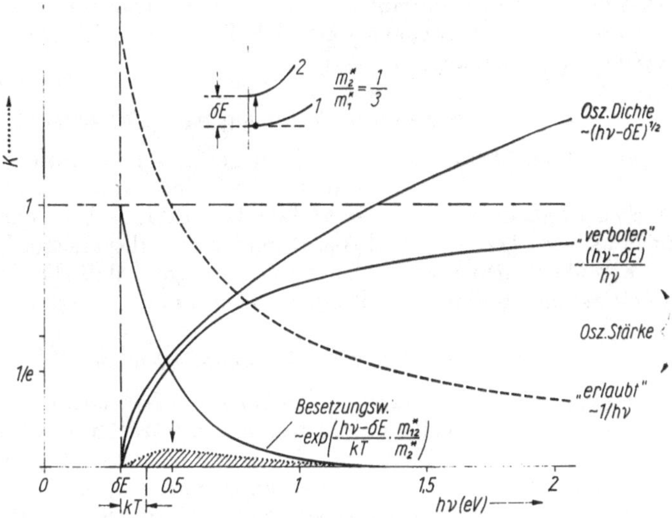

Fig. 5. Die Frequenzabhängigkeiten von Oszillatorendichte, Oszillatorenstärke für verbotene Übergänge und Besetzungswahrscheinlichkeit, die sich zum Spektrum des Absorptionskoeffizienten K (· · · · ·) multiplizieren, dargestellt für einen direkten Intrabandübergang bei angegebener parabolischer Bandstruktur. — Bei einem **erlaubten** Intrabandübergang tritt lediglich an die Stelle der Oszillatorenstärke für den verbotenen Übergang die **Oszillatorenstärke** für den erlaubten Übergang (- - - -)

bande, die ihr Maximum etwa bei $\delta E + 2\,kT$ hat. Die Bande fällt auf der Seite zu δE hin mit einer Halbwertsbreite von etwa kT ab. Diese Schärfe ist insofern wichtig, als man mit ihrer Hilfe bereits beurteilen kann, ob eine gefundene Absorptionsbande direkten Übergängen zuzuordnen ist. Im Silizium z. B. findet man eine sehr viel breitere Bande, die deswegen als ein indirekter Intrabandübergang gedeutet werden muß (vgl. unter Silizium).

In Fig. 5 ist der Wert für $k\,T$ mit 0,1 eV stark vergrößert angenommen, um die Zeichnung übersichtlich zu halten. Im übrigen ist die Darstellung der frequenzabhängigen Faktoren quantitativ mit $\delta E = 0{,}3$ eV und $m_2^* : m_1^* = 1 : 3$.

Bei $\delta E = 0$ ist, entsprechend der Zählweise der Bänder, stets $m_1^* > m_2^*$, d. h. m_{12}^* positiv, man erhält eine sich über den ganzen Frequenzbereich erstreckende Absorption, die bei hohen Frequenzen exponentiell abfällt.

Der Fall von Übergängen mit negativer reduzierter effektiver Masse verläuft ganz analog und bedarf wohl keiner gesonderten Darstellung, die Bande liegt unterhalb von δE und ist gewissermaßen am Wert δE gespiegelt.

Die Spektren der *erlaubten* Intrabandübergänge erhält man, entsprechend der geänderten Frequenzabhängigkeit der Oszillatorenstärke, nach Division durch $|(h\nu - \delta E)|$:

$$K_{\text{erlaubt}} \sim \frac{(|h\nu - \delta E|)^{1/2}}{h\nu}\left[e^{-\frac{m_{12}^*}{m_1^*}\frac{(h\nu-\delta E)}{k\,T}} - e^{-\frac{\delta E + \frac{m_{12}^*}{m_2^*}(h\nu-\delta E)}{k\,T}}\right]. \qquad (78)$$

Damit werden speziell die Anstiege von $h\nu = \delta E$ herkommend flacher. Für $\delta E = 0$ behält man für $h\nu$ gegen 0 einen im wesentlichen exponentiellen Anstieg der Absorption bei.

In Fig. 5 ist der spektrale Verlauf der Oszillatorenstärke für einen erlaubten Übergang eingezeichnet, der in einem solchen Fall an die Stelle der Oszillatorenstärke des verbotenen Überganges zu setzen ist.

2.5.3 Temperaturabhängigkeit

Die Absorption steigt überall exponentiell mit der Temperatur an. Die Potenzabhängigkeit $T^{-3/2}$ des vorgesetzten Faktors Q, die in der Temperaturabhängigkeit der effektiven Zustandsdichte enthalten ist (41), bleibt daneben vernachlässigbar. Dies gilt für konstante Trägerzahl, also z. B. im Bereich der erschöpften Fremdleitung. Im Eigenleitungsbereich ist zu berücksichtigen, daß die Trägerdichte selbst nochmals exponentiell mit der Temperatur anwächst.

2.5.4 Größenrelation zur Leitungsabsorption

Die Formeln (75) und (76) enthalten als unbekannte Konstanten nur noch die Größe A bzw. B der im allgemeinen nicht bekannten Oszillatorenstärken. Diese Größen sind zwar im Prinzip zugänglich, aber dafür bedarf es der Kenntnis der beteiligten ψ-Funktionen. Man geht meist umgekehrt vor und bestimmt die Oszillatorenstärken rückwärts aus der experimentellen Absorption. Weiter unten findet sich bei der Besprechung von Tellur eine quantitative Berechnung dazu. Man ermittelt dort eine Oszillatorenstärke von nahezu 1 und muß daraus auf einen erlaubten direkten Übergang schließen.

Der zugehörige Absorptionsquerschnitt eines Loches im Maximum der bei 11 µm gelegenen Absorptionsbande ist deswegen auch relativ groß. Er beträgt

$$\underset{11\,\mu\text{m}}{q_{\max}} = 10\ \text{Å}^2 \qquad \text{bei } 300\ °\text{K} \quad \text{(Tellur)}.$$

Bei einem erlaubten direkten Intrabandübergang übertrifft offensichtlich im spektralen Maximum der Absorptionsquerschnitt der Intrabandübergänge den der Leitungsabsorption. Dies ist aber meistens auch bei verbotenen direkten oder indirekten Intrabandübergängen in der Nähe von $|h\nu - \delta E| = 2\,k\,T$ der Fall.

Zur quantitativen Angabe einer Größenrelation zwischen beiden Absorptionsquerschnitten kann man entweder die Leitungsabsorption aus anderen Spektralbereichen her extrapolieren oder diese berechnen.

Bei der Berechnung der Leitungsabsorption bedient man sich der quantenmechanisch adaptierten Drudeschen Theorie. Auf die speziellen Fragen dieser Theorie soll hier nicht näher eingegangen, vielmehr diesbezüglich auf die zusammenfassende Literatur [18] verwiesen werden. Ist τ die Stoßzeit der freien Ladungsträger, so erhält man unter den häufig realisierten Voraussetzungen

$$\omega\,\tau \gg 1 \qquad \text{und} \qquad h\nu \gg k\,T$$

für den Absorptionsquerschnitt der Leitungsabsorption den Wert

$$q = \frac{e^2\,h^{1/2}}{\pi^2\,\varepsilon_0\,c\,9\,\sqrt{\pi}\,(k\,T)^{1/2}} \cdot \frac{1}{\tau \cdot m^* \cdot n} \cdot \frac{1}{\nu^{3/2}}\,. \tag{79}$$

n Brechungsindex; c Vakuumlichtgeschwindigkeit; MKSA-Einheiten.

In günstigen Fällen ist die Stoßzeit energieunabhängig, so daß man zur Berechnung des Absorptionsquerschnittes im Bereich $\omega\,\tau \gg 1$ den aus der Gleichstromleitfähigkeit bzw. im Bereich $\omega\,\tau \ll 1$ bestimmten Wert verwenden kann. Bei Silizium und Germanium hat sich das quantitativ bestätigt. Bei Selen z. B. hängt jedoch die Beweglichkeit selbst im Bereich $\omega\tau \ll 1$ noch stark von der Frequenz ab. Die Frage der Energieunabhängigkeit der Beweglichkeit ist eine Frage des Streumechanismus für die Elektronen bzw. Löcher. Bei unpolarer Streuung, z. B. an akustischen Phononen, ist Energieunabhängigkeit gewährleistet, bei polarer Streuung, z. B. an ionisierten Störstellen oder optischen Gitterschwingungen, jedoch nicht. Deshalb schließt man bei einem quantitativen Vergleich zunächst gern hohe Störstellendichten oder hohe Temperaturen aus.

Ist der Bandrand entartet, so hat man zu berücksichtigen, daß mehrere Sorten von Elektronen bzw. Löchern mit verschiedener effektiver Masse und Stoßzeit vorhanden sind. Um den mittleren Absorptionsquerschnitt eines freien Ladungsträgers anzugeben, hat man also bei der Berechnung der Leitungsabsorption eine prozentuale Verteilung der freien Ladungsträger auf die verschiedenen Sorten zu berücksichtigen.

Bei Germanium z. B. verteilen sich die freien Löcher im Verhältnis 21 : 1 auf das Band 1 und das Band 2, und es gelten dort die folgenden Werte bei 300 °K:

$$m_{L_1}^* = 0{,}3\, m_0\,, \quad m_{L_2}^* = 0{,}04\, m_0\,, \quad \tau_{L_1} = 1{,}16 \cdot 10^{-13}\,\mathrm{s}\,, \quad \tau_{L_2} = 1{,}64 \cdot 10^{-13}\,\mathrm{s}.$$ [5])

Man erhält damit (für $n = 4$) folgende Absorptionsquerschnitte für die Leitungsabsorption der Löcher bei 3,4 µm, d. h. bei der Wellenlänge des Maximums der $1 \to 3$ p-Bande

$$q_{L_1} = 0{,}025\ \text{Å}^2\,, \qquad q_{L_2} = 0{,}133\ \text{Å}^2\,,$$

und einen mittleren Absorptionsquerschnitt

$$q_{L_{12}} = \frac{21}{22}\, q_{L_1} + \frac{1}{22}\, q_{L_2} = 0{,}030\ \text{Å}^2\,.$$

Demgegenüber beträgt der Absorptionsquerschnitt der Löcher infolge des $1 \to 3$-Intrabandüberganges an dieser Stelle nach Briggs und Fletcher [2]

$$q_{\substack{\text{Intraband max}\\ 1\to 3;\ 3{,}4\,\mu\text{m}}} = 1{,}5\ \text{Å}^2\,.$$

Damit übertrifft bei p-leitendem Germanium die Intrabandabsorption an dieser Stelle die Leitungsabsorption um den Faktor 50.

Im Eigenleitungsfall tritt zur Leitungsabsorption der Löcher $q_{L_{12}}$ noch die der Elektronen hinzu, und zwar mit einem Absorptionsquerschnitt

$$q_{\substack{E;\ 3{,}4\,\mu\text{m}\\ \text{berechnet}}} = 0{,}037\ \text{Å}^2 \quad \text{mit } m_E^* = 0{,}1\, m_0\,, \quad \tau_E = 2{,}27 \cdot 10^{-13}\,\mathrm{s}\,;$$

$$q_{\substack{E;\ 3{,}4\,\mu\text{m}\\ \text{experimentell}}} = 0{,}031\ \text{Å}^2 \quad \text{(nach Kaiser, Collins und Fan [3]).}$$

Auch in der Eigenleitung bleibt also bei 3,4 µm die Intrabandabsorption der Löcher um den Faktor 22 größer als die Leitungsabsorption des Elektron-Loch-Paares und beherrscht damit das Spektrum, obwohl es sich bei den Intrabandübergängen der Löcher im Germanium um *verbotene* direkte Übergänge handelt.

[5]) Diese Werte basieren auf einer exakten Auswertung von Leitfähigkeits- und Hallkoeffizientmessungen mit Hilfe zweier Löchersorten und den Werten (aus Zyklotronresonanzmessungen bekannt) $N_1 : N_2 = 21$ und $\tau_2 : \tau_1 = 1{,}4$.

Ein analoger Größenvergleich bei Silizium, und zwar bei der Wellenlänge des Maximums der Absorptionsbande der freien Elektronen (vgl. weiter unten) bei 2,5 μm und 293 °K, führt zu folgenden Werten:

$$q_{\substack{\text{Intraband}\\ \text{Elektronen; } 2{,}5\,\mu\text{m}}} = 0{,}088\ \text{Å}^2 \quad \text{(vgl. Fig. 16, Kapitel 4)}$$

$$q_{\substack{\text{Leitung}\\ \text{Elektronen; } 2{,}5\,\mu\text{m}\\ \text{extrapoliert}}} = 0{,}051\ \text{Å}^2 \quad \text{(vgl. Fig. 16, Kapitel 4)}$$

$$q_{\substack{\text{Leitung}\\ \text{Elektronen; } 2{,}5\,\mu\text{m}\\ \text{berechnet}}} = 0{,}035\ \text{Å}^2 \quad \left\{ \begin{aligned} n &= 3{,}5 \\ m_E^* &= 0{,}284 \\ \tau_E &= 0{,}6 \cdot 10^{-13}\ \text{s}\,^{6)} \end{aligned} \right.$$

$$q_{\substack{\text{Leitung}\\ \text{Elektronen-Loch-Paar}\\ \text{berechnet}}} = 0{,}0596\ \text{Å}^2 \quad \left\{ \begin{aligned} m_{L_1}^* &= 0{,}5\ m_0 \\ m_{L_2}^* &= 0{,}17\ m_0 \\ \tau_{L_1} &= 0{,}25 \cdot 10^{-13}\text{s} \\ \tau_{L_2} &= 0{,}29 \cdot 10^{-13}\text{s} \\ N_{L_1} : N_{L_2} &= 5{,}0 \end{aligned} \right.$$

Auch hier bleibt also die Intrabandabsorption in allen Fällen beherrschend, obwohl es sich bei diesen Übergängen der Elektronen in Silizium um einen *indirekten* Übergang handelt. Das Größenverhältnis ist jedoch nicht mehr so groß wie bei den erlaubten bzw. verbotenen direkten Übergängen der Beispiele Tellur bzw. Germanium.

Im übrigen werden die einzelnen Halbleiter im folgenden diesbezüglich noch näher diskutiert.

Unter ungünstigen Umständen ist jedoch die Intrabandabsorption selbst in ihren Maxima durch *dritte* Absorptionsmechanismen, die nicht mit den freien Ladungsträgern in Beziehung zu stehen brauchen, überdeckt, denn absolut gesehen ist die Absorption der freien Ladungsträger auf Grund der Intrabandabsorption immer noch als sehr schwach zu bezeichnen.

Als Beispiel für derartige Absorptionsmechanismen wären z. B. die Gitterschwingungen zu nennen. Auch kann Streuung in der Probe im gleichen Sinne wirken. Viele Halbleiter zeigen darüber hinaus eine relativ uncharakteristische ,,Grundabsorption'', deren Ursprung noch nicht geklärt ist. Diese Grundabsorption nimmt im hexagonalen Selen z. B. Werte von etwa $K = 10\ \text{cm}^{-1}$ an. Ferner muß man daran denken, daß jede Spektrometeranordnung eine minimale Nachweisempfindlichkeit für Absorption besitzt, die sich auch durch Schichtdickenerhöhung nicht steigern läßt, da damit wieder Dejustierungen verbunden sind (Veränderungen der optischen Wege bei der Abbildung).

In allen Fällen kann auf diese Weise die Absorption der freien Ladungsträger der Vermessung entzogen sein. Eine entsprechende Steigerung der Dichte der freien Ladungsträger ist häufig nicht möglich (Sättigungsgrenze atomdispers verteilter Fremdatome bei Dotierung bzw. thermische Belastung in der Eigenleitung) oder unerwünscht (zu starke polare Streuung an ionisierten Störstellen bzw. an optischen Phononen).

In solchen Fällen läßt sich jedoch mit Vorteil eine experimentelle Technik verwenden, die man mit dem Wort ,,Photoabsorption'' kennzeichnen kann und die

[6]) Nach KESSLER und SCHNELL [25].

die Absorption freier Ladungsträger im Differenzmeßverfahren und deshalb empfindlicher erfaßt.

Das folgende Kapitel skizziert diese Methode kurz und stellt ihre experimentellen Vorteile heraus.

3. Die „Photoabsorption" als spezielle experimentelle Technik zur Absorptionsmessung an freien Ladungsträgern

„Photoabsorption" ist ein Begriff, der in Analogie zur „Photoleitung" gebildet ist und der die Erscheinung bezeichnet, daß in einer Substanz unter Einwirkung von Licht hinreichender Lichtquantenenergie eine optische Absorption in einem anderen, aber unter Umständen auch im gleichen Spektralbereich auftritt. Nach Abschalten der Beleuchtung verschwindet die Photoabsorption mit der für den Stoff charakteristischen Relaxationszeit τ_R.

Bei den Halbleitern tritt eine derartige Photoabsorption auf infolge der Absorption der freien Ladungsträger, die beim inneren lichtelektrischen Effekt, sei es aus Störstellen (Störstellenphotoleitung), sei es aus dem Wirtsgitter selbst (Eigenphotoleitung), freigesetzt werden.

In diesem Fall ist die Photoabsorption also nur die optische Parallele zur Erhöhung der elektrischen Leitfähigkeit beim inneren lichtelektrischen Effekt.

Der erste Hinweis auf die Absorption von Überschußträgern („excess carriers"), die allerdings durch Injektion erzeugt wurden, und auf die Möglichkeit, auf diese Weise einen Modulator von (ultraroter) Strahlung zu bauen, stammt von Lehovec [26]. Nachfolgend wurde auch das Spektrum der injizierten Ladungsträger vermessen, was jedoch zu gewissen Widersprüchen führte (vgl. die Diskussion unter „Germanium").

Die Methode, *photoelektrisch* erzeugte Überschußträger zur Untersuchung des Absorptionsspektrums der freien Ladungsträger zu verwenden, wurde zuerst von Kessler [7, 8] angegeben.

Gegenüber der Injektion hat das Verfahren den Vorteil, mit hochreinem, eigenleitendem und homogenem Material arbeiten zu können und frei zu sein von elektrischen Kontakten und jeder Art elektrischer Beeinflussung des Kristalls.

Der Vorteil *beider* Verfahren gegenüber konventionellen Durchlässigkeitsmessungen liegt darin, daß man durch Modulation der Dichte der Überschußträger ihre Absorption im Differenzmeßverfahren erfassen kann. Auf diese Weise kann man die Absorption freier Ladungsträger auch in den Spektralbereichen messen, in denen sie normalerweise durch andere Absorptions- oder Streumechanismen verdeckt wird.

Das Prinzip des Verfahrens mit Hilfe der Photoabsorption — bei Injektion verläuft die Sache analog — ist das folgende (Fig. 6): Die Probe befindet sich hinter dem Ultrarotmonochromator, wo sie, meist in einem verkleinerten Bild des Austrittsspaltes, von *unmodulierter* Strahlung der gewünschten Wellenlänge durchstrahlt wird. Eine zweite, meist spektral unzerlegte Lichtquelle („Weißlicht") wird gleichzeitig auf die Probe abgebildet. Mit Hilfe dieser Strahlung werden die freien Ladungsträger erzeugt. Diese Bestrahlung erfolgt intermittierend, wobei sich die Frequenz ν_0 der Unterbrechung nach der Trägheit des Strahlungsempfängers für die Ultrarotstrahlung richtet. Bei relativ trägen, thermischen Strahlungsempfängern, z. B. Thermoelementen, arbeitet man z. B. nur mit 13 Hz und kann dann einen rotierenden Sektor als „Shopper" verwenden.

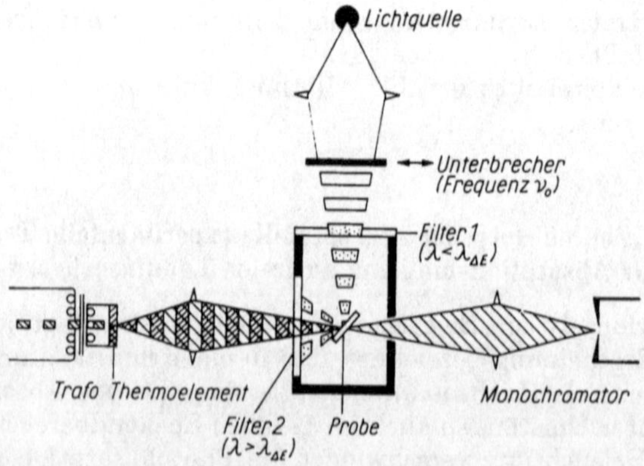

Fig. 6. Schema zur Bestimmung der Absorption freier, photoelektrisch erzeugter Ladungsträger im Differenzmeßverfahren (nach KESSLER, 1958 [8])

Dieses Weißlicht passiert zunächst noch eines der beiden notwendigen Komplementärfilter des Systems. Von diesem Filter Nr. 1 wird das kurzwelligere Licht zur Erzeugung des inneren lichtelektrischen Effektes durchgelassen, jedoch keine Strahlung der Lichtquelle im Wellenlängenbereich der ultraroten Meßstrahlung.

Da zur Trägererzeugung vornehmlich die Elektron-Loch-Paar-Erzeugung im Bereich der Fundamentalabsorption herangezogen wird, kann es sich bei dem ersten Komplementärfilter um ein *Kanten*filter handeln, das oberhalb der Wellenlänge der Absorptionskante des zu vermessenden Halbleiters undurchlässig wird. Wird Silizium untersucht, so kann z. B. Wasser als erstes Komplementärfilter verwendet werden.

Mit der intermittierenden Trägererzeugung (Modulationsfrequenz ν_0) erscheint *hinter* der Halbleiterprobe auf Grund der Photoabsorption in der *Ultrarot*strahlung eine ν_0-Wechselkomponente, die hinter dem Ultrarot-Strahlungsempfänger als Wechselspannung verstärkt und selektiv zur Anzeige gebracht wird. Als Selektionsmittel verwendet man vorteilhaft einen sogenannten gesteuerten Gleichrichter, da dessen Phasenempfindlichkeit weitere Vorteile bringt, die noch im folgenden erwähnt werden.

Vor dem Strahlungsempfänger befindet sich das zweite Komplementärfilter Nr. 2, das nur Strahlung im Wellenlängenbereich der ultraroten Meßstrahlung durchläßt. Hier handelt es sich z. B. um ein zum ersten komplementäres Kantenfilter mit *Durchlässigkeit* oberhalb der Wellenlänge der Absorptionskante des zu vermessenden Halbleiters. An dieser Stelle kann ein Halbleiter mit entsprechender Lage der Absorptionskante Verwendung finden. Das relativ hohe Reflexionsvermögen wird mit Hilfe der normalen Vergütungstechnik zweckmäßigerweise noch reduziert. Untersucht man, um beim Beispiel zu bleiben, Silizium, so kann man eine Germaniumplatte vor das Thermoelement geben.

Auf diese Weise ist gewährleistet, daß von dem die Ladungsträger erzeugenden Licht, sei es auch nur als apparative Streustrahlung, praktisch nichts zur Anzeige kommt.

Ein geringer Rest in der Größenordnung des gesuchten Wechselstrahlungsanteils der Ultrarotstrahlung stört nicht und kann leicht subtrahiert werden, da dieses „Weißlicht" 1. genau gegenphasig ist, also über den phasenempfindlichen Gleichrichter einen Ausschlag in entgegengesetzter Richtung hervorruft, und 2. unabhängig ist von der Wellenlänge der Ultrarotstrahlung, die als einziges bei der Aufnahme des Spektrums variiert wird.

Da die zur Erzeugung einer hinreichenden Dichte von freien Ladungsträgern notwendige Beleuchtungsstärke auf der Probe unter Umständen so hoch ist, daß sich die Probe erwärmt, muß diese wirksam gekühlt, z. B. von einem kräftigen Luftstrom angeblasen werden. Selbst wenn trotzdem eine geringe Temperaturmodulation übrig bliebe, so kommt ein durch sie moduliertes Absorptions- oder Reflexionsvermögen nicht zur Anzeige. Denn wenn die Probe stets so dick gewählt wird, daß infolge der Wärmekapazität der Temperaturwechsel eine Phasenverschiebung von 90° gegenüber der Wechselbeleuchtung hat, und wenn die Anzeige der Thermoelementwechselspannung über einen phasenempfindlichen gesteuerten Gleichrichter erfolgt, dessen mit der Beleuchtung synchrone Steuerspannung auf Gleichphasigkeit eingestellt ist, dann wird die um 90° phasenverschobene Wechselspannung nicht gleichgerichtet. Sie passiert vielmehr den gesteuerten Gleichrichter (z. B. einen Ringmodulator) als reine Wechselspannung, die dann im Gleichspannungssieb kurzgeschlossen wird.

Durch Verschieben der Phase der Steuerspannung um 90° sind übrigens die Temperatureffekte in gleich eleganter Weise selektiv erfaßbar. Darüber soll hier nicht berichtet werden.

Die Nullintensität zur Elimination der spektralen Energieverteilung und der Apparatekonstante wird ermittelt durch Modulation der Ultrarotstrahlung I_0 ohne Weißlichtbeleuchtung bei ungeänderter Justierung mit einem getrennten „Shopper“.

Die Proben sind meist so dick, daß bei dem normalen Absorptionsvermögen und der herrschenden spektralen Spaltbreite keine Interferenzeffekte störend auftreten. Will man sich außerdem von der unbequemen Notwendigkeit befreien, die Vielfachreflexion in der Probe berücksichtigen zu müssen, so kann man die Probe keilförmig machen, den Strahlengang etwas abknicken und nur den Strahl weiterleiten, der die Probe *einmal* durchsetzt hat. Ist der Keilwinkel hinreichend groß, so scheiden die vielfachreflektierten Strahlen bereits durch Totalreflexion aus.

Fig. 7 zeigt eine Anordnung, bei der die Probe in dieser Weise keilförmig, aber außerdem rückseitig verspiegelt und mit einem Kryostaten in Kontakt gebracht

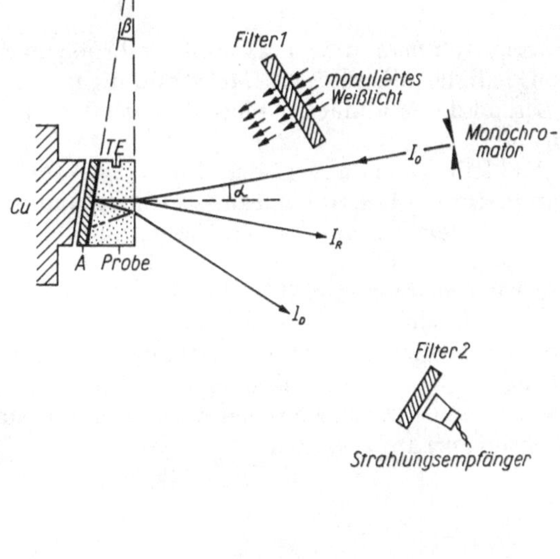

Fig. 7. Probenanordnung und Strahlengang zur Messung der Photoabsorption bei verschiedenen Temperaturen (nach KESSLER, 1958 [8])

ist. Mit Hilfe dieser ,,Reflexionsanordnung" läßt sich die Kühlung und eine Temperaturvariation leicht beherrschen. Gleichzeitig kann man durch einfaches Drehen der Probe auch das Reflexionsvermögen messen. Außerdem durchsetzt der Meßstrahl die Überschußträger zweimal, so daß diese, zweimal ,,ausgenutzt", eine stärkere Absorptionsmodulation ergeben, was einer höheren Nachweisempfindlichkeit gleichkommt.

Bei dieser Anordnung schwankt die empfangene Strahlungsleistung zwischen

$$I_D = I_0 \cdot C\,(1 - R)^2\, e^{-2Kd} \tag{80}$$

ohne inneren lichtelektrischen Effekt und

$$I_D' = I_0 \cdot C \cdot (1 - R)^2\, e^{-2Kd} \cdot e^{-2q\bar{N}} \tag{81}$$

bei Überschußträgererzeugung. q[cm^2] ist dabei der differentielle Absorptionsquerschnitt der erzeugten Trägersorte.

Bei gleichzeitiger Erzeugung mehrerer Sorten von Ladungsträgern bedeutet q deren mittlerer Absorptionsquerschnitt. Besonders ist zu beachten, daß bei der Trägererzeugung über die Eigenphotoleitung hier der Absorptionsquerschnitt eines Elektron-Loch-*Paares* auftritt, da aus Neutralitätsgründen stets die Zahl der photoelektrisch erzeugten Elektronen gleich der der Löcher ist.

$\bar{N}$ (cm^{-2}) ist die Zahl der differentiellen Absorptionsquerschnitte pro cm^2 durchstrahlter Fläche. K (cm^{-1}) ist der normale Absorptionskoeffizient der Probe ohne Überschußträger, und der Faktor C berücksichtigt alle weiteren Energieverluste durch Streuung usw. Von C und K wird angenommen, daß sie unabhängig sind von der ,,Weißlicht"-Beleuchtung. Auch das Reflexionsvermögen R ist unabhängig vom inneren lichtelektrischen Effekt, denn die Erhöhung der Absorption ist im allgemeinen viel zu klein, als daß dies in den Fresnelschen Formeln berücksichtigt zu werden brauchte. Im Strahl I_R hat man sich jedoch davon zu überzeugen, um möglicherweise andere Einflüsse nicht zu übersehen. Der Ausschlag A der Anzeige ist proportional zur Differenz $I_D - I_D'$.

Man erhält das Produkt aus Absorptionsquerschnitt q und Flächendichte $\bar{N}$ exakt zu

$$q\,\bar{N} = \frac{1}{2} \ln \frac{I_D}{I_D - A}\,. \tag{82}$$

I_D ermittelt man, indem man mit der Probe im Strahlengang in identischer Justierung lediglich die ultrarote Meßstrahlung mit einem zweiten Modulator moduliert, während der Modulator 1 einschließlich der ,,Weißlichtbeleuchtung" abgeschaltet ist.

Es bleibt zu erwähnen, daß durch die Anordnung der Probe *hinter* dem Monochromator die Rekombinationsstrahlung und die thermische Emission der Probe, die nach dem Kirchhoffschen Gesetz mit der modulierten Absorption verbunden ist (vgl. Kapitel 6), eliminiert sind, denn der Nullpunkt für A ist durch Abschalten der Ultrarotstrahlung, d. h. bei $I_0 = 0$, gegeben, während die Photogeneration, d. h. die modulierte Weißlichtbeleuchtung, bestehenbleibt. Überdies haben diese von der Meßwellenlänge unabhängigen konstanten Emissionsintensitäten gegenüber dem Signal eine Phasenverschiebung von 180° und können wieder auf Grund der phasenempfindlichen Gleichrichtung am Ausschlag in der entgegengesetzten Richtung erkannt werden.

Zur Probenbehandlung wäre zu sagen, daß die Proben auf der Seite der „Weißlichtbeleuchtung" zweckmäßigerweise so geätzt werden, daß die Oberflächenrekombination herabgesetzt wird, sonst bleibt die erreichte stationäre[7]) Flächendichte $\bar{N}$ zu klein. Die Dicke der Probe wird außerdem größer als die Diffusionslänge zu wählen sein, wenn man die Überschußträger dem Einfluß der erhöhten Oberflächenrekombination an der polierten Gegenseite entziehen will.

Die Verspiegelung der polierten Gegenseite kann galvanisch oder durch Aufdampfen geschehen.

Aus dem Experiment der Photoabsorption gewinnt man nach (82) das Spektrum der zum Absorptionsquerschnitt proportionalen Größe $q\bar{N}$. Zur quantitativen Bestimmung von q bedarf es der Kenntnis der Flächendichte $\bar{N}$, die im allgemeinen etwas schwerer zugänglich sein wird. Die Bestimmung von $\bar{N}$ kann jedoch prinzipiell über gleichzeitige Photoleitungsmessungen oder gleichzeitige Messungen des Dembereffektes oder des photoelektromagnetischen Effektes erfolgen.

Ist q dagegen bekannt, so läßt sich $\bar{N}$ als gesuchte Größe leicht angeben. Auf diese Weise kann man mit Hilfe der Photoabsorption eine *kontaktlose* Messung photoelektrischer Effekte durchführen.

Da in Halbleitern die Überschußträger nicht nur mit Hilfe des inneren lichtelektrischen Effektes erzeugt, sondern auch aus Sperrschichten „injiziert" werden können, kann die Absorption der Überschußträger auch hier zum Studium der Rekombinations- und Diffusionsmechanismen verwendet werden. Auch bei der Injektion von Minoritätsträgern handelt es sich stets um das Absorptionsspektrum eines Elektron-Loch-Paares, da die Neutralität eine Erhöhung der Dichte der Majoritätsträger um den gleichen Betrag erzwingt (vgl. die Diskussion unter „Germanium").

In der Folgezeit ist die Absorption freier Überschuß-Ladungsträger in diesem Sinne mehrfach herangezogen worden, um die Lebensdauer, die Diffusionslänge und den Rekombinationsmechanismus bei der Injektion oder beim Photoeffekt zu verfolgen. Das Absorptionsverhalten ist dabei jedoch nicht Selbstzweck, sondern vielmehr nur der Indikator. Diesbezüglich darf hier auf einige Literaturstellen [5, 11, 27, 28, 29, 30, 31, 32, 33, 34] und einen zusammenfassenden Artikel von Harrick [35] verwiesen werden.

Literatur[8])

[1] P. Drude, Phys. Z. **1**, 161 (1900).
[2] H. B. Briggs und R. C. Fletcher, Phys. Rev. **87**, 1130 (1952).
[3] W. Kaiser, R. J. Collins und H. Y. Fan, Phys. Rev. **91**, 1380 (1953).
[4] W. Kaiser, R. J. Collins und H. Y. Fan, Naturwissenschaften **40**, 479 (1953).
[5] H. B. Briggs und R. C. Fletcher, Phys. Rev. **91**, 1342 (1953).
[6] R. Newmann, Phys. Rev. **91**, 1311 (1953).
[7] F. R. Kessler, Phys. Verhandl. **8**, 195 (1957).
[8] F. R. Kessler, Z. Naturf. **13a**, 295 (1958).
[9] F. R. Kessler, Solid State Physics in Electronics and Telecommunications, Academic Press, London 1960 (S. 284).
[10] F. R. Kessler, J. Phys. Chem. Solids **8**, 275 (1959).

[7]) Bei Lebensdauern von $\tau \leqq 10^{-3}$ s kann der Vorgang innerhalb der Beleuchtungsphase von 1/13 s bei $= \nu_0$ 13 Hz als stationär angesehen werden.

[8]) Bei den mit * bezeichneten Literaturangaben handelt es sich um zusammenfassende Arbeiten, die es gestatten, den angegebenen Zusammenhang nachzulesen bzw. anhand der zitierten Literatur weiterzuverfolgen.

[11] L. HULDT und T. STAFLIN, Phys. Rev. Letters **1**, 236 (1958).
[12] F. R. KESSLER in: Halbleiter und Phosphore, Vieweg u. Sohn, Braunschweig 1958 (S. 375).
[13] G. DRESSELHAUS, A. F. KIPP und C. KITTEL, Phys. Rev. **92**, 827 (1953).
[14] G. DRESSELHAUS, A. F. KIPP und C. KITTEL, Phys. Rev. **98**, 368 (1955).
[15] A. H. KAHN, Phys. Rev. **97**, 1647 (1955).
[16] F. HERMAN und J. CALLAWAY, Phys. Rev. **89**, 518 (1953).
[17] E. O. KANE, J. Phys. Chem. Solids **1**, 82 (1956).
[18] F. R. KESSLER, Die optischen Konstanten der Halbleiter, in: Festkörperprobleme II, Hrsg. F. SAUTER, Vieweg-Verlag, Braunschweig 1963 (S. 1).*
[19] H. FRÖHLICH, Elektronentheorie der Metalle, Springer-Verlag, Berlin 1936.*
[20] R. A. SMITH, Semiconductors, Univ. Press, Cambridge 1959.*
[21] H. BROOKS, Advances in Electronics and Electron Physics **7**, 85, Acad. Press, New York 1955.*
[22] T. P. MCLEAN in: Progress in Semiconductors **5**, 53, Hrsg. A. F. GIBSON, Heywood & Co. Ltd., London 1960.*
[23] F. R. KESSLER, unveröffentlicht.
[24] F. R. KESSLER und E. SUTTER, Z. Naturf. **16a**, 1173 (1961).
[25] F. R. KESSLER und J. SCHNELL, Z. Naturf. **13a**, 458 (1958).
[26] K. LEHOVEC, Proc. IRE **40**, 1407 (1952).
[27] B. O. SERAPIN und D. A. ORTON, J. appl. Phys. **34**, 1743 (1963).
[28] L. H. SHARPE, Proc. Chem. Soc. London **1961**, 461 (1961).
[29] N. J. HARRICK, Phys. Rev. Letters **4**, 224 (1960).
[30] N. J. HARRICK, J. Phys. Chem. Solids **14**, 1110 (1960).
[31] J. FAHRENFORT, Spectrochim. Acta **17**, 698 (1961).
[32] L. HULDT, Phys. Rev. Letters **2**, 3 (1959).
[33] N. J. HARRICK, Phys. Rev. **125**, 1165 (1962).
[34] N. J. HARRICK, J. Phys. Chem. Solids **8**, 106 (1959).
[35] N. J. HARRICK, J. Phys. Chem. Solids **14**, 60 (1960).

(Received January 16, 1964)

Original Papers

phys. stat. sol. **5**, 33 (1964)

Institut für Magnetische Werkstoffe
der Deutschen Akademie der Wissenschaften zu Berlin, Jena

Greensche Funktionen in der Theorie eines einachsig und kubisch anisotropen Ferromagneten

Von

W. Haubenreisser und E. Jäger

Es wurden das renormierte Energiespektrum und die Magnetisierung eines Ferromagneten mit Berücksichtigung einer einachsigen, dipolaren und quadrupolaren Anisotropie berechnet. Wegen der benutzten Entkopplung für die Greenschen Funktionen sind die Ergebnisse nur für tiefe Temperaturen gültig. Es wurde ebenfalls eine Beziehung zwischen den Anisotropiekonstanten und der Magnetisierung abgeleitet.

The renormalized energy-spectrum and magnetization of a ferromagnet are calculated for a uniaxial, dipolar and quadrupolar anisotropy. Because of the decoupling of the Green functions the results are valid only for low temperatures. A relation between the constants of anisotropy and the magnetization is also derived.

1. Die Methode der Greenschen Funktionen

Die Methode der Greenschen Funktionen, die in der letzten Zeit in steigendem Maße bei quantenmechanischen Vielteilchenproblemen benutzt wurde, ist in den Arbeiten [1] und [2] ausführlich dargestellt. Wir beschränken uns deshalb auf die Grundformeln, die zum Verständnis der vorliegenden Arbeit erforderlich sind.

Die zweizeitigen temperaturabhängigen retardierten Greenschen Funktionen sind definiert durch

$$\langle\langle \hat{A}(t) \mid \hat{B}(t') \rangle\rangle = -i\, \Theta\,(t-t')\, \langle [\hat{A}(t), \hat{B}(t')]_- \rangle\,, \tag{1}$$

wobei $\hat{A}(t)$ und $\hat{B}(t)$ zwei beliebige Operatoren in Heisenberg-Darstellung sind. $\Theta\,(t-t')$ ist die bekannte Stufenfunktion, und die einfache Winkelklammer kennzeichnet den statistischen Mittelwert über die kanonische Gesamtheit:

$$\langle \ldots \rangle = \frac{\mathrm{Sp}\,(\ldots e^{-\beta \hat{H}})}{\mathrm{Sp}\,(e^{-\beta \hat{H}})}\,, \qquad \beta = \frac{1}{k_B \cdot T}\,,$$

k_B Boltzmannkonstante, T absolute Temperatur.

Diese Definition stimmt mit der in den Arbeiten [3, 4, 5], die auch die statistische Theorie des Ferromagnetismus zum Gegenstand haben, benutzten Definition für die Greenschen Funktionen überein, während andere Arbeiten [6, 7, 8, 9] den Faktor $(-i)$ in (1) weglassen. Die Greenschen Funktionen (1) bzw. ihre Fouriertransformierten

$$\langle\langle \hat{A} \mid \hat{B} \rangle\rangle_E = \frac{1}{2\pi} \int_{-\infty}^{+\infty} \langle\langle \hat{A}(t) \mid \hat{B}(t') \rangle\rangle\, e^{iE(t-t')}\, d\,(t-t') \tag{2}$$

genügen folgenden Bewegungsgleichungen ($\hbar = 1$ gesetzt):

$$i \frac{d}{dt} \langle\langle \hat{A}(t) \mid \hat{B}(t') \rangle\rangle = \delta(t - t') \langle [\hat{A}(t), \hat{B}(t')]_- \rangle + \langle\langle [\hat{A}(t), H]_- \mid \hat{B}(t') \rangle\rangle , \quad (3\,a)$$

$$E \langle\langle \hat{A} \mid \hat{B} \rangle\rangle_E = \frac{1}{2\pi} \langle [\hat{A}, \hat{B}]_- \rangle + \langle\langle [\hat{A}, H]_- \mid \hat{B} \rangle\rangle_E . \quad (3\,b)$$

Nach dem Spektraltheorem gilt folgender Zusammenhang zwischen den Fouriertransformierten der Greenschen Funktionen $\langle\langle \hat{A} \mid \hat{B} \rangle\rangle_E$ und der Korrelationsfunktion $\langle \hat{B}(t') \hat{A}(t) \rangle$:

$$\langle \hat{B}(t') \hat{A}(t) \rangle = i \lim_{\varepsilon \to 0} \int_{-\infty}^{+\infty} \frac{\langle\langle \hat{A} \mid \hat{B} \rangle\rangle_{E=\omega+i\varepsilon} - \langle\langle \hat{A} \mid \hat{B} \rangle\rangle_{E=\omega-i\varepsilon}}{e^{\omega\beta} - 1} \cdot e^{-i\omega(t-t')} \, d\omega . \quad (4)$$

Aus den Korrelationsfunktionen kann man die statistischen Mittelwerte makroskopischer Größen berechnen.

2. Der Hamiltonoperator

Die Methode der Greenschen Funktionen wurde bisher auf isotrope Ferromagnetika [2, 3, 4, 5, 6, 7], einachsig anisotrope Ferromagnetika [10, 11], Heisenberg-Ferromagnetika mit Formanisotropie [8] und einachsig anisotrope Ferromagnetika mit Formanisotropie [9] angewendet. Die meisten Ferromagnetika besitzen aber eine kubische Kristallanisotropie, so daß die oben zitierten Arbeiten nicht für einen Vergleich mit dem Experiment geeignet sind. Es erscheint deshalb notwendig, entsprechende Rechnungen für einen kubisch anisotropen Ferromagneten durchzuführen. Wir gehen deshalb von dem folgenden Hamiltonoperator aus:

$$\hat{H} = - \sum_{l \neq m = 1}^{N}{}' I(R_{lm}) \hat{\mathfrak{S}}_l \hat{\mathfrak{S}}_m + \frac{1}{2} \sum_{l \neq m = 1}^{N} D(R_{lm}) \left[\hat{\mathfrak{S}}_l \hat{\mathfrak{S}}_m - \frac{3}{R_{lm}^2} (\hat{\mathfrak{S}}_l \mathfrak{R}_{lm}) (\hat{\mathfrak{S}}_m \mathfrak{R}_{lm}) \right] +$$
$$+ \frac{1}{2} \sum_{l \neq m = 1}^{N} \frac{Q(R_{lm})}{R_{lm}^4} (\hat{\mathfrak{S}}_l \mathfrak{R}_{lm})^2 (\hat{\mathfrak{S}}_m \mathfrak{R}_{lm})^2 - \sum_{l \neq m = 1}^{N} \delta I(R_{lm}) \hat{S}_l^z \hat{S}_m^z - \mu \mathfrak{H} \sum_{l=1}^{N} \hat{\mathfrak{S}}_l ;$$
$$\mu = g \, \mu_B , \quad (5)$$

welcher sich aus dem Diracschen Austauschoperator, dem dipolaren Spin-Spin-Wechselwirkungsoperator (er liefert die Formanisotropie), dem Operator für die Quadrupolwechselwirkung (er bedingt die kubische Anisotropie), dem Operator für die einachsige Anisotropie und dem Zeemanterm (bedingt durch das äußere Magnetfeld) zusammensetzt. In (5) bedeuten $\hat{\mathfrak{S}}_l(\hat{S}_l^x, \hat{S}_l^y, \hat{S}_l^z)$ den Spinoperator (bzw. dessen Komponenten) am Gitterpunkt $\mathfrak{R}_l$ bei beliebiger Spinquantenzahl, $I(R_{lm})$ das positive Austauschintegral, $D(R_{lm}) = \frac{\mu^2}{R_{lm}^3}$ die dipolare Spin-Spin-Kopplungskonstante, $Q(R_{lm})$ und $\delta I(R_{lm})$ die entsprechenden Konstanten für die kubische und einachsige Anisotropie sowie $\mathfrak{H}$ den Vektor des statischen Magnetfeldes. N ist die Zahl der Gitterpunkte, g der Landé-Faktor, μ_B das Bohrsche Magneton und N_v die Zahl der Gitterpunkte pro Einheitsvolumen.

Ausgehend von einem zu (5) analogen Hamiltonoperator wurde in früheren Arbeiten [12, 13, 14, 15] das Problem in der Spinwellennäherung behandelt. Durch die vorliegende Arbeit sollen die in der Spinwellennäherung erhaltenen Resultate nachgeprüft und auf einen größeren Temperaturbereich ausgedehnt werden. Zu diesem Zweck ist es angebracht, die Spinoperatoren in (5) durch modifizierte Boseoperatoren zu ersetzen. Das geschieht mit folgender Transformation [15]:

$$\left.\begin{aligned}
\hat{S}_l^\alpha &= S_l^\alpha\left(1-\frac{\hat{n}_l}{S_l}\right)+\Omega_l^\alpha\, f(\hat{n}_l)\,\hat{b}_l+\Omega_l^{\alpha *}\,\hat{b}_l^+\, f(\hat{n}_l)\,; \qquad \alpha = x, y, z\\
\Omega_l^x &= \frac{1}{2\sqrt{2\,S_l}}\,[e^{i\varphi_l}(S_l+S_l^z)-e^{-i\varphi_l}(S_l-S_l^z)]\,;\\
\Omega_l^y &= \frac{1}{2\,i\sqrt{2\,S_l}}\,[e^{i\varphi_l}(S_l+S_l^z)+e^{-i\varphi_l}(S_l-S_l^z)]\,;\\
\Omega_l^z &= -\frac{1}{\sqrt{2\,S_l}}\sqrt{(S_l^x)^2+(S_l^y)^2}\,;\\
f(\hat{n}_l) &= \sqrt{1-\frac{\hat{n}_l}{2\,S_l}}\,, \qquad e^{i\varphi_l}=(S_l^x+i\,S_l^y)\,[(S_l^x)^2+(S_l^y)^2]^{-1/2}\,.
\end{aligned}\right\} \tag{6}$$

Die Transformationsvektoren $\vec{\Omega}_l$ und $\vec{\Omega}_l^*$ genügen den Bedingungen

$$\left.\begin{aligned}
&\vec{\Omega}_l\cdot\vec{\Omega}_l=\vec{\Omega}_l^*\cdot\vec{\Omega}_l^*=\mathfrak{S}_l\cdot\vec{\Omega}_l=\mathfrak{S}_l\cdot\vec{\Omega}_l^*=0\,,\\
&\vec{\Omega}_l\cdot\vec{\Omega}_l^*=S_l\,,\qquad \Omega_l^{\alpha *}\cdot\Omega_l^\alpha=\frac{S_l^2-(S_l^\alpha)^2}{2\,S_l}\,.
\end{aligned}\right\} \tag{7}$$

Die Lage der Magnetisierung wird durch $\vec{\Omega}_l$ ausgedrückt. Liegt die Magnetisierung speziell in der (010)-Ebene bzw. der (110)-Ebene, so hat das entsprechende $\vec{\Omega}_l$ die Gestalt

$$\vec{\Omega}_l^{(010)}=\frac{1}{\sqrt{2\,S_l}}\,(S_l^z,\ -i\,S_l,\ -S_l^x)\,, \tag{8a}$$

$$\vec{\Omega}_l^{(110)}=\frac{1}{2\sqrt{S_l}}\,(S_l^z-i\,S_l,\ -S_l^z-i\,S_l,\ -2\,S_l^x)\,, \tag{8b}$$

wobei die Komponenten S_l^α im Kristallkoordinatensystem ($x=[100]$, $y=[010]$, $z=[001]$) zu nehmen sind. Die modifizierten Bose-Operatoren genügen den Vertauschungsregeln

$$\left.\begin{aligned}
[\hat{b}_l,\hat{b}_m^+]_- &= \delta_{lm}\left(1-\frac{2\,S_l+1}{(2\,S_l)!}\prod_{p=0}^{2S_l-1}(\hat{n}_l-p)\right),\\
\hat{n}_l &= \hat{b}_l^+\,\hat{b}_l=0,1,2,\ldots,2\,S_l\,,\\
(\hat{b}_l)^{2S_l+1} &= (\hat{b}_l^+)^{2S_l+1}=0\,.
\end{aligned}\right\} \tag{9}$$

In der Spinwellennäherung wird üblicherweise $f(\hat{n}_l)=1$ gesetzt. Diese grobe Näherung, welche nur für $S_l \gg 1$ oder $T\approx 0$ gerechtfertigt ist, kann man vermeiden, wenn man die Substitutionen

$$\hat{c}_l=f(\hat{n}_l)\,\hat{b}_l\,,\qquad \hat{c}_l^+=\hat{b}_l^+\,f(\hat{n}_l) \tag{10}$$

durchführt. Die neuen Operatoren $\hat{c}_l, \hat{c}_p^+$ genügen folgenden Vertauschungsrelationen

$$[\hat{c}_l, \hat{c}_p^+]_- = \delta_{lp}\left(1 - \frac{\hat{n}_l}{S_l}\right), \qquad [\hat{c}_p, \hat{n}_l]_- = \delta_{lp}\,\hat{c}_l\,, \tag{11}$$

aus denen Kommutatorbeziehungen mit einer größeren Anzahl von Operatoren hergeleitet werden können. Mit diesen Operatoren $\hat{c}_l, \hat{c}_l^+$ schreibt sich der Hamiltonoperator (5) in folgender Gestalt:

$$\begin{aligned}\hat{H} = \frac{1}{2} E_0 + \sum_{l \neq m} [&A(R_{lm})\,\hat{c}_m + \frac{1}{2} B_1(R_{lm})\,\hat{n}_l + \frac{1}{2} B_2(R_{lm})\,\hat{c}_l^+\,\hat{c}_m + \\ &+ B_3(R_{lm})\,\hat{c}_l\,\hat{c}_m + B_4(R_{lm})\,\hat{c}_m^2 + F_1(R_{lm})\,\hat{n}_l\,\hat{c}_m + F_2(R_{lm})\,\hat{n}_m\,\hat{c}_m + \\ &+ F_3(R_{lm})\,\hat{c}_l\,\hat{c}_m^2 + F_4(R_{lm})\,\hat{c}_l\,\hat{c}_m^{+2} + \frac{1}{2} G_1(R_{lm})\,\hat{n}_l\,\hat{n}_m + G_2(R_{lm})\,\hat{n}_l\,\hat{c}_m^2 + \\ &+ G_3(R_{lm})\,\hat{n}_m\,\hat{c}_l\,\hat{c}_m + G_4(R_{lm})\,\hat{c}_m^+\,\hat{n}_m\,\hat{c}_l + G_5(R_{lm})\,\hat{c}_l^2\,\hat{c}_m^2 + \frac{1}{2} G_6(R_{lm})\,\hat{c}_l^2\,\hat{c}_m^{+2} + \\ &+ \frac{1}{2} G_7(R_{lm})\,\hat{n}_l^2 + K_1(R_{lm})\,\hat{n}_l\,\hat{n}_m\,\hat{c}_m + K_2(R_{lm})\,\hat{n}_l^2\,\hat{c}_m + K_3(R_{lm})\,\hat{n}_l\,\hat{c}_l\,\hat{c}_m^2 + \\ &+ K_4(R_{lm})\,\hat{n}_l\,\hat{c}_m^{+2}\,\hat{c}_l + \frac{1}{2} L_1(R_{lm})\,\hat{n}_l\,\hat{n}_m^2 + L_2(R_{lm})\,\hat{n}_l^2\,\hat{c}_m^2 + L_3(R_{lm})\,\hat{n}_l\,\hat{n}_m\,\hat{c}_l\,\hat{c}_m + \\ &+ \frac{1}{2} L_4(R_{lm})\,\hat{n}_l\,\hat{c}_l\,\hat{c}_m^+\,\hat{n}_m + M(R_{lm})\,\hat{n}_l^2\,\hat{n}_m\,\hat{c}_m + \\ &+ \frac{1}{2} N(R_{lm})\,\hat{n}_l^2\,\hat{n}_m^2] - \mu \cdot \mathfrak{H} \sum_l \left[\vec{\Omega}_l\,\hat{c}_l - \frac{1}{2}\frac{\mathfrak{S}_l}{S_l}\,\hat{n}_l\right] + \text{kompl. konj.}\,. \end{aligned} \tag{12}$$

Die $A(R_{lm})$, $B_i(R_{lm})$, $F_i(R_{lm})$, $G_i(R_{lm})$, $K_i(R_{lm})$, $M(R_{lm})$ und $N(R_{lm})$ sind Abkürzungen, von denen wir die für den später betrachteten Fall $\gamma = \gamma^* = 0$ benötigten Abkürzungen im Anhang angeben. In (12) wurden sämtliche Operatorterme berücksichtigt, da auch die Glieder hoher Ordnung in den $\hat{c}_l$ und $\hat{c}_l^+$ bei der später durchzuführenden Entkopplung der Greenschen Funktionen einen wesentlichen Beitrag geben.

3. Die Entkopplung der Greenschen Funktionen

Durch das zweite Glied auf der rechten Seite der Gleichung (3) wird die Greensche Funktion, die auf der linken Seite von (3) steht, mit Greenschen Funktionen höherer Ordnung gekoppelt, die dann wieder durch eine Gleichung von der Form (3) bestimmt sind usw. Durch diesen Iterationsprozeß entsteht für die Greensche Funktion niedrigster Ordnung eine unendliche Gleichungskette. Eine Lösung dieser Gleichungskette ist bisher nur näherungsweise durch Abbrechen der Kette möglich gewesen, indem man durch eine dem Problem angepaßte Entkopplungsvorschrift die Greenschen Funktionen höherer Ordnung auf die niedrigerer Ordnung zurückführte [1, 2, 3, 4, 5, 6, 7, 8, 9, 10, 11].

Grundlage der Entkopplung bei ferromagnetischen Problemen ist die Operatoridentität [3, 5] für eine beliebige Spinquantenzahl S_l

$$\hat{S}_l^z = S_l\,(S_l + 1) - (\hat{S}_l^z)^2 - \hat{S}_l^-\,\hat{S}_l^+ \tag{13}$$

mit $\hat{S}_l^- = \sqrt{2 S_l}\,\hat{c}_l^+$, $\hat{S}_l^+ = \sqrt{2 S_l}\,\hat{c}_l$ und $\hat{S}_l^z = S_l - \hat{n}_l$. In den $\hat{c}_l$, $\hat{c}_l^+$ schreibt sich diese Identität in der Form

$$\hat{n}_l = \hat{n}_l^2 - 2 S_l \hat{n}_l + 2 S_l \hat{c}_l^+ \hat{c}_l \tag{14}$$

mit der Nebenbedingung

$$\prod_{p=0}^{2 S_l} (\hat{n}_l - p) = 0 . \tag{15}$$

Bildet man mit dem Hamiltonoperator (12) das zweite Glied auf der rechten Seite von (3) für die Greenschen Funktionen niedrigster Ordnung, die nur aus zwei Operatoren $\hat{c}_l$ bzw. $\hat{c}_l^+$ gebildet werden, so erhält man wegen der großen Anzahl und der Form der Glieder in (12) neben Greenschen Funktionen niedriger Ordnung auch eine große Anzahl Greenscher Funktionen höherer Ordnung. Würde man diese Greenschen Funktionen höherer Ordnung nicht auf die niedrigster Ordnung zurückführen, dann würde die Zahl der Terme derart ansteigen, daß eine Durchführung der Rechnung nur unter beträchtlichem Aufwand möglich sein würde. Auf Grund dieser Überlegungen ist folgende Entkopplungsvorschrift sinnvoll, wobei wir uns auf die Arbeiten von Tjablikov und Siklos [10] stützen. Wir stellen die Operatoren $\hat{c}_l$ und $\hat{c}_l^+$ dar in der Form

$$\hat{c}_l = \gamma + \hat{d}_l , \qquad \hat{c}_l^+ = \gamma^* + \hat{d}_l^+ \tag{16a}$$

mit den Nebenbedingungen

$$\langle \hat{d}_l \rangle = \langle \hat{d}_l^+ \rangle = 0 . \tag{16b}$$

Dann folgt aus (14)

$$(1 + 2 S_l)\,\hat{n}_l = \hat{n}_l^2 + 2 S_l\,[\gamma \cdot \gamma^* + \gamma^* \hat{d}_l + \gamma\,\hat{d}_l^+ + \hat{d}_l^+ \hat{d}_l] . \tag{17}$$

Das Glied $\hat{n}_l^2$ in (17) würde für Spin $S_l > 1/2$ wegen der Nebenbedingung (15) zu Greenschen Funktionen höherer Ordnung führen, da (15) ein Polynom in den Besetzungszahloperatoren $\hat{n}_l$ bis zur Potenz $(2 S_l + 1)$ darstellt. Wir ersetzen deshalb näherungsweise das Glied $\hat{n}_l^2$ in (17) durch das lineare Glied in (15) und vernachlässigen die höheren Potenzen in $\hat{n}_l$

$$\hat{n}_l^2 \approx g(S_l)\,\hat{n}_l , \tag{18}$$

wobei sich der Faktor $g(S_l)$ aus (15) ergibt. Aus (17) folgt dann mit (16) und (18)

$$\left.\begin{aligned} \hat{n}_l &= \langle \hat{n}_l \rangle + \left(\frac{2 S_l}{2 S_l + 1 - g(S_l)}\right) [\gamma\,\hat{d}_l^+ + \gamma^* \hat{d}_l + Y_{ll}] , \\ Y_{ll} &= \hat{d}_l^+ \hat{d}_l - \langle \hat{d}_l^+ \hat{d}_l \rangle . \end{aligned}\right\} \tag{19}$$

Die Entkopplung wird in der Weise durchgeführt, daß man die Gleichungen (16a) und (19) in die Greenschen Funktionen höherer Ordnung einsetzt und alle Greenschen Funktionen, die mehr als zwei Operatoren enthalten, vernachlässigt. Dann treten folgende vier Greensche Funktionen auf:

$$\langle\!\langle \hat{c}_l(t) \mid \hat{c}_p^+(t') \rangle\!\rangle = \langle\!\langle \hat{d}_l(t) \mid \hat{d}_p^+(t') \rangle\!\rangle = G_{lp}^{(1)}(t - t') ; \tag{20a}$$

$$\langle\!\langle \hat{c}_l^+(t) \mid \hat{c}_p^+(t') \rangle\!\rangle = \langle\!\langle \hat{d}_l^+(t) \mid \hat{d}_p^+(t') \rangle\!\rangle = G_{lp}^{(2)}(t - t') ; \tag{20b}$$

$$\langle\!\langle \hat{c}_l(t) \mid \hat{c}_p(t') \rangle\!\rangle = \langle\!\langle \hat{d}_l(t) \mid \hat{d}_p(t') \rangle\!\rangle = G_{lp}^{(3)}(t - t') ; \tag{20c}$$

$$\langle\!\langle \hat{c}_l^+(t) \mid \hat{c}_p(t') \rangle\!\rangle = \langle\!\langle \hat{d}_l^+(t) \mid \hat{d}_p(t') \rangle\!\rangle = G_{lp}^{(4)}(t - t') . \tag{20d}$$

Die Bewegungsgleichungen (3a) für die Greenschen Funktionen (20) lauten nach der obigen Entkopplungsvorschrift

$$i \dot{G}_{lp}^{(1)} = a_{11}(0)\, G_{lp}^{(1)} + a_{12}(0)\, G_{lp}^{(2)} - \sum_{\substack{m \\ (\neq l)}} a_{13}(R_{lm})\, G_{mp}^{(1)} - \\ - \sum_{\substack{m \\ (\neq l)}} a_{14}(R_{lm})\, G_{mp}^{(2)} + \delta_{lp} \cdot \sigma_l \cdot \delta\,(t - t')\,; \tag{21a}$$

$$i \dot{G}_{lp}^{(2)} = - a_{21}(0)\, G_{lp}^{(1)} - a_{22}(0)\, G_{lp}^{(2)} + \sum_{\substack{m \\ (\neq l)}} a_{23}(R_{lm})\, G_{mp}^{(1)} + \sum_{\substack{m \\ (\neq l)}} a_{24}(R_{lm})\, G_{mp}^{(2)}\,; \tag{21b}$$

$$i \dot{G}_{lp}^{(3)} = a_{11}(0)\, G_{lp}^{(3)} + a_{12}(0)\, G_{lp}^{(4)} - \sum_{\substack{m \\ (\neq l)}} a_{13}(R_{lm})\, G_{mp}^{(3)} - \sum_{\substack{m \\ (\neq l)}} a_{14}(R_{lm})\, G_{mp}^{(4)}\,; \tag{21c}$$

$$i \dot{G}_{lp}^{(4)} = - a_{21}(0)\, G_{lp}^{(3)} - a_{22}(0)\, G_{lp}^{(4)} + \sum_{\substack{m \\ (\neq l)}} a_{23}(R_{lm})\, G_{mp}^{(3)} + \\ + \sum_{\substack{m \\ (\neq l)}} a_{24}(R_{lm})\, G_{mp}^{(4)} - \delta_{lp} \cdot \sigma_l \cdot \delta\,(t - t')\,; \qquad \sigma_l = 1 - \frac{1}{S_l} \langle \hat{n}_l \rangle\,. \tag{21d}$$

Auf Grund der Identität $\langle\langle \hat{A} \mid \hat{B} \rangle\rangle^{+} \equiv \langle\langle \hat{A}^{+} \mid \hat{B}^{+} \rangle\rangle$ gelten für die a_{ij} folgende Beziehungen:

$$\left. \begin{aligned} a_{11}(0) &= a_{22}^{*}(0)\,, & a_{12}(0) &= a_{21}^{*}(0)\,, \\ a_{13}(R_{lm}) &= a_{24}^{*}(R_{lm})\,, & a_{14}(R_{lm}) &= a_{23}^{*}(R_{lm})\,. \end{aligned} \right\} \tag{22}$$

Die a_{ij} können für den allgemeinen Fall hier nicht angegeben werden, da sie eine zu große Anzahl von Termen umfassen. Es ist noch erforderlich, einige Bemerkungen über die Entkopplung zu machen. Sie ist in den zitierten Arbeiten stets ein kritischer Punkt, da sie einer gewissen Willkür unterliegt und nur das Endergebnis die Brauchbarkeit des angewandten Entkopplungsverfahrens rechtfertigt. Für den Fall $S_l = 1/2$ gilt $\hat{n}_l^2 = \hat{n}_l$, so daß sich das Problem wesentlich vereinfacht. Wegen der Quadrupolwechselwirkung müssen wir den Fall $S_l > 1/2$ betrachten, was auf Grund der Nebenbedingung (15) zu einer Nichtlinearität führt und die Anwendung der Methode der Greenschen Funktionen beträchtlich erschwert. Mit unserer Entkopplung gleichen wir das Problem für beliebige Spinquantenzahlen S_l dem Fall $S_l = 1/2$ an. Die Güte dieser Näherung können wir exakt nicht abschätzen. Man kann aber sicher annehmen, daß die Ergebnisse eine Erweiterung der Spinwellennäherung auf höhere Temperaturen darstellen.

4. Das Energiespektrum der Spinmoden

Die Berechnung der Energie der Spinmoden erfolgt nach dem Vorbild der Arbeiten [7] und [10]. Zu diesem Zweck können wir wegen der Translationsinvarianz des Gitters die Fouriertransformation

$$G_{lp}^{(j)}(t - t') = N^{-1} \sum_{\mathfrak{k}} e^{i \mathfrak{R}_{lp} \cdot \mathfrak{k}} \int_{-\infty}^{+\infty} G_{\mathfrak{k}}^{(j)}(E)\, e^{-iE(t-t')}\, dE\,, \quad j = 1, 2, 3, 4 \tag{23}$$

durchführen, wobei die Summation über den Wellenzahlvektor $\mathfrak{k}$ der ersten Brillouinschen Zone zu erstrecken ist. Analog dazu transformieren wir die a_{ij}

in das reziproke Gitter. Dann ergeben sich mit den Beziehungen (22) die folgenden:

$$a_{13}(\mathfrak{k}) = a_{24}^*(\mathfrak{k}) , \qquad a_{14}(\mathfrak{k}) = a_{23}^*(\mathfrak{k}) . \tag{24}$$

Durch Einsetzen von (23) in (21) bekommen wir folgende Lösungen für die $G_{\mathfrak{k}}^{(j)}(E)$:

$$\left. \begin{aligned} G_{\mathfrak{k}}^{(1)}(E) &= \frac{\sigma}{2\pi} \frac{\frac{1}{2}\left(A_{\mathfrak{k}} + A_{\mathfrak{k}}^*\right) + E}{E^2 - E_{\mathfrak{k}}^2} = G_{\mathfrak{k}}^{(4)*}(-E^*) , \\ G_{\mathfrak{k}}^{(2)}(E) &= \frac{\sigma}{2\pi} \frac{B_{\mathfrak{k}}^*}{E^2 - E_{\mathfrak{k}}^2} = G_{\mathfrak{k}}^{(3)*}(+E^*) \end{aligned} \right\} \tag{25}$$

mit den Abkürzungen

$$A_{\mathfrak{k}} = a_{11}(0) - a_{13}(\mathfrak{k}) , \qquad B_{\mathfrak{k}} = a_{14}(\mathfrak{k}) - a_{12}(0) , \tag{26}$$

wobei angenommen wurde, daß σ wegen der Gleichartigkeit der Gitteratome und der Translationsinvarianz unabhängig vom Gitterindex ist.

Als Energie der Spinmoden (Pole der Greenschen Funktionen) folgt aus (25)

$$E_{\mathfrak{k}} = \left[\left(\frac{A_{\mathfrak{k}} + A_{\mathfrak{k}}^*}{2}\right)^2 - B_{\mathfrak{k}}^* B_{\mathfrak{k}}\right]^{1/2} = [(\mathrm{Re}\, A_{\mathfrak{k}} - |B_{\mathfrak{k}}|)\,(\mathrm{Re}\, A_{\mathfrak{k}} + |B_{\mathfrak{k}}|)]^{1/2} . \tag{27}$$

Die allgemeinen Ausdrücke für $A_{\mathfrak{k}}$ und $B_{\mathfrak{k}}$ wurden berechnet, können aber an dieser Stelle wegen des Umfangs nicht angegeben werden. Lediglich für $\gamma = \gamma^* = 0$ ergeben sich einfache Ausdrücke. Wie unter 5. gezeigt wird, entspricht dieser Fall der „Kittelschen Parallelitätsbedingung" ($\mathfrak{H} \| \mathfrak{M}$), die bei ferromagnetischen Resonanzexperimenten vorausgesetzt wird. Es ergeben sich dann für $A_{\mathfrak{k}}$ und $B_{\mathfrak{k}}$ folgende Beziehungen:

$$\begin{aligned} A_{\mathfrak{k}} = {} & \mu \cdot H + 2 S \sigma \sum_{l(\neq m)} I(R_{lm}) + \frac{2}{S} \sigma \cdot S_z^2 \sum_{l(\neq m)} \delta I(R_{lm}) - \\ & - \frac{\sigma}{S} \sum_{l(\neq m)} D(R_{lm}) \left(S^2 - \frac{3}{R_{lm}^2} (\mathfrak{S}\, \mathfrak{R}_{lm})^2\right) - \frac{3}{4 S^3} (1 - 2 S \sigma)\,(S + 1 - 3 S \sigma^2) \times \\ & \times \sum_{l(\neq m)} \frac{Q(R_{lm})}{R_{lm}^4} (\mathfrak{S}\, \mathfrak{R}_{lm})^4 + \frac{1}{S} (1 - 2 S \sigma) \left(S + 1 - \frac{3}{2} S \sigma^2\right) \times \\ & \times \sum_{l(\neq m)} \frac{Q(R_{lm})}{R_{lm}^2} (\mathfrak{S}\, \mathfrak{R}_{lm})^2 - \frac{S}{4} (1 - 2 S \sigma)\,(S + 1 - S \sigma^2) \sum_{l(\neq m)} Q(R_{lm}) - \\ & - 2 S \sigma \sum_{l(\neq m)} I(R_{lm})\, e^{i \mathfrak{k} \mathfrak{R}_{lm}} - \frac{\sigma}{S} (S^2 - S_z^2) \sum_{l(\neq m)} \delta I(R_{lm})\, e^{i \mathfrak{k} \mathfrak{R}_{lm}} - \\ & - \frac{\sigma}{2 S} \sum_{l(\neq m)} D(R_{lm}) \left(S^2 - \frac{3}{R_{lm}^2} (\mathfrak{S}\, \mathfrak{R}_{lm})^2\right) e^{i \mathfrak{k} \mathfrak{R}_{lm}} - \\ & - \frac{1}{2 S^3} (1 - 2 S \sigma)\,(S + 1 - 3 S \sigma^2) \sum_{l(\neq m)} \frac{Q(R_{lm})}{R_{lm}^4} (\mathfrak{S}\, \mathfrak{R}_{lm})^4\, e^{i \mathfrak{k} \mathfrak{R}_{lm}} + \\ & + \frac{1}{2 S} (1 - 2 S \sigma)\,(S + 1 - 3 S \sigma^2) \sum_{l(\neq m)} \frac{Q(R_{lm})}{R_{lm}^2} (\mathfrak{S}\, \mathfrak{R}_{lm})^2\, e^{i \mathfrak{k} \mathfrak{R}_{lm}} \end{aligned} \tag{28}$$

und

$$B_{\mathfrak{k}} = \frac{\sigma}{S}(S^2 - S_z^2) \sum_{l(\neq m)} \delta I(R_{lm})\, e^{i\mathfrak{k}\mathfrak{R}_{lm}} + 3\sigma \sum_{l(\neq m)} D(R_{lm}) \frac{(\vec{\Omega}^* \mathfrak{R}_{lm})^2}{R_{lm}^2} e^{i\mathfrak{k}\mathfrak{R}_{lm}} -$$
$$- \frac{1}{S^2}(1 - 2S\sigma)(S + 1 - 3S\sigma^2) \sum_{l(\neq m)} \frac{Q(R_{lm})}{R_{lm}^4} (\mathfrak{S}\,\mathfrak{R}_{lm})^2 (\vec{\Omega}^* \mathfrak{R}_{lm})^2 e^{i\mathfrak{k}\mathfrak{R}_{lm}} -$$
$$- \frac{1}{2S^2}(1 - 2S\sigma)(S + 1 - 3S\sigma^2) \sum_{l(\neq m)} \frac{Q(R_{lm})}{R_{lm}^4} (\mathfrak{S}\,\mathfrak{R}_{lm})^2 (\vec{\Omega}^* R_{lm})^2 +$$
$$+ \frac{1}{2}(1 - 2S\sigma)(S + 1 - S\sigma^2) \sum_{l(\neq m)} \frac{Q(R_{lm})}{R_{lm}^2} (\vec{\Omega}^* \mathfrak{R}_{lm})^2 . \tag{29}$$

Berechnet man die Energie der Spinmoden mit $\gamma = \gamma^* = 0$ für die (010)-Ebene mit der Formel (8a), so erhält man (für das einfach-kubische Gitter)

$$\left.\begin{aligned}
A_{\mathfrak{k}} &= \mu H + S\sigma(I(0) - I(\mathfrak{k})) + S\sigma[2\cos^2\vartheta\, \delta I(0) - \sin^2\vartheta\, \delta I(\mathfrak{k})] - \\
&\quad - \frac{1}{2}\sigma\mu^2 N_v S\Big[\sin^2\vartheta\Big(2N_{11} + \frac{4\pi k_1^2}{k^2}\Big) + \cos^2\vartheta \times \\
&\quad \times \Big(2N_{33} + \frac{4\pi k_3^2}{k^2}\Big) + \sin 2\vartheta\Big(2N_{13} + \frac{4\pi k_1 k_3}{k^2}\Big) - 4\pi\Big] + \\
&\quad + S(1 - 2S\sigma)(S + 1 - 3S\sigma^2)\,Q\Big[\frac{1}{2} + \sin^2\vartheta\cos k_1 a + \\
&\quad + \cos^2\vartheta\cos k_3 a - \cos^4\vartheta\Big(\frac{3}{2} + \cos k_3 a\Big) - \sin^4\vartheta\Big(\frac{3}{2} + \cos k_1 a\Big)\Big], \\
B_{\mathfrak{k}} &= S\sigma\,\delta I(\mathfrak{k})\sin^2\vartheta - \frac{1}{2}\sigma\mu^2 N_v S\frac{4\pi}{k^2}[(k_1\cos\vartheta + i k_2)^2 + \\
&\quad + (k_3\sin\vartheta - i k_2)^2 + k_2^2 - k_1 k_3\sin 2\vartheta] - S(1 - 2S\sigma) \times \\
&\quad \times (S + 1 - 3S\sigma^2)\,Q\sin^2\vartheta\cos^2\vartheta\,(1 + \cos k_1 a + \cos k_3 a)\,.
\end{aligned}\right\} \tag{30}$$

$I(0)$ und $I(\mathfrak{k})$ sind durch die folgenden Formeln gegeben:

$$I(\mathfrak{k}) = \sum_{l(\neq m)} I(R_{lm})\, e^{i\mathfrak{k}\mathfrak{R}_{lm}}\,; \qquad (\mathfrak{k} \text{ beliebig}).$$

Entsprechendes gilt auch für $\delta I(0)$ und $\delta I(\mathfrak{k})$. Die Gittersummen der Dipolkopplung wurden mit den Hilfsformeln (siehe [9])

$$\frac{1}{N_v}\sum_{l(\neq p)} [\delta_{ij} - 3\,\alpha_{lp}^i\,\alpha_{lp}^j]\, R_{lp}^{-3} + \frac{4\pi}{3}\delta_{ij} = N_{ij}\,,$$

$$\frac{1}{N_v}\sum_{l(\neq p)} [\delta_{ij} - 3\,\alpha_{lp}^i\,\alpha_{lp}^j]\, R_{lp}^{-3}\, e^{i\mathfrak{k}\mathfrak{R}_{lp}} = \frac{4\pi}{3}\Big(\frac{3k_i k_j}{k^2} - \delta_{ij}\Big), \qquad k \neq 0$$

berechnet. Es bedeuten dabei N_{ij} die Entmagnetisierungsfaktoren, α_{lp}^i, α_{lp}^j die Richtungskosinus der Vektoren $\mathfrak{R}_{lp}$ und k_i die kartesischen Komponenten des Wellenzahlvektors $\mathfrak{k}$, wobei Oberflächeneffekte vernachlässigt wurden. Bei der

Berechnung der Gittersummen der Quadrupolkopplung wurde nur über die nächsten Nachbarn summiert. Q ist hierbei der Wert $Q(R_{lm})$ für $R_{lm} = a$, a ist die Gitterkonstante des primitiv kubischen Gitters. ϑ ist der Winkel zwischen der z-Achse des Kristallkoordinatensystems und der Magnetisierung.

Für $\mathfrak{k} = 0$ (Kittelmode) kommen die bisher betrachteten Spezialfälle: a) einachsige Anisotropie [10], b) Formanisotropie [8], c) einachsige und Formanisotropie [9][1]), d) kubische und Formanisotropie [12, 17] richtig heraus, wenn man die mikroskopischen Größen mit den phänomenologischen in Zusammenhang bringt (siehe Kapitel 6):

$$\left.\begin{aligned} A_0 &= \mu H + S\sigma\,\delta I(0)\,(3\cos^2\vartheta - 1) - \\ &\quad - \frac{3}{2} N_v \sigma \mu^2 S\left(N_{11}\sin^2\vartheta + N_{33}\cos^2\vartheta + N_{13}\sin 2\vartheta - \frac{4\pi}{3}\right) + \\ &\quad + S(1 - 2S\sigma)(S + 1 - 3S\sigma^2)\,Q\,(5\cos^2\vartheta\sin^2\vartheta - 1)\,; \\ B_0 &= S\sigma\,\delta I(0)\sin^2\vartheta - \frac{1}{2}\sigma\mu^2 N_v S\,[N_{11}\cos^2\vartheta + N_{33}\sin^2\vartheta - \\ &\quad - N_{22} - N_{13}\sin 2\vartheta + 2i\,(N_{12}\cos\vartheta - N_{23}\sin\vartheta)] - \\ &\quad - S(1 - 2S\sigma)(S + 1 - 3S\sigma^2)\,Q\,(3\cos^2\vartheta\sin^2\vartheta)\,. \end{aligned}\right\} \qquad (31)$$

5. Die Gleichgewichtslage der Magnetisierung

Die Gleichgewichtslage der Magnetisierung wird durch die Minimalisierung der freien Energie $F = -\frac{1}{\beta}\ln \mathrm{Sp}(e^{-\beta\hat{H}})$ nach den S_l^α unter Beachtung der Nebenbedingung $\sum_\alpha S_l^{\alpha 2} = S_l^2$ ermittelt. Für die Bestimmung der $3N$ Gleichgewichtswerte $\overline{S_l^\alpha}$ folgt dann das Gleichungssystem

$$\left\langle\frac{\partial\hat{H}}{\partial S_l^\alpha}\right\rangle - \left[\frac{1}{S_l^2}\sum_{\alpha'=x,y,z} S_l^{\alpha'}\left\langle\frac{\partial\hat{H}}{\partial S_l^{\alpha'}}\right\rangle\right] S_l^\alpha = 0\,, \qquad l = 1, 2, 3, \ldots, N\,. \qquad (32)$$

Dieses Gleichungssystem wurde für allgemeine γ und γ^* berechnet. Es kann aber an dieser Stelle nicht explizit angegeben werden, weil die Zahl der Glieder zu umfangreich ist. Die Größen γ, γ^* und σ sind über die Magnetisierung $M^\alpha = \mu\sum_l \langle\hat{S}_l^\alpha\rangle = \mu\sum_l \{S_l^\alpha\sigma + \Omega_l^{\alpha *}\gamma^* + \Omega_l^\alpha\gamma\}$ miteinander gekoppelt. Ihre Bestimmungsgleichungen ergeben sich mit der Spektraldarstellung (4) und den Operatorgleichungen (16) aus den Korrelationsfunktionen, die zu den Greenschen Funktionen (25) gehören. Aus (4) erhält man für $t = t'$, wenn die Summation über

[1]) In der Arbeit [9] sind folgende Korrekturen anzubringen: In Formel (13) ist bei a_{11} ein Glied $-\alpha_{lm}\gamma_{lm}\sin 2\Theta$ hinzuzufügen, infolgedessen in Formel (26) bei $A(\mathfrak{k})$ das Glied $-\frac{4\pi}{k^2}\frac{k_1 k_3}{2}\sin 2\Theta\cdot N\mu^2$, bei $C(\mathfrak{k})$ das Glied $-\frac{4\pi}{k^2}k_1 k_3\sin 2\Theta\cdot\frac{1}{4}N\mu^2$ und i durch $-i$ zu ersetzen, bei $A(0)$ ist das Glied $-\frac{1}{2}N\mu^2\cdot N_{13}\sin 2\Theta$ und bei $C(0)$ das Glied $-\frac{1}{4}N\mu^2 N_{13}\sin 2\Theta$ zu ergänzen.

den Wellenzahlraum unter Vernachlässigung der Brillouinschen Zonenstruktur durch eine Integration ersetzt wird, die Bestimmungsgleichungen

$$\gamma^* \gamma = \frac{1}{2}[2S + 1 - g(S)] - \frac{\sigma}{2}\left\{2S - g(S) + \frac{v}{(2\pi)^3}\int \frac{C_\mathfrak{k}}{E_\mathfrak{k}} \operatorname{cth}\left[\frac{E_\mathfrak{k}\beta}{2}\right] d\mathfrak{k}\right\}, \quad (33)$$

$$\gamma^{*2S+1} = -\frac{\sigma}{4} S(2S+1)\gamma^{*2S-1} \frac{v}{(2\pi)^3}\int \frac{B_\mathfrak{k}^*}{E_\mathfrak{k}} \operatorname{cth}\left[\frac{E_\mathfrak{k}\beta}{2}\right] d\mathfrak{k}, \quad (34)$$

$$\gamma^{2S+1} = -\frac{\sigma}{4} S(2S+1)\gamma^{2S-1} \frac{v}{(2\pi)^3}\int \frac{B_\mathfrak{k}}{E_\mathfrak{k}} \operatorname{cth}\left[\frac{E_\mathfrak{k}\beta}{2}\right] d\mathfrak{k} \quad (35)$$

mit $C_\mathfrak{k} = (A_\mathfrak{k} + A_\mathfrak{k}^*)/2$, $v = V/N$ (Volumen der Elementarzelle) und $S = S_l$. Eine Berechnung der $3N$ Gleichgewichtswerte $\overline{S_l^\alpha}$ aus (32) mit (33), (34) und (35) ist für allgemeine Werte von γ, γ^* und σ nur näherungsweise möglich. Wir beschränken uns deshalb auf den trivialen Fall $\gamma = \gamma^* = 0$ und $\sigma = 1$, das heißt, wir nehmen an, daß der Magnetisierungsvektor parallel zum statischen Magnetfeldvektor liegt (Kittelsche Parallelitätsbedingung) und die Spinvektoren S_l^α vom Gitterindex l unabhängig sind (magnetischer Sättigungszustand). Dann vereinfacht sich (32) auf die Form

$$\frac{\partial E_0}{\partial S^\alpha} - \left[\frac{1}{S^2}\sum_{\alpha'} S^{\alpha'} \frac{\partial E_0}{\partial S^{\alpha'}}\right] S^\alpha = 0\,; \quad \alpha, \alpha' = x, y, z\,. \quad (36)$$

Die aus dem Gleichungssystem (36) folgenden Gleichgewichtswerte $\overline{S^\alpha}$ müssen konsistent mit den Bestimmungsgleichungen (33), (34) und (35) für die Größen γ, γ^* und σ sein. Konsistente Lösungen für kugelförmige Probenformen ($N_{11} = N_{22} = N_{33} = 4\pi/3$) sind

a) bei kubischer Anisotropie:

$$\overline{S^x} = \overline{S^y} = \overline{S^z} = \pm\frac{S}{\sqrt{3}} \quad \text{für} \quad H^x = H^y = H^z = \frac{1}{\sqrt{3}} H > \frac{H_s}{\sqrt{3}}\,; \quad \alpha Q < 0$$

$$\overline{S^x} = \overline{S^y} = 0,\ \overline{S^z} = \pm S \quad \text{für} \quad H^x = H^y = 0\,,\ H^z = H > H_s\,; \quad \alpha Q > 0$$

(mit entsprechender zyklischer Vertauschung der Indizes),

b) bei einachsiger Anisotropie:

$$\overline{S^x} = \overline{S^y} = 0\,, \quad S^z = \pm S \quad \text{für} \quad H^x = H^y = 0\,, \quad H^z = H > H_s\,; \quad \delta I > 0$$

(H_s Sättigungsfeldstärke) (α ist ein vom Gittertyp abhängiger Parameter, siehe Kapitel 6).

Andere Lösungen, die sich aus (36) ergeben, gehören zu Werten von γ und γ^*, die von Null verschieden sind. Ist jedoch die Kristallanisotropieenergie genügend klein gegenüber der äußeren Feldenergie, so können auch diese Lösungen des Gleichungssystems (36) als konsistente Lösungen betrachtet werden. Unter dieser Voraussetzung werden in der phänomenologischen Theorie der ferromagnetischen Resonanz in Einkristallen mit Eindomänenstruktur die Gleichgewichtswerte $\overline{S^\alpha}$ und die effektiven Anisotropiefelder berechnet [10, 16, 17, 18, 19, 20, 21].

Für diese oben betrachteten konsistenten Lösungen der Gleichgewichtslage der Magnetisierung vereinfacht sich die Bestimmungsgleichung (33) auf die Form

$$\frac{1}{\sigma} = \frac{2S - g(S) + \frac{v}{(2\pi)^3} \int \frac{C_{\mathfrak{k}}}{E_{\mathfrak{k}}} \operatorname{cth}\left[\frac{E_{\mathfrak{k}}\beta}{2}\right] d\mathfrak{k}}{2S + 1 - g(S)}. \tag{37}$$

6. Die Anisotropiekonstanten K_u und K_1

Der obenerwähnte Zusammenhang zwischen mikroskopischen und phänomenologischen Größen ist für die Dipolkopplung schon durchgeführt (siehe (30)). Durch Vergleich der Formeln (31) mit den Resonanzformeln der phänomenologischen Theorie (bei einachsiger Anisotropie [22] und bei kubischer Anisotropie [16]) kann man den entsprechenden Zusammenhang auch für die beiden anderen Anisotropien herstellen, da phänomenologische und mikroskopische Theorie bei der Kittelmode übereinstimmen müssen. Es ergibt sich für die Konstante der einachsigen Anisotropie K_u

$$K_u = N S^2 \delta I(0) \sigma^2 , \tag{38}$$

wie schon auch in [9] gezeigt wurde.

Die entsprechende Rechnung ergibt für die kubische Anisotropie

$$K_1 = \alpha Q N S^2 \sigma (1 - 2 S \sigma) (S + 1 - 3 S \sigma^2) . \tag{39}$$

Dabei ist α ein Zahlenfaktor, der für die verschiedenen Gittertypen unterschiedlich ist, für das einfach-kubische, kubisch-raumzentrierte bzw. kubisch-flächenzentrierte Gitter gilt

$$\alpha = -1/2 , \quad \alpha = 4/9 \quad \text{bzw.} \quad \alpha = 1/4 .$$

Die Auswertung der Formel (39) und der Vergleich mit dem Experiment soll in einer späteren Arbeit erfolgen.

7. Zusammenfassung

Es wurde das renormierte Energiespektrum und die Magnetisierung eines einachsig und kubisch anisotropen Ferromagneten mit Formanisotropie berechnet. Wegen der von uns benutzten Entkopplungsvorschriften für die Greenschen Funktionen gelten die erhaltenen Ergebnisse nur für tiefe Temperaturen, wobei die obere Grenze für den Gültigkeitsbereich nicht exakt angegeben werden kann. Als Grenzfall für sehr tiefe Temperaturen erhalten wir die Ergebnisse der Spinwellentheorie. Zu diesem Zweck spezialisierten wir die allgemeinen Formeln auf die (010)-Ebene.

Durch Vergleich der sich aus der phänomenologischen Spinwellentheorie ergebenden Formel für die Energie der Kittelmode mit der von uns berechneten Energie erhielten wir auch Relationen zwischen den Anisotropiekonstanten und der Magnetisierung: K_u ist proportional dem Quadrat der Magnetisierung und K_1 ein Polynom vierter Ordnung in der Magnetisierung.

Anhang

$$E_0 = \sum_{l \neq m=1}^{N} \Big\{ -I(R_{lm})\, \mathfrak{S}_l\, \mathfrak{S}_m - \delta I(R_{lm})\, S_l^z S_m^z + \frac{1}{2} D(R_{lm}) \big[(\mathfrak{S}_l\, \mathfrak{S}_m) -$$

$$- \frac{3}{R_{lm}^2} (\mathfrak{S}_l\, \mathfrak{R}_{lm})\, (\mathfrak{S}_m\, \mathfrak{R}_{lm}) \big] + \frac{1}{2} \frac{Q(R_{lm})}{R_{lm}^4} (\mathfrak{S}_l\, \mathfrak{R}_{lm})^2\, (\mathfrak{S}_m\, \mathfrak{R}_{lm})^2 +$$

$$+ \frac{Q(R_{lm})}{R_{lm}^4} (\mathfrak{S}_l\, \mathfrak{R}_{lm})^2\, (\vec{\Omega}_m\, \mathfrak{R}_{lm})\, (\vec{\Omega}_m^*\, \mathfrak{R}_{lm}) + \frac{1}{2} \frac{Q(R_{lm})}{R_{lm}^4} \times$$

$$\times (\vec{\Omega}_l\, \mathfrak{R}_{lm})\, (\vec{\Omega}_l^*\, \mathfrak{R}_{lm})\, (\vec{\Omega}_m\, \mathfrak{R}_{lm})\, (\vec{\Omega}_m^*\, \mathfrak{R}_{lm}) \Big\} - \mu\, \mathfrak{H} \sum_{l=1}^{N} \mathfrak{S}_l\,,$$

$$B_1(R_{lm}) = 2\, I(R_{lm}) \frac{\mathfrak{S}_l\, \mathfrak{S}_m}{S_m} + 2\, \delta I(R_{lm}) \frac{S_l^z S_m^z}{S_m} - \frac{D(R_{lm})}{S_m} \Big[(\mathfrak{S}_l\, \mathfrak{S}_m) -$$

$$- \frac{3}{R_{lm}^2} (\mathfrak{S}_l\, \mathfrak{R}_{lm})\, (\mathfrak{S}_m\, \mathfrak{R}_{lm}) \Big] - \frac{2\, Q(R_{lm})}{S_m\, R_{lm}^4} (\mathfrak{S}_l\, \mathfrak{R}_{lm})^2\, (\mathfrak{S}_m\, \mathfrak{R}_{lm})^2 +$$

$$+ \frac{2\, Q(R_{lm})}{R_{lm}^4} (\mathfrak{S}_l\, \mathfrak{R}_{lm})^2\, (\vec{\Omega}_m^*\, \mathfrak{R}_{lm})\, (\vec{\Omega}_m\, \mathfrak{R}_{lm}) - \frac{2\, Q(R_{lm})}{S_m\, R_{lm}^4} (\mathfrak{S}_m\, \mathfrak{R}_{lm})^2 \times$$

$$\times (\vec{\Omega}_l\, \mathfrak{R}_{lm})\, (\vec{\Omega}_l^*\, \mathfrak{R}_{lm}) + \frac{2\, Q(R_{lm})}{R_{lm}^4} (\vec{\Omega}_l^*\, \mathfrak{R}_{lm})\, (\vec{\Omega}_l\, \mathfrak{R}_{lm})\, (\vec{\Omega}_m^*\, \mathfrak{R}_{lm})\, (\vec{\Omega}_m\, \mathfrak{R}_{lm}),$$

$$B_2(R_{lm}) = -2\, I(R_{lm})\, \vec{\Omega}_l^*\, \vec{\Omega}_m - 2\, \delta I(R_{lm})\, \Omega_l^{*z}\, \Omega_m^z + D(R_{lm}) \big[(\vec{\Omega}_l^*\, \vec{\Omega}_m) -$$

$$- \frac{3}{R_{lm}^2} (\vec{\Omega}_l^*\, \mathfrak{R}_{lm})\, (\vec{\Omega}_m\, \mathfrak{R}_{lm}) \big] + \frac{Q(R_{lm})}{R_{lm}^4} (\mathfrak{S}_l\, \mathfrak{R}_{lm}) \times$$

$$\times (\vec{\Omega}_l^*\, \mathfrak{R}_{lm})\, (\mathfrak{S}_m\, \mathfrak{R}_{lm})\, (\vec{\Omega}_m\, \mathfrak{R}_{lm}) \Big(4 - \frac{2}{S_l} - \frac{2}{S_m} + \frac{1}{S_l\, S_m} \Big),$$

$$B_3(R_{lm}) = -I(R_{lm})\, \vec{\Omega}_l\, \vec{\Omega}_m - \delta I(R_{lm})\, \Omega_l^z\, \Omega_m^z + \frac{1}{2} D(R_{lm}) \times$$

$$\times \Big[(\vec{\Omega}_l\, \vec{\Omega}_m) - \frac{3}{R_{lm}^2} (\vec{\Omega}_l\, \mathfrak{R}_{lm})\, (\vec{\Omega}_m\, \mathfrak{R}_{lm}) \Big] + \frac{Q(R_{lm})}{R_{lm}^4} \times$$

$$\times (\mathfrak{S}_l\, \mathfrak{R}_{lm})\, (\vec{\Omega}_l\, \mathfrak{R}_{lm})\, (\mathfrak{S}_m\, \mathfrak{R}_{lm})\, (\vec{\Omega}_m\, \mathfrak{R}_{lm}) \Big(2 - \frac{2}{S_m} + \frac{1}{2\, S_l\, S_m} \Big),$$

$$B_4(R_{lm}) = \frac{Q(R_{lm})}{R_{lm}^4} (\vec{\Omega}_m\, \mathfrak{R}_{lm})^2 \big[(\mathfrak{S}_l\, \mathfrak{R}_{lm})^2 + (\vec{\Omega}_l^*\, \mathfrak{R}_{lm})\, (\vec{\Omega}_l\, \mathfrak{R}_{lm}) \big],$$

$$G_1(R_{lm}) = -I(R_{lm})\frac{(\mathfrak{S}_l\,\mathfrak{S}_m)}{S_l\,S_m} - \delta I(R_{lm})\frac{S_l^z\,S_m^z}{S_l\,S_m} + \frac{D(R_{lm})}{2\,S_l\,S_m}\times$$

$$\times\left[(\mathfrak{S}_l\,\mathfrak{S}_m) - \frac{3}{R_{lm}^2}(\mathfrak{S}_l\,\mathfrak{R}_{lm})\,(\mathfrak{S}_m\,\mathfrak{R}_{lm})\right] + \frac{2\,Q(R_{lm})}{S_l\,S_m\,R_{lm}^4}(\mathfrak{S}_l\,\mathfrak{R}_{lm})^2(\mathfrak{S}_m\,\mathfrak{R}_{lm})^2 -$$

$$-\frac{4\,Q(R_{lm})}{S_l\,R_{lm}^4}(\mathfrak{S}_l\,\mathfrak{R}_{lm})^2\,(\vec{\Omega}_m\,\mathfrak{R}_{lm})\,(\vec{\Omega}_m^*\,\mathfrak{R}_{lm}) +$$

$$+\frac{2\,Q(R_{lm})}{R_{lm}^4}(\vec{\Omega}_l\,\mathfrak{R}_{lm})\,(\vec{\Omega}_l^*\,\mathfrak{R}_{lm})\,(\vec{\Omega}_m\,\mathfrak{R}_{lm})\,(\vec{\Omega}_m^*\,\mathfrak{R}_{lm}),$$

$$G_2(R_{lm}) = \frac{2\,Q(R_{lm})}{R_{lm}^4}(\vec{\Omega}_m\,\mathfrak{R}_{lm})^2\left[(\vec{\Omega}_l\,\mathfrak{R}_{lm})\,(\vec{\Omega}_l^*\,\mathfrak{R}_{lm}) - \frac{1}{S_l}(\mathfrak{S}_l\,\mathfrak{R}_{lm})^2\right],$$

$$G_3(R_{lm}) = \frac{2\,Q(R_{lm})}{S_m\,R_{lm}^4}(\mathfrak{S}_l\,\mathfrak{R}_{lm})\,(\vec{\Omega}_l\,\mathfrak{R}_{lm})\,(\mathfrak{S}_m\,\mathfrak{R}_{lm})\,(\vec{\Omega}_m\,\mathfrak{R}_{lm})\left(\frac{1}{S_l} - 2\right),$$

$$G_4(R_{lm}) = \frac{2\,Q(R_{lm})}{S_m\,R_{lm}^4}(\mathfrak{S}_l\,\mathfrak{R}_{lm})\,(\vec{\Omega}_l\,\mathfrak{R}_{lm})\,(\mathfrak{S}_m\,\mathfrak{R}_{lm})\,(\vec{\Omega}_m^*\,\mathfrak{R}_{lm})\left(\frac{1}{S_l} - 2\right),$$

$$G_7(R_{lm}) = \frac{Q(R_{lm})}{S_l^2\,R_{lm}^4}(\mathfrak{S}_l\,\mathfrak{R}_{lm})^2\,(\mathfrak{S}_m\,\mathfrak{R}_{lm})^2 - \frac{Q(R_{lm})}{S_l\,R_{lm}^4}(\vec{\Omega}_l^*\,\mathfrak{R}_{lm})\,(\vec{\Omega}_l\,\mathfrak{R}_{lm})\,(\mathfrak{S}_m\,\mathfrak{R}_{lm})^2 +$$

$$+\frac{Q(R_{lm})}{R_{lm}^4\,S_l^2}(\mathfrak{S}_l\,\mathfrak{R}_{lm})^2\,(\vec{\Omega}_m\,\mathfrak{R}_{lm})\,(\vec{\Omega}_m^*\,\mathfrak{R}_{lm}) -$$

$$-\frac{Q(R_{lm})}{S_l\,R_{lm}^4}(\vec{\Omega}_l^*\,\mathfrak{R}_{lm})\,(\vec{\Omega}_l\,\mathfrak{R}_{lm})\,(\vec{\Omega}_m^*\,\mathfrak{R}_{lm})\,(\vec{\Omega}_m\,\mathfrak{R}_{lm}),$$

$$L_1(R_{lm}) = -\frac{2\,Q(R_{lm})}{S_l\,S_m^2\,R_{lm}^4}(\mathfrak{S}_l\,\mathfrak{R}_{lm})^2\,(\mathfrak{S}_m\,\mathfrak{R}_{lm})^2 + \frac{2\,Q(R_{lm})}{S_l\,S_m\,R_{lm}^4}(\mathfrak{S}_l\,\mathfrak{R}_{lm})^2\times$$

$$\times(\vec{\Omega}_m\,\mathfrak{R}_{lm})\,(\vec{\Omega}_m^*\,\mathfrak{R}_{lm}) + \frac{2\,Q(R_{lm})}{S_m^2\,R_{lm}^4}(\mathfrak{S}_m\,\mathfrak{R}_{lm})^2\,(\vec{\Omega}_l\,\mathfrak{R}_{lm})\,(\vec{\Omega}_l^*\,\mathfrak{R}_{lm}) -$$

$$-\frac{2\,Q(R_{lm})}{S_m\,R_{lm}^4}(\vec{\Omega}_l\,\mathfrak{R}_{lm})\,(\vec{\Omega}_l^*\,\mathfrak{R}_{lm})\,(\vec{\Omega}_m\,\mathfrak{R}_{lm})\,(\vec{\Omega}_m^*\,\mathfrak{R}_{lm}),$$

$$L_2(R_{lm}) = \frac{Q(R_{lm})}{S_l\,R_{lm}^4}(\vec{\Omega}_m\,\mathfrak{R}_{lm})^2\left[\frac{1}{S_l}(\mathfrak{S}_l\,\mathfrak{R}_{lm})^2 - (\vec{\Omega}_l^*\,\mathfrak{R}_{lm})\,(\vec{\Omega}_l\,\mathfrak{R}_{lm})\right],$$

$$L_3(R_{lm}) = \frac{2\,Q(R_{lm})}{S_l\,S_m\,R_{lm}^4}(\mathfrak{S}_l\,\mathfrak{R}_{lm})\,(\vec{\Omega}_l\,\mathfrak{R}_{lm})\,(\mathfrak{S}_m\,\mathfrak{R}_{lm})\,(\vec{\Omega}_m\,\mathfrak{R}_{lm}),$$

$$L_4(R_{lm}) = \frac{4\,Q(R_{lm})}{S_l\,S_m\,R_{lm}^4}(\mathfrak{S}_l\,\mathfrak{R}_{lm})\,(\vec{\Omega}_l\,\mathfrak{R}_{lm})\,(\mathfrak{S}_m\,\mathfrak{R}_{lm})\,(\vec{\Omega}_m^*\,\mathfrak{R}_{lm}),$$

$$N(R_{lm}) = \frac{Q(R_{lm})}{2\,S_l^2\,S_m^2\,R_{lm}^4}(\mathfrak{S}_l\,\mathfrak{R}_{lm})^2\,(\mathfrak{S}_m\,\mathfrak{R}_{lm})^2 - \frac{Q(R_{lm})}{S_l^2\,S_m\,R_{lm}^4}(\mathfrak{S}_l\,\mathfrak{R}_{lm})^2\,(\vec{\Omega}_m\,\mathfrak{R}_{lm})\times$$

$$\times(\vec{\Omega}_m^*\,\mathfrak{R}_{lm}) + \frac{Q(R_{lm})}{2\,S_l\,S_m\,R_{lm}^4}(\vec{\Omega}_l\,\mathfrak{R}_{lm})\,(\vec{\Omega}_l^*\,\mathfrak{R}_{lm})\,(\vec{\Omega}_m\,\mathfrak{R}_{lm})\,(\vec{\Omega}_m^*\,\mathfrak{R}_{lm}).$$

Für wertvolle Diskussionsbeiträge danken wir den Kollegen des Institutes für Magnetische Werkstoffe; wir bedanken uns ferner bei Herrn Dr. H. GENGNAGEL für die kritische Durchsicht des Manuskripts.

Literatur

[1] V. L. BONCH-BRUEVICH und V. S. TYABLIKOV, Green Function Methods in Statistical Mechanics, North-Holland Publ. Comp., Amsterdam 1962.
[2] D. N. ZUBAREV, Uspekhi Fiz. Nauk **71**, 71 (1960); deutsche Übersetzung: Fortschr. Phys. **9**, 275 (1961).
[3] H. B. CALLEN, Phys. Rev. **130**, 890 (1963).
[4] T. OGUCHI und A. HONMA, J. appl. Phys. **34**, 1153 (1963).
[5] R. A. TAHIR-KHELI und D. TER HAAR, Phys. Rev. **127**, 88 (1962).
[6] S. W. TJABLIKOV und N. N. BOGOLJUBOV, Dokl. Akad. Nauk SSSR **126**, 53 (1959).
[7] PUFU-CHO, S. W. TJABLIKOV und T. SIKLOS, Acta phys. Hungar. **11**, 323 (1960).
[8] MENSIAN-CHEN, Fiz. tverd. Tela **4**, 705 (1962).
[9] W. HAUBENREISSER, Phys. Letters **6**, 43 (1963).
[10] S. W. TJABLIKOV und T. SIKLOS, Acta phys. Hungar. **14**, 331 (1962); **12**, 35 (1960).
[11] N. A. POTAPKOV, Fiz. tverd. Tela **4**, 1803 (1962).
[12] J. H. VAN VLECK, Phys. Rev. **78**, 266 (1950).
[13] L. PAL, Acta phys. Hungar. **3**, 287 (1954).
[14] S. W. TJABLIKOV und A. A. GUSSEV, Fiz. Metallov i Metallovedenie **2**, 385 (1956); deutsche Übersetzung: Phys. Abhandl. SU, Ferromagnetismus, Folge 2, Leipzig 1958, S. 203.
[15] L. KOWALEWSKI, Acta phys. Polon. **19**, 59 (1960).
[16] A. G. GUREWIČ, Ferrity na sverchvysokich Častotach, Moskau 1960.
[17] H. SUHL, Phys. Rev. **97**, 555 (1955).
[18] C. KITTEL, Phys. Rev. **73**, 155 (1948).
[19] J. O. ARTMANN, IRE Trans. **44**, 1259 (1956).
[20] TH. KLUPSCH und W. HAUBENREISSER, phys. stat. sol. **2**, 1375 (1962).
[21] J. SMIT und H. G. BELJERS, Philips Res. Rep. **10**, 113 (1955).
[22] Ferromagnitnyi Resonans, Sammelband unter der Redaktion von S. W. WONSOWSKI, Moskau 1961.

(Received December 31, 1963)

phys. stat. sol. 5, 47 (1964)

Institut für Physikalische Chemie und Institut für Werkstoffkunde der Technischen Hochschule für Chemie Leuna-Merseburg

Zum Verfestigungsverhalten verunreinigter Zinkeinkristalle

Von

P. Burck[1]) und G. Apel

Es werden die Werte für die kritische Schubspannung τ_0 und den Verfestigungskoeffizienten $d\tau/da$ von Reinzink und Zinkeinkristallen mitgeteilt, die definierte Verunreinigungen an Kadmium, Kupfer, Blei und Quecksilber enthalten.

In this paper values are given for the critical shear stress τ_0, and the coefficient of consolidation ($d\tau/da$) of pure zinc and zinc crystals containing cadmium, copper, lead, and mercury impurities.

Ähnlich den kubisch-flächenzentrierten Metallen ist das Verfestigungsverhalten hexagonaler Metalle von der Temperatur, der Orientierung, der Verformungsgeschwindigkeit und vom Gehalt an spezifischen Verunreinigungen abhängig. Es ist das Verdienst von A. Seeger [1, 2], den temperatur-, geschwindigkeits- und orientierungsabhängigen Verlauf der Verfestigungskurve in umfassender Weise versetzungstheoretisch gedeutet zu haben. Auf den spezifischen Einfluß von Verunreinigungen auf die Kenngrößen der Verfestigung von Zinkeinkristallen wies Boček [3] im Jahre 1960 hin. Auch Seeger und Träuble [4] sehen in den unterschiedlichen Verfestigungskoeffizienten, die sie sowie Lücke, Masing und Schröder [5] unter den gleichen Versuchsbedingungen für Zinkeinkristalle derselben nominellen Reinheit ermittelten, einen spezifischen Einfluß des Fremdmetallgehaltes. Unsere in den Jahren 1960 und 1961 an Zinkeinkristallen durchgeführten Dehnversuche bestätigen den spezifischen Einfluß bestimmter Fremdmetalle auf die kritische Schubspannung, den Verfestigungskoeffizienten und die maximale Grenzabgleitung [6, 7]. Als Ausgangsmaterial diente für die Einkristallzüchtung Freiberger Feinzink mit einer Reinheit von 99,9939%. Aus diesem und solchem mit Zusätzen an Kadmium, Kupfer, Quecksilber und Blei wurden nach einem modifizierten Tamman-Bridgman-Verfahren zylindrische Einkristalldrähte mit Durchmessern zwischen 4 und 5 mm gezüchtet; die Ofentemperatur lag bei 470 ± 1 °C, die Züchtungsgeschwindigkeit und der Temperaturgradient betrugen 4 mm/h bzw. 15°/mm. Zinkeinkristallstücke mit einer effektiven Einspannlänge von 20 mm wurden in einer Polanyi-Apparatur mit kardanisch gelagerten Einspannköpfen bei einer im Mittel $0{,}77 \cdot 10^{-4}\ s^{-1}$ betragenden Anfangsabgleitungsgeschwindigkeit a_0 zugverformt. Aus den durchschnittlich bei bis zu 30% Abgleitung und 20 °C aufgenommenen Verfestigungskurven wurden der Verfestigungskoeffizient $d\tau/da$ bei $\dot{a} = 15\%$ und die kritische Schubspannung τ_0 (durch Extrapolation des Ordinatenwertes bei $a = 0$ gewonnen) ermittelt.

Die Tabellen 1 bis 3 enthalten die Versuchsergebnisse, wobei in Tabelle 1 vergleichsweise Werte anderer Autoren [4, 5] mit aufgeführt sind. Die angegebenen

---

[1]) Jetzt: DAW zu Berlin, Forschungsgemeinschaft — Institut für angewandte Physik der Reinststoffe, Dresden.

Tabelle 1

Kritische Schubspannungen und Verfestigungskoeffizienten von Feinzinkeinkristallen bei Raumtemperatur

(Die neben den Angaben der kritischen Schubspannungen bzw. Verfestigungskoeffizienten stehenden eingeklammerten Zahlen geben darüber Auskunft, wieviel Kristalle bei der Mittelwertbestimmung berücksichtigt wurden)

Reinheit des Kristalls	kritische Schubspannung τ_0 in p/mm² (Mittelwerte)	Verfestigungskoeffizient $d\tau/da$ in p/mm² (Mittelwerte)	Autor
Feinzink 99,9939% (0,0005% Cd; 0,0004% Cu; 0,0025% Fe; 0,0029% Pb)	64 (28)	57,7 (28)	eigene Untersuchungen
Feinzink 99,994% (10^{-5} % Cd; 0,0030% Pb; 0,0024% Fe; 0,0006% Cu)	41,6 (13)	227,9 (12)	eigene Untersuchungen
Feinzink 99,995%*) (0,0025% Pb; 0,002% Cd)	54,4 (5)	239,6 (5)	Seeger und Träuble (1960)
Feinzink 99,995%*) (0,0025% Pb; 0,002% Cd)	62 (18) (Mittelwert aus der 1. und 2. Gruppe)	52,7 (12) (1. Gruppe) 107,5 (6) (2. Gruppe)	Lücke, Masing und Schröder (1955)

*) Die Fremdmetallgehalte beziehen sich auf das zur Einkristallzüchtung benutzte Ausgangsmaterial.

Verfestigungskoeffizienten sind einer Abgleitung $a = 0{,}15$ zuzuordnen. Aus Tabelle 1 kann bereits gefolgert werden, daß bei Feinzinksorten mit annähernd gleichem Reinheitsgrad die Verfestigungskoeffizienten $d\tau/da$ vom relativen Blei-Kadmium-Verhältnis bestimmt werden. Selbst stärker mit Blei und Kadmium verunreinigte Zinkeinkristalle (vgl. Tabelle 2) zeigen sehr niedrige $d\tau/da$-Werte, wenn relativ mehr Kadmium als Blei enthalten ist. Mit steigendem Bleigehalt stellt man ein starkes Anwachsen der $d\tau/da$-Werte fest, im Gegensatz hierzu bleiben die kritischen Schubspannungen nahezu unverändert. Theoretisch kann dies mit Ausscheidungen erklärt werden. Die bei der Verformung entstehenden Punktfehlstellen (in der Hauptsache Leerstellen) werden durch die Ausscheidungen den thermisch aktivierten Erholungsprozessen entzogen, es resultiert eine stärkere Verfestigung, die $d\tau/da$-Koeffizienten wachsen an. Nach Boček [3] werden die beobachteten langen Übergangsbereiche in den Verfestigungskurven bleihaltiger Einkristalle mit der allmählichen Absättigung der Ausscheidungen durch Leerstellen erklärt. Als Fremdmetall beeinflußt Kupfer nur wenig die Kenngrößen der Verfestigung, wahrscheinlich treten hier Erholungsprozesse bei der Verformung stärker in Erscheinung, da die Kupferatome auf Grund ihres kleineren Durchmessers im Zinkgitter gut beweglich sind. Das starke Anwachsen der kritischen

Tabelle 2

Kritische Schubspannungen und Verfestigungsanstiege von definiert verunreinigten Feinzinkeinkristallen bei Raumtemperatur

(Die neben den Angaben der kritischen Schubspannungen bzw. Verfestigungskoeffizienten stehenden eingeklammerten Zahlen geben darüber Auskunft, wieviel Kristalle bei der Mittelwertbestimmung berücksichtigt wurden)

Angabe der Verunreinigung in Gew.-%	Kritische Schubspannung τ_0 in p/mm² (Mittelwerte)	Verfestigungskoeffizient $d\tau/da$ in p/mm² (Mittelwerte)
$8 \cdot 10^{-3}$ % Cd (Spuren an Cu; Fe; Pb)	86 (9)	62 (9)
$6 \cdot 10^{-2}$ % Cd (Spuren an Cu; Fe; Pb)	115 (8)	10 (8)
$9 \cdot 10^{-2}$ % Cd (Spuren an Cu; Fe; Pb)	175 (6)	10 (6)
$1{,}79 \cdot 10^{-1}$ % Cd $1{,}45 \cdot 10^{-1}$ % Pb (Spuren an Cu; Fe)	177 (4)	606 bei $a = 5\%$ 69,2 bei $a = 20\%$ } (4)
$9{,}7 \cdot 10^{-3}$ % Cu (Spuren an Cd; Fe; Pb)	52,8 (9)	wurde nicht bestimmt
$4{,}3 \cdot 10^{-2}$ % Cu (Spuren an Cd; Fe; Pb)	67,2 (10)	58 (6)
$2{,}2 \cdot 10^{-1}$ % Cu (Spuren an Cd; Fe; Pb)	99,1 (11)	85 (4)
$9{,}4 \cdot 10^{-3}$ % Pb (Spuren an Cd; Cu; Fe)	52,5 (7)	74 (5)
$7 \cdot 10^{-2}$ % Pb (Spuren an Cd; Cu; Fe)	49,8 (7)	255 (7)
$8{,}9 \cdot 10^{-2}$ % Pb (Spuren an Cd; Cu; Fe)	67,4 (5)	310 (6)
$2{,}83 \cdot 10^{-1}$ % Pb (Spuren an Cd; Cu; Fe)	61,4 (7)	405 (6)
$7 \cdot 10^{-2}$ % Hg (Spuren an Cd; Cu; Fe; Pb)	41 (10)	169,6 (10)
$1{,}8 \cdot 10^{-2}$ % Hg (Spuren an Cd; Cu; Fe; Pb)	62,5 (5)	161 (5)
$1{,}5 \cdot 10^{-1}$ % Hg (Spuren an Cd; Cu; Fe; Pb)	72 (5)	166 (5)
$6{,}28 \cdot 10^{-1}$ % Hg (Spuren an Cd; Cu; Fe; Pb)	202 (3)	166,7 (2)

Tabelle 3

Der spezifische Einfluß einzelner Fremdmetalle auf die kritische Schubspannung τ_0 und den Verfestigungskoeffizienten $d\tau/da$ von Zinkeinkristallen

Zunehmende Verunreinigung	Abhängigkeit von τ_0	Abhängigkeit von $d\tau/da$	Bemerkungen
Kadmium	$<10^{-2}$ Gew.-% Cd τ_0 wächst schwach an $>10^{-2}$ Gew.-% Cd τ_0 wächst stark an	$d\tau/da$ bleibt annähernd konstant	Änderung der Grundstruktur, bei höheren Cd-Gehalten geringere Grenzabgleitungen; Spaltbruch nach (0001)
Kupfer	τ_0 wird schwach vergrößert	$d\tau/da$ steigt wenig an	—
Blei	τ_0 bleibt konstant	$d\tau/da$ steigt stark an	Ausscheidungen, da Blei mit Zink im festen Zustand eine Mischungslücke bildet
Quecksilber	$<2 \cdot 10^{-1}$ Gew.-% Hg τ_0 wächst schwach an $>2 \cdot 10^{-1}$ Gew.-% Hg τ_0 wächst stark an	$d\tau/da$ bleibt konstant	Änderung der Grundstruktur; im Mittel bei höheren Hg-Gehalten nur bis zu $a = 0{,}6$ verformbar; Spaltbruch nach (0001)
Kadmium + Blei	τ_0 wird stark vergrößert	bei höheren Cd-Gehalten niedrige $d\tau/da$ Werte	Änderung der Grundstruktur

Schubspannung mit zunehmendem Kadmium- und Quecksilbergehalt kann mit einer Änderung der Versetzungsgrundstruktur gedeutet werden. Das begünstigte Auftreten von (0001)-Spaltbrüchen bei höheren Kadmium- und Quecksilbergehalten soll in einer weiteren Mitteilung besprochen werden.

Literatur

[1] A. Seeger, Hdb. d. Physik VII/1 (1955); Hdb. d. Physik VII/2 (1958).
[2] A. Seeger, Z. Naturf. **9a**, 758, 856, 870 (1954).
[3] M. Boček, Czech. J. Phys. **B 10**, 841 (1960).
[4] A. Seeger und H. Träuble, Z. Metallk. **51**, 435 (1960).
[5] K. Lücke, G. Masing und K. Schröder, Z. Metallk. **46**, 792 (1955).
[6] P. Burck, Diplomarbeit, TH Chemie Leuna-Merseburg 1961.
[7] G. Apel, Diplomarbeit, TH Chemie Leuna-Merseburg 1961.

(Received January 2, 1964)

phys. stat. sol. 5, 51 (1964)

Commonwealth Scientific and Industrial Research Organization, Division of Tribophysics, University of Melbourne

The Energy of a Screw Dislocation in a Cubic Crystal

By

A. K. HEAD

Numerical calculations of the elastic energy of a screw dislocation in a cubic crystal are summarized in an approximate formula. This enables the energy to be estimated with an error of not more than 4% for a screw dislocation running in an arbitrary direction. The dependence of the energy on direction and on the elastic anisotropy of the crystal is discussed.

Numerische Berechnungen der elastischen Energie einer Schraubenversetzung in einem kubischen Kristall sind in einer approximativen Formel zusammengefaßt worden. Sie gestattet die Energie einer Schraubenversetzung, die in eine beliebige Richtung verläuft, mit einem Fehler von höchstens 4% zu bestimmen. Die Abhängigkeit der Energie von der Richtung und der elastischen Anisotropie des Kristalls wird diskutiert.

1. Introduction

The theory of the elastic properties of dislocations in an anisotropic solid has been given by ESHELBY et al. [1] and in an alternate but equivalent form by STROH [2]. In general the analysis can only be carried through numerically, as one of the necessary steps is to find the roots of a polynomial of the sixth degree. For certain special cases of high symmetry this polynomial can be factorized into a quadratic and a quartic and an explicit analysis results. For a cubic crystal these special cases occur if the direction of the dislocation line is either [100] or [110].

A number of calculations have been made of the elastic energy of a screw dislocation running in an arbitrary direction in an anisotropic cubic crystal. It has been found that these numerical results could be represented by a simple approximate formula which is presented here.

2. Energy of a Screw Dislocation

The elastic energy per unit length of a screw dislocation in a cubic crystal [3] has the general form

$$E = \frac{K\,b^2}{4\,\pi} \ln \frac{R}{r_0}\,.$$

R and r_0 are the conventional outer and inner cut off radii and b is the magnitude of the Burgers vector (its direction being parallel to the dislocation line for a screw dislocation). K is a function of the elastic moduli c_{11}, c_{12} and c_{44} of the crystal and of the direction cosines (α, β, γ) of the dislocation line with respect to the cube axes.

In general K can only be evaluated numerically, but for the two special directions [100] and [110] of the dislocation line

$$K_{100} = c_{44}$$

and

$$K_{110} = \left[\frac{1}{2} c_{44} (c_{11} - c_{12})\right]^{1/2}.$$

It is convenient to define a new function

$$H = K/c_{44}$$

which is dimensionless, and which is a function of (α, β, γ) and of two ratios of the elastic moduli. The two ratios which are most suitable to express the results of the numerical calculations are

$$A = \frac{2 c_{44}}{c_{11} - c_{12}}$$

which is ZENER's anisotropy factor [4] and

$$B = \frac{c_{11} + 2 c_{12}}{c_{44}}$$

which is the ratio of bulk modulus to shear modulus. It is found that H depends on the elastic moduli mainly through the combination A, and only to a small extent on B.

In particular

$$H_{100} = 1$$

and

$$H_{110} = A^{-1/2}$$

do not depend on B at all. Another case where H is independent of B is for an isotropic material ($A = 1$). In this case [3] $H = 1$ for all directions (α, β, γ).

3. Numerical Calculations

For each of the six materials in Table 1, H was calculated for twenty directions scattered over the standard stereographic triangle. Fig. 1 shows contours of equal H for uranium monocarbide and for beta brass. These are the materials with the smallest and largest values of A. The other four have contours of similar form but as they are closer to isotropy, the range of H is smaller.

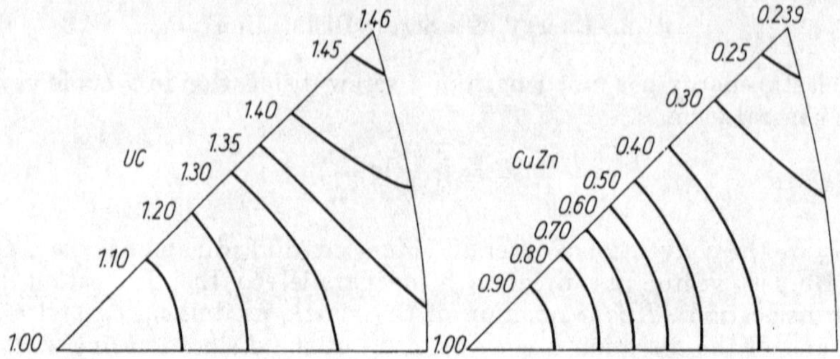

Fig. 1. Variation of H, the relative energy of a screw dislocation, in uranium monocarbide and beta brass

Table 1

	$A = \frac{2\,c_{44}}{c_{11} - c_{12}}$	$B = \frac{c_{11} + 2\,c_{12}}{c_{44}}$	References
UC	0.553	7.60	[5]
Mo	0.77	7.38	[6]
Fe	2.42	4.47	[7]
Au	2.90	11.9	[6]
Cu	3.21	5.45	[6]
CuZn	8.49	4.23	[6]

3.1 Approximate formulae

The contours in Fig. 1 have a general similarity to those of the function $(\alpha^2\,\beta^2 + \beta^2\,\gamma^2 + \gamma^2\,\alpha^2)$ [8]. This suggests the approximation

$$H \simeq 1 - 4\,(1 - A^{-1/2})\,(\alpha^2\,\beta^2 + \beta^2\,\gamma^2 + \gamma^2\,\alpha^2)\,.$$

This is an exact fit at the [100] and [110] corners of the triangle. But it is found to give significant errors in the neighbourhood of [111], e.g. it predicts for beta brass that $H_{111} = 0.1241$ whereas the true value is 0.2385.

A much better approximation is obtained by adding a term proportional to $\alpha^2\,\beta^2\,\gamma^2$ with the constant of proportionality chosen to give an exact fit in the [111] direction. This gives

$$H \simeq 1 - 4\,(1 - A^{-1/2})\,(\alpha^2\,\beta^2 + \beta^2\,\gamma^2 + \gamma^2\,\alpha^2) + (27\,H_{111} - 36\,A^{-1/2} + 9)\,\alpha^2\,\beta^2\,\gamma^2$$

which is exact at the three corners of the triangle. The maximum error of this approximation occurs in the neighbourhood of [112] and increases as A diverges from unity but even for beta brass the maximum error is only 4%.

The use of this approximate formula involves a knowledge of the value of H_{111}. Table 2 gives a small tabulation of H_{111} as a function of A and B over a range which includes all materials whose elastic constants are given by HUNTINGTON [6] and BOAS and MACKENZIE [7].

Table 2

A \ B	1	2	H_{111} 4	8	16	H_{110}
0.125	2.653	2.751	2.894	3.072	3.271	2.828
0.25	2.121	2.160	2.216	2.280	2.341	2
0.5	1.528	1.535	1.546	1.557	1.566	1.414
1	1	1	1	1	1	1
2	0.6146	0.6179	0.6218	0.6255	0.6283	0.7071
4	0.3705	0.3780	0.3866	0.3944	0.4002	0.5
8	0.2274	0.2365	0.2468	0.2558	0.2623	0.3536
16	0.1448	0.1535	0.1629	0.1711	0.1769	0.25
32	0.0958	0.1030	0.1106	0.1172	0.1218	0.1769

3.2 Special cases

It has been mentioned that in two special cases, when the dislocation line lies along [100] or [110], there is a simple explicit expression for the energy of a screw dislocation. There is also another set of dislocation orientations for which it is possible, in principle, to give an explicit expression for the energy. In [1] and [2] cartesian reference axes are used such that x_3 is along, and x_1 and x_2 are perpendicular to the dislocation line. Special cases arise if either

(i) x_3 and either x_1 or x_2 lie in the same (100) plane, or

(ii) x_3 and either x_1 or x_2 lie in the same (110) plane.

In Fig. 1 this corresponds to all orientations on the boundary of the stereographic triangle and in particular to the values of H_{111} given in Table 2. Then in the sextic polynomial only even powers of the variable appear so that it is in effect only a cubic polynomial and its roots could be found explicitly. Also the dislocation energy which in general is the ratio of sixth order determinants [3] becomes the ratio of third order determinants. But even though an explicit expression for the dislocation energy could be given in these special cases, it is so complicated that it does not appear to be very useful.

3.3 Extreme values

The orientation dependence of the elastic energy of a screw dislocation in an anisotropic cubic crystal is contained in the function H. For the six crystals in Table 1 and for other hypothetical crystals with very large or very small values of ZENER's anisotropy constant A, it was found that the extreme values of H always occurred at the corners of the stereographic triangle. From Table 2, and since $H_{100} = 1$, it is seen that there are three cases:

(i) If $A > 1$, and this is so for almost all metals and a large number of nonmetals, then

$$H_{100} > H_{110} > H_{111} \,.$$

Although Table 2 only goes to $A = 32$, this inequality appears to hold true for larger A also, e.g. if $A = 10^4$ and $B = 6$, then $H_{100} = 1$, $H_{110} = 0.01$ and $H_{111} = 0.00624$.

(ii) For all other crystals listed in [6] and [7], $1 > A > 0.5$. For these

$$H_{111} > H_{110} > H_{100} \,.$$

(iii) If A is sufficiently small, then the order in (ii) is changed to

$$H_{110} > H_{111} > H_{100} \,.$$

The value of A at which this happens is seen from Table 2 to be dependent on B, but if A is very small, H_{110} can be much larger than H_{111}, e.g. if $A = 10^{-4}$ and $B = 6$ then $H_{110} = 100$, $H_{111} = 4.793$ and $H_{100} = 1$.

References

[1] J. D. ESHELBY, W. T. READ, and W. SHOCKLEY, Acta metall. 1, 251 (1953).
[2] A. N. STROH, Phil. Mag. 3, 625 (1958).
[3] A. J. E. FOREMAN, Acta metall. 3, 322 (1955).
[4] C. ZENER, Elasticity and Anelasticity of Metals, Chicago Univ. Press 1948 (p. 16).
[5] L. J. GRAHAM, H. NADLER, and R. CHANG, J. appl. Phys. 34, 1572 (1963).
[6] H. B. HUNTINGTON, Solid State Physics 7, 213 (1958).
[7] W. BOAS and J. K. MACKENZIE, Progress in Metal Physics 2, 90 (1950).
[8] E. SCHMID and W. BOAS, Plasticity of Crystals, Hughes, London 1950 (p. 192).

(Received January 16, 1964)

phys. stat. sol. **5**, 55 (1964)

U.S. Naval Research Laboratory, Washington, D.C.

Comment on g-Shifts in the Electron Paramagnetic Resonance of F-Centers

By

F. Hughes

A critical discussion is given of the recent calculations for the theoretical g-shift in the electron paramagnetic resonance of F-centers which is induced by nuclear hyperfine interactions. For cases requiring only the use of the contact hyperfine term of the first shell of nuclei, the computed g-shift is found to be too small to be of interest. For F-centers with large anisotropic hyperfine interaction constants, the concept of a hyperfine-induced g-shift may be given meaning only in terms of an electron-nuclear double resonance experiment Under these circumstances, the experimentally observed hyperfine g-shifts are comparable. to the shifts induced by spin-orbit effects, but the theoretical computation would require an extensive computer program. It is noted that the computation of such g-shifts is of only formal interest, since the sign of the experimentally determined g-shift is not a positive definite criterion for assignment of the sign of the electronic charge of a paramagnetic radical.

Neuere Berechnungen der g-Verschiebung bei der paramagnetischen Resonanz von F-Zentren, die durch eine Kern-Hyperfein-Wechselwirkung hervorgerufen wird, werden kritisch diskutiert. Für die Fälle, bei denen nur die Verwendung des Kontakt-Hyperfeinterms der ersten Kernschale erforderlich ist, ist die berechnete g-Verschiebung sehr klein und deshalb nicht von Interesse. Bei F-Zentren mit einer großen anisotropen Hyperfein-Wechselwirkungskonstanten kann dem Begriff einer durch Hyperfein-Wechselwirkung hervorgerufenen g-Verschiebung nur im Sinne eines Elektron-Kern-Doppelresonanz-Experiments eine Bedeutung gegeben werden. Unter diesen Umständen sind die experimentell beobachteten Hyperfein-g-Verschiebungen vergleichbar mit den durch Spin-Bahn-Effekt hervorgerufenen Verschiebungen, jedoch die theoretischen Berechnungen erfordern ein ausgedehntes Rechenmaschinenprogramm. Die Berechnung einer solchen g-Verschiebung sind nur von formalem Interesse, da das Vorzeichen der experimentell bestimmten g-Verschiebungen kein positiv definites Kriterium zur Bestimmung des Vorzeichens der elektronischen Ladung eines paramagnetischen Radikals ist.

Introduction

A suitable spin Hamiltonian for the F-center is given by

$$H = g_e \beta_e \boldsymbol{B} \cdot \boldsymbol{J} + \sum_{l,m} \boldsymbol{I}_{lm} \cdot A_{lm} \cdot \boldsymbol{J} + \sum_{l,m} g_n \beta_n \boldsymbol{B} \cdot \boldsymbol{I}_{lm}, \tag{1}$$

where quadrupole effects are neglected and m is summed over all the nuclei shells which interact with the unpaired electron. In this equation $\boldsymbol{B}$ is the magnetic field, $\boldsymbol{J}$ the total electronic angular momentum, $\boldsymbol{I}_{lm}$ and A_{lm} are respectively the nuclear spin and nuclear hyperfine interaction term for the lth nucleus in the mth shell; the other symbols have their usual significance. In the earlier work on the KCl F-center [1], a comparatively narrow, structureless electron paramagnetic resonance (EPR) line was observed. A simplification of (1) was made by assuming

$\boldsymbol{J} = \mathbf{S}$, neglecting nuclear Zeeman terms, and considering only the contact part of the hyperfine interaction for the first shell

$$H = g_e \beta_e \boldsymbol{B} \cdot \mathbf{S} + \sum_l A_{l1} \boldsymbol{I}_{l1} \cdot \mathbf{S}. \tag{2}$$

In crystals containing natural isotopic proportions of alkali metal, A_{l1} and $\boldsymbol{I}_{l1}$ may not be the same for all first shell nuclei (Cs is the sole exception).

To first order in $A_{l1}/g_e \beta_e B$, the eigenvalues for an EPR experiment are (suppressing the m index) [2]

$$h\nu = g_e \beta_e B + \sum_{i,l} A_l M_{il}. \tag{3}$$

For a nucleus whose spin has magnitude I_l, the range of projection quantum numbers is $-I_l \leqq M_{il} \leqq I_l$. In a crystal with only one alkali isotope (3) predicts $2(\sum I_l) + 1$ equally spaced lines. It may be noted that this is mathematically the same result as that obtained by the *incorrect* assumption of a spin system where $\boldsymbol{S}$ interacts with a nucleus with total spin magnitude $I_T = \sum I_l$.

In (3) the g-value may be simply obtained from the microwave frequency and the value of the magnetic field B_0, for the center of the EPR pattern $g_e = \frac{h\nu}{\beta_e B_0}$.

Later work disclosed F-centers with EPR line widths up to 800 G [3 to 9]. Since for the wider lines the hyperfine splitting was not small compared to the Zeeman energy, two calculations were made [3, 4] which carried out the solution of (2) to higher order terms in $A/g_e \beta_e B$ but contained an incorrect summation of total nuclear angular momentum. The results showed that the "true" g-value was not simply $\frac{h\nu}{\beta_e B_0}$ but was a quantity somewhat less than this by an amount which depended upon A_l and I_l. The difference between the experimental g-value, $\frac{h\nu}{\beta_e B_0}$, and the "true" g-value may be called the hyperfine induced g-shift.

Two calculations [6, 7] were later made in which the total nuclear angular momentum was correctly summed. However, all other restrictions implicit in (2) were retained. Unfortunately, the discussion given with these latter calculations was rather obscure as to the restrictions and their consequences. This obscurity has apparently given rise to confusion in the color center literature (see [9], page 561). In this note we discuss the restrictions in somewhat greater detail. In anticipation of the discussion below, it should be pointed out that these "g-shift" calculations are of only formal value, and that the experimental EPR line widths and hyperfine anisotropy make application of the calculations to the F-center impractical. Further, it is noted that the current rationale for the calculations (apart from formal considerations) appears to rest upon a misconception.

Part 1

We first repeat the "second order" calculations in the literature [6, 7], making explicit the limitations, and then indicate the effects of other terms of the same or smaller magnitude.

Consider first an unpaired spin (with $\boldsymbol{J} = \mathbf{S}$) interacting with the first shell alkali nuclei each with nuclear spin I_l. Assuming isotopic homogeneity and that the hyperfine interaction is isotropic, neglecting the nuclear Zeeman energy, and dropping the shell index m,

$$H = g_e \beta_e \boldsymbol{B} \cdot \boldsymbol{S} + \sum_l A_l \boldsymbol{I}_l \cdot \boldsymbol{S} . \tag{4}$$

To this approximation we have the usual "free radical" case of an electron interacting with l equivalent nuclei.

We follow the procedure used in free atom spectroscopy and first sum the nuclear angular momentum and then evaluate the interaction with **S**. Assuming that at X-band frequencies and fields the l alkali nuclear spins will be decoupled and precessing about the applied field, one may find an operator representation in which total and projection angular momentum for each nucleus, I_l^2 and $I_{lZ} \ldots$ is diagonal. LEWIS and PRETZEL [6] computed the matrix elements in (4) in this representation. One may also find a representation [10][1]) in which $I^2_{(\text{total})}$ and $I_{(\text{total}),\,Z}$ for the complete shell are diagonal. The second representation is related to the first via a unitary transformation. We choose to use the latter since it leads to the familiar form of the BREIT-RABI [11] equation.

In this representation the total nuclear angular momentum $I^2_{(\text{total})}$ has a range of values $I^r\,(I^r + 1)$ where $0 \leqq I^r \leqq \sum I_l$. One thus formally separates the total population of F-centers into subsets, each with its characteristic total nuclear angular momentum. Equation (4) now is replaced with a manifold of equations

$$H^r = g_e^r \beta_e \boldsymbol{B} \cdot \boldsymbol{S} + A_1 \boldsymbol{I}_1^r \cdot \boldsymbol{S} \qquad (A_1 = A_l, \quad l = 1, \ldots) . \tag{5}$$

The diagonalization of (5) leads to a set of BREIT-RABI equations for the transitions $\Delta M_s = \pm 1, \Delta M_i = 0$

$$h\nu = \frac{1}{2} g_e^r \beta_e B^r \left\{ \left[1 + \frac{2 A_1 (M_i^r + M_s)}{g_e^r \beta_e B^r} + \frac{A_1^2 (I_1^r + 1/2)^2}{(g_e^r \beta_e B^r)^2} \right]^{1/2} + \right.$$
$$\left. + \left[1 + \frac{2 A_1 (M_i^r - M_s)}{g_e^r \beta_e B^r} + \frac{A_1^2 (I_1^r + 1/2)^2}{(g_e^r \beta_e B^r)^2} \right]^{1/2} \right\} . \tag{6}$$

For a single spin I^r, and to first order in $A_1/g_e \beta_e B$, equation (6) reduce to (3).

It is to be noted that in (5), each set I^r has a different g-value. This is the result of the formal separation into sets and the inclusion of the second order terms in $A_1/g_e\beta_e B$. [See equation (8) below]. This may appear more familiar if one recalls the result from optical spectroscopy. For a state characterized by operators $\boldsymbol{F}$, $\boldsymbol{J}$, and $\boldsymbol{I}$, the Lande g-factor is given by $g = g_J \left[\frac{\langle F^2 \rangle + \langle J^2 \rangle - \langle I^2 \rangle}{2 \langle F^2 \rangle} \right]$ where the brackets indicate quantum mechanical expectation values. Thus it is not surprising to find g-values which depend upon the value of I^r for each subset of the F-center population.

One may conveniently add the nuclear Zeeman terms at this point. The effect of such terms in (5) and (6) is merely to change the $g_e^r \beta_e$ by an small amount [12] $g_n \beta_n$, where $H_{\text{nuc}} = g_n \beta_n \boldsymbol{B} \cdot \boldsymbol{I}^r$. We absorb this term and now write the terms as $g^r \beta$.

---

[1]) ROSE calls this representation "coupled". This, however, should not be interpreted as a mechanical $\boldsymbol{I} \cdot \boldsymbol{I}$ coupling.

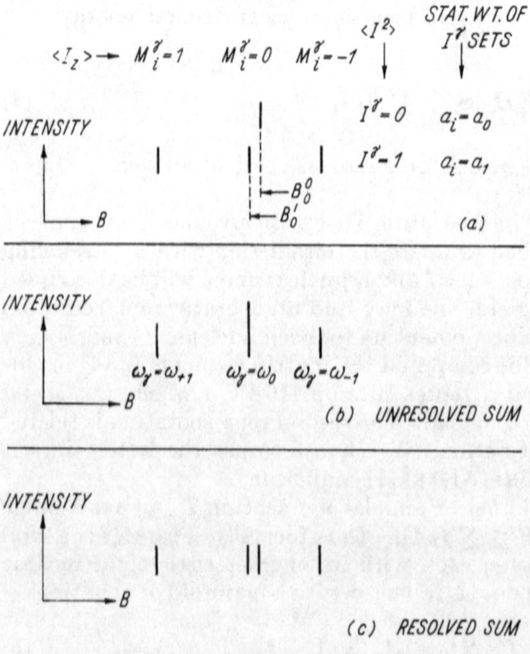

Fig. 1. EPR lines for $S = 1/2$, $I_1 = I_2 = 1/2$ according to equation (6). The weighting factors ω_i for the unresolved sum (b) are computed by statistical methods [13]. The weighting factors α_i may be derived from the ω_i [7]. (Read α_0, α_1, and α_i unstead of a_0, a_1, and a_i)

To this degree of approximation, Fig. 1 illustrates schematically the EPR results of (6) when applied to a simple free radical system with one electron interacting with two nuclear spins of $I_1 = I_2 = 1/2$ and thus $0 \leqq I^r \leqq 1$. The $I^r = 1$ set exhibits in exaggeration the familiar BREIT-RABI shift of the $M_i^r \neq 0$ lines with respect to the $M_i^r = 0$ line. The slight difference between the field positions for the $M_0^{r=0}$, and $M_0^{r=1}$ lines is of the order of the nuclear Zeeman energy and is also exaggerated.

Assuming the sum of the two sets is experimentally unresolved one computes the intensity ratios using the ω's [13]. For a system such as the KCl F-center with $l = 6$; $I_l = 3/2$, the observed $M_i^r = 0$ line would be a sum of the 10 lines of the 10 subsets of I^r angular momentum.

Since the publication of [6] and [7], a number of organic free radicals have been reported for which the above simple theory is adequate [14]. FESSENDEN makes a second order calculation which lead to the same results as (6) and Fig. 1 above. The splitting apparently is also resolved in the V_K center [15] resonance.

At this point it may be of interest to describe the results for the cyclohexadienyl radical [16]. The radical is stable in a liquid so that hyperfine anisotropy is averaged out by rotation and the line widths are of the order of 0.2 G. It possesses four different sets of equivalent protons interacting with an unpaired spin. Each set of protons may be compared in principle to the sucessive shells of nuclei around an F-center. The first set (shell) consists of two protons with a triplet splitting similar to Fig. 1. The subsidiary splitting of the other proton sets is small enough so that none of the components arising from the center part of the triplet overlap lines arising from the outer parts of the triplet. The resultant EPR pattern is a four-fold reproduction of the manifold of lines due to the subsidiary splittings, each set centered as in the "resolved sum" case of Fig. 1. The difference $B_0^0 - B_0^1$ was found to be about 0.7 G with an A_1 of 47.7 G.

Returning to (6) one may solve the equations for the $M_i^r = 0$ lines, whose field values are B_0^r.

$$g^r = \frac{h\,\nu}{\beta\,B_0^r}\left[\left(\frac{h\,\nu}{\beta\,B_0^r}\right)^2 - \frac{A_1^2(I_1^r + 1/2)^2}{(\beta\,B_0^r)^2}\right]^{1/2} \Big/ \left[\left(\frac{h\,\nu}{\beta\,B_0^r}\right)^2 + \left(\frac{A_1}{2\,\beta\,B_0^r}\right)^2\right]^{1/2}. \tag{7}$$

Rewriting (7) with $g_0^r = \dfrac{h\,\nu}{\beta\,B_0^r}$, we have

$$g^r = g_0^r \left[\frac{I - \dfrac{A_1^2\,(I_1^r + 1/2)^2}{(h\,\nu)^2}}{1 + \left(\dfrac{A_1}{h\,\nu}\right)}\right]^{1/2} \approx g_0^r - g_0^r\,F^r\,(A_1, h\,\nu, I_1^r) + \cdots. \tag{8}$$

One may define a "true" g-value as

$$\langle g^r \rangle = \frac{\sum\limits_r \alpha_r\,g^r}{\sum\limits_r \alpha_r}, \tag{9}$$

where the α_r are the weighting factors indicated in Fig. 1. One thus has the hyperfine g-shift

$$\langle \Delta g^r \rangle_{\text{hfs}} = g_{\text{exp}} - \langle g^r \rangle. \tag{10}$$

The effect of the α_r is to weight very heavily the I^r terms near $r = 0$. The non-coincidence of the B_0^r skews the unresolved (sum $M_1^r = 0$), line to lower fields and higher energy. The accurate evaluation of (10) is possible only with a computer iteration program. One may calculate it approximately by assuming

$$\langle g^r \rangle \approx \langle g_0^r \rangle - \langle g_0^r\,F^r \rangle \approx g_{\text{exp}} - \langle g_0^r\,F^r \rangle.$$

The usefulness of the calculation may be estimated from the following. For the CsCl F-center, where the effect is largest the value $\langle \Delta g^r \rangle_{\text{hfs}} \approx 5 \times 10^{-3}$ is approximately five times the experimental error in g_{exp}. However, the *experimental* g-shift $\Delta g = g_{\text{exp}} - g_{\text{free}}$ (which is due primarily to configurational interaction via spin-orbit coupling) is about 18×10^{-3}. Thus the computation of $\langle \Delta g^r \rangle_{\text{hfs}}$ is of only formal interest unless one can calculate the spin orbit induced shifts to at least the same degree of precision. Unfortunately, the error in current calculations for spin-orbit induced shifts appears to be of the order of magnitude of $\langle \Delta g^r \rangle_{\text{hfs}}$ [17]. In a similar calculation for the first "shell" of the cyclohexadienyl radical, $\langle \Delta g^r \rangle_{\text{hfs}}$ is approximately one tenth of the experimental error in g_{exp}. The shift is expected to be of this order of magnitude for all organic radicals.

The simplification in (1) which lead to (6) is not consistent with an accurate description of many F-centers. In a number of F-centers the contact interaction term of the next nearest neighbor shell of nuclei is larger than that of the first shell. LiF [18] and NaF [9] are examples. In addition most alkali halide crystals contain two isotopes of each the alkali and halogen ions, so that A_l is not necessarily the same for all nuclei of a given shell. In principle one may include contact terms for more than one shell and account for the isotopic admixture. Under these circumstances one would expect that the larger range of I^r would produce a value of $\langle \Delta g^r \rangle_{\text{hfs}}$ of the same order of magnitude as the spin-orbit induced shifts. Numerical evaluation is now so difficult as to be impractical.

The current EPR data in the literature show very slight positive experimental g-shifts for LiF [19], NaF [3], LiH [16], and NaH [8]. Assuming other g-shift mechanisms are negligble, the hyperfine-induced shifts for these centers must be very nearly equal in magnitude to the spin-orbit induced shifts.

The concept of a g-shift correction, as applied to EPR, seems valid up to this point, but it becomes meaningless when the anisotropic part of the hyperfine interaction must be considered. For most F-centers this term is approximately one tenth of the contact term. For LiF however the magnitude of the anisotropic term for the second shell is about one third of that of the *first* shell contact term [16]. The effect experimentally is to make the apparent hyperfine splitting and the number of hyperfine lines orientation-dependent. On a scale of resolution of an ENDOR [20] experiment the concept of a g-shift correction may still be given meaning, but of course the numerical computation will be even less feasible than for the case of isotropic F-centers.

Part 2

In the early work on the KCl F-center a negative experimental g-shift, $\Delta g = g_{exp} - g_{free}$, was observed. It was recognized that for an electron interacting with polarized, filled ion shells the sign of the spin-orbit interaction constant could be such as to produce a negative shift if one assumed a slight amount of configurational interaction [21].

Since that time a negative g-shift has been taken to be one of the identification signatures necessary before an EPR signal could be attributed to an F-center. It was felt that a excess electron center such as the F-center should have a negative g-shift and that a positive shift would indicate a defect electron or "hole" center such as the V_K. It seemed necessary then to apply a "correction" to reduce the experimental g-value below that of the free electron for those centers which were known from other experimental evidence to be F-centers [3, 4, 6, 8, 18, 19].

It is true that a "hole" in an almost filled shell of an atom or molecule has a positive shift. However, the shift can also be positive for an electron excess center weakly interacting with such an unfilled shell [22] and, for "frozen" free radicals in general, the sign of the experimental g-shift is not a reliable criterion for determining whether a center is electron excess or electron defective.[2]) Further, Adrian [17] has suggested a mechanism whereby in special cases an electron may polarize a *filled* shell under such conditions as to produce a positive g-shift term.

It is interesting to note that until recently the same misconception has existed in the literature with respect to the EPR of free carriers in semiconductors. As Yafet [23] has pointed out, the sign of the g-shift is not solely dependent upon spin-orbit effects and thus is not positive definite proof for determining whether the EPR signal is due to holes or electrons.

Summary

It was shown that, with rather strong restrictions, a calculation may be made for the g-shifts produced by hyperfine interactions in the EPR of F-centers. For organic radicals and the few F-centers for which the model is applicable, the computed values were found to be too small to be significant. In principle the

[2]) For example, in some organic free radicals both the negative as well as the positive ions exhibit a small positive g-shift [22].

model could be extended to include isotopic effects and contact hyperfine interaction terms from nuclei shells beyond the first. However, for these cases the computation would require an extensive computer programm. For cases requiring inclusion of the anisotropic hyperfine interaction, the concept of a hyperfine-induced g-shift may be given meaning only in terms of an ENDOR experiment. It was noted that, apart from formal considerations, no real incentive exists for making the calculations since the sign of the experimental g-shift may not be taken as positive definite proof for the sign of the charge of a radical.

Acknowledgements

The author is indebted to H. ROSENSTOCK for indicating the solution of the quartic equations leading to equation (7).

References

[1] C. A. HUTCHINSON and G. A. NOBLE, Phys. Rev. **87**, 1125 (1952).
[2] F. KIP et al., Phys. Rev. **91**, 1066 (1953).
[3] N. W. LORD, Phys. Rev. **108**, 756 (1957).
[4] G. J. WOLGA and M. W. P. STRANDBERG, J. Phys. Chem. Solids **9**, 309 (1959).
[5] H. C. WOLF and K. H. HAUSSER, Naturwissenschaften **23**, 646 (1959).
[6] W. B. LEWIS and F. E. PRETZEL, J. Phys. Chem. Solids **19**, 139 (1961).
[7] F. HUGHES and J. ALLARD, Phys. Rev. **125**, 173 (1962).
[8] W. L. WILLIAMS, Phys. Rev. **125**, 82 (1962).
[9] W. T. DOYLE, Phys. Rev. **131**, 555 (1963).
[10] M. E. ROSE, Elementary Theory of Angular Momentum, John Wiley and Sons Inc., New York 1957 (p. 32).
[11] G. BREIT and I. I. RABI, Phys. Rev. **38**, 2082 (1931).
[12] W. LOW, Paramagnetic Resonance in Solids, Academic Press N.Y. and London 1960 (p. 67).
[13] H. ROSENSTOCK and A. A. MARADUDIN, Amer. Phys. **30**, 330 (1962).
[14] R. W. FESSENDEN, J. Chem. Phys. **37**, 747 (1962).
[15] T. C. CASTNER and W. KANZIG, J. Phys. Chem. Solids **3**, 178 (1957).
[16] R. W. FESSENDEN and R. H. SCHULER, J. Chem. Phys. **37**, 773 (1962).
[17] F. J. ADRIAN, Phys. Rev. **107**, 488 (1957).
[18] W. C. HOLTON and H. BLUM, Phys. Rev. **125**, 89 (1962).
[19] R. KAPLAN and P. J. BRAY, Phys. Rev. **129**, 1919 (1963).
[20] G. FEHER, Phys. Rev. **103**, 500 (1956).
[21] A. H. KAHN and C. KITTEL, Phys. Rev. **89**, 315 (1953).
[22] A. CARRINGTON, F. DRAVNIEKS, and M. C. SYMONS, J. Chem. Soc. 947 (1959).
[23] Y. YAFET, Solid State Physics vol. 14, edited by F. SEITZ and D. TURNBULL, Academic Press, Inc. New York 1963 (p. 66).

(Received January 20, 1964)

phys. stat. sol. **5**, 63 (1964)

Institut für Anwendung radioaktiver Isotope der TU Dresden und
Institut für Metallkunde und Materialprüfung der Bergakademie Freiberg

Messung der Korngrenzendiffusion von Nickel-63 in Nickel und γ-Eisen

Von

W. LANGE, A. HÄSSNER und G. MISCHER

Es wurde die Korngrenzendiffusion von Ni-63 in Nickel und γ-Eisen im Temperaturbereich 850 bis 1100 °C bzw. 940 bis 1130 °C mit einer Restaktivitätsmethode untersucht. Die Temperaturabhängigkeit des Diffusionsvorgangs läßt sich durch eine Arrhenius-Gleichung darstellen. Im Fall der Korngrenzenselbstdiffusion in Nickel besteht gute Übereinstimmung mit an Kippgrenzen von Bikristallen erhaltenen Ergebnissen von UPTHEGROVE und SINNOTT, wenn man vereinfachend einen Mittelwert über alle Korngrenzen von $\Theta = 0°$ bis 90° bildet. Im Anschluß an LÜCKE und GERZRIKEN wird für Großwinkelkorngrenzen die Möglichkeit eines Leerstellenmechanismus der Diffusion diskutiert.

The grain-boundary diffusion of Ni-63 in Nickel and γ-iron, is investigated by a residual-activity method in the temperature regions 850 to 1100 °C and 940 to 1130 °C. The temperature dependence of the diffusion is described by an Arrhenius-equation. For grain-boundary self-diffusion in Ni, agreement is obtained with the results of UPTHEGROVE and SINNOTT for tilt boundaries of bicrystals if the mean value taken over all grain boundaries is used. Following LÜCKE and GERZRIKEN the possibility of a vacancy-diffusion mechanism for large-angle-boundaries is discussed.

1. Einleitung

Zahlreiche experimentelle und theoretische Untersuchungen wurden bisher durchgeführt, um die Struktur der Korngrenzen und ihren Einfluß auf die Eigenschaften metallischer Werkstoffe zu untersuchen. Unter anderem wurden Informationen über den Aufbau von Korngrenzen durch Messungen der Korngrenzendiffusion an Bikristallen mit definierten Orientierungsunterschieden erhalten. Derartige Untersuchungen erfordern einen verhältnismäßig hohen experimentellen Aufwand. Die Mehrzahl der Messungen zur Korngrenzendiffusion wurde daher an polykristallinem Material durchgeführt, die Mittelwerte über alle vorkommenden Korngrenzen liefern.

In der folgenden Arbeit werden Untersuchungen zur Korngrenzendiffusion an polykristallinem Nickel beschrieben. Zu diesem Metall liegen bereits an Bikristallen gewonnene Meßergebnisse vor. Durch Vergleich sollte die Aussagekraft der Messungen an polykristallinem Material ermittelt werden. Gleichzeitig wurde in Analogie zu Untersuchungen zur Volumendiffusion auch die Korngrenzendiffusion von Nickel in γ-Eisen ermittelt.

2. Experimentelles

Die Untersuchungen wurden mit einer Restaktivitätsmethode durchgeführt. Die experimentellen Anordnungen sind in der Literatur mehrfach beschrieben worden. Im folgenden werden die besonderen Bedingungen vorliegender Versuche angegeben. Es wurde Nickel mit einer Reinheit von 99,85% und Armco-Eisen mit einer Reinheit von 99,8% verwendet. Der Fremdelementgehalt des Nickels betrug (in Gewichtsprozent): C — 0,05, Co — 0,03, Fe — 0,01, Mn — 0,01, Pb — 0,008, Zn — 0,01, Si — 0,03, Sn-Spuren. Das Armco-Eisen enthielt 0,04% C, 0,15% Mn, 0,03% Si und 0,005% P. Aus dem im Vakuumlichtbogenofen umgeschmolzenen und anschließend ausgewalzten Material wurden Versuchsproben der Abmessung 10 × 10 × 8 mm³ hergestellt, wobei Vorder- und Rückseite auf ±2 μm planparallel geschliffen wurden. Anschließend erfolgte eine Vorglühung bei Temperaturen, die 30° oberhalb derjenigen der Diffusionsglühungen lag. Die hierbei erhaltenen Korngrößen lagen bei Armco-Eisen zwischen 50 und 150 μm, bei Nickel zwischen 200 und 400 μm. Nach anschließendem elektrolytischem Polieren wurde eine etwa 2 μm dicke, mit Ni-63 markierte Nickelschicht elektrolytisch abgeschieden. Die Zusammensetzung des Bades war:

10 g	Nickelchlorid ($A \sim 2\, m\, C$),
4 g	Zitronensäure,
200 ml	Wasser.

Der pH-Wert wurde durch Natronlauge auf 2,0 gebracht. Stromdichte: 15 mA/cm².

Die radiochemische Reinheit des Ni-63-Präparates wurde überprüft. Diffusions- und Vorglühungen erfolgten in automatisch geregelten Rohröfen (±2°) unter gereinigtem Argon. Die Korngrenzendiffusion wurde im Temperaturbereich 850 bis 1100 °C (Ni-63 in Nickel) bzw. 940 bis 1130 °C (Ni-63 in γ-Eisen) gemessen.

Das für die Ermittlung der Konzentrationsverteilung erforderliche Abtragen der Schichten (ca. 3 bis 10 μm) erfolgte auf einer Schleifmaschine in einer Glovebox. Für die Dickenmessung stand eine Meßuhr mit μm-Teilung zur Verfügung. Die hohe spezifische Aktivität erlaubte den Strahlennachweis mit einem Glockenzählrohr mit einer Fensterdicke von 1,8 mg/cm², wobei ein kleiner Abstand Probe—Zählrohr von 3 mm in der Abschirmkammer genau eingehalten wurde.

3. Auswertungsmethode und Auswertung

Die Auswertung der Versuche erfolgte auf der Grundlage der Modellvorstellung von FISHER [1]. Für die mittlere Konzentration $c(x, t)$ des Indikators in der Tiefe x eines Bikristalls nach der Versuchszeit t gilt

$$c(x, t) = 4\, c_0 \left(\frac{D_v\, t}{\pi}\right)^{1/2} \exp(-\gamma x)\,, \tag{1}$$

wobei

D_v Volumendiffusionskoeffizient,
D_K Korngrenzendiffusionskoeffizient,
δ Korngrenzenbreite,
c_0 Konzentration des Indikators an der Oberfläche der Probe, die während des Versuchs konstant zu halten ist,
x Koordinate senkrecht zur Oberfläche in Diffusionsrichtung,
$\gamma = \left(\frac{4\, D_v}{\pi\, t}\right)^{1/4} \frac{1}{(\delta\, D_K)^{1/2}}$.

Gleichung (1) ist auch auf polykristalline Proben anwendbar, wobei dann D_K die Bedeutung eines Koeffizienten hat, der durch Mittelung über alle vorkommenden Korngrenzen entstanden ist.

Aus (1) folgt, daß der Logarithmus der Konzentration (bzw. der spezifischen Aktivität des Indikators) linear mit der Eindringtiefe abnimmt. Der Korngrenzendiffusionskoeffizient wird aus der Steigung der Geraden $\gamma = \text{tg}\,\alpha$ nach folgender Formel berechnet:

$$D_K = \left(\frac{4\,D_v}{\pi\,t}\right)^{1/2} \frac{1}{\delta\,\text{tg}^2\,\alpha}\,. \tag{2}$$

Die allgemein übliche Auswertung nach (1) und (2) erfordert eine mechanische oder elektrochemische Schichtenteilung und anschließend die Ermittlung der spezifischen Aktivitäten der abgetragenen Schichten. Dieses Verfahren stößt bei harten und spröden Proben auf Schwierigkeiten. In diesen Fällen ist es vorteilhaft, dünne Schichten der Dicke x_n abzuschleifen und anschließend die integralen Restzählraten I_n der gesamten Probe unter definierten Bedingungen auszumessen. Ein solches Verfahren wurde von Hässner und Bergner unter Verwendung der Lösung von Fisher (vgl. (1)) ausgearbeitet und in [2] beschrieben. Läßt sich das Absorptionsgesetz der radioaktiven Strahlung in der Form

$$N/N_0 = \sum_i A_i \exp\left(-\mu_i\,x\right) \tag{3}$$

ausdrücken, so folgt, daß der Logarithmus der Restzählraten ebenfalls linear mit der Eindringtiefe abnimmt. Der Anstieg der entstehenden Geraden stimmt mit dem bei der direkten Schichtenteilung erhaltenen Wert von tg α überein, so daß der Korngrenzendiffusionskoeffizient nach Formel (2) berechnet werden kann. Aus der Rechnung folgt, daß der Anstieg tg α unabhängig von der Größe der Absorptionskoeffizienten μ_i ist, diese also nicht bekannt sein müssen.[1]) Das beschriebene Verfahren wird in dieser Arbeit angewandt.

In Fig. 1 ist $\log I_n = f(x_n)$ für einige Proben unterschiedlicher Glühtemperaturen aufgezeichnet. Die Kurven zeigen in der Nähe der Oberfläche Abweichungen vom linearen Verlauf, die auf Volumendiffusion zurückzuführen sind, wie

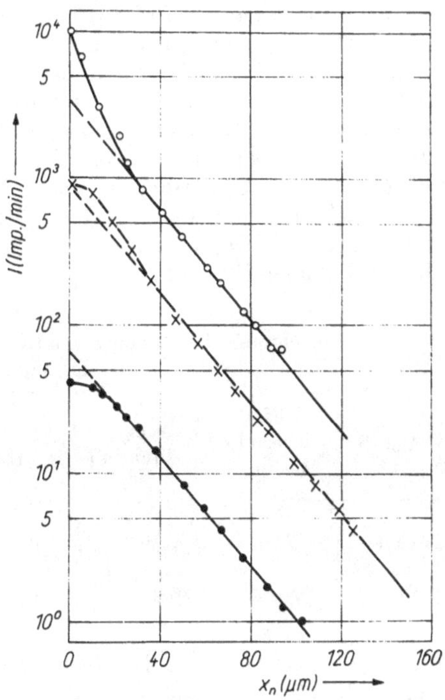

Fig. 1. Änderung des Logarithmus der Restzählraten I_n mit der Eindringtiefe x_n. Die Ordinaten der verschiedenen Kurven sind jeweils um eine Zehnerpotenz gegeneinander verschoben (Ni-63 in Nickel)

–○–○– T = 900 °C; t = 43 h
–×–×– T = 1000 °C; t = 43 h
–●–●– T = 1100 °C; t = 43 h

[1]) Im Fall der Messung der Volumendiffusionskoeffizienten mit der von Gruzin [3] angegebenen Methode ergeben sich nicht solche einfachen Verhältnisse, und das Absorptionsverhalten muß im allgemeinen bekannt sein. Ausgenommen hiervon sind die Grenzfälle sehr harter γ- und sehr weicher β-Strahlung.

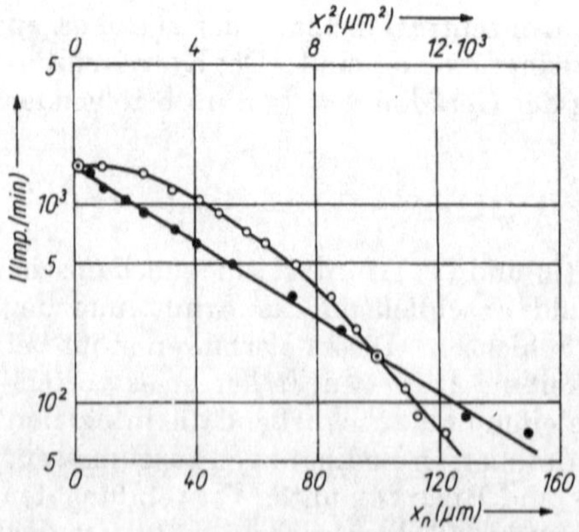

Fig. 2. Änderung des Logarithmus der Restzählrate I_n mit der Eindringtiefe x_n bzw. x_n^2. $T = 1200$ °C

—○—○— $\ln I_n = f(x_n)$

—●—●— $\ln I_n = f(x_n^2)$

durch autoradiographische Aufnahmen eindeutig belegt werden konnte. Bekanntlich wird aber die von der Oberfläche der Probe in x-Richtung verlaufende Volumendiffusion bei der Ableitung von (1) durch FISHER nicht berücksichtigt. Für die Auswertung ist demnach der lineare Teil der Kurven zu verwenden, der auch nach dem Befund der Autoradiographien durch Korngrenzendiffusion verursacht wird. Aus dem Anstieg wird mit (2) der Korngrenzendiffusionskoeffizient berechnet. Die hierzu erforderlichen Volumendiffusionskoeffizienten wurden besonderen, hier nicht erörterten Messungen entnommen, die sich in guter Übereinstimmung mit Angaben aus der Literatur befinden [4, 5]. Die verwendeten Daten der Volumendiffusion sind in Tabelle 1 zusammengestellt (Standardabweichung 15%). Die Korngrenzenbreite wurde zu $\delta = 5 \cdot 10^{-8}$ cm angenommen. Oberhalb der oben angegebenen Temperaturbereiche, in denen die Korngrenzendiffusionsmessungen erfolgten, überwiegt die Volumendiffusion. Fig. 2 zeigt den Diffusionsverlauf einer Probe, die bei 1200 °C geglüht wurde. Der lineare Verlauf der Kurve in $I_n = f(x_n^2)$ ebenso wie autoradiographische Aufnahmen zeigen eindeutig Volumendiffusion.

Tabelle 1

Zur Berechnung der Korngrenzendiffusionskoeffizienten verwendete Parameter der Volumendiffusion

Metall	Diffundierendes Element	D_{OV} [cm²/s]	Q_V [kcal/Mol]	Temperaturbereich [°C]	Methode	Literatur
Nickel	Ni-63	$1{,}39 \begin{smallmatrix} +0{,}9 \\ -0{,}5 \end{smallmatrix}$	$65{,}9 \pm 1{,}5$	1149–1390	Restzählrate	[6]
γ-Eisen	Ni-63	$0{,}44 \begin{smallmatrix} +0{,}3 \\ -0{,}2 \end{smallmatrix}$	$66{,}6 \pm 1{,}6$	1130–1380	Restzählrate	[7]

4. Ergebnisse und Diskussion

Die mit Gleichung (2) aus den Eindringkurven erhaltenen Korngrenzendiffusionskoeffizienten sind in Tabelle 2 und 3 zusammengestellt.

Wie aus Fig. 3 zu erkennen ist, kann die Temperaturabhängigkeit des Korngrenzendiffusionskoeffizienten durch eine Gleichung

$$D_K = D_{OK} \exp(-Q_K/RT) \tag{4}$$

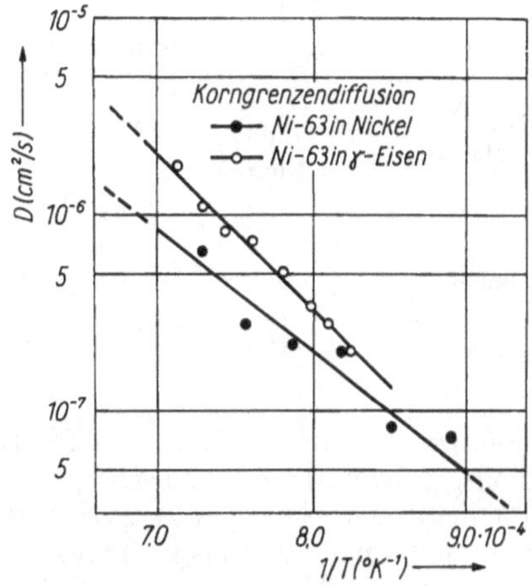

Fig. 3. Temperaturabhängigkeit des Korngrenzendiffusionskoeffizienten von Ni-63 in Nickel und Ni-63 in γ-Eisen

in der üblichen Weise beschrieben werden, wobei D_{0K} der Frequenzfaktor und Q_K die Aktivierungsenergie der Korngrenzendiffusion sind. Mit Hilfe der Ausgleichsrechnung wurden die in Tabelle 4 zusammengestellten Werte für D_{0K} und Q_K erhalten. Die Standardabweichung (für den einzelnen Diffusionskoeffizienten) war 16% (γ-Eisen) bzw. 24% (Nickel).

Die Korngrenzenselbstdiffusion in Nickel wurde bislang von UPTHEGROVE und SINNOTT [8] mit der Methode von FISHER sowie von GERZRIKEN und JATSENKO [9] mit einer von GERZRIKEN [10] angegebenen Methode untersucht.

UPTHEGROVE und SINNOTT ermittelten an Bikristallen mit Kippgrenzen in Richtung der Drehachse die Abhängigkeit des Korngrenzendiffusionskoeffizienten

Tabelle 2

Korngrenzenselbstdiffusion von Nickel

Temperatur [°C]	$1/T \cdot 10^4$ [°K^{-1}]	Glühzeit [h]	Mittelwert $D_K \cdot 10^7$ [cm²/s]	Zahl der Messungen
850	8,90	49	0,72	4
900	8,51	43	0,80	4
950	8,18	43	2,01	4
1000	7,85	43	2,14	4
1050	7,55	49	2,82	4
1100	7,23	43	6,94	4

Tabelle 3

Korngrenzendiffusion von Nickel-63 in γ-Eisen

Temperatur [°C]	$1/T \cdot 10^4$ [°K^{-1}]	Glühzeit [h]	Mittelwert $D_K \cdot 10^7$ [cm²/s]	Zahl der Messungen
940	8,24	42	1,98	4
960	8,10	43	2,78	4
980	7,98	46	3,44	3
1010	7,80	48	5,19	4
1040	7,61	38	7,20	3
1070	7,44	43	8,01	4
1100	7,29	42	11,2	4
1130	7,13	39	17,9	4

Tabelle 4

Gemessene Aktivierungsenergien und Frequenzfaktoren der Korngrenzendiffusion

Metall	Diffundierendes Element	D_{OK} [cm²/s]	Q_K [kcal/Mol]	Temperaturbereich [°C]
Nickel	Ni-63	$\left(1{,}75 \begin{smallmatrix} +2{,}1 \\ -1{,}0 \end{smallmatrix}\right) \cdot 10^{-2}$	$28{,}2 \pm 2{,}0$	850–1100
γ-Eisen	Ni-63	$\left(7{,}7 \begin{smallmatrix} +4{,}0 \\ -2{,}6 \end{smallmatrix}\right) \cdot 10^{-1}$	$36{,}4 \pm 1{,}1$	940–1130

vom Orientierungsunterschied Θ. Der Einfluß von Θ auf die Korngrenzendiffusionsgeschwindigkeit war sehr groß; bei $\Theta = 45°$ ergab sich ein Maximum, während mit dem Übergang zu $\Theta = 0°$ und $90°$ stetig abfallende Werte erhalten wurden. Für Θ zwischen 20° und 70° wurde eine Aktivierungsenergie von $26{,}0 \pm 1{,}5$ kcal/Mol gefunden. Außerhalb dieses Bereiches stieg Q_K an und erreichte für $\Theta = 0°$ bzw. $\Theta = 90°$ den Wert für die Aktivierungsenergie der Volumenselbstdiffusion.

Nimmt man vereinfachend an, daß im polykristallinen Material lediglich Kippgrenzen mit gleichmäßiger Verteilung der Orientierungsunterschiede auftreten, so kann man aus den von UPTHEGROVE und SINNOTT in Abhängigkeit von der Temperatur angegebenen Diffusionskoeffizienten folgende gemittelte Parameter der Korngrenzenselbstdiffusion in Nickel berechnen:

$$\left.\begin{aligned} D_{OK} &= 1{,}1 \cdot 10^{-2}\ \mathrm{cm^2/s}; \\ Q_K &= 27{,}4\ \mathrm{kcal/Mol}. \end{aligned}\right\} \tag{5}$$

Diese Daten stimmen im Rahmen der Fehlergrenzen mit den eigenen Werten gut überein, die – wie eingangs erwähnt – einen Mittelwert über alle in einem polykristallinen Material auftretenden Korngrenzen darstellen. Kleinwinkelkorngrenzen sind praktisch ohne Einfluß auf die Rechnung. Die Übereinstimmung der Zahlenwerte läßt schlußfolgern, daß die Diffusionsgeschwindigkeiten in Großwinkelkorngrenzen beliebiger Struktur und in solchen Großwinkelkorngrenzen, die nur aus einfachen Kippgrenzen aufgebaut sind, in der gleichen Größenordnung liegen. Daraus kann geschlossen werden, daß das Maß an Fehlpassung, das in der Kippgrenze bei $\Theta = 45°$ ein Maximum erreicht, auch bei beliebiger Lage der benachbarten Kristallite nicht oder zumindest nicht wesentlich überschritten wird. Es läßt sich weiter folgern, daß mit dem in dieser Arbeit angewandten einfachen Verfahren in den Fällen, in denen das Transportverhalten wesentlich durch Großwinkelkorngrenzen bestimmt wird, ein für weitere Schlußfolgerungen ausreichendes Ergebnis erwartet werden darf.

Die ebenfalls an polykristallinen Proben von GERZRIKEN und JATSENKO [9] erhaltenen Ergebnisse stimmen mit den unsrigen hinsichtlich der Aktivierungsenergie ($Q_K = 26{,}6 \pm 1{,}0$ kcal/Mol) gut, aber hinsichtlich des Frequenzfaktors ($D_{OK} = 1{,}6 \cdot 10^{-5}$ cm²/s) nicht befriedigend überein. Der Unterschied kann in dem unterschiedlichen Auswertungsverfahren gesucht werden.

Für die eigenen Messungen der Korngrenzendiffusion von Ni-63 in γ-Eisen liegen gegenwärtig keine Vergleichsmöglichkeiten vor. Das Verhältnis der Aktivierungsenergie in der Korngrenze zu der im Volumen (Q_K) ist $Q_K/Q_V = 0{,}43$ (Ni-63 in Nickel) bzw. 0,54 (Ni-63 in γ-Eisen).

Es soll nun untersucht werden, ob die gegenüber dem Volumen erhöhte Diffusionsgeschwindigkeit in Großwinkelkorngrenzen die Folge einer erhöhten Leerstellenkonzentration, einer Vergrößerung der Platzwechselzahl der Atome in der Korngrenze oder des Zusammenwirkens beider Faktoren ist.

Nimmt man an, daß der Elementarvorgang der Diffusion in Großwinkelkorngrenzen ebenso wie bei der Volumendiffusion in dichtest gepackten Metallen mit der Bildung und Wanderung von Leerstellen verbunden ist, so folgt, wie bereits von Lücke [11] ausgeführt, für die Aktivierungsenergie der Selbstdiffusion in der Großwinkelkorngrenze

$$Q_K = \Delta H_{1K} + \Delta H_{2K} . \tag{6}$$

Es bedeuten:

ΔH_{1K} Aktivierungsenergie für die Bildung von Leerstellen in Großwinkelkorngrenzen,

ΔH_{2K} Aktivierungsenergie für die Wanderung von Leerstellen in Großwinkelkorngrenzen.

Da im allgemeinen $Q_K = (0{,}4 - 0{,}6)\, Q_V$ ist, so sind die Größen ΔH_{1K} oder ΔH_{2K} bzw. beide kleiner als die entsprechenden Aktivierungsenergien im Volumen. In welchem Umfang eine solche Erniedrigung eintritt, kann an Hand des vorliegenden experimentellen Materials derzeit nur schwer entschieden werden. Gerzriken [12] nahm an, daß Leerstellen bzw. Leervolumina in den Großwinkelkorngrenzen aus physikalischen und geometrischen Gründen in bedeutend höherer Konzentration als im Volumen vorhanden sind und daß deshalb ΔH_{1K} gegenüber

Tabelle 5

Zusammenstellung experimenteller Ergebnisse für Q_V, Q_K, ΔH_{1V}, ΔH_{2V} in reinen Metallen. Die beiden letzten Spalten enthalten die hieraus berechneten Werte für Q_K/Q_V bzw. $\Delta H_{2V}/Q_K$

Metall	in (kcal/Mol)					
	Q_V	Q_K	ΔH_{1V}	ΔH_{2V}	Q_K/Q_V	$\Delta H_{2V}/Q_K$
Ag	45,95 [14]	20,2 [14] 19 [15]	25,3 [16]	19,8 [17]	0,44 0,42	0,98 0,94
Ni	65,9 [6]	26,0 [8] 28,2 **) 26,6 [9]	39,2 [18]	23,0 [19]	0,40 0,43 0,40	0,89 0,82 0,87
Pb	25,7 [20]	15,7 [20]	10,2 [21]	15,5*)	0,61	0,99
Zn	22,35 [22] 22,7 [23]	14,5 [24] 12,3 [25]	8,7 [21]	13,8*)	0,64 0,55	0,95 1,12
Cd	18,2 [26] 19,1	13,0 [26]			0,70	
Sn	22,8 [27] 23,3 [28] 25,8 [28]	9,55 [29]	11,8 [30] 10,65 [21]	15,7 [30]	0,42 0,43 0,38	1,64

Anmerkung: Die mit *) bezeichneten Werte sind nach $\Delta H_{2V} = Q_V - \Delta H_{1V}$ berechnet.
**) Diese Arbeit.

ΔH_{2K} näherungsweise unberücksichtigt bleiben kann. Die Aktivierungsenergie der Korngrenzendiffusion wäre dann gleich der Wanderungsenergie der Leerstellen, deren Werte nach GERZRIKEN im Volumen und in der Korngrenze genähert gleich sein sollten. Es würde dann gelten: $Q_K \sim \Delta H_{2K} \sim \Delta H_{2V}$.

Die Annahme, daß die Aktivierungsenergie der Volumendiffusion in Metallen allein durch die Wanderungsenergie der Leerstellen bestimmt wird, wenn deren Konzentration bedeutend größer als im thermischen Gleichgewicht ist (z. B. durch Abschrecken), ist experimentell bestätigt. TURNBULL [13] hat die Cu-Entmischung in abgeschreckten Al-Cu-Legierungen mit 2% Cu untersucht und festgestellt, daß die Aktivierungsenergie dieses Vorgangs mit der der Wanderung von Leerstellen übereinstimmt. Zur Korngrenzenselbstdiffusion wurden in Tabelle 5 experimentelle Angaben zusammengestellt. Sie zeigen, daß die Aktivierungsenergien der Korngrenzenselbstdiffusion in Ag, Ni, Pb und Zn annähernd mit den entsprechenden Wanderungsenergien der Leerstellen im Volumen übereinstimmen. Keine befriedigende Übereinstimmung wird für Sn erhalten. Eine allgemeine Beantwortung des angeschnittenen Problems ist noch nicht möglich, und es ist vorerst notwendig, das experimentelle Material weiter zu vervollständigen.

Die Extrapolation des Korngrenzenselbstdiffusionskoeffizienten in Nickel auf die Schmelztemperatur T_m ergibt

$$D_{K,\,T_m} = 0{,}35 \cdot 10^{-5}\ \mathrm{cm^2/s}.$$

Dieser Wert liegt in der auch für andere Metalle gefundenen Größenordnung (siehe Tabelle 6), die darüber hinaus auch mit den für geschmolzene Metalle bei der Schmelztemperatur ermittelten Diffusionskoeffizienten annähernd übereinstimmt.

Tabelle 6

Berechnete Werte des Korngrenzenselbstdiffusionskoeffizienten bei der Schmelztemperatur D_T

Metall	Diffundierendes Element	$D_{T_m} \cdot 10^5$ [cm²/s]	Literatur
Ag	Ag-110	0,75	[14]
Ni	Ni-63	0,35	diese Arbeit
Co	Co-60	0,21	[31]
Pb	ThB	0,15	[20]
Zn	Zn-65	1,7	[25]
Cd	Cd-115	1,3	[26]
Sn	Sn-113/123	0,45	[29]

Literatur

[1] J. C. FISHER J. appl. Phys. **22**, 74 (1951).
[2] A. HÄSSNER und D. BERGNER, Isotopentechnik **1**, 193 (1960/61).
[3] P. L. GRUZIN, Dokl. Akad. Nauk SSSR **86**, 289 (1952).
[4] R. E. HOFFMAN, F. W. PIKUS und R. A. WARD, J. Metals, Trans. AIME **206**, 483 (1956).
[5] K. HIRANO, M. COHEN und B. L. AVERBACH, Acta metall. **9**, 440 (1961).
[6] A. HÄSSNER, Dissertation TU Dresden 1962.
[7] G. MISCHER, Diplomarbeit TU Dresden 1962.
[8] W. R. UPTHEGROVE und M. J. SINNOTT, Trans. Amer. Soc. Metals **50**, 1031 (1958).

[9] S. D. GERZRIKEN und T. K. JATSENKO, Sbornik Naucnych Rabot Inst. Metallofiz., Akad. Nauk Ukr.SSR **12**, 135 (1961).
[10] S. D. GERZRIKEN und I. JA. DECHTJAR, Diffusion in Metallen und Legierungen, Moskau 1960 (russ.).
[11] K. LÜCKE, Z. Metallk. **52**, 1 (1961).
[12] S. D. GERZRIKEN, Fiz. Metallov i. Metallovedenie **2**, 378 (1956).
[13] D. TURNBULL, H. S. ROSENBAUM und H. N. TREAFTIS, Acta metall. **8**, 277 (1960).
[14] R. E. HOFFMAN und D. TURNBULL, J. appl. Phys. **22**, 634 (1951).
[15] D. TURNBULL und R. E. HOFFMAN, Acta metall. **2**, 419 (1954).
[16] M. DOYAMA und J. S. KOEHLER, Phys. Rev. **119**, 939 (1960).
[17] J. QUÉRÉ, C. R. hebd. Séances Acad. Sci. **252**, 2399 (1961).
[18] T. BROOM und R. K. HAM, in: Inst. of Metals Monograph and Report Series, No. 23 (1958) (S. 41).
[19] J. F. NICHOLAS, Phil. Mag. **46**, 87 (1955), zit. bei [18].
[20] B. OKKERSE, Acta metall. **2**, 551 (1954).
[21] S. D. GERZRIKEN und I. JA. DECHTJAR, Diffusion in Metallen und Legierungen, Moskau 1960 (russ.).
[22] A. HÄSSNER, unveröffentlicht.
[23] F. E. JAUMOT Jr. und R. L. SMITH, J. Metals, Trans. AIME **8**, 137 (1956).
[24] E. S. WAJDA, Acta metall. **2**, 184 (1954).
[25] F. VOIGTMANN, Diplomarbeit TU Dresden 1961.
[26] E. S. WAJDA, G. A. SHIRN und H. B. HUNTINGTON, Acta metall. **3**, 39 (1955).
[27] W. LANGE, A. HÄSSNER und I. BERTHOLD, phys. stat. sol. **1**, 50 (1961).
[28] J. D. MEAKIN und E. K. KLOKHOLM, J. Metals **218**, 463 (1960).
[29] W. LANGE und D. BERGNER, phys. stat. sol. **2**, 1410 (1962).
[30] W. DE SORBO, Bull. Amer. Phys. Soc., Series II, **4**, No. 3 (1959).
[31] S. D. GERZRIKEN und T. K. JATSENKO, Fiz. Metallov i Metallovedenie **9**, 154 (1959) (Kiew).

(Received January 23, 1964)

phys. stat. sol. 5, 73 (1964)

Department of Physics, Banaras Hindu University

Lattice Constants and Thermal Expansion of AgCl up to 878 °C by X-Ray Method

By

B. N. DUTTA and B. DAYAL

The thermal expansion of AgCl has been studied over the temperature range 25 to 878 °C by the X-ray powder technique. The experimental coefficients can be represented by the interpolation formula

$$\alpha_t = 30\times10^{-6} + 1.5\times10^{-8}\,t - 0.9\times10^{-10}\,t^2 + 0.6499\times10^{-12}\,t^3.$$

The presence of Frenkel defects has been discussed.

Die thermische Ausdehnung von AgCl ist im Temperaturbereich von 25 bis 878 °C mit Hilfe eines Röntgenstrahl-Pulver-Verfahrens gemessen worden. Die gemessenen Koeffizienten können mit Hilfe der Interpolationsformel

$$\alpha_t = 30\times10^{-6} + 1{,}5\times10^{-8}\,t - 0{,}9\times10^{-10}\,t^2 + 0{,}6499\times10^{-12}\,t^3$$

dargestellt werden. Das Vorhandensein von Frenkeldefekten wurde diskutiert.

1. Introduction

Silver chloride is one of the very interesting solids and its thermal expansion has been the subject of considerable discussion. The earliest measurement of its thermal expansion was reported by FIZEAU [1] at 40 °C. STRELKOW [2] has measured the same dialatometrically up to its melting point and has found that the coefficient of thermal expansion increases to infinity at the melting point. Very recently NICKLOW and YOUNG [3] have used a single crystal technique to determine the expansion coefficient from 120 to 710 °K and have confirmed STRELKOW's results. SHARMA [4] has used an interferometric technique to measure the expansion from 42.5 to 325 °C.

Theoretically an infinite coefficient of thermal expansion at the melting point is quite expected and is one of the main assumptions of the theory of fusion given by HERZFELD and MAYER [5]. This feature is found in the calculations of KANE [6] on frozen rare-gases, of TOLPADI [7] on all alkali halides, of FLETCHER [8] on KCl, of TRIPATHI [9] on KJ and of VERMA and DAYAL [10] on NaCl. Experimentally no other solid except AgCl shows an infinite coefficient at the melting point. FURTH [11] pointed out that a substance does not melt when its coefficient of thermal expansion becomes infinite but at a much lower temperature. LAWSON [12] has discussed the thermal expansion of AgCl and is of the view that the entire increase of the coefficient above its value at room temperature is due to the thermal generation of point defects. His ideas have recently been applied to several solids by MITRA and MITRA [13]. The work of NICKLOW and YOUNG [3] revealed the following points:

(i) Schottky defects do not contribute significantly to the thermal expansion of AgCl.

(ii) Grüneisen's theory is able to predict the thermal expansion adequately, if it is assumed that the thermally generated Frenkel defects contribute to the high temperature expansion of AgCl.

The experimental technique used by Nicklow and Young [3] employed a single crystal whose (600) reflection was measured at various temperatures. In view of the strange behaviour of the expansion near the melting point, it was considered desirable to settle this point by measurements with the help of modern Unicam high temperature camera which has a greater sensitivity.

2. Results and Discussion

The technique adopted in the measurements of lattice constants is the same as in our earlier papers [14] and [15]. The sample has been prepared in the laboratory by a reaction of analar sample of $AgNO_3$ with analar sample of HCl. Finally, the sample was ground to about 200 mesh and pasted on a thin quartz fibre (diameter ≈ 0.01 cm) by canada balsam. The Bragg angles were calculated from (531), (600) and (551) reflections. The $K\alpha_1$ and $K\alpha_2$ doublets were clearly resolved. The lattice parameters were calculated by extrapolating to $\theta = 90°$.

Since the lattice parameters of silver chloride in the present study have been found to increase rapidly with increase of temperature, the results on the measurements of lattice parameters at different temperatures can be expressed only by a fourth degree equation in temperature. This is found to be

$$a_t = 5.5732 \times 10^{-8} + 167.196 \times 10^{-14}\, t + 4.18 \times 10^{-16}\, t^2 - 1.672 \times 10^{-18}\, t^3 + 0.9056 \times 10^{-20}\, t^4 .$$

Since our lattice parameters are extrapolated values to $\theta = 90°$, they are naturally slightly higher than the values obtained from the measurements of Nicklow and Young for the (600) reflection.

The thermal expansion coefficients have been obtained by differentiating the analytic formula as

$$\alpha_t = 30 \times 10^{-6} + 1.5 \times 10^{-8}\, t - 0.9 \times 10^{-10}\, t^2 + 0.6499 \times 10^{-12}\, t^3 .$$

The results of measurement are given in Table 1.

Table 1

Lattice parameter and thermal expansion of AgCl

Temperature (°C)	a (Å) Observed	a (Å) Calculated (Analytic formula)	$\alpha \times 10^6$ (°C)
25	5.5783	5.5774	30.01
200	5.6090	5.6084	34.59
350	5.6426	5.6432	52.09
380	5.6518	5.6525	58.37
400	5.6595	5.6592	63.19
425	5.6684	5.6685	69.99

Fig. 1. Thermal expansion of AgCl

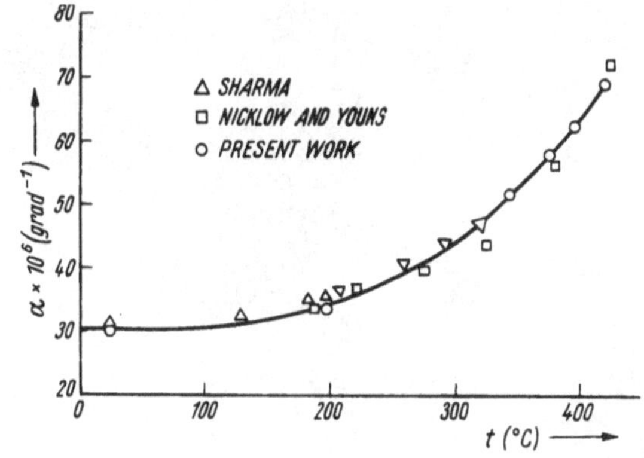

The values of α have been plotted in Fig. 1. For comparison we have also shown the coefficients read from the curves of Nicklow and Young [3]. It is found that the two values are in agreement within experimental errors. Our values are in fair agreement with the dilatometric and interferometric measurements of Strelkow [2] and Sharma [4] respectively.

It is therefore established that (i) the coefficient of thermal expansion increases very rapidly near the melting point and is expected to become infinite at the melting point itself; (ii) that there is no difference between the macroscopic and microscopic thermal expansions.

It is also obvious that if there are any defects, they must be of Frenkel type only. It is however not clear as to why this substance alone should show an abnormal behaviour near the melting point. This may also be presumed to be due in some way not yet understood to the presence of lattice defects.

References

[1] H. Fizeau, Ann. Phys. (Germany) **132**, 292 (1867).
[2] P. G. Strelkow, Phys. Z. SU **12**, 77 (1937).
[3] R. M. Nicklow and R. A. Young, Phys. Rev. **129**, 1936 (1963).
[4] S. S. Sharma, Proc. Indian Acad. Sci. **32A**, 268 (1950).
[5] K. F. Herzfeld and M. G. Mayer, Phys. Rev. **46**, 995 (1934).
[6] B. G. Kane, J. Chem. Phys. **7**, 640 (1939).
[7] S. Tolpadi, Ph. D. Thesis, Banaras Hindu University 1959.
[8] G. C. Fletcher, Austral. J. Phys. **12**, 237 (1959).
[9] B. B. Tripathi, Ph. D. Thesis, Banaras Hindu University 1962.
[10] M. P. Verma and B. Dayal, phys. stat. sol. **3**, 901 (1963).
[11] R. Furth, Proc. Roy. Soc. **A 183**, 87 (1945).
[12] A. W. Lawson, Phys. Rev. **78**, 185 (1950).
[13] G. Mitra and S. Mitra, Indian J. Phys. **36**, 200 (1962).
[14] B. N. Dutta, phys. stat. sol. **2**, 984 (1962).
[15] B. N. Dutta and B. Dayal, phys. stat. sol. **3**, 473 (1963).

(Received January 23, 1964)

phys. stat. sol. **5**, 77 (1964)

Henry Krumb School of Mines, Columbia University, New York

The Appearance of Unloading Effects in the Three Stages of Deformation of Single Crystals of Copper

By

J. M. GALLIGAN

Measurement of reloading characteristics of copper crystals revealed a region of low work-hardening in crystals deformed in stages I and III of the deformation curve. Two conclusions from this are that stage I and II differ in the wave length of the long-range stress and in stage II a significant long-range stress is present.

Messungen der Charakteristiken bei erneuter Belastung von Kupfereinkristallen ergaben ein Gebiet schwacher Verfestigung bei Kristallen, die in den Bereichen I und II der Deformationskurven verformt wurden. Daraus wird geschlossen, daß sich Bereich I und II in der Wellenlänge der weitreichenden Spannung unterscheiden und daß im Bereich II eine bedeutende weitreichende Spannung vorhanden ist.

1. Introduction

In the deformation of face-centered cubic metals many investigators have observed the appearance of weak yield points after interruption of loading [1]. Various interpretations have been given for these observations, such as intersection of dislocations, point defect interactions and relaxation of piled-up dislocations. During a study of annealing behavior of copper below room temperature we have observed these unloading effects and, in addition, a region in the deformation curve following these weak yield points, of very low strain hardening. This is shown schematically in Fig. 1. Experiments described below were carried out to try to characterize this observation and relate it to previous ideas about work-hardening.

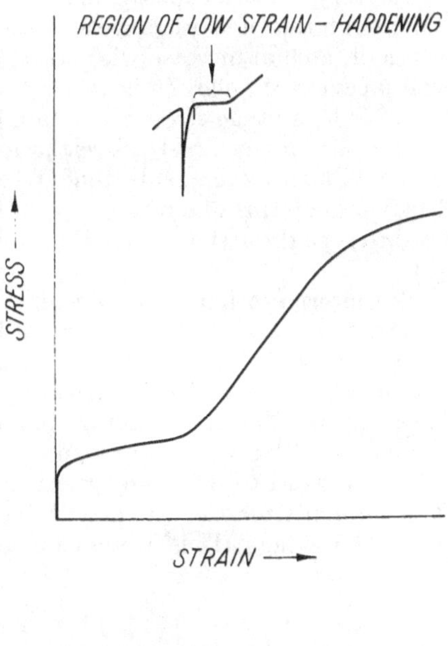

Fig. 1. Illustration of the observed behaviour of deformed crystals. (Insert shows the reloading characteristics of stages I and III)

2. Experimental Procedure and Results

Crystals of copper were grown by a soft mold technique in the form of wires of about 4.0 mm diameter and in a hard mold technique in the form of flat sheets $0{,}05 \times 1{,}9 \times 10\ \text{cm}^3$. Testing of the wire crystals was performed in a small tensile

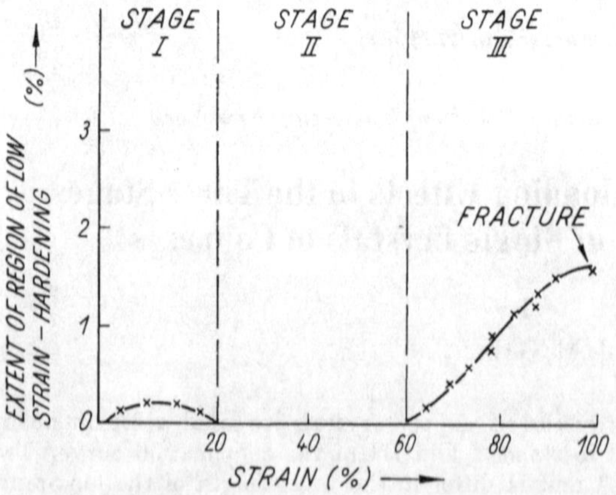

Fig. 2. The observed extent of low strain-hardening after reloading

machine previously described [2], tests on the flat crystals in an Instron tensile machine. The results obtained were found to be independent of the machine used.

a) The appearance of a region of low strain-hardening was found to depend upon the stage of deformation, there being some indication of it in stage I, little if any in stage II and a pronounced effect in stage III (Fig. 2).

b) The extent of low strain-hardening in stage III was found to increase with increasing strain. Also, no gross temperature dependence was found, the extent of low strain-hardening being roughly the same at room temperature as at 78 °K. Ageing at 50 °C after deforming at 78 °K did not remove the low strain-hardening at 78 °K. The effect was, in addition, found to be independent of whether or not the specimen was unloaded many times prior to a particular observation, or loaded directly to a particular strain, unloaded and reloaded again.

3. Discussion of Results

The temperature experiments mentioned above tend to rule out any interpretation in terms of short range stresses or point defects. Furthermore, the appearance of, and an increase with strain of unloading effects in stage III of the deformation curve, strongly indicates two things:

a) No long-range stress relaxation occurs in stage II.

b) Some long-range stress relaxation does occur in stage III.

These last two arguments tend to discount any interpretation of the observed behavior in terms of a forest type of behavior since one should see an interaction of this type throughout stage II as well as stage III according to the forest theory [3].

The interpretation we would like to put forth is the following (which closely follows Seeger's [4] theory of work hardening): In stage I, at the beginning at least, no extensive long-range stress is established, the dislocations mainly leaving the crystal. Upon unloading, however, some rearrangement of dislocations occurs. The transition from stage I to stage II occurs when a sufficient number of dislocations are trapped, to give a long-range stress. This buildup of a long-range stress limits any gross rearrangement of dislocations upon unloading. This accounts for the observed behavior in stage II. Again, the transition from stage II to stage III is accompanied by a relaxation of the long-range stresses (so-called dynamic recovery) which could give rise to local rearrangement of dislocations. Here we interpret the increase of the extent of low work-hardening, with increasing strain, as due to increasing dynamic recovery of the dislocation arrangement throughout stage III.

4. Summary and Conclusions

The observed behavior is not dependent upon the gross shape of the crystal.

The extent of the relaxation depends strongly on the stage of deformation, increasing in extent in stage III, not noticeably observable in stage II but appearing in stage I.

The extent of the region of low strain-hardening increases with increasing strain in stage III.

The effect is roughly independent of temperature.

It seems reasonable to conclude from this: a) that relaxation of long-range stresses can occur in stage I and stage III but not in stage II; and b) conversely, that long-range stresses do play a role in the strain hardening in crystals.

Acknowledgements

This work was carried out, in part, while the author was associated with the Lawrence Radiation Laboratory, Inorganic Materials Division, University of California, Berkeley, California. The author has benefited from discussion with many people, in particular Dr. L. Himmel.

References

[1] H. K. Birnbaum, J. appl. Phys. **32**, 1043 (1961).
[2] J. Galligan, Ph. D. thesis, University of California, Berkeley 1962.
[3] J. Friedel, in Dislocation and Mechanical Properties of Crystals, edited by Fisher, Johnston, Thomson and Vreeland, John Wiley, New York 1957.
[4] A. Seeger, in Dislocations and Mechanical Properties of Crystals, edited by Fisher, Johnston, Thomson and Vreeland, John Wiley, New York 1957.

(Received January 27, 1964)

phys. stat. sol. 5, 81 (1964)

North American Aviation Science Center, Canoga Park, California

Perturbation of the V_2-Band in Ca-Doped KCl from Plastic and Elastic Deformation[1]

By

R. Chang

The effect of plastic and elastic straining on the V_2-band formation in Ca-doped KCl single crystals is studied. Both plastic deformation and elastic straining are shown to shift the V_2-absorption band slightly toward the longer wave length side of the spectrum.

Es wurde der Einfluß einer plastischen und elastischen Verformung auf die Bildung von V_2-Banden in Ca-dotierten KCl Einkristallen untersucht. Plastische und elastische Verformung verschieben die V_2-Absorptionsbande etwas in den langwelligeren Spektralbereich.

1. Introduction

The formation and bleaching of color centers in alkali halides exposed to ionizing radiation has been the subject of many investigations [1], The major interest, however, has been in the area of F-type centers. The strong elastic interaction between dislocations and impurity-vacany dipoles [2] and the possible connection between these dipoles and the V_2-absorption bands in alkali halides have led the author to study the problem recently.

The effect of plastic deformation on the colorability of alkali halides is at present not clearly understood. Bauer and Gordon [3] observed by means of dislocation pinning studies that the maximum absorption of F-centers trapped below the extra half plane of an edge dislocation in alkali halides displaces toward the red end of the spectrum due to dilatation under the dislocation; the magnitude of the shift agrees qualitatively with calculated estimates according to classical elasticity theory. The present paper describes the author's attempt to determine the possible interaction between dislocations and the V_2-centers in doped alkali halide single crystals by means of direct optical absorption measurements.

2. Experimental

The Ca-doped KCl crystals were grown in high purity graphite crucibles under reduced pressure (about 10^{-5} Torr) by the Bridgman technique. The undoped crystals grown with commercially available high purity KCl powders were analyzed photochemically to contain less than one part per million of total divalent and other aliovalent cation impurities. The same KCl powders were mixed with finely divided c.p. $CaCl_2$ for the growing of doped crystals; the Ca content of the doped crystals was again determined analytically by means of photochemical methods.

The test specimes were cleaved to approximately 7 × 5 × 1 mm in dimensions. Plastic deformation of the specimens at room temperature was done by compression along one of the cubic directions with a Table Model Instron. Elastic stresses

[1]) This work was supported in part by the U.S. Office of Naval Research.

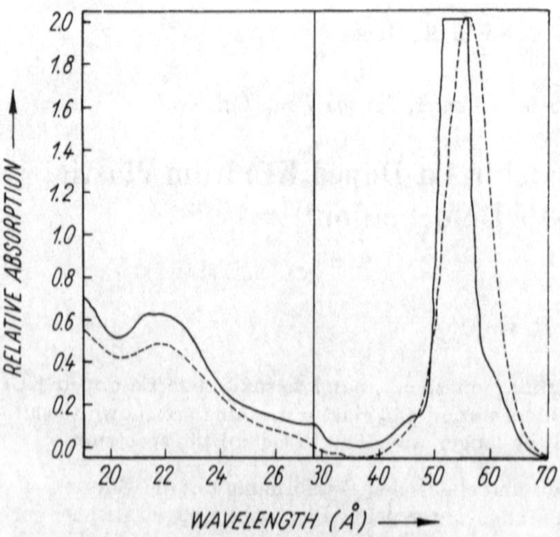

Fig. 1. Comparison of optical absorption of Co-60 irradiated KCl (15 ppm Ca) at room (dotted line) and liquid nitrogen (solid line) temperatures. (Irradiated at 42 °C and measured immediately after irradiation to 3.6×10^{14} photons/cm²; read 100 Å instead of Å)

were applied to the specimens (no previous plastic deformation) in certain experiments during optical absorption measurements by means of a specially built-in jig. Color centers were formed by Co-60 irradiation at an ambient temperature of 42 °C. Typical spectra in the visible and ultraviolet region obtained immediately after Co-60 irradiation are shown in Fig. 1. Although both the V_2- and F-bands appear to be quite stable at room temperature, as evidenced by repeated absorption measurements over a period of days, the specimens were always removed from the Co-60 source and transferred immediately in total darkness to a Cary-14 spectrophotometer for optical absorption studies.

2.1 *The effect of heat treatment and irradiation time*

In order to determine the effect of thermal history on coloring, a cleaved pair of doped KCl (15 ppm Ca) were heated to 500 °C for 10 minutes; one specimen was cooled in air while the second was cooled slowly in furnace. Both specimens were

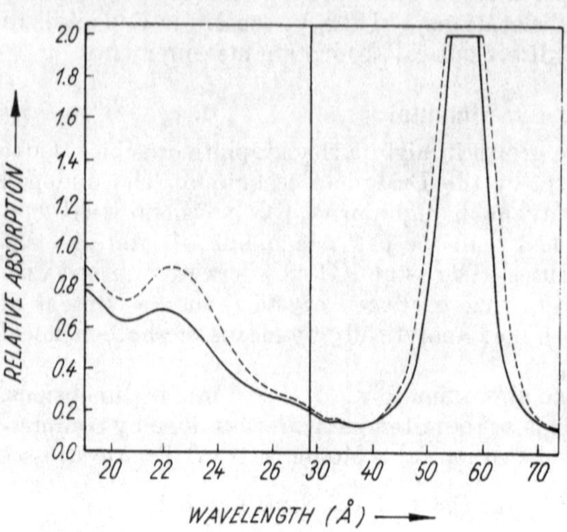

Fig. 2. Comparison of room temperature optical absorption of Co-60 irradiated KCl (15 ppm Ca) air-cooled (dotted line) and slowly cooled (solid line) from 500 °C. (Irradiated at 42 °C and measured immediately after irradiation to 3.6×10^{14} photons/cm²; read 100 Å instead of Å)

Fig. 3. Comparison of room temperature optical absorption of V_2-band of KCl (15 ppm Ca) irradiated at 42 °C in Co-60 to 3.6×10^{14}, 3.0×10^{15} and 8.4×10^{15} photons/cm², respectively, and measured immediately after irradiation

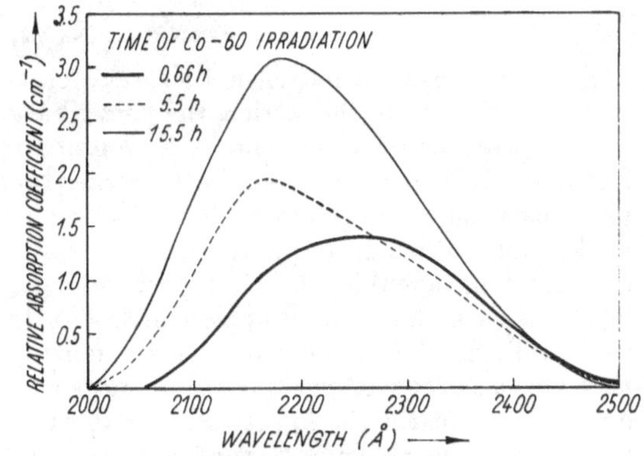

irradiated in Co-60 for 40 minutes. Their absorption spectra in the visible and ultra-violet region are compared in Fig. 2. It is seen that air cooling produced considerably more V_2-centers than slow cooling from 500 °C.

Another cleaved set of doped KCl (15 ppm Ca) were air cooled from 500 °C and irradiated in Co-60 for respectively 0.66, 5.5 and 15.5 h. The absorption bands are compared in Fig. 3. It is seen that specimens irradiated longer than 30 to 40 minutes give rise to additional V-centers of shorter wave lengths than the V_2-bands. This is probably due to the complication that second stage coloring begins about 30 to 40 minutes after irradiation [4].

All the specimens investigated in the following were given a standard heat treatment of 10 minutes at 500 °C followed by air cooling, plastically deformed as needed, and irradiated 40 minutes in Co-60, corresponding to a total flux of about 3.6×10^{14} photons/cm².

2.2 Plastic strain experiments

A third cleaved set of doped KCl (15 ppm Ca) specimens, air cooled from 500 °C, were plastically strained different amounts by means of uniaxial compression along a cubic direction, then colored 40 minutes in Co-60. Their absorption spectra are compared in Fig. 4. The peak shift of the V_2-band after straining 6.2 per cent is approximately 30 Å, or 0.06 eV, toward longer wave length. It is further seen that the spectral shift is slightly asymmetrical.

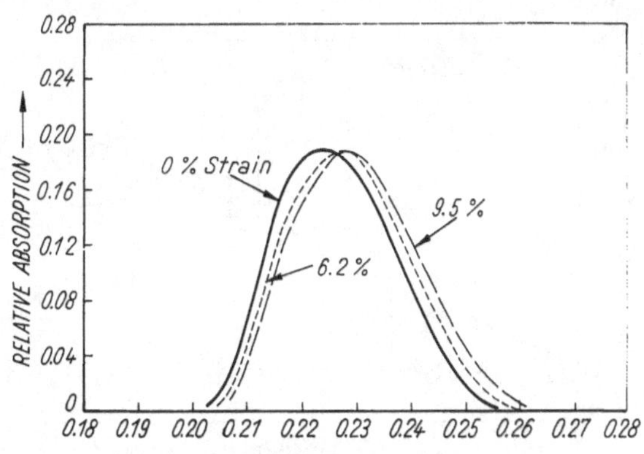

Fig. 4. Comparison of room temperature V_2-absorption band of KCl (15 ppm Ca) plastically deformed various amounts then irradiated at 42 °C in Co-60 to 3.6×10^{14} photons/cm² and measured immediately after irradiation

2.3 Elastic stress experiments

Since plastic deformation is known to create dislocations, dislocation dipoles and point defects in the lattice, the perturbation of the V_2-bands could be caused by the presence of either one or a combination of these defects. A number of Ca-doped KCl crystals were heat treated and colored as before without any previous plastic deformation. The V_2-peak was measured at room temperature while being subjected to uniaxial compression within the elastic limit of the specimens along a cubic direction perpendicular to the optical beam. The peak positions with and without applied stress for four Ca-doped crystals are summarized in Table 1. The same results are plotted in Fig. 5. It is seen from Fig. 5 that the accuracy of peak position measurement is about 0.8 Å. However, in no case, except for the lowest stress experiment, is the peak shift after application of stress negative or toward shorter wave length side of the spectrum. The data shown in Fig. 5 suggest a linear dependence of the V_2-peak shift versus the applied stress, with a slope of approximately 1.6 Å, or 0.003 eV, per 10^8 dynes/cm².

3. Discussion

The plastic strain and elastic stress experiments suggest that the perturbation of the V_2-band in Ca-doped KCl crystals after plastic straining may be due to the dislocation stress fields. The V_2-centers will most probably interact with both the dilatational and shear stress fields of dislocations present in a crystal. Experimental evidences supporting the association of the V_2-absorption centers in doped alkali halides with divalent impurity-vacancy complexes are that fast cooling produces more V_2-centers than slow cooling (Fig. 2) and that the intensity of the V_2-bands seems to be directly dependent on the divalent impurity concentration [5]. The structure of the V_2-center, however, is far from understood. It is therefore difficult at this stage to speculate on the mechanism of perturbation. Although the shape of the V_2-absorption band is reproducible for a given specimen or for a given pair of cleaved mates, the variation both in shape and peak position of the absorption band from specimen to specimen (see Table 1) poses some unanswered questions as to the cause of this variation. Experimental means of identifying the nature of the V_2-center, such as the electron spin resonance technique used by Cohen et al [6] for the V_t-centers in LiF, are recommended.

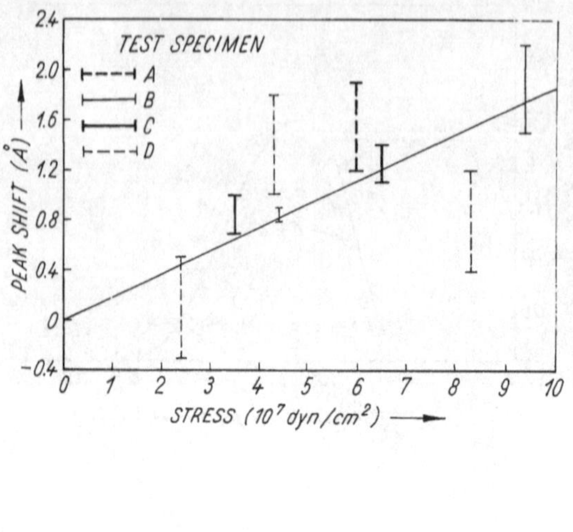

Fig. 5. Shift of room temperature V_2-absorption peak of Ca-doped KCl (irradiated at 42 °C in Co-60 to 3.6×10^{14} photons/cm²) versus applied stress (uniaxial compression in the cubic direction)

Table 1

Red shift of the V_2-absorption peak (each number is the average of three consecutive measurements) versus applied stress (uniaxial compression in a cubic direction perpendicular to the optical beam)

Specimen A (15 ppm Ca)		Specimen B (100 ppm Ca)		Specimen C (15 ppm Ca)		Specimen D (15 ppm Ca)	
Condition	Peak*, Å	Condition	Peak*, Å	Condition	Peak*, Å	Condition	Peak*, Å
No stress	2215.4	No stress	2244.7	No stress	2239.5	No stress	2237.5
Stressed		Stressed		Stressed		Stressed	
6×10^7 d/cm^2	2217.3	9.4×10^7 d/cm^2	2246.9	3.5×10^7 d/cm^2	2240.5	2.4×10^7 d/cm^2	2238.0
				Stressed		Stressed	
Stress removed	2216.1	Stress removed	2245.4	6.5×10^7 d/cm^2	2240.9	4.3×10^7 d/cm^2	2239.3
		Restressed				Stressed	
		4.4×10^7 d/cm^2	2246.3	Stress removed	2239.8	8.3×10^7 d/cm^2	2238.7
		Stress removed	2245.5			Stress removed	2238.3

* Each reading is the average of three consecutive measurements.

Acknowledgements

F. E. EKSTROM and J. S. MOHL, North American Aviation Science Center, grew the Ca-doped KCl single crystals. G. W. DOLLMAN, also of the North American Aviation Science Center, performed the chemical analyses.

References

[1] See, e.g., Color Centers in Solids, edited by J. H. SCHULMAN and W. D. COMPTON, Pergamon Press (1962).
[2] R. CHANG and L. J. GRAHAM, accepted by Acta cryst.
[3] C. L. BAUER and R. B. GORDON, J. appl. Phys. **33**, 672 (1962).
[4] R. W. DAVIDGE and P. L. PRATT, phys. stat. sol. **3**, 665 (1963).
[5] J. Z. DAMM and F. C. TOMPKINS, Disc. Faraday Soc. **31**, 184 (1961).
[6] M. H. COHEN, W. KANZIG and T. O. WOODRUFF, J. Phys. Chem. Solids **11**, 120 (1959).

(Received January 31, 1964)

phys. stat. sol. 5, 87 (1964)

Institut für Magnetische Werkstoffe
der Deutschen Akademie der Wissenschaften zu Berlin, Jena

Zum Auftreten der magnetischen Kristallanisotropiekonstante K_3 in Ferriten mit Spinellstruktur

Von

G. ELBINGER

Herrn Prof. Dr. M. STEENBECK zum 60. Geburtstag gewidmet

An Co-haltigen kubischen Ferriten, bei denen die magnetische Kristallanisotropiekonstante K_2 nicht vernachlässigt werden darf, wurde das Vorhandensein von K_3 untersucht. Die Messungen erfolgten in der (100)-Ebene an Zusammensetzungen, die unterhalb -70 °C einen Nulldurchgang von K_1 aufweisen. Mn-haltige Ferrite zeigten deutlich das Auftreten von K_3, für Ni- und Mg-Ferrite konnte es nicht sicher nachgewiesen werden. Als Ursache für das Auftreten von K_3 wird das Vorhandensein höherer Wertigkeiten des Mn-Ions vermutet.

The existence of K_3 is investigated in the case of Co-substituted cubic ferrites, for which the second order anisotropy constant K_2 may not be neglected. The measurements are made in the (100)-plane on compositions with a zero point of K_1 below -70 °C. Mn-ferrites show clearly the existence of K_3, but this is not the case for Ni- and Mg-ferrites. It is suggested that the higher valencies of the Mn-ion are responsible for the existence of K_3.

Einführung

Für die magnetische Kristallanisotropie kubischer Materialien macht man im allgemeinen den phänomenologischen Ansatz

$$\frac{1}{V} E_k = K_0 + K_1 (\alpha_1^2 \alpha_2^2 + \alpha_2^2 \alpha_3^2 + \alpha_3^2 \alpha_1^2) + K_2 \alpha_1^2 \alpha_2^2 \alpha_3^2 + K_3 (\alpha_1^2 \alpha_2^2 + \alpha_2^2 \alpha_3^2 + \alpha_3^3 \alpha_1^2)^2 + \cdots \tag{1}$$

mit

V Volumen,
E_k Kristallanisotropienenergie,
K_0 Konstante, die den isotropen Anteil wiedergibt,
K_1, K_2 und K_3 sogenannte Anisotropiekonstanten, die es im allgemeinen zu bestimmen gilt,
α_i Richtungskosinusse des Magnetisierungsvektors mit den Kristallachsen.

Ungerade Potenzen der α_i fehlen aus Symmetriegründen, der quadratische Term fehlt wegen $\alpha_1^2 + \alpha_2^2 + \alpha_3^2 = 1$.

Bei Untersuchungen über die magnetische Kristallanisotropie stellt man in vielen Fällen fest, daß es genügt, nur die Konstante K_1 zu berücksichtigen, und daß K_2 bereits vernachlässigt werden kann. Bei Co-haltigen Ferriten zeigt es sich jedoch, daß K_2 sehr große Werte annehmen kann und nicht übersehen werden darf. Das führt zu der Frage, ob dann auch noch K_3 eine Rolle spielt.

Mißt man die Anisotropiekonstanten nach der Drehmomentenmethode, bei der bekanntlich die Änderung der Energiedichte mit dem Winkel zwischen der Magnetisierung und einer Kristallachse bestimmt wird, so erhält man für die zumeist ausgewählten (100)-, (110)- und (111)-Ebenen, wenn man von bestimmten Richtungen $[h_0, k_0, l_0]$ ausgeht, aus (1) folgenden Kurvenverlauf:

Ebene	Anfangs-richtung	Kurvenverlauf
(100)	[001]	$\frac{1}{V}\frac{dE_k}{d\varphi} = \frac{K_1}{2}\sin 4\varphi + \frac{K_3}{16}(2\sin 4\varphi - \sin 8\varphi)$ (2)
(110)	[001]	$\frac{1}{V}\frac{dE_k}{d\varphi} = \frac{K_1}{8}(2\sin 2\varphi + 3\sin 4\varphi) + \frac{K_2}{64}(\sin 2\varphi + 4\sin 4\varphi - 3\sin 6\varphi) + \frac{K_3}{256}(22\sin 2\varphi + 34\sin 4\varphi - 18\sin 6\varphi - 9\sin 8\varphi)$ (3)
(111)	$[1\bar{1}0]$	$\frac{1}{V}\frac{dE_k}{d\varphi} = \frac{K_2}{18}\sin 6\varphi\,.$ (4)

Man sieht, daß die Konstante K_3, die hier interessiert, nur in den (100)- und (110)-Ebenen vorkommt. Jedoch ist der Ausdruck für die (100)-Ebene wesentlich einfacher, da er nur Glieder mit $\sin 4\varphi$ und $\sin 8\varphi$, nicht aber solche mit $\sin 2\varphi$ und $\sin 6\varphi$ enthält. Man wird deshalb zu einer Bestimmung von K_3 diese Ebene vorziehen und an der gemessenen Drehmomentenkurve eine Fourieranalyse durchführen. Aus der $\sin 8\varphi$-Komponente kann man dann K_3 errechnen.

Da man die in den Beziehungen (2) bis (4) angeführten Kurvenverläufe nur erhält, wenn das Feld H so groß ist, daß die Richtung der Magnetisierung M_s stets in die Feldrichtung fällt, so kann man eine einwandfreie Bestimmung von K_3 nur durchführen, wenn das Feld sehr groß gegenüber dem Verhältnis von Kristallanisotropie und Magnetisierung ist. Man kann also K_3 entweder bei hohen Feldstärken oder in der Nähe von Nulldurchgängen der Kristallanisotropiekonstante K_1 bestimmen. Da jedoch K_3 erst dann merkbar in Erscheinung tritt, wenn es etwa eine Größenordnung größer als K_1 ist (siehe (2)), wird man an den Stellen nach K_3 suchen, an denen K_1 sein Vorzeichen wechselt.

Experimentelles

In der Literatur findet man bis jetzt nur eine Angabe [1] über K_3. Sie stammt aus Messungen an $Co_{0,009}Mn_{0,99}Fe_{1,98}O_4$ bei -191 °C. K_1 hatte dabei den Wert $+19{,}8 \cdot 10^4$ erg/cm³, K_3 betrug $-6{,}7 \cdot 10^4$ erg/cm³ (bei Messungen nach der Drehmomentenmethode). Die angelegte Feldstärke wurde nicht mitgeteilt.

Bei unseren Untersuchungen zur Bestimmung der Anisotropiekonstanten in Mg-Mn-Ferrit [2] – und zwar an der Zusammensetzung $Mg_{0,75}Mn_{0,54}Fe_{1,71}O_4$ (Rechteckferrit) – mit Co-Zusatz zeigte sich, daß die Konstante K_2 eine große Rolle spielt. Daneben wurden bei Messungen in der (100)-Ebene an Zusammensetzungen, die bei tiefen Temperaturen (etwa unterhalb -70 °C) einen Nulldurchgang von K_1 aufweisen, um -185 °C herum Kurven gefunden, die deutlich vom $\sin 4\varphi$-Verlauf abwichen (obwohl H sicher genügend groß war). Die Untersuchung der Temperturabhängigkeit ergab sogar Kurven mit fast reinem $\sin 8\varphi$-Verlauf. Daran wurden Fourieranalysen durchgeführt. Sie zeigten im Rahmen

Fig. 1. Drehmomentenkurven von $Co_{0,014}Mg_{0,75}Mn_{0,53}Fe_{1,71}O_{3,97}$ bei verschiedenen Temperaturen in der (100)-Ebene

● $-75\ °C$, $K_1 = -4{,}55$, $K_3 = +0{,}65$
△ $-133\ °C$, $K_1 = -2{,}3$, $K_3 = +4{,}0$
○ $-148\ °C$, $K_1 = -1{,}25$, $K_3 = +5{,}4$
□ $-160\ °C$, $K_1 \approx 0$, $K_3 = +7{,}0$
× $-185\ °C$, $K_1 = +2{,}85$, $K_3 = +10{,}0$
$\times 10^4\ erg/cm^3$

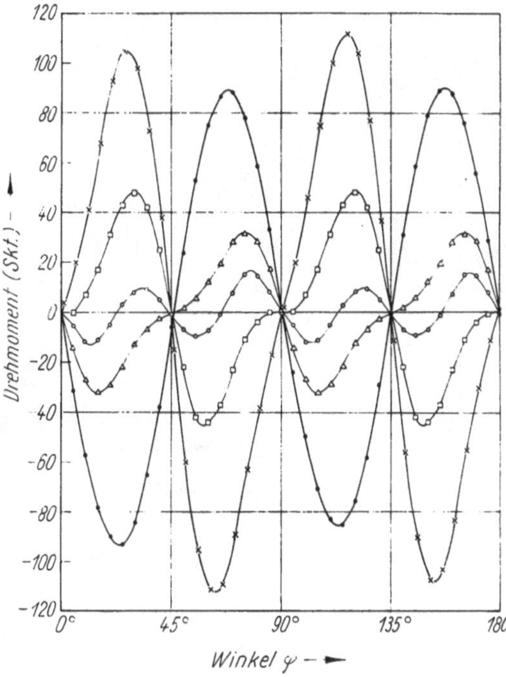

der Meßgenauigkeit nur sin 4 φ- und sin 8 φ-Komponenten. Messungen bei verschiedenen Feldstärken (es wurde von 3,2 bis 9,0 kOe gemessen) hatten keinen Einfluß auf die Amplitude der Komponenten.

Die Fig. 1 gibt die an einer Mg-Mn-Ferritprobe mit 1,4% Co bei verschiedenen Temperaturen gemessenen Drehmomentenkurven wieder. Die Auswertung der Kurven ergab die angegebenen K_3- und K_1-Werte. Man sieht, daß K_1 mit fallender Temperatur langsam von negativen zu positiven Werten übergeht, während K_3 von Null zu positiven Werten ansteigt. Bei $-75\ °C$ ist der Anteil von K_3 noch sehr gering; man findet eine fast reine sin 4 φ-Kurve mit Minima und Maxima nahe bei 22,5°, 67,5° . . . . Bei $-133\ °C$ ist $K_3 \approx -2\,K_1$, was sich deutlich in der Kurve ausdrückt. Für $-148\ °C$ ergab sich eine nahezu reine sin 8 φ-Kurve. Das bedeutet, daß $K_3 \approx -4K_1$ sein muß (siehe (2)), was der angegebene Wert auch beweist. Bei $-160\ °C$ ist $K_1 \approx 0$, wir haben nur den K_3-Term. Die Kurve zeigt auch

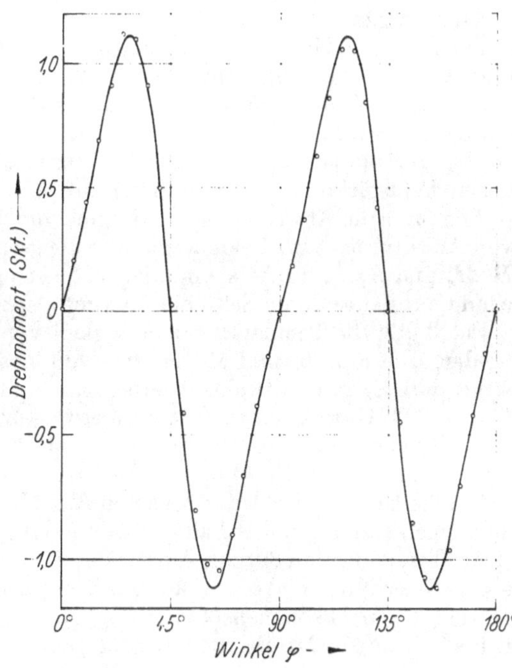

Fig. 2. Vergleich der gemessenen Werte einer Drehmomentenkurve von $Co_{0,014}Mg_{0,75}Mn_{0,53}Fe_{1,71}O_{3,97}$ mit der errechneten Kurve ($T = -185\ °C$)

○ gemessene Werte

ausgezogene Kurve

$$= \frac{K_1}{2} \sin 4\varphi + \frac{K_3}{16} (2 \sin 4\varphi - \sin 8\varphi)$$

mit

$$K_1 = +2{,}85 \cdot 10^4\ erg/cm^3$$
$$K_3 = +10{,}0 \cdot 10^4\ erg/cm^3$$

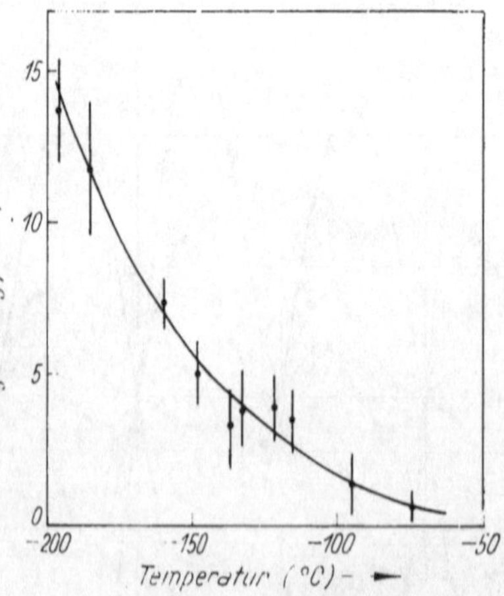

Fig. 3. Temperaturabhängigkeit von K_3 bei $Co_{0,014}Mg_{0,75}Mn_{0,53}Fe_{1,71}O_{3,97}$

Fig. 4. Temperaturabhängigkeit von K_3 bei $Co_{0,0067}Mn_{1,015}Fe_{1,98}O_{3,99}$

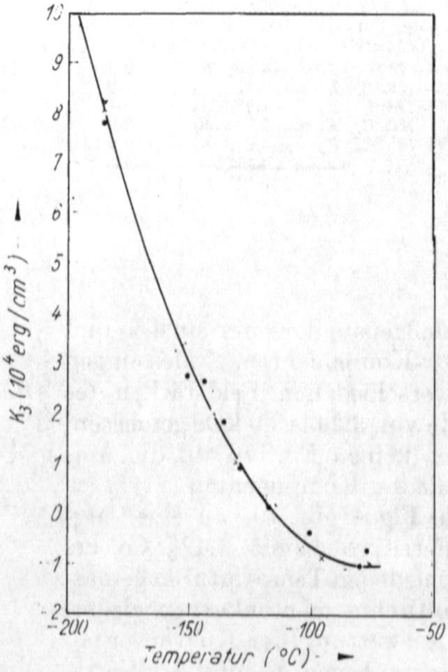

noch deutlich den Einfluß von $\sin 8\varphi$. Bei -185 °C sind K_1 und K_3 positiv, aber der Einfluß von K_3 ist noch spürbar, denn die Maxima bzw. Minima liegen noch merklich von 22,5°, 67,5° ... entfernt.

Zum Vergleich zwischen den theoretischen und den gemessenen Kurven sind in Fig. 2 für eine Mg-Mn-Ferritprobe mit 1,4% Co die mit $K_1 = +2{,}85 \cdot 10^4$ erg/cm³ und $K_3 = +10{,}0 \cdot 10^4$ erg/cm³ nach (2) errechnete Kurve und die Meßpunkte eingetragen ($T = -185$ °C). Wie man sieht, entsprechen die Meßpunkte recht gut der gerechneten Kurve. Die Abweichung der Maxima der Kurve vom reinen $\sin 4\varphi$-Verlauf beträgt ungefähr 5°. Berücksichtigt man, daß wegen der endlichen Feldstärke H der Kurvenverlauf vom $\sin 4\varphi$-Verlauf abweicht, und berechnet man die Abweichung der Maxima von 22,5°, 67,5° ... unter Heranziehung von Anisotropie- und Feldenergie und Verwendung der vorhandenen Werte von H, M_s und K_1, so dürfte sie nur etwa 2° betragen. Außerdem liegt diese Abweichung auf der anderen Seite der Maxima der $\sin 4\varphi$-Kurve.

Fig. 3 gibt die Temperaturabhängigkeit von K_3 für Mg-Mn-Ferrit mit 1,4% Co wieder. Die Punkte sind Mittelwerte von Messungen an mehreren Proben. Man sieht, daß K_3 mit fallender Temperatur steil ansteigt. Eine Extrapolation auf $T = -273$ °C ergibt einen Wert von etwa $+30 \cdot 10^4$ erg/cm³; zum Vergleich wäre dann K_1 ungefähr $+15 \cdot 10^4$ erg/cm³. Mit steigender Temperatur geht K_3 allerdings schnell gegen Null und ist oberhalb -70 °C kaum noch zu messen.

Um die Ursache des Auftretens von K_3 zu klären, wurden noch Untersuchungen an einigen anderen kobalthaltigen Ferritsystemen mit Nulldurchgang von K_1 bei tiefen Temperaturen durchgeführt. Bei ihnen war also die Bedingung $H \gg K/M_s$ ebenfalls erfüllt. Fig. 4 enthält die Temperaturabhängigkeit von K_3 für einen Mn-Ferrit der Zusammensetzung $Co_{0,0067}Mn_{1,015}Fe_{1,98}O_{3,99}$. Das Verhalten ist ähnlich wie beim Mg–Mn-Ferrit, nur ist K_3 etwas kleiner. Der gefundene Nulldurchgang bei ungefähr -128 °C ist unsicher, da dabei die Meßgenauigkeit schon sehr gering war. Für -185 °C ergibt sich ein Wert von etwa $+8 \cdot 10^4$ erg/cm³.

Weitere Untersuchungen an kobalthaltigen Ni-Fe- und Mg-Fe-Ferriten ergaben dagegen kleine negative K_3-Werte, deren Betrag an der Nachweisgrenze liegt. Untersuchungen an Co-freien Systemen mit Nulldurchgang von K_1, Mn-Fe- und eisenreiche Ni-Fe- und Mg-Fe-Ferrite, ergaben $K_3 \approx 0$. Man kann also sagen, daß das Auftreten der magnetischen Kristallanisotropiekonstante K_3 bei den hier untersuchten Proben an die Anwesenheit von Kobalt gebunden ist und für Mn-haltige Ferrite besonders hohe Werte annimmt. Das gibt auch die Tabelle 1 wieder, die die an den verschiedenen Co-haltigen Ferritzusammensetzungen bei -185 °C gefundenen K_3-Werte enthält.

Tabelle 1

Werte der bei -185 °C gemessenen magnetischen Kristallanisotropiekonstante K_3

$Co_{0,014}\ Mg_{0,75}\ Mn_{0,53}\ Fe_{1,71}\ O_{3,97}$	$+ (11{,}8 \pm 2{,}2) \cdot 10^4$ erg/cm³
$Co_{0,012}\ Mg_{0,75}\ Mn_{0,53}\ Fe_{1,71}\ O_{3,97}$	$+ (9{,}1 \pm 1{,}8) \cdot 10^4$ erg/cm³
$Co_{0,010}\ Mg_{0,75}\ Mn_{0,53}\ Fe_{1,71}\ O_{3,97}$	$+ (7{,}45 \pm 1{,}5) \cdot 10^4$ erg/cm³
$Co_{0,0067}\ Mn_{1,015}\ Fe_{1,98}\ O_{3,99}$	$+ (8{,}05 \pm 1{,}6) \cdot 10^4$ erg/cm³
$Co_{0,003}\ Ni_{0,997}\ Fe_2\ O_4$*	$+ (1{,}75 \pm 1{,}5) \cdot 10^4$ erg/cm³
$Co_{0,006}\ Ni_{0,97}\ Fe_{2,024}\ O_{3,98}$	$- (1{,}7 \pm 1{,}5) \cdot 10^4$ erg/cm³
$Co_{0,006}\ Mg_{0,914}\ Fe_{2,08}\ O_{3,99}$	$- (0{,}3 \pm 1{,}5) \cdot 10^4$ erg/cm³

* Ohne chemische Analyse, Zusammensetzung des Ausgangspulvers.

Diskussion

Eine theoretische Deutung für den gefundenen Effekt zu geben ist beim augenblicklichen Stand der Theorie der magnetischen Kristallanisotropie schwer möglich, zumal bis jetzt die Erscheinungen bei den anderen Ferriten noch nicht befriedigend geklärt werden konnten. Der große Einfluß des Co-Ions auf die Anisotropie anderer Ferrite konnte auf das von Null verschiedene Bahnmoment des Co^{++}-Ions zurückgeführt werden [3]. Da hierbei nach [2] und [4] Mg-Fe-, Mn- und Mg-Mn-Ferrit etwa gleiches Verhalten zeigen, muß der Effekt des Auftretens der Konstante K_3 vom Mn verursacht werden. Bei Mn-Ferrit diskutiert man aber bekanntlich das Auftreten anomaler Wertigkeiten des Mn-Ions; und der untersuchte Mn-Mg-Ferrit enthält sicher Mn^{3+} bzw. höherwertiges Mn. Es wird vermutet, daß das in Verbindung mit Co den behandelten Effekt verursacht. Darauf deutet auch die Tatsache hin, daß sich die Konstante K_3 mit der Glühbehandlung bei verschiedenen Sauerstoffpartialdrucken relativ stark ändert.

Zusammenfassend läßt sich sagen, daß bei Co-haltigen Mn-Ferriten, die bei tiefen Temperaturen einen Nulldurchgang der magnetischen Kristallanisotropiekonstante K_1 zeigen, die Konstante K_3 nicht vernachlässigt werden darf. Sie kann nämlich den Nulldurchgang von K_1, dessen Kenntnis oft verlangt wird, beträchtlich verfälschen. Die Abweichung kann bis 20 °C betragen. Ursache des Effektes kann das Auftreten von Mn^{3+} oder höherer Wertigkeiten des Mn-Ions sein.

Für ihre sorgfältige Mitarbeit bei der Herstellung der Kristalle und bei den Messungen bin ich Fräulein H. OTTO und Herrn G. WIEBICKE und für die Ausführung der chemischen Analysen Herrn Ing. A. FUNKE sehr zu Dank verpflichtet.

Literatur

[1] R. F. PEARSON und R. W. TEALE, Proc. Phys. Soc. **75**, 314 (1960).
[2] G. ELBINGER, Veröffentlichung in Vorbereitung.
[3] J. C. SLONCZEWSKI, Phys. Rev. **110**, 1341 (1958).
[4] R. P. PEARSON, Proc. Phys. Soc. **74**, 505 (1959).

(Received January 31, 1964)

phys. stat. sol. 5, 93 (1964)

Zentralinstitut für Kernforschung der Deutschen Akademie der Wissenschaften zu Berlin, Bereich Werkstoffe und Festkörper, Rossendorf bei Dresden

Eine Möglichkeit zur Unterscheidung zwischen der Wirkung fokussierender Stoßketten und der Kanalleitung

Von

M. Balarin

Fokussierung und Kanalleitung sind zwei Prozesse, die in kristallinen Festkörpern zu einem gerichteten Massentransport führen und die zum Teil als rivalisierende Mechanismen aufgefaßt werden können. Für kfz- und krz-Gitter kann die Entstehung der sogenannten Wehner-Flecken sowohl durch den einen als auch durch den anderen Mechanismus bedingt sein. Für das Diamantgitter kann dagegen auf Grund der geometrischen Verhältnisse eine Unterscheidungsmöglichkeit angegeben werden. Danach kommt man bei der Auswertung experimenteller Ergebnisse mit Germanium und Silizium zu dem Schluß, daß bei niedriger Energie überwiegend die direkte Fokussierung in der ⟨111⟩-Richtung auftritt, während für eine wirksame Kanalleitung keine Anzeichen vorliegen.

Фокусировка и полет по каналу являются процессами, которые в кристаллических телах дают направленный транспорт атомов и которые отчасти можно рассматривать как соревнующиеся механизмы. Для кгц- и для коцрешеток образование т.н. пятен Венера может быть обусловлено как первым, так и вторым механизмом. Для решетки алмазы их можно различать учтя геометрические соотношения. Из рассмотрения экспериментальных данных по распылению германия и кремния можно заключить, что при низкой энергии преимущественно имеет место прамая фокусировка в направлении ⟨111⟩, а на нет никаких показаний полет по каналу.

1. Anisotroper Atomtransport in Kristallen

Von Wehner [1] wurde erstmalig experimentell gefunden, daß beim Beschuß von Einkristalloberflächen mit Ionen aus der Gasentladung das Kathodenmaterial anisotrop zerstäubt wird. Er fand, daß besonders viel Material in den Richtungen abgetragen wird, die Verlängerungen der dichtgepackten Atomreihen sind. Die Erklärung suchte Wehner zunächst in einem effektiven Energietransport durch Schockwellen. Dieses Auftreten der sogenannten Wehner-Flecken wurde danach häufig untersucht, man benutzte die verschiedensten Metalle und Ionen. Die anisotrope Abstäubung wurde dabei immer wieder bestätigt, wobei sich besonders in Abhängigkeit von der Ionenenergie quantitativ und qualitativ andere Reflexbilder ergaben. Die Ionen erhalten ihre Energie entweder in einer Gasentladung ($\approx 10^2$ bis 10^4 eV) oder in Beschleunigern ($\approx 10^3$ bis 10^5 eV).

Eine hinreichende Erklärung für das Auftreten der Wehner-Flecken konnte später auf der Grundlage fokussierender Stoßprozesse gegeben werden. Paneth [2] hatte bereits bei der Betrachtung der Zwischengitteratomdiffusion die Aufeinanderfolge elastischer Atomstöße in einer dichtgepackten Atomreihe behandelt. Silsbee [3] hat als erster solche Stoßprozesse bei den Zerstäubungsproblemen und bei der Strahlenschädigung betrachtet. Danach löst ein Stoß bei großem effektiven Stoßradius R der Stoßpartner (z. B. bei $R > l/4$; l normaler Atomabstand) eine ganze Kette aufeinanderfolgender Stöße in der dichtest-gepackten Atomreihe aus. Die benachbarten parallelen Atomreihen bleiben dabei fast ungestört, d. h. der „Fokussierungs“-Effekt kommt zustande nur auf Grund der Situation in der Atomreihe selbst. Das soll in dieser Arbeit als *direkte* Fokussierung bezeichnet werden im Unterschied zu der *indirekten* Fokussierung, die in den etwas weniger dichtgepackten Atomreihen eine konzentrierte Energieübertragung bewirkt, wobei der Fokussierungseffekt in diesen Reihen durch die Wechselwirkung mit Atomen der umgebenden parallelen Gitterreihe zustande kommt. Eine erste Abschätzung der Stoßkettenbildung bei dieser indirekten Fokussierung wurde von Thompson und Nelson [4] gegeben. In dieser Abschätzung kommt der grundsätzliche Unterschied im dynamischen Ablauf bei der direkten und der indirekten Fokussierung zum Ausdruck (vergleiche insbesondere auch [5]).

Inzwischen wurde in einer Reihe neuerer Arbeiten [6 bis 9] ein anderer Mechanismus vorgeschlagen, die sogenannte *Kanalleitung* (in der Literatur wurde bisher nur der englische Ausdruck „chanelling“ benutzt). Die Kanalleitung ist ebenfalls von der Gittergeometrie abhängig, sie beschreibt einen anisotropen Teilchentransport in freien Kanälen zwischen den Atomreihen und parallel zu diesen. Benachbarte Atomreihen bilden in Form einer Potentialbarriere die Wandung des Kanals, die nicht gleichmäßig und nicht vollkommen geschlossen ist. In der Kanalmitte können sich energiereiche Teilchen relativ frei bewegen und Reichweiten von 500 bis 5000 Å erzielen.

Damit tauchte die Frage auf, ob einige oder alle Erscheinungen, die bislang mit der Fokussierung gedeutet wurden, eventuell neu zu interpretieren sind [6, 10]. Speziell wurde festgestellt, daß man anhand der experimentell erhaltenen Wehner-Flecken von kfz-Metallen in der $\langle 110 \rangle$-Richtung keine Unterscheidung treffen kann über die Beteiligung der Kanalleitung oder der direkten Fokussierung [6]. Für kfz-, krz- und die Mehrzahl der sonstigen Gitter besteht folgende Beziehung: In der Gitterrichtung, in der die direkte Fokussierung möglich ist, liegt auch der größte Kanal. Für die übrigen Gitterrichtungen ergeben sich für beide möglichen Mechanismen in gleicher Reihenfolge fast gleichwertige Abstufungen, da allgemein die Besetzungsdichte einer Gitterreihe umgekehrt proportional der Kanalbreite in derselben Richtung ist. Zum Beispiel sind die Kanalleitung und die Fokussierung in kfz-Metallen am günstigsten in $\langle 110 \rangle$ und werden weniger günstig in der Reihenfolge: $\langle 100 \rangle$, $\langle 111 \rangle$, $\langle 112 \rangle$ usw.

Welcher der beiden Mechanismen – Kanalleitung oder Fokussierung (indirekt oder direkt) – tatsächlich auftritt, hängt von der Größe des effektiven Stoßradius ab und damit von der Energie der Stoßpartner. Leider sind heute noch die Wechselwirkungspotentiale für zwei Atome oder Ionen in dem für die Stoßprozesse wichtigen Abstandsbereich um $l/2$ nur ungenau bekannt. Es wird jedoch zumindest vorausgesetzt, daß in diesem Bereich das Potential monoton mit dem Abstand fällt. Deshalb kann man schlußfolgern, daß allgemein die Kanalleitung bei höheren Energien auftritt, während die Fokussierung bei niederen Energien wirksam wird; die Grenze zwischen beiden Energiebereichen kann zur Zeit nur unzuverlässig abgeschätzt werden. Eine rohe Einschätzung der verschiedenen Modellhypothesen und Potentiale zeigt nur, daß unkorrelierte Kaskadenstöße, die nicht zu einem anisotropen Massentransport führen, bei hohen Energien bis herab zu eventuell $E \geqq 10^3$ eV erfolgen sollen. Für die Kanalleitung wird in den verschiedenen Arbeiten mit Energien zwischen einigen 10^2 und 10^5 eV gerechnet und für Fokussierung mit $E < 10^4$ eV. Natürlich erfolgt der Übergang zwischen den verschiedenen Mechanismen nicht an einer scharfen Energiegrenze. In dem Energiebereich der „heißen“ Atome von einigen 10 bis 10^4 eV, in dem sich die meisten zu deutenden experimentellen Ergebnisse befinden, ist leider eine Abgrenzung nicht ohne weiteres möglich.

2. Geometrische Verhältnisse im Diamantgitter

Die geometrischen Bedingungen für die Fokussierung lassen sich auch für andere, nicht kfz-Metall [11] und Ionengitter [12] leicht angeben. Dabei fällt folgender bereits am Graphit [13] beschriebene Umstand auf: In bestimmten Kristallen kann sich die direkte Fokussierung nicht in der dichtestgepackten Atomreihe ausbilden, da eine parallele Nachbarreihe so nahe liegt, daß sie die Ausbreitung einer Stoßkette behindert. In diesen Fällen ist die dichtestgepackte Atomreihe auch nicht symmetrisch von parallelen Nachbarreihen umlagert. In einer der weniger dicht gepackten Atomreihen ändert sich der Abstand aufeinanderfolgender Atome periodisch. Wird diese periodische Abstandsänderung berücksichtigt, so ergibt sich eine neue Möglichkeit für die direkte Fokussierung, und zwar in dieser weniger dicht gepackten Gitterreihe. Die Kanalleitung dagegen ist auch in diesem Fall bevorzugt parallel zu den dichtestgepackten Gitterreihen möglich. Das heißt, im Unterschied zu den kfz- und krz-Metallen erfolgen in solchen Gittern die direkte Fokussierung und die Kanalleitung in zwei verschiedenen Gitterrichtungen.

Konkret soll diese Möglichkeit am A 4-Gitter (Ge, Si, Diamant) diskutiert werden. Die dichtestgepackte Reihe ist die $\langle 110 \rangle$-Reihe (siehe Fig. 1). Zur Winkelfokussierung in $\langle 110 \rangle$ müßte der effektive Stoßdurchmesser $D \geqq D_f^{110} = \mathfrak{a}\sqrt{2}/4$ sein. Aber nur Atome mit $D < D_{\max}^{110} = \mathfrak{a}/4$ könnten an Atomen der Parallelreihe in $\langle 110 \rangle$ vorbeifliegen.

In $\langle 111 \rangle$ ist der Atomabstand unterschiedlich, es ist $l' = 3\,l$. Bezogen auf eine solche Periode $(l + l')$ ergibt sich in Harte-Kugel-Näherung die Beziehung (siehe [13])

$$\sin(\varphi'' - \varphi) = \frac{1}{D}\left(\frac{l\,l'}{D} - l \cdot \cos\varphi'' - l' \cdot \cos\varphi'\right)\frac{\sin\varphi}{\cos\varphi'},$$

φ, φ', φ'' Winkel zwischen der Gitterrichtung und der Bahnrichtung des ersten, zweiten usw. Atoms in der Stoßkette.

Damit ergibt sich als untere Grenze für die Winkelfokussierung die Bedingung

$$D \geqq D_f^{111} = \frac{l \cdot l'}{l + l'} = \frac{3\sqrt{3}}{16}\,\mathfrak{a}\,.$$

In dieser Richtung ist $D_{\max}^{111} = \mathfrak{a}\sqrt{6}/6$ und damit tatsächlich $D_{\max}^{111} > D_f^{111}$; die Ausbildung einer direkt fokussierenden $\langle 111 \rangle$-Stoßkette ist möglich.

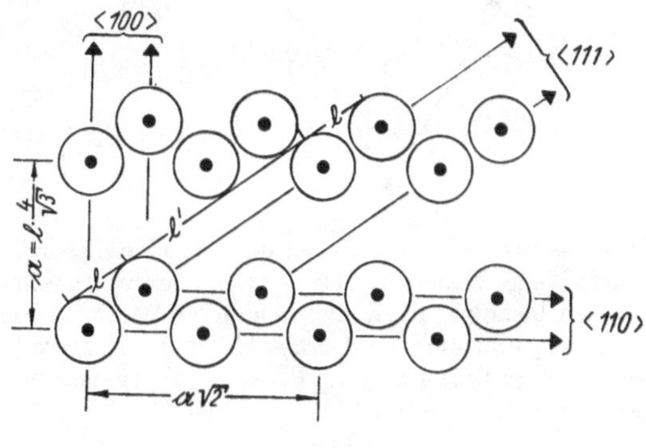

Fig. 1. Atomreihen in einer (110)-Fläche des A 4-Gitters; die eingezeichneten Radien sollen den Stoßabständen entsprechen, in dem zur direkten Fokussierung gehörigen Energiebereich.
$\mathfrak{a}$ Kantenlänge der Elementarzelle, l kleinster Atomabstand

Für die Kanäle kann man als charakterisierende Größe einen Radius R_K angeben, so daß ein Teilchen, das sich in diesem Kanal bewegt, nur einen Stoßdurchmesser D haben darf, der kleiner als R_K ist. (Der Einfachheit halber wird als R_K der geometrische Kanalradius des starren Gitters angegeben.)[1])

In Fig. 2 ist die Besetzungsverteilung der wichtigsten Flächen des A 4-Gitters gezeigt, senkrecht dazu verlaufen die entsprechenden Kanäle. Man erkennt, daß in der ⟨110⟩-Richtung der größte Kanal liegt und daß mit beträchtlichem, fast gleichem Abstand die ⟨100⟩- und die ⟨111⟩-Richtungen folgen (siehe auch Tabelle 1).

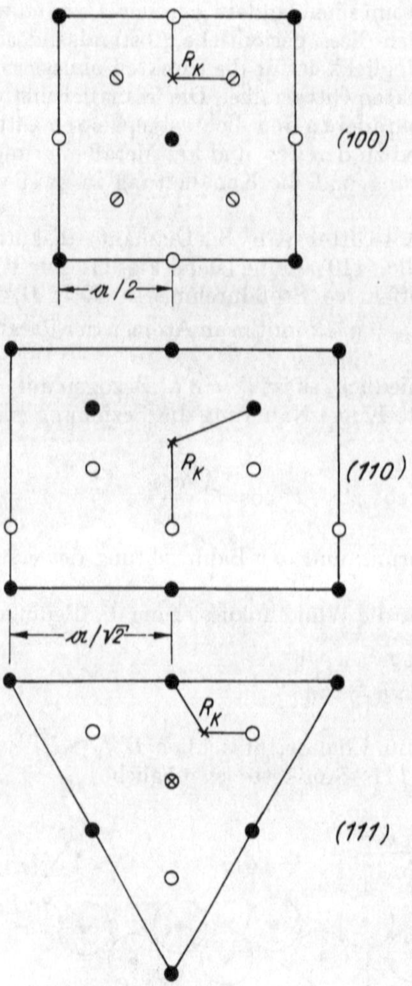

Fig. 2. Flächenbesetzung der wichtigsten Flächen des A 4-Gitters. Die verschieden markierten Gitterplätze befinden sich in unterschiedlichem Abstand zur Zeichenebene. Die Kanäle für die Kanalleitung verlaufen senkrecht zu den gezeichneten Flächen. R_K geometrischer Kanalradius

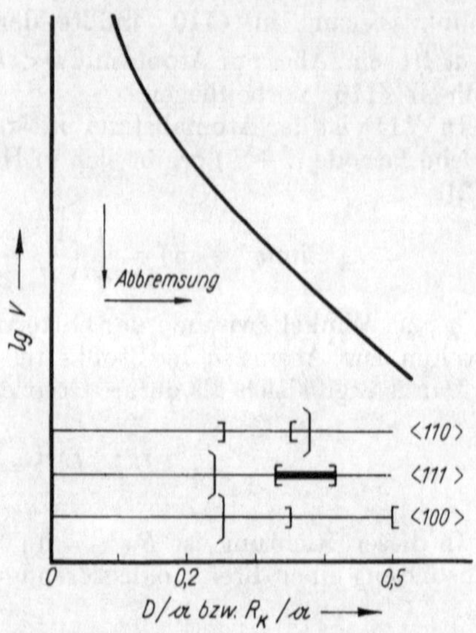

Fig. 3. Schematische Darstellung der Beziehung zwischen Teilchenenergie und effektivem Stoßdurchmesser D (oben). Für die einzelnen Richtungen ist Kanalleitung nur möglich für $D < R_K$ (Symbol) man beachte die Fußnote auf dieser Seite), für Stoßketten wird der Atomtransport beschränkt durch die Wechselwirkung mit Atomen der parallelen Nachbarreihen auf $D < D_{max}$ (Symbol]). Zur direkten Fokussierung müßte $D > D_f$ (Symbol [) sein (unten)

[1]) Die für die Fokussierung und die Kanalleitung wichtigen Größen sind hier nur in der Harte-Kugel-Näherung gegeben; das qualitative Ergebnis wird aber dadurch nicht grundsätzlich beeinträchtigt. Bei genauerer Beschreibung der Stoßvorgänge haben die Größen D_{max}, R_K und auch der energieabhängige effektive Stoßdurchmesser nicht die hier so stark vereinfachte Bedeutung, und die hier angegebenen Grenzwerte dieser Größen werden nicht erreicht.

Tabelle 1

Fokussierung und Kanalleitung im A 4-Gitter
($\mathfrak{a}$ Gitterkonstante, l Atomabstand)

		⟨110⟩	⟨111⟩	⟨100⟩
Atomabstand = (Packungsdichte)$^{-1}$	$[l/\mathfrak{a}]$	$\sqrt{2}/2 = 0{,}71$	$\sqrt{3}/4 = 0{,}433$ $l' = 3\,l$ $\bar{l}/\mathfrak{a} = 0{,}866$	1,0
Für direkte Fokussierung notwendiger Stoßdurchmesser	$[D_f/\mathfrak{a}]$	$\sqrt{2}/4 = 0{,}35$	$3\sqrt{3}/16 = 0{,}325$	$1/2 = 0{,}5$
Abstand zu benachbarten Parallelreihen	$[D_{max}/\mathfrak{a}]$	$1/4 = 0{,}25$	$\sqrt{6}/6 = 0{,}41$	$\sqrt{2}/4 = 0{,}35$
Maximaler Kanalradius	$[R_k/\mathfrak{a}]$	$3/8 = 0{,}375$	$\sqrt{2}/6 = 0{,}236$	$1/4 = 0{,}25$
Flächenbesetzungsdichte	$\left[\frac{n}{\mathfrak{a}^2}\right]$	$\sim 5{,}7$	~ 7	8
Anteil des Kanalquerschnitts an der Gesamtfläche (ohne gegenseitige Überdeckung, d. h. für $D < D_{max}/2$)	$\left[\frac{S_K}{S}\right] = 1 - \frac{n}{\mathfrak{a}^2}\pi D^2$	$1-18\left(\frac{D}{\mathfrak{a}}\right)^2$	$1-22\left(\frac{D}{\mathfrak{a}}\right)^2$	$1-25\left(\frac{D}{\mathfrak{a}}\right)^2$

In Fig. 3 ist schematisch die Beziehung zwischen dem effektiven Stoßdurchmesser und der Energie gezeigt. In der Abszissenrichtung sind außerdem die Größe des Kanalradius R_K, von D_{max} und von D_f angegeben. Dadurch können die Verhältnisse bei einer gegebenen Energie besser verglichen werden. Nur in ⟨111⟩ erfolgt direkte Fokussierung (Symbol [—]).

Der genaue Potentialverlauf ist für keines der A 4-Gitter bekannt. Bei der Abbremsung eines heißen Atoms wächst dessen Stoßdurchmesser D, dabei wird in ⟨111⟩ und in ⟨110⟩ die Kanalleitung eher eingeschränkt als die Fokussierung und umgekehrt wird in ⟨110⟩ zuerst die Fokussierung verhindert.

Nach Erreichen eines Stoßdurchmessers von $\frac{D}{\mathfrak{a}} \gtrsim 0{,}25$ wäre theoretisch ein Atomtransport nur noch möglich durch Kanalleitung in ⟨110⟩, durch direkte Fokussierung in ⟨111⟩ und eventuell auch in ⟨100⟩ durch indirekte Fokussierung. Bei der entsprechenden Energie müßten Wehner-Flecken in den unterschiedlichen Richtungen durch unterschiedliche Mechanismen entstehen. Bei der relativ kleinsten Energie müßte der Atomtransport offensichtlich auf die ⟨111⟩-Richtung beschränkt sein. Bei noch geringerer Energie findet kein Atomtransport mehr statt.

3. Gegenüberstellung experimenteller Ergebnisse

Die vorhergehenden Überlegungen können mit einigen experimentellen Ergebnissen verglichen werden, die in chronologischer Folge zusammengestellt sind (Tabelle 2).

Tabelle 2

Experimente von	A4-Gitter	Wehner-Flecken	Bemerkungen	Beschuß mit
Wehner (1956) [1]	Ge	$\langle 111\rangle$		Hg; $E^* \leqq 300$ eV
Anderson [14] Wehner (1960)	Ge	$\langle 111\rangle$ $\langle 001\rangle$	 nur geringe Anzeichen	Hg; $E^* = 200$ bis 800 eV
Southern [15] u. a. (1961)	(Ge)	nicht direkt untersucht	A 4-Gitter diskutiert: gegenseitige Behinderung benachbarter $\langle 110\rangle$-Reihen	Ar; $E = 1\cdots 5$ keV
Jurasowa [16] u. a. (1961)	Ge	$\langle 110\rangle$ $\langle 100\rangle$	keine Angaben über absolute oder relative Intensität	Kr; $E = 1\cdots 10$ keV
Anderson [17] (1962)	Ge Si	$\langle 111\rangle$ $\langle 100\rangle$ $\langle 111\rangle$ $\langle 100\rangle$	 relativ geringere Intensität, steigt bei Erhöhung der Energie ähnlich wie bei Ge, aber quantitativ schlechter auswertbar	Hg, Ne, Ar; $E^* = 100\cdots 800$ eV
Southern [18] u. a. (1963)	Ge Si	nur kontinuierliche Schwärzung	keine ausführlichere Auswertung	Ar; $E = 1\cdots 5$ keV

E^* ist die an eine Gasentladungsstrecke angelegte Spannung; die Ionenenergie ist in diesem Fall nicht monoenergetisch.

Die sehr umfangreichen und systematischen Untersuchungen von Anderson und Wehner [14, 17] an verschieden orientierten Einkristalloberflächen geben stets sehr scharfe Reflexe in den $\langle 111\rangle$-Richtungen, niemals jedoch in $\langle 110\rangle$. Nach den vorhergehenden Betrachtungen darf man dies als einen Nachweis der direkt fokussierenden Stoßketten ansehen; zumindest bis zu einer Beschußenergie von etwa 1 keV würde danach die Effektivität der Kanalleitung gering sein. Die mit steigender Energie auftretenden Wehner-Flecken in $\langle 100\rangle$ können eine indirekte Fokussierung darstellen. Die Autoren glauben jedoch, eine andere Deutung geben zu müssen. Sie nehmen an, daß durch den Beschuß so viele Zwischengitteratome, entweder von Ge oder von Hg, gebildet werden, daß die Atomanordnung nahe der Ge-Oberfläche mehr einem kubisch-raumzentrierten Gitter ähnlich ist. Für ein krz-Gitter wäre, ihrer Meinung nach, die Bildung von $\langle 111\rangle$-Flecken verständlich [14]. Bereits bei der Korrektur [14] schließen sie jedoch Hg als mögliches Zwischengitteratom aus. In der späteren Arbeit modifiziert Anderson [17] diese Vorstellung zwar etwas, diskutiert aber weiterhin einen möglichen Umbau des Diamantgitters in ein krz-Gitter. Es sei nochmals betont, daß, im Gegensatz zu Anderson und Wehner, in der vorliegenden Arbeit ein ungestörtes Diamantgitter für die Betrachtung der Dynamik der Stoßvorgänge und die gerichtete Abstäubung zugrunde gelegt wurde.

Es ist wohl nicht gegen die hier geführte Argumentation auszulegen, wenn von der Gruppe um Southern [15, 18] keine entsprechenden und reproduzierbaren

Flecken erzielt wurden. Offenbar sind diese Untersuchungen an Ge nicht in gleichem Umfang durchgeführt worden wie an anderen Metallen.

Das Ergebnis von JURASOWA [16] ist eventuell ein Zeichen dafür, daß hier bereits die Energiegrenze überschritten wurde, unterhalb der nur direkte Fokussierung möglich ist (verwunderlich ist dabei, daß neben den angegebenen Flecken keinerlei Anzeichen für ⟨111⟩-Flecken vorhanden sein sollen).

Leider ist die Energie der abgestäubten Atome bei den in der Tabelle 2 angegebenen experimentellen Arbeiten nicht bekannt. Da keine einfache Proportionalität zwischen der äußeren Beschußenergie und der kinetischen Energie der abgestäubten Atome besteht [19], ist deshalb kein Rückschluß auf das Potential möglich.

In der vorliegenden Arbeit sollte zunächst nur die Unterscheidungsmöglichkeit zwischen der Wirkung fokussierender Stoßketten und der Kanalleitung anhand von WEHNER-Flecken aufgezeigt werden. Die Kanalleitung macht sich bei den kfz-Metallen offenbar besonders in einer vergrößerten Eindringtiefe der Beschußionen bemerkbar. Es wäre interessant, an A 4-Gittern entsprechende Untersuchungen durchzuführen.

In einigen Arbeiten wurde über Zerstäubungsversuche an InSb berichtet; dabei wurde das InSb-Gitter in nicht korrekter Weise mit dem Ge-Gitter verglichen. Zu dieser Frage erfolgt demnächst eine Mitteilung in dieser Zeitschrift.

4. Zusammenfassung

Im Diamantgitter sind die Bedingungen für direkte Fokussierung nicht in den dichtestgepackten ⟨110⟩-Reihen, sondern in der ⟨111⟩-Reihe gegeben. Für die Kanalleitung besitzen die ⟨110⟩-Kanäle die größten Querschnitte.

In verschiedenen Richtungen müßten deshalb WEHNER-Flecken im Ergebnis unterschiedlicher wirkender Mechanismen entstehen.

Aus experimentellen Befunden folgt, daß beim Beschuß mit Ionen mit einer Energie bis zu etwa 1 keV die gerichtete Abstäubung in ⟨111⟩, also die direkte Fokussierung, überwiegt.

Herrn Dr. O. HAUSER möchte ich für Diskussionen zu diesem Thema und Hinweise zum Manuskript herzlich danken, sowie auch den Mitarbeitern der Abteilung Festkörperphysik für ihr entgegengebrachtes Interesse.

Literatur

[1] G. K. WEHNER, Phys. Rev. **102**, 690 (1956).
[2] H. R. PANETH, Phys. Rev. **80**, 708 (1950).
[3] R. H. SILSBEE, J. appl. Phys. **28**, 1246 (1957).
[4] M. W. THOMPSON und R. S. NELSON, Proc. Roy. Soc. **A 259**, 458 (1961).
[5] J. B. GIBSON, A. N. GOLAND, M. MILGRAM und G. H. VINEYARD, Phys. Rev. **120**, 1229 (1960).
G. H. VINEYARD, Disc. Faraday Soc. **31**, 7 (1961).
[6] R. S. NELSON und M. W. THOMPSON, Phys. Letters **2**, 124 (1962).
[7] M. T. ROBINSON und O. S. OEN, Appl. Phys. Letters **2**, 30 (1963).
[8] R. S. NELSON und M. W. THOMPSON, Phil. Mag. **8**, 1677 (1963).
[9] G. R. PIERCY, F. BROWN, J. A. DAVIES und M. MCCARGO, Phys. Rev. Letters **10**, 399 (1963).
[10] O. S. OEN und M. T. ROBINSON, Appl. Phys. Letters **2**, 83 (1963).
[11] M. BALARIN, ZfK-WF 15 (1962).
[12] M. BALARIN, ZfK-WF 22 (1962).
[13] M. BALARIN, phys. stat. sol. **2**, 60 (1962).
[14] G. S. ANDERSON und G. K. WEHNER, J. appl. Phys. **31**, 2305 (1960).

[15] A. L. SOUTHERN, M. T. ROBINSON, D. R. BURROWBRIDGE und W. R. WILLIS, Ann. Report, ORNL-3213 (1961).
[16] V. E. JURASOWA und J. G. SIROTENKO, Zh. eksper. teor. Fiz. **41**, 1359 (1961).
[17] G. S. ANDERSON, J. appl. Phys. **33**, 2017 (1962).
[18] A. L. SOUTHERN, W. R. WILLIS und M. T. ROBINSON, J. appl. Phys. **34**, 153 (1963).
[19] K. KOPITZKI und H.-E. STIER, Phys. Letters **4**, 232 (1963).

(Received February 3, 1964)

Note added in proof:

Inzwischen wurden von G. S. ANDERSON, G. K. WEHNER und H. J. OLIN weitere experimentelle Ergebnisse mitgeteilt (J. appl. Phys. **34**, 3492 (1963)). Germanium wurde mit Ne^+-, Ar^+-, Kr^+- bzw. Xe^+-Ionen im Energiebereich $E^* = 109 - 800$ eV beschossen. Von (110)-Oberflächen wurden ⟨111⟩- und ⟨100⟩-Flecken und von (100)-Oberflächen wurden ⟨111⟩-Flecken erhalten.

Sie finden dabei eine bisher unbekannte Temperaturabhängigkeit für das Auftreten der WEHNER-Flecken. Interessanterweise deuten sie diese ganz entgegen ihren früheren Aussagen, auf die im Abschnitt 3 der vorliegenden Arbeit hingewiesen wurde. Sie sind jetzt der Meinung, daß Flecken nur auftreten können, wenn der einkristalline Aufbau ungestört ist. Demnach soll es für das Auftreten der Flecken notwendig sein, daß die Probentemperatur so hoch ist, daß die durch den Beschluß ständig neugebildeten Gitterdefekte schnell genug wieder ausheilen können.

Über den Mechanismus der gerichteten Abstäubung äußern sie sich jedoch nicht.

phys. stat. sol. 5, 101 (1964)

Physikalisch-Technisches Institut der Deutschen Akademie der Wissenschaften zu Berlin, Bereich Elektronische Halbleiter

Lage und Dichte von typischen Baufehlern in dampfphasengezüchteten CdS-Kristallen

Von

W. Möhling, H. Peibst und L. Hildisch

Langsche Röntgenbeugungs-Mikrographien von dampfphasengewachsenen CdS-Kristallen zeigen größere Versetzungsdichten nur in der Umgebung von Verwachsungsstellen mit anderen Kristallen. Erste elektronenmikroskopische Beobachtungen bestätigen die röntgenographisch gefundenen Versetzungsdichten. Schraubenversetzungen ließen sich bisher mit keiner Methode nachweisen.

X-ray diffraction micrographs of vapour phase grown CdS crystals show high dislocation densities in regions of intergrowth with other crystals only. Transmission electron microscopy of some thin crystals confirms these observations. Screw dislocations inducing spiral growth were not found within these investigations.

1. Vorbemerkung

Versetzungen in CdS-Kristallen wurden bisher vorwiegend mittels Ätzverfahren [1 bis 8] und nur in einem Fall mit einer Dekorationsmethode [9] untersucht. Es wurde bereits darauf hingewiesen, [8, 10] daß das Ätzverfahren nicht immer eindeutig zwischen Versetzungen und Oberflächenstörungen zu entscheiden gestattet. Woods [9] stellte fest, daß die Dekoration in sehr reinen Kristallen häufig nicht gelingt. Die Verfahren der Röntgenbeugungsmikrographie [11 bis 13] sind zum Versetzungsnachweis weit besser geeignet, obwohl gelegentliche Ergänzungen durch die Ätzmethode nützlich sind.

2. Ergänzende Beobachtungen mit dem Ätzverfahren

Den für $\{11\bar{2}0\}$-Flächen typischen Ätzgruben lassen sich mit dem Langschen Verfahren [11] Stufenversetzungen mit einem Burgers-Vektor parallel zur c-Achse zuordnen [10]. Der Linienverlauf wurde als immer senkrecht zur Plättchenfläche angegeben. Inzwischen sind bei den weiteren sehr zahlreichen Ätzversuchen mehrfach Versetzungen gefunden worden, die den Kristall nicht senkrecht durchsetzen. In Fig. 1a sind die Grübchen der Kristallrückseite leicht verschoben gegenüber denen der Kristallvorderseite zu erkennen, während in Fig. 1b die Grübchen von Vorder- und Rückseite eines etwa gleich dicken Kristalles genau deckungsgleich liegen. Sukzessives Abätzen zeigte, daß sich die Linien ohne merkliche Sprünge durch den Kristall hindurchsetzen. Die Existenz von Versetzungssprüngen vermuten wir aus dem gelegentlichen Verschwinden von Ätzgruben in tieferen Kristallschichten [10]. Bemerkenswert ist, daß senkrecht und schräg verlaufende Versetzungen zwar im gleichen Kristall vorkommen können, bisher jedoch nie unmittelbar benachbart beobachtet wurden. Aus der Verschiebung der Grübchen und der Kristalldicke von etwa 40 μm ergibt sich, daß die Linienrichtung etwa mit einer $\langle 10.0 \rangle$-Richtung zusammenfällt.

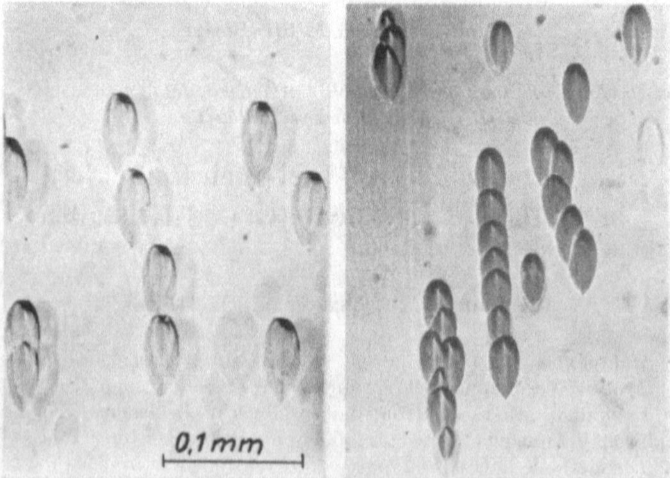

Fig. 1. Lichtmikroskopische Aufnahmen geätzter (11$\bar{2}$0)-Oberflächen
a) Die Ätzgruben auf der Vorderseite sind verschoben gegenüber denen der Rückseite
b) Die Ätzgruben von Vorder- und Rückseite liegen deckungsgleich

Interessant scheint uns der in Fig. 2 wiedergegebene Befund. Auf einen Kristall war ein kleinerer von etwa 1 bis 2 μm Dicke orientiert aufgewachsen. Man erkennt, daß nach dem Ätzen beide an gleichen Stellen Ätzgruben aufweisen. Die Versetzungen der Unterlage induzieren, wie zu erwarten, in der aufwachsenden Substanz ebenfalls Versetzungen. Da beide Kristalle um die a-Achse gegeneinander um etwa 46° verschwenkt sind, könnten in der Aufwachsung eventuell Versetzungen mit anderen Burgers-Vektoren vorliegen. Denkbar wären solche des

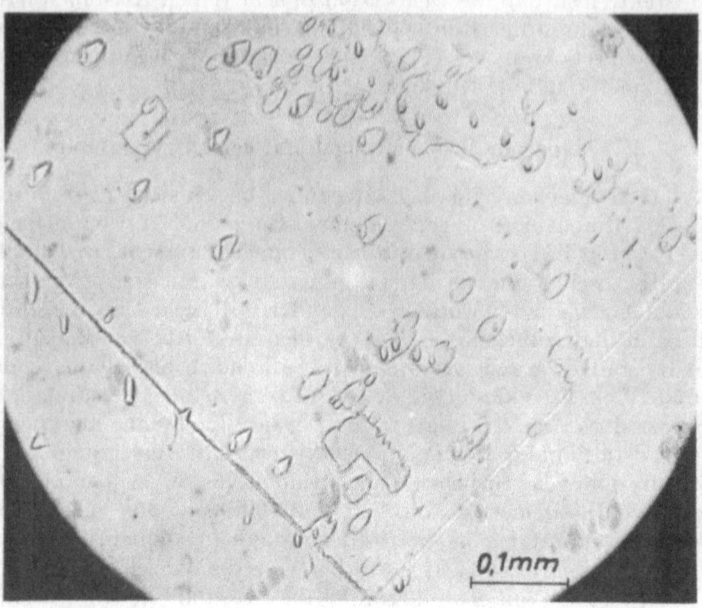

Fig. 2. Geätzte (11$\bar{2}$0)-Oberfläche mit Aufwachsung (Beschreibung siehe Text)

Typs ⟨11.2⟩. Gleichermaßen möglich ist jedoch, daß sich $\vec{b}$ über Zwischenschritte in der Verwachsungsschicht auch im aufgewachsenen Kristall wieder parallel $\vec{c}$ anordnet.

3. Beobachtungen mit dem LANGschen Verfahren

Neben den typischen Versetzungen wurden in einigen seltenen Fällen auch andere gefunden. Fig. 3 zeigt verschiedene Reflexe eines Kristalles, der an seinem oberen Ende ein ganzes Versetzungsnetzwerk aufwies. Den beiden horizontal

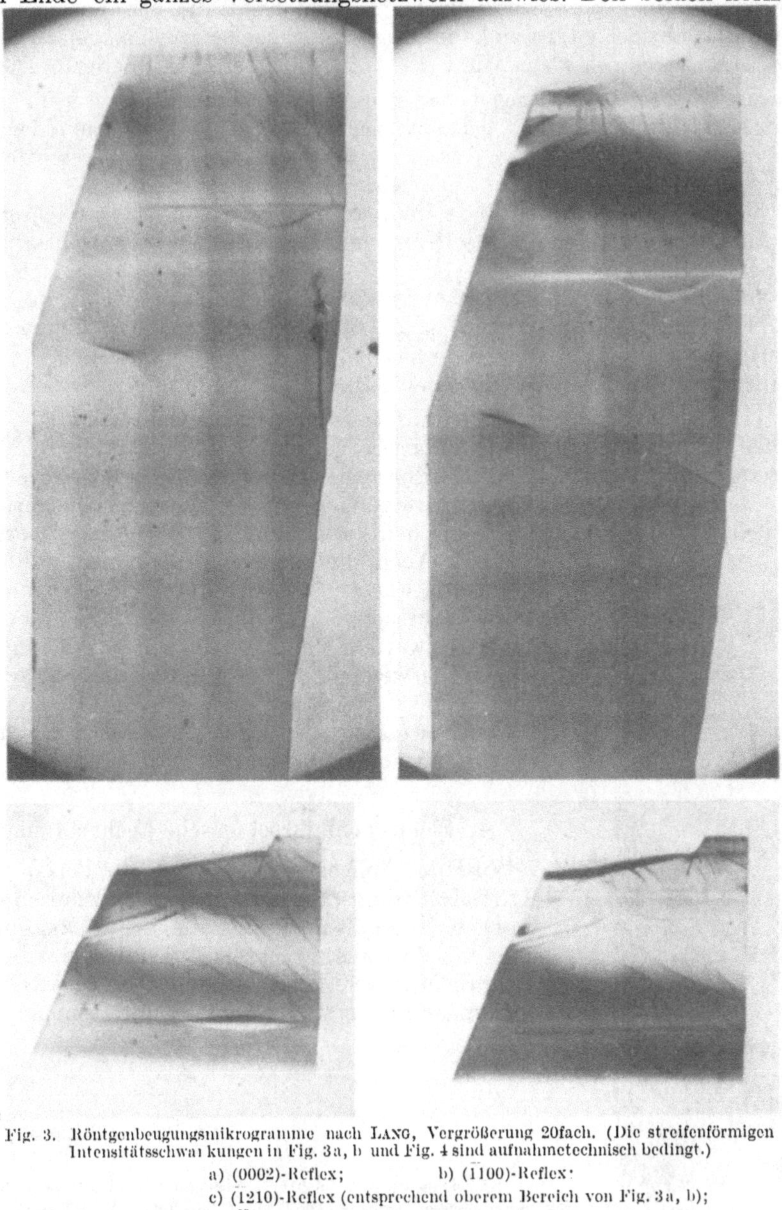

a b c d

Fig. 3. Röntgenbeugungsmikrogramme nach LANG, Vergrößerung 20fach. (Die streifenförmigen Intensitätsschwankungen in Fig. 3a, b und Fig. 4 sind aufnahmetechnisch bedingt.)
a) (0002)-Reflex; b) $(\bar{1}100)$-Reflex;
c) $(1\bar{2}10)$-Reflex (entsprechend oberem Bereich von Fig. 3a, b);
d) $(\bar{2}110)$-Reflex (entsprechend oberem Bereich von Fig. 3a, b)

verlaufenden hellen Linien entsprechen kräftige Rippen auf dem Kristall. Die untere war, wie zu erkennen, teilweise zu einem kleinen Plättchen ausgewachsen.

Der Vergleich von (0002)- und $(10\bar{1}0)$-Reflex (Fig. 3a, b) zeigt, daß die sich verzweigende Linie im unteren Bildbereich einen Burgers-Vektor senkrecht $\vec{c}$ besitzt. Vermutlich liegt er in Richtung einer a-Achse, die mit der Plättchennormalen einen Winkel von 60° bildet. Die Verzweigung ist nicht als Aufspaltung in Halbversetzungen anzusehen, da dann die beiden Teile mit unterschiedlichem Kontrast auftreten müßten. Die Störung am rechten Bildrand, die sich deutlich nur im (0002)-Reflex abzeichnet, ist zu kompliziert, um Einzelheiten aussagen zu können.

Schwierig zu übersehen sind die Verhältnisse im oberen Bildbereich. Der Vergleich aller in Fig. 3 wiedergegebenen Reflexe läßt vermuten, daß $\vec{b}$ für die am rechten Kristallrand endenden gekrümmten Versetzungen in Richtung der Plättchennormalen liegt. Eindeutige Aussagen über die zahlreichen anderen Störungen sind aus diesen Aufnahmen nicht möglich.

Der Kristall war am oberen Ende offenbar mit einem anderen verwachsen. Die beim Abkühlen auftretenden mechanischen Spannungen haben wahrscheinlich diese Versetzungen induziert.

Betont werden muß, daß bisher nur Kristalle, die gut ausgebildet erschienen, verwendet wurden. Insbesondere eignen sich die gelegentlich zu findenden gekrümmten Kristalle nicht oder nur schlecht für derartige Untersuchungen. Diese Kristalle enthalten sicher die schon in [14] beschriebenen Stufenversetzungen mit $\vec{b} = \langle 11.0 \rangle$ und Linienverlauf parallel $\vec{c}$ in größerer Anzahl. In Fig. 4 ist zu erkennen, wie schon eine einzige derartige Versetzung in einem dünnen Kristall zu unterschiedlichen Kontrasten der durch sie getrennten Kristallbereiche führen kann. Der Effekt, der für Einzelversetzungen nur bei leichter Dejustierung zu bemerken ist, läßt sich zur Vorzeichenbestimmung des Burgers-Vektors ausnutzen. Auch die ungleichmäßige Schwärzung der Reflexe in Fig. 3b, c, d wird durch eine Kristallkrümmung verursacht.

Ferner wurden nur Kristalle mit möglichst wenig Rippen verwendet, da diese immer zu Schwärzungskontrasten in den Reflexen führen. Ob sich den Dickenkontrasten auch Fehlerkontraste überlagern, ist bis jetzt noch nicht klar.

4. Elektronenmikroskopische Beobachtungen

Wird der üblicherweise etwa 2 Stunden dauernde Kristallzüchtungsprozeß nach etwa 10 Minuten unterbrochen, so erhält man Kristalle, deren Längsausdehnung mit der „ausgewachsener“ Kristalle vergleichbar ist, ihre Dicke und Breite ist jedoch um 1 bis 2 Größenordnungen kleiner. Die dünnsten unter ihnen sind für

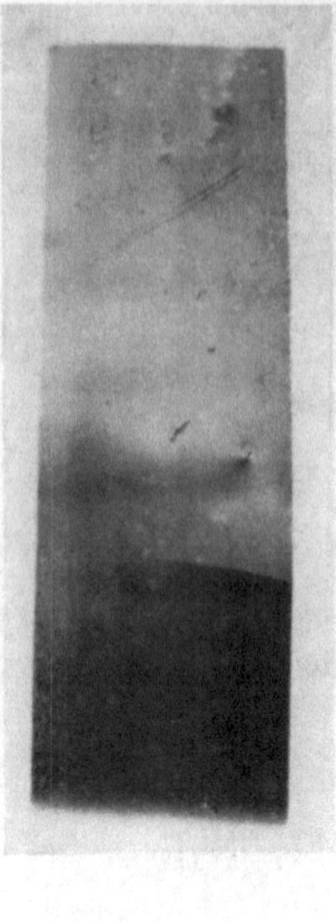

Fig. 4. „Abknickung“ benachbarter Bereiche eines 8 bis 10 μm dicken Kristalles durch eine Versetzung mit $\vec{b} = [1\bar{2}.0]$. (1100)-Reflex, Vergrößerung 20fach

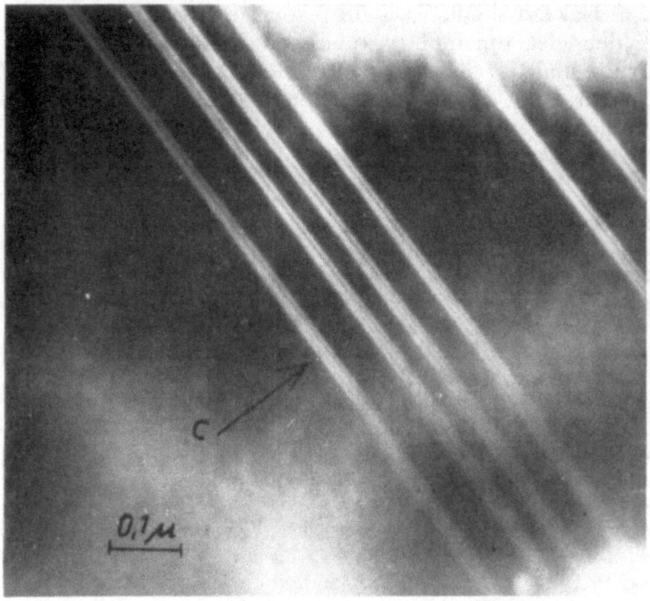

Fig. 5. Elektronenmikroskopische Durchstrahlungsaufnahme mit Stapelfehlern, vermutlich in (11$\bar{2}$2)-Ebenen

Durchstrahlungsmikroskopie geeignet. Die wenigen bisher untersuchten Proben enthielten keinerlei Versetzungen. Nur in einem Fall entstanden an einem groben Fremdeinschluß unter dem Einfluß des Elektronenstrahls zahlreiche Tpyen. Unter ihnen fielen besonders die schon im hexagonalen ZnS [15, 16] gefundenen Halbversetzungen auf, die bei ihrer Bewegung durch den Kristall Stapelfehler in der Basisebene hinterließen. Andere, sich ebenfalls in $\langle 10.0 \rangle$ Richtung bewegende Halbversetzungen erzeugten die sechs in Fig. 5 wiedergegebenen Stapelfehler. Da die Kristalldicke nicht exakt bestimmt wurde, läßt sich nur vermuten, daß sie in einer (11$\bar{2}$2)-Ebene liegen, die als Zwillingsebene bekannt ist.

5. Schlußbemerkungen

Die bisherigen Ergebnisse zeigen, daß die nach dem Frerichs-Verfahren hergestellten reinen CdS-Plättchen weitgehend baufehlerfrei sind.[1]) Insbesondere treten keine Schraubenversetzungen auf. Systeme mit großen Dichten solcher Versetzungen gestatten zwar keinen direkten Nachweis mehr, die Kristalle dürften aber dann keine anomale Absorption aufweisen, diese ist jedoch beobachtbar. Eine wesentliche Wachstumsförderung ist durch die einzigen häufiger auftretenden Versetzungen [10] nicht zu erwarten. Zudem sind auch schon Kristallstücke von einigen 10 mm² Größe als vollkommen versetzungsfrei gefunden worden. Wir möchten daher die von Woods [17] aus anderen Beobachtungen gewonnene Auffassung teilen, daß das Kristallwachstum des CdS bei diesem Züchtungsprozeß vorwiegend durch zweidimensionale Keimbildung erfolgt.

[1]) Offenbar ist das der Grund, weshalb nach Woods [9] keine Dekoration zustande kommt.

Herrn Dr. F. Eckart danken wir für fördernde Diskussionen. Für die Unterstützung bei den elektronenmikroskopischen Untersuchungen sind wir Herrn Prof. Dr. Bethge und Herrn Dr. J. Heydenreich von der Arbeitsstelle für Elektronenmikroskopie Halle der Deutschen Akademie der Wissenschaften zu Berlin zu Dank verpflichtet.

Literatur

[1] D. C. Reynolds und L. C. Greene, J. appl. Phys. **29**, 559 (1958).
[2] E. Votava, Z. Naturf. **13a**, 542 (1958).
[3] M. Kikuchi und S. Jizima, J. Phys. Soc. Japan **14**, 1638 (1959).
[4] J. Nishimura, J. Phys. Soc. Japan **15**, 732 (1960).
[5] D. C. Reynolds und S. J. Czyzak, J. appl. Phys. **31**, 94 (1960).
[6] S. G. Pisarenko und M. K. Scheinkman, Fiz. tverd. Tela **3**, 1153 (1961).
[7] R. W. Bakradse und I. A. Rom-Kritschewskaja, Kristallografiya **8**, 238, (1963).
[8] L. Hildisch, G. O. Müller und E. Schnürer, phys. stat. sol. **3**, 399 (1963).
[9] J. Woods, Brit. J. appl. Phys. **11**, 296 (1960).
[10] W. Möhling und H. Thiel, phys. stat. sol. **2**, 1105 (1962).
[11] A. R. Lang, J. appl. Phys. **30**, 1748 (1959).
[12] U. Bonse, Z. Phys. **153**, 278 (1958).
[13] H. Barth und R. Hosemann, Z. Naturf. **13a**, 792 (1958).
[14] W. Möhling und H. Thiel, Ann. Phys. (Germany) **7**, 381 (1961).
[15] H. Blank, P. Delavignette und S. Amelinckx, phys. stat. sol. **2**, 1660 (1962).
[16] L. T. Chadderton, A. G. Fitzgerald und A. D. Yoffe, Phil. Mag. **8**, 167 (1963).
[17] J. Woods, Brit. J. appl. Phys. **10**, 529 (1959).

(Received February 4, 1964)

phys. stat. sol. 5, 107 (1964)

Institute of Solid State Physics, Czechoslovak Academy of Sciences, Prague

Observation of Slow States on Germanium Surface by Tunneling at d-c Field Effect

By

G. DORDA

The internal electron field emission from the oxide trap states located on the surface of germanium is measured by means of the d-c field effect. The electrons are tunneling into the bulk material where they are accumulated. The emission of electrons is detectable for negative field strength F greater than a critical value F^*. The experimental results obtained from this investigation, of the so-called storage effect, are in good agreement with the results obtained using the a-c field effect. By measuring the field F^*, which is characteristic of the surface state, the energy of the states can be investigated. It is deduced from kinetic observations that the emission centres and the so-called slow states are identical. Hence informations about the slow states may be obtained by investigating the storage effect.

Es wird gezeigt, daß mit Hilfe von Gleichstrom-Feldeffektmessungen bei negativen Feldern, welche größer als ein kritisches Feld F^* sind, die Feldemission von Elektronen aus in der Oxydschicht gelegenen Haftstellen in das Germanium experimentell leicht festgestellt werden kann. Das Feld F^* ist charakteristisch für den Oberflächenzustand und ermöglicht die Abschätzung der energetischen Lage der Haftstellen. Da die Haftstellen identisch mit den sogenannten „langsamen Termen" sind, werden durch die experimentelle Untersuchung der Feldemission die Eigenschaften dieser Terme ermittelt.

1. Introduction

When the a-c field effect is studied on germanium samples with etched surfaces, the increase of surface potential φ_s caused by storing of electrons at the germanium surface is observed at the measurement in normal room atmosphere. This so called storage effect was studied in detail in a previous work [1] and explained in terms of an internal field emission of electrons tunneling from the trap centres in the oxide into the conduction band of germanium. The probability of this electron emission is strongly dependent on the magnitude of the external field. As it was already shown in the work [1] the storage of electrons can be experimentally detected for fields applied on the electrode which are higher than a certain field F^*. This field F^* is characteristic for the given state of surface.

In this paper some of the consequences which follow from the existence of the storage effect have been testified experimentally. It is shown that the accumulation of electrons at the surface of germanium can be studied simply by means of the d-c field effect, especially the characteristic field F^*, on the basis of which the energy position of emission state level in the oxide can be approximately estimated. It is also shown that the difference in the conductance changes, if we use either a positive or a negative d-c field $F > F^*$, can be explained as a consequence of tunnel transition of electrons from the surface oxide into germanium at the presence of the negative field.

2. Experimental Part

The diagram of arrangement was already published elsewhere [1] (in our case there is no a-c source). As a sample germanium of n-type, 32 Ω cm was used again, etched several months before the experiment, so that the oxide was very stable and the time changes in conductivity at the d-c field effect were very slow lasting of orders of ten minutes. The measurement was made in an air atmosphere at higher relative humidity than at room one, i.e. at ~ 55%; the temperature was 22 °C. At this humidity the sample had the surface potential $\varphi_{S_0} = 3{,}8\ k\ T/e$. The reason for which the measurement was made at the increased humidity will be apparent later.

The experiment was realized as follows. Positive or negative d-c voltage was switched on the electrode of field effect always only for 3 s and then switched off again. During this electric pulse a certain maximum change in the conductivity $\Delta\sigma_{\max}$, belonging to the given d-c voltage, $V_=$, was observed. The values $\Delta\sigma_{\max}(+\text{ on})$ and $\Delta\sigma_{\max}(-\text{on})$ found by the experiment are shown in Fig. 1 in dependence on the applied voltage $V_=$. During 3 s no observable relaxation decrease in the conductivity, which is characteristic for the d-c field effect, occurred because when we used the empiric equation

$$\Delta\sigma = \Delta\sigma_{\max} \cdot \exp\left[-\left(\frac{t}{\tau}\right)^a\right] \tag{1}$$

for the description of relaxation at the stable d-c field [2, 3] we found the value $\tau = 284$ s for the time constant τ at our sample (see Fig. 2). This means that the relaxation decrease of conductivity during three seconds was smaller than the resolving power of the experimental arrangement. After switching off the field no relaxation was therefore observed and the same conductivity which the sample had had before the experiment was measured. That was true always in the case of positive voltage, but in the case of negative one only to a certain characteristic value $V_=^*$. In the case of negative voltage $V_= \leq V_=^*$ the conductivity after switching off the pulse did not return to the value σ_0 but it was rather higher about the value $\Delta\sigma_{\max}$ (− off) (see Fig. 3). The sample regained the equilibrium conductivity only after the "slow" relaxation process with the relaxation constant $\tau = 284$ s and $a = 0.6$ in the relation (1). The maximum value $\Delta\sigma_{\max}(-\text{ off})$ after switching off the negative field is dependent on the magnitude of external voltage $V_=$ which was applied to the electrode. The results of the dependence $\Delta\sigma_{\max}$ (− off) vs. $V_=$ are shown in Fig. 4. From this figure can be clearly seen that the conductance change starts roughly at a certain voltage $V_=^* = 86$ volts, i.e. at the field $F^* = 4.9 \cdot 10^4$ V/cm. When a positive voltage, however, was applied to the electrode no similar relaxation effect after the switching off the voltage has ever been observed, i.e. $\Delta\sigma_{\max}$ (+ off) $\simeq 0$ even for the voltage several times higher than $V_=^*$. The conductance changes are shown schematically in Fig. 3 for better illustration at four different voltages α) positive voltages, β) negative voltages.

3. Analysis of Results

The experimental results shown in Fig. 1 and Fig. 4 were expected as the necessary consequence of the storage effect which was described in detail and theoretically interpreted in the previous work [1].

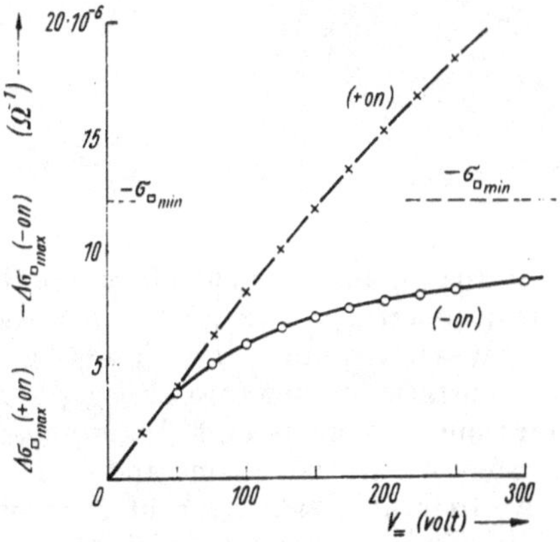

Fig. 1

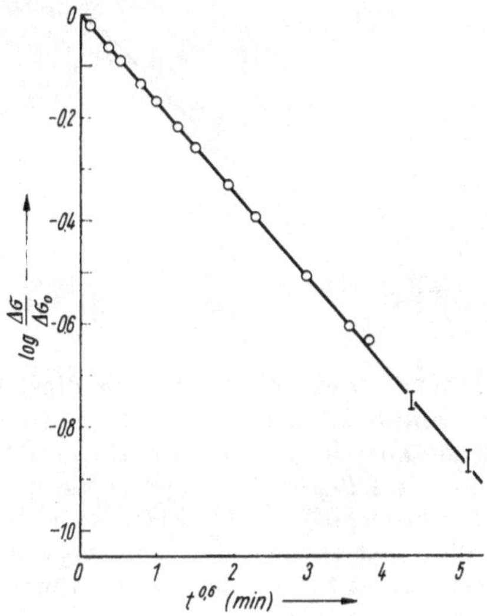

Fig. 2

Fig. 1. Dependence of $\Delta\sigma_{\square max}$ (+ on) and $-\Delta\sigma_{\square max}$ (− on) on d-c voltage $V_=$ of electric pulses (t_p = 3 s) of sample 32 Ωcm n-type applied on field effect electrode. In this figure it is also shown the value of minimum surface conductivity $\sigma_{\square min}$ of the sample

Fig. 2. Relaxation course of conductivity after applying positive d-c voltage 50 V on the electrode

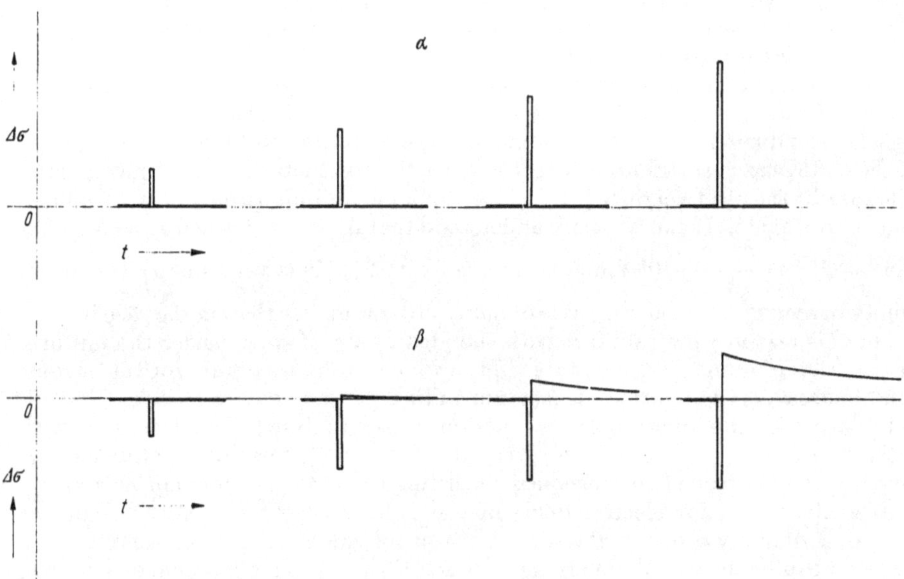

Fig. 3. Illustration of changes in sample conductivity in dependence on time for four d-c electric pulses of different values, lasting for 3 s. α) positive electric pulses, β) negative electric pulses

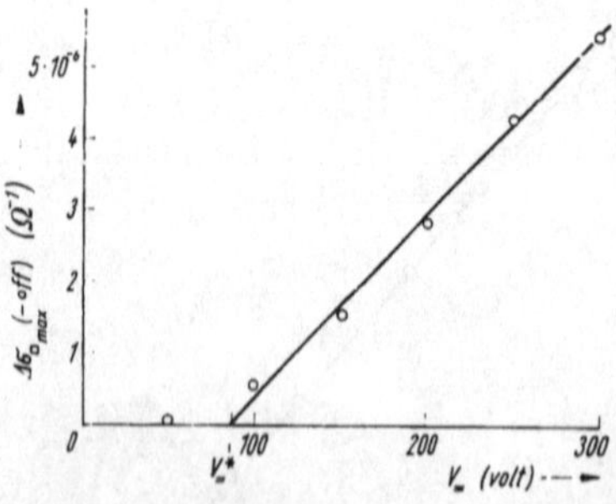

Fig. 4. Dependence $\Delta\sigma_{\square max}$ (— off) on d-c voltage $V_=$ applied on electrode. $V^*_= = 86$ V

From the study of the storage effect by means of the a-c field effect on the same sample 32 Ω cm of n-type at room atmosphere ($\varphi_{s_0} = 2{,}5\ k\,T/e$) followed that the emission currents j_e at the germanium—germanium oxide interface at fields $F > 4.2 \cdot 10^4$ V/cm are so strong, that surface conductance changes $\Delta\sigma_\square$ great of orders of 10^{-6} $(\Omega)^{-1}$ last much shorter time than one second. We supposed therefore that at the negative pulses which lasted of orders of second and at fields higher than $4 \cdot 10^4$ V/cm an experimentally observable transition of electrons from the oxide into germanium should appear. The results shown in Fig. 4 really confirmed to us that during 3 s of switching on the negative voltage $V_= > V^*_=$ the transition of electrons occurred from the oxide into germanium where they accumulated: after switching off the conductivity was observed namely higher about $\Delta\sigma(-\text{ off})$ than the equilibrium value σ_0 and this value of $\Delta\sigma(-\text{ off})$ decreased to zero by "slow" relaxation.

Fig. 4 gives us therefore information about the magnitude of the storage effect, i.e. about the magnitude of negative charge which has been transferred by emission under the effect of the external negative field from the oxide into germanium. It can be clearly seen there that similarly as in Fig. 8 in [1] for the case of the a-c field a certain minimum voltage $V^*_=$ is necessary for observing the storage of electrons during the time $\Delta t = 3$ s.

We shall make the analysis of the experimental results in terms of the elsewhere described emission model [1]. In this case we can start with two ideas: the case a: the electron during its tunnel path moves "horizontally" through the energy gap of the oxide *and* germanium before it reaches the conduction band of germanium. The case b: the electron during its tunnel path moves only through the forbidden band of the oxide. It can be easily understood that in our case, when $\varphi_{s_0} = 3.8\ kT/e$ $\left(\text{i.e. } \frac{b}{\varepsilon_0} Q_{s\,c_0} \approx -7.5 \cdot 10^4 \text{ V/cm, therefore } F_s \text{ in (21) [1] is very small}\right)$ the probability of emission for the case a) is of many orders smaller than in the case b).

For this reason we must start with the idea b) and if we consider the uniform distribution of monoenergetic states in the whole oxide, we obtain for the current electron density the relation (5) (see Appendix).

In Appendix the kinetics of the emission is also analysed. In accordance with it the given time of the duration of the d-c field in the form of negative electric pulse on the electrode t_p corresponds according to (7) to the emission current j_{t_p}. It is evident that for electric fields of the pulse $F \geqq F^*$ the starting current $j(t = 0)$ is of many orders higher or at least of the same order as j_{t_p}, therefore the emission can be measured experimentally for $F \geqq F^*$. This fact makes possible, on the other hand, to estimate the energetic position of emission centres if we know from the experiment the value F^* for the given t_p. As it follows from Fig. 4

Fig. 5. Dependence of emission current density j_e ($n_0|\mathfrak{W}|^2 = 10^{-1}$ (eV)^2, $m^* = 0.2\ m$, $\varphi_{s_0} = 3.8\ k\ T/e$, $W_2\sqrt{W_1} = 0.035$ (eV)$^{3/2}$) and current density of slow relaxation j_{sr} ($Q_{T_0} = 10 \cdot 10^{-9}$ C/cm², $\tau = 284$ s, $a = 0.6$) on induced charge Q_T. In the figure it is also shown the characteristic charge $Q_T^* = 4.3 \cdot 10^{-9}$ C/cm²

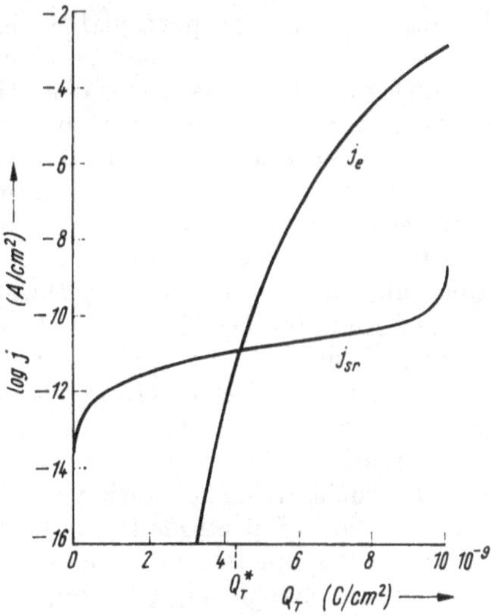

we got at the time duration of negative pulse $t_p = 3$ s $V^* = 86$ volts which corresponded to $F^* = 4.9 \cdot 10^4$ V/cm or $Q_T^* = 4.3 \cdot 10^{-9}$ C/cm². Q_T is the whole charge induced by field on the surface of germanium which equals to the sum of the induced space charge Q_{sc} and the induced charge in the fast states Q_{fs} per unit area. When we put $t_p = 3$ s for t_0 in (7) we get $j_{t_p} = 5 \cdot 10^{-11}$ A/cm². On the basis of Fig. 6 we can see that the value $W_2\sqrt{W_1} = 0{,}035$ (eV)$^{3/2}$ for $\varphi_{s_0} = 3.8\ k\ T/e$, $n_0|\mathfrak{W}|^2 = 10^{-1}$ (eV)^2, $m^* = 0.2\ m$ corresponds to the values $t_p = t_1 = 3$ s and $F^* = 4.9 \cdot 10^4$ V/cm. By means of these values the dependence j_e vs. Q_T is plotted according to the relation (5) in Fig. 5.

In the same Fig. 5 the dependence of current density in the interface of germanium—germanium oxide j_{sr} vs. Q_T for "slow" relaxation of d-c field effect with $\tau = 284$ s is shown. We got the dependence j_{sr} vs. Q_T as derivate of the empirical relation (1) and it is equal to

$$j_{sr} = \frac{a}{\tau} Q_T \left(\ln \frac{Q_{T_0}}{Q_T}\right)^{\frac{a-1}{a}} = \frac{0.6}{284} Q_T \left(\ln \frac{Q_{T_0}}{Q_T}\right)^{-2/3}. \tag{2}$$

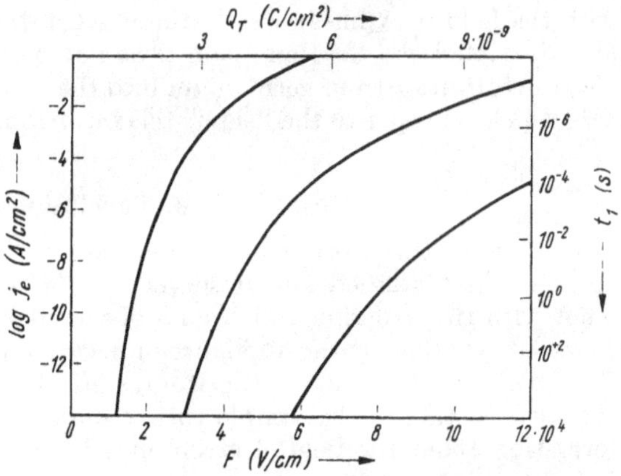

Fig. 6. Dependence of emission current density j_e on magnitude of external electric field F calculated according (5). $n_0|\mathfrak{W}|^2 = 10^{-1}$ (eV)^2, $\varphi_{s_0} = 3.8\ k\ T/e$, $m^* = 0.2\ m$;
a) $W_2\sqrt{W_1} = 0.05$ (eV)$^{3/2}$
b) $W_2\sqrt{W_1} = 0.025$ (eV)$^{3/2}$
c) $W_2\sqrt{W_1} = 0.01$ (eV)$^{3/2}$.
In the figure it is also shown time t_1 calculated according (7) and characteristic field $F^* = 4.9 \cdot 10^4$ volt/cm

We used here the proportionality $\Delta\sigma \sim -Q_T = -(Q_{sc} + Q_{fs})$, which holds in the case if we are far enough outside the region around the minimum of surface conductivity. In our case this condition was always fulfilled. It follows from the relation (2) that j_{sr} is a function of Q_{T_0} but only in an insignificant degree. In Fig. 5 the dependence is plotted for $Q_{T_0} = 10 \cdot 10^{-9}$ C/cm². For other values of Q_{T_0} of the same order we should obtain a similar course in the same order of range j.

If we use the positive voltages then the field emission does not appear [1], $j_e = 0$, and we consider only the relation (2). In cases of negative voltages we must take into consideration j_{sr} as well as j_e, expressed in the relations (2) and (5). We can see in the figure that for the induced charge $Q_T \geqq Q_T^*$ is $j_e > j_{sr}$, thus for negative fields $F \geqq F^*$ applied on the electrode the emission process exceeds at the transition of electrons from the oxide into germanium over that one which is proper to the "slow" relaxation process at the d-c field effect.

At negative fields $F \geqq F^*$ is $j_e \geqq 10^{-10}$ A/cm². That means, however, that for $F > F^*$ the starting relaxation conductance changes last in consequence of the field emission of electrons from the oxide states into germanium a shorter time interval than one second (see Fig. 6); therefore the experimentally observed conductance change $\Delta\sigma_{\max}$ (— on) is of this part smaller. And so $\Delta\sigma_{\max}$ indicates us the real maximum conductance change of the sample after switching on the field only in the case when we use either the positive d-c fields (of all magnitudes), or the negative fields F lower than F^*. It is evident that with increasing value of the external negative voltage $V_=$ (for $V_= > V_=^*$) the experimentally *not registrated* part of the starting conductance change must increase linearly, in other words — the measured $\Delta\sigma_{\max}$ (— on) shall have to be saturated in consequence of increasing field. That was experimentally observed (see Fig. 1) and so our consideration has been confirmed.

Now it becomes evident why our measurements were made at the increased relative humidity. Owing to the fact that at this wet atmosphere the sample had $\varphi_{s_0} = 3.8\, kT/e$ all surface conductance changes of the sample were kept during the whole time of the experiment outside the region of nonlinear dependence σ on the external voltage V which is found in the neighbourhood of the minimum conductivity. For this reason the effect of saturation as the consequence of the field electron emission could be well demonstrated in Fig. 1. In this figure the minimum conductivity value of the sample at the experimental temperature is shown, too, and it can be seen well that the saturation occurs much more earlier.

On the contrary, at the presence of the *positive* field $\Delta\sigma_{\max}$ (+ on) increases with the field in a linear way without saturation (Fig. 1) because as it has been already stated the field emission does not occur, and hence the process of the electron transition from germanium into the oxide is determined only by the process which is proper to the "slow" relaxation one.

4. Conclusion

The aim of this work was to show that the consequences following from the storage effect studied and observed by the a-c field effect are in good agreement with the experimental results observed by means of the d-c field effect. It was shown that by the appliance of negative pulses on the field effect electrode we can study and measure the storage effect and the field F^* characteristic for the surface state of the sample with a simle method, and by this way to get information about the field electron emission from the oxide trap states, i.e. the emission centres, into germanium. On the basis of a simplified model (the uniform distribution of the emission states in the whole oxide with the discrete energy E_e was assumed, the corrections in consequence of Coulomb force were not considered) the energy of the emission centres in the oxide were estimated for $m^* = 0.2\, m$ at $W_2 \sqrt{W_1} = W_2 \sqrt{W_2 + \Phi} = 0.035\,(\text{eV})^{3/2}$ with regard to the experimentally measured value $F^* = 4.9 \cdot 10^4$ V/cm at the pulses lasting 3 s. As it can be assumed with regard to the work [4] Φ will be nearly equal to 1 or 2 eV then we obtain the quantitatively same value for W_2 as in [1].

The identity of the kinetics of reoccupying the emission states by the transition of the accumulated electrons from germanium into oxide after switching off the applied external field, and of the kinetics of occupying and releasing the slow states in the oxide during the d-c field effect (both kinetic processes can be described by the same kinetic equation (1) with the same constants a and τ) can be taken as the proof that the investigated emission states and so-called slow states in the oxide are identical. We suppose therefore that valuable information about the slow states in the oxide can be obtained by the investigation of the storage effect.

Appendix

The emission current

For computing the current density at the internal field emission we consider this case: the tunnel path of the electron emitted from the oxide trap centre to the conduction band of germanium extends only in the gap of the oxide, i. e. the path ends at the interface germanium—germanium oxide. We shall compute the model with the emission states of the discrete energy E_e uniformly distributed with the constant density of the states n_0 (cm^{-3}) along the whole width of the oxide. Analogously as in the work [1] we shall use the PRICE's expression for the probability of the tunnel electron transition between the trap-state and the conduction (or valence) band per unit time ω caused by the applied field F [6]

$$\omega = \frac{\pi^2 m^*}{h^3 l} |\mathfrak{W}|^2 \exp(-2\,\vartheta)\,, \tag{3}$$

where m^* is the effective mass of the electron; h is the Planck constant; l is the length of the "forbidden path" terminating at the trap; $\mathfrak{W}$ is the matrix element $(\varphi_t | V_t | \psi_0)$ of the local trap potential energy, V_t, in excess of the crystal potential taken between the unnormalized trap-state wave function, φ_t, and the band-edge Bloch wave function, ψ_0, normalized in unit volume; ϑ is an abbreviation for the integral the solution of which is

$$2\,\vartheta = 2 \int_0^l \varkappa(x)\, dx = 2 \int_0^l \sqrt{\frac{2\, m^*}{\hbar^2} (W_1 - e\, F\, x)} \simeq$$

$$\simeq \frac{2 \sqrt{2\, m^*}}{\hbar}\, l \sqrt{W_1} \left(1 - \frac{e\, F\, l}{4\, W_1}\right) \simeq \frac{\sqrt{8\, m^*\, W_1}}{\hbar}\, l\,. \tag{4}$$

Here $\varkappa$ is the wave vector; W_1 means the energy difference between the level of the state in the oxide and the bottom of the conduction band of the oxide in eV; F is the applied electric field in volt/cm. We used here the approximation

$e F d \ll 4 W_1$ which was fulfilled for the fields we applied ($F \leqq 10^5$ V/cm) because W_1 is certainly $W_1 \gg kT$ [4,5]. We consider that the potential gradient in the oxide which exists without any external field can be neglected with regard to the fact that the surface barriers are not too high.

The emission current density for electrons is then given by the relation

$$j_e = \int_0^d e\, n_t\, \omega\, \chi\, dx = e \frac{\pi^2 m^* e F}{h^3 W_2} |\mathfrak{W}|^2\, 2\, n_0 \exp\left\{\frac{W_2 + e\varphi_{s_0} - (E_c - E_i)}{k T}\right\} \times$$

$$\times \int_{\frac{W_2}{eF}}^{d} \exp\left\{-\sqrt{8 m^* W_1} \cdot \frac{x}{\hbar}\right\} dx \simeq e \frac{\pi \sqrt{2 m^*}\, e F}{4 h^2 W_2 \sqrt{W_1}} \times$$

$$\times\, n_0 |\mathfrak{W}|^2 \exp\left\{\frac{W_2 + e\varphi_{s_0} - (E_c - E_i)}{k T} - \frac{\sqrt{8 m^* W_1}}{\hbar} \cdot \frac{W_2}{e F}\right\}, \tag{5}$$

where

$$\chi = 1 \quad \text{for} \quad x \geqq \frac{W_2}{e F}$$

$$\chi = 0 \quad \text{for} \quad x < \frac{W_2}{e F}$$

$$W_2 = W_1 - \Phi\,. \tag{5a}$$

We put here for l in (3)

$$l \simeq \frac{W_2}{e F}\,. \tag{5b}$$

This relation (5) holds evidently only for $d > \frac{W_2}{e F}$. n_0 is the concentration of the trap-states in the oxide per cm^3; n_t is the density of these states which are able to emit an electron; d is the thickness of the surface oxide; φ_{s_0} is the surface potential at thermodynamical equilibrium; E_c is the energy at the bottom of the conduction band in the volume of germanium; E_i indicates the position of Fermi level at the intrinsic conductivity in the volume of germanium; Φ means the energy difference between the bottom of the conduction band of the oxide and of the germanium at the interface germanium—germanium oxide; k is the Boltzmann constant; T is the absolute temperature.

The introduction of the function χ follows from this idea: the probability of electron emission is not equal to zero only for such high fields which are able to cause that the electron at its tunnel path reaches the conduction band at the interface germanium–germanium oxide. The necessity for the introduction of the function χ consists in the fact that the tunnel path of the electron can be neither longer nor shorter than the distance of the emission centre in the oxide from the interface germanium—germanium oxide.

In Fig. 6 the dependence of the j_e on F is shown according the relation (5) for three different energies of emission centres: a) $W_2\sqrt{W_1} = 0.05$ (eV)$^{3/2}$, b) $W_2\sqrt{W_1} = 0.025$ (eV)$^{3/2}$, c) $W_2\sqrt{W_1} = 0.01$ (eV)$^{3/2}$. In these cases we put for the same reasons as in the work [1] for $n_0|\mathfrak{W}|^2 = 10^{-1}$ (eV)^2, $m^* = 0.2\, m$, $\varphi_{s_0} = 3.8\, kT/e$.

The kinetics of the emission current

To determine the kinetics of the emission process of our model we solve the integral analogically as in [1]:

$$\int_0^{t_1} dt = - \int_{Q_{T_0}}^{Q_T} \frac{dQ_T}{j_e} . \tag{6}$$

When we put the equation (5) in the relation and after integrating we get

$$t_1 = 8.85 \cdot 10^{-14} \zeta \frac{e \tilde{F}}{\sqrt{8 m^* W_1} W_2} \left[\frac{F(t_1)}{j_{t_1}} - \frac{F(t=0)}{j_{t=0}} \right] \simeq 1.9 \cdot 10^{-21} \zeta \frac{F^2(t_1)}{W_2 \sqrt{W_1}} \cdot \frac{1}{j_{t_1}} , \tag{7}$$

where

$$F(t_1) < \tilde{F} < F(t=0) , \qquad \zeta = \frac{N_e}{N_e - \frac{\varepsilon_0}{e} (F(t=0) - \tilde{F})} , \tag{7a}$$

$$N_e = \frac{\hbar n_0 \exp \left\{ \frac{W_2 + e \varphi_{s_0} - (E_c - E_i)}{k T} \right\}}{\sqrt{2 m^* W_1}} . \tag{7b}$$

The relation (7a) represents the change in the concentration of the emission capable states. We can put again $\zeta = 1$ as in the work [1] because no saturation as a consequence of the lack of the emission capable states was found (see Fig. 4). In Fig. 6 the time t_1 corresponding to the curve b) is also shown for better illustration.

The value t_1 determines the time necessary for the decrease of the density of emission current from the starting value in the moment of the switching on the field $j(t=0)$ to the given value j_{t_1}; we consider $j(t=0) > j_{t_1}$ in this case. When we identify the time duration of the negative electric pulse on the field effect electrode t_p with the time t_1 expressed by the relation (7), then, as we can see well in Fig. 6, it holds: for the field of electric pulse $F < F^*$ is $j(t=0) < j_{t_p}$, i.e. no observable emission is detected; for the field $F > F^*$ is $j(t=0) > j_{t_p}$, i.e. the electron field emission from the oxide into germanium can be found experimentally.

References

[1] G. Dorda, phys. stat. sol. **3**, 1318 (1963).
[2] S. Koc, Czech. J. Phys. **B 11**, 193 (1961).
[3] M. H. Pilkuhn, J. appl. Phys. **34**, 3302 (1963).
[4] H. A. Papazian, J. appl. Phys. **27**, 1253 (1956).
[5] R. Bray and W. Cunningham, J. Phys. Chem. Solids 8, 99 (1959).
[6] J. Price, Bull. Amer. Phys. Soc. **5**, 406 (1960).

(Received February 4, 1964)

phys. stat. sol. **5**, 117 (1964)

Service de Physique du Solide et de Résonance Magnétique,
Centre d'Etudes Nucléaires de Saclay

Thermoluminescence à basse température de cristaux de LiF

Par
J. TOURNON et P. BERGE

Des cristaux de fluorure de lithium ont été irradiés aux rayons γ à la température ambiante et après irradiation illuminés à 79 °K dans la bande d'absorption des centres F. Lors d'un réchauffement jusqu' à la température ambiante ils ont réémis deux pics de lumière de désexcitation. Les maxima d'émission sont situés à 100 °K et 150 °K. Les quantités totales de lumière réémise dependent de la durée d'irradiation, de la durée d'excitation et du nombre d'expériences de thermoluminescence effectuées en partant d'un cristal frais qui n'a jamais été excité. Un modèle est proposé pour expliquer les résultats expérimentaux.

Lithium fluoride crystals, γ-irradiated at room temperature, are excited in the F-centre band at 78 °K. When heated the crystals emit peaks of thermoluminescent light at 100 °K and 150 °K. The quantities of emitted light depend on the time of γ-irradiation, the time of excitation, and on the number of thermoluminescence experiments performed, starting from a fresh crystal. A model is proposed to explain the experimental results.

1. Introduction

Des cristaux de fluorure de lithium de différentes provenances[1]) ont été irradiés aux rayons γ à la température ambiante, dans une source au cobalt-60, pour des durées variant entre une minute et 100 heures.

Après irradiation ils ont été illuminés à 78 °K, dans la bande d'absorption des centres F, par la raie 2537 Å du mercure, par une lampe à vapeur de mercure à haute pression suivie d'un filtre.

Lors d'un réchauffement jusqu'à la température ambiante, tous ces échantillons ont réémis deux pics de lumière de désexcitation. Avec une vitesse de chauffage de 14°/min, les maxima d'émission sont situés à 100 °K et 150 °K (Fig. 1). Ces deux pics de thermoluminescence, P_1 et P_2, peuvent être attribués à deux niveaux métastables indépendants, produits par l'excitation des centres F, ils ont un temps de vie pratiquement infini à 78 °K.

On peut estimer l'énergie d'activation thermique correspondant au premier pic centre 0,1 et 0,15 eV, celle du second pic entre 0,2 et 0,3 eV.

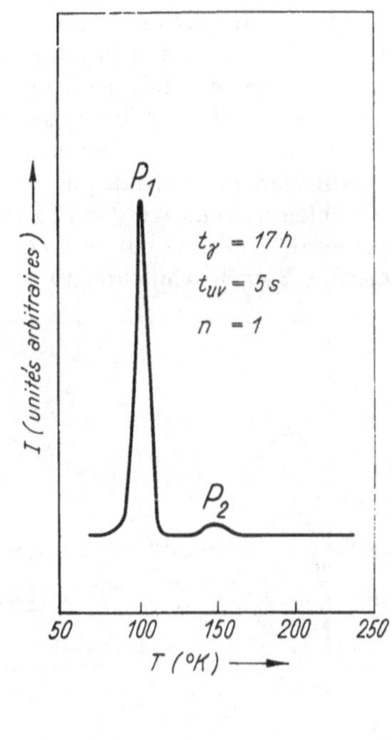

Fig. 1. Courbe de thermoluminescence du LiF à basse température, pour $t_\gamma = 17$ heures, $t = 5$ s et $n = 1$

[1]) Quartz et Silice, Harshaw Chem. Cie, Korbes.

2. Résultats expérimentaux

Nous avons fait une étude quantitative des émissions produites par des cristaux fabriqués par la compagnie „Quartz et Silice“, et irradiés respectivement 15 min et 17 h dans un flux der 10^6 roentgen/h de rayons γ produits par une source au Co^{60}.

Les quantités totales de lumière réémise, I_1 et I_2, dans les pics P_1 et P_2 dépendent de t_γ, la durée d'irradiation, de t_{uv}, la durée d'excitation dans la bande F par la source ultraviolette et de n, le nombre d'expériences de thermoluminescence effectuées en partant d'un cristal frais qui n'a jamais été excité.

L'émission mesurée avec photomultiplicateur 53 uvP, dans des conditions géométriques identiques, est toujours plus petite dans le pic P_2 que dans le pic P_1, mais la valeur relative de l'émission dans P_2 augmente avec t_γ et t_{uv}.

Sur la Fig. 2, nous avons tracé les courbes représentant I_1 et I_2 en fonction de t_{uv} pour $n = 1$ et pour les valeurs $t_\gamma = 15$ min et $t_\gamma = 17$ h. Nous voyons que les deux courbes représentant I_1, pour les deux valeurs $t_\gamma = 15$ min et $t_\gamma = 17$ h, peuvent être déduites l'une de l'autre par une affinité parallèle à l'axe I. La même remarque peut être faite pour les courbes représentant I_2, pour les deux valeurs $t_\gamma = 15$ min et $t_\gamma = 17$ h. Sur les courbes de la Fig. 2, on peut distinguer trois régions:

une région où I croît linéairement avec t_{uv},
une région de saturation,
une région où I décroît lentement avec t_{uv}.

Sur les Fig. 3 et 4, sont tracées les courbes représentant log I fonction de n, pour les deux valeurs $t_\gamma = 15$ min et $t_\gamma = 17$ h. Nous voyons que ce sont des droites.

La composition des lumières réémises a été analysée à l'aide de filtres Kodak Wratten, car leur faible intensité ne permettait pas l'utilisation d'un spectromètre. La totalité de l'émission des pics P_1 et P_2 se trouve entre 4000 Å et 4500 Å pour ces cristaux irradiés 15 min; pour les cristaux irradiés 17 h près de 90% est émis entre 4000 et 4500 Å, une faible part est émise entre 5000 et 6000 Å.

L'absorption des cristaux a été mesurée avant et après chaque expérience et aucun blanchiment n'a pu être observé. Le nombre de centres F n'est donc pas sensiblement changé dans le processus. Pour les cristaux irradiés aux rayons γ pendant 15 min, la bande F correspond, d'après la formule de Smakula, à 2×10^{17} centres F/cm³, et aucune autre bande n'a été observée. Pour les cristaux irradiés

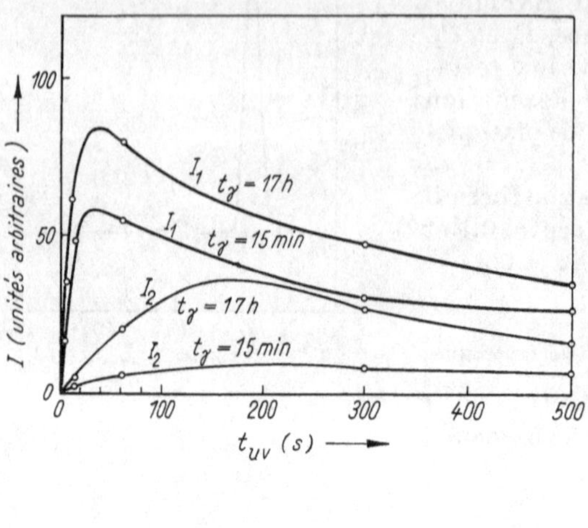

Fig. 2. Variation de I_1 et I_2 avec t_{uv}, pour $n = 1$, $t_\gamma = 15$ minutes et 17 heures

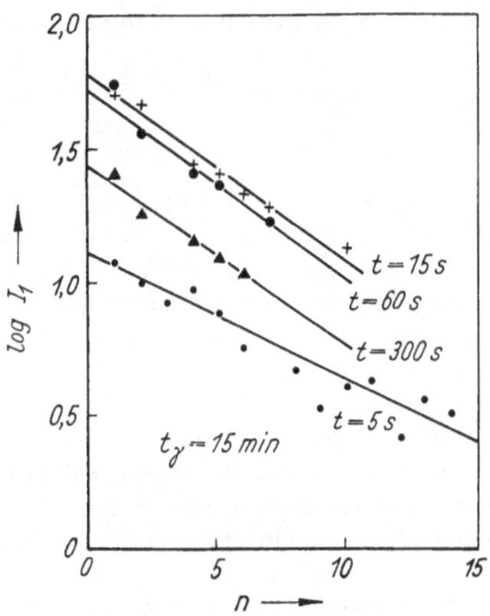

Fig. 3. Variation de log I_1 avec n, pour $t_\gamma = 15$ minutes

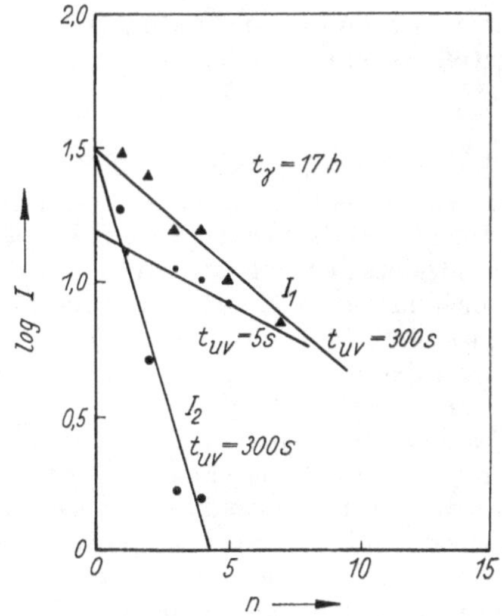

Fig. 4. Variation de log I_1 et log I_2 avec n pour $t_\gamma = 17$ heures

pendant 17 h, nous avons pu mesurer une bande F correspondant à 3×10^{18} centres F et une bande M correspondant à 10^{17} centres M.

Le niveau métastable correspondant au pic P_1 peut être vidé par stimulation optique:

Un cristal irradié aux rayons γ a été excité à 78 °K, puis, la température étant gardée constante, a été illuminé dans l'infrarouge avec une lampe à filament de tungstène. Au cours d'un réchauffement ultérieur nous n'avons plus observé le pic de thermoluminescence P_1. Ceci semble indiquer que ce niveau peut être déclenché optiquement aussi bien que thermiquement.

3. Discussion

Le flux de lumière excitatrice dans la bande F, reçu par le cristal, était de l'ordre de 10^{14} photons/s. Considérons les cristaux irradiés 15 min: ils avaient une épaisseur de 0,05 cm et une surface émissive de 0,8 cm², ils contenaient donc 4×10^{15} centres F. Dans les meilleures conditions ($n = 1$, $t_{uv} = 100$ s) avec pratiquement pas d'auto-absorption (puisqu'il n'y a pas de bande d'absorption entre 4000 et 4500 Å pour un cristal irradié 15 min) ils réémettaient 10^{11} photons pur 10^{15} photons incidents. Nous voyons que l'intensité totale et le rendement du processus de thermoluminescence sont tous deux très faibles. Cette remarque ainsi que le fait qu'aucune diminution avec n de la bande F n'a pu être observée, bien que les lumières réémises puissent disparaître presque totalement pour n assez grand, nous conduit à penser que l'émission n'est associée qu'à une faible fraction des centres F.

On peut admettre que certains centres F, que nous appelerons préférentiels, en sont séparés que de quelques distances interatomiques d'autres défauts, que nous appelerons centres X.

Lorsque les centres F sont excités, ils effectuent des transitions depuis des états „1s“ jusqu'à des états „2p“. Ces états „2p“ ont des orbites plus larges et fortement directionnelles. Nous pouvons alors avoir effet tunnel [1], et un électron peut passer d'un centre F à un centre X et donner un centre FX et une lacune négative, selon la réaction

$$F + X \rightarrow FX^* + \boxed{-}$$

ces centres FX étant stables à 78 °K.

Lorsque nous réchauffons le cristal, les électrons supplémentaires des centres FX* sont activés thermiquement et passent dans la bande de conduction. Ils peuvent alors avoir un libre parcours très grand et atteindre des points du cristal éloignés du centre X. Seule une fraction de ces électrons sera capturée par les lacunes négatives assez proches des centres X pour qu'un effet tunnel soit possible, donnant des centres F préférentiels; les autres donneront des centres F non préférentiels.

Ces nouveaux centres F sont alors perdus pour un nouveau processus de thermoluminescence. Ce mécanisme justifie la décroissance du pic de désexcitation au cours des expériences successives, sans aucune diminution de la bande F.

Les centres F et X étant supposés associés par paires, la cinétique de formation des centres FX* serait monomoléculaire.

Soit a le rapport entre le nombre de centres F ,,normaux" et de centres F associés à un centre X, produits dans cette désexcitation. Nous supposerons par la suite que ce rapport a ne dépend pas du nombre de centres.

Soit n le nombre de centres FX, les centres FX créés dans l'intervalle de temps dt à partir des n_p centres F préférentiels est donné par

$$dn'_{\text{créés}} = k\, n_p\, dt$$

où k est la probalité de formation de ces centres FX.

Le temps de vie de ces centres FX*, est pratiquement infini à 78 °K après excitation mais peut avoir une valeur finie sous rayonnement d'excitation. Si τ' est ce temps de vie, la probabilité pour un centre FX d'être activé à 78 °K sous excitation est $k' = \frac{1}{\tau'}$, d'ou

$$dn'_{\text{perdus}} = -\, k'\, n' dt$$

si bien que

$$dn' = (k\, n_p - k'\, n')\, dt\,.$$

Le nombre de centres préférentiels F perdus dans l'intervalle de temps, dt, est

$$dn_{p\ \text{perdus}} = -\, dn'_{\text{créés}} = k\, n_p\, dt\,.$$

Ces dn'_{perdus} donnent $\frac{1}{1+a}\, dn'_{\text{perdus}}$ centres F préférentiels et $\frac{a}{1+a}\, dn'_{\text{perdus}}$ centres F non préférentiels si bien que

$$dn_p = \left(\frac{1}{1+a}\, k'\, n' - k\, n_p\right) dt$$

d'où le système

$$\begin{cases} dn' = (k\, n_p - k'\, n')\, dt \\ dn_p = \left(\dfrac{1}{1+a}\, k'\, n' - k\, n_p\right) dt \end{cases}$$

dont la solution est

$$\begin{cases} n' = \dfrac{k\, n_p^0}{r_1 - r_2} \left(e^{r_1 t} - e^{r_2 t}\right) \\ n_p = \dfrac{n_p^0}{r_1 - r_2} \left[(r_1 + k')\, e^{r_1 t} - (r_2 + k')\, e^{r_2 t}\right] \end{cases}$$

avec

$$n' = 0$$

$$n_p = n_p^0 \qquad \text{pour } t = 0$$

r_1, r_2 étant les racines de $R^2 + (k + k')\, R + \dfrac{a}{1 + a}\, k\, k' = 0$.

La fonction n' de t ainsi trouvé représente de façon satisfaisante les courbes de la Fig. 2. Pour un pic donné seul n_p^0 dépend de t_γ, nous avons trouvé pour P_1 des valeurs de k et k' de l'ordre de 1/50 et de a de l'ordre de 30, pour le pic P_2 les valeurs de k et k' sont dix fois plus faibles, celle de a est encore de l'ordre de 30.

Si nous stimulons thermiquement les centres FX, après un temps d'illumination aux ultraviolets de t_{uv}, nous trouvons après retour à l'équilibre n_p^1 centres F préférentiels au lieu de n_p^0

$$n_p^1 = n_p(t_{uv}) + \frac{1}{1 + a}\, n'\,(t_{uv}) = n_p^0\, X\, \pi$$

avec

$$\pi = \frac{\left(r_1 + k' + \dfrac{k}{1 + a}\right) e^{r_1 t_{uv}} - (r_2 + k' + k/1 + a)\, e^{r_2 t_{uv}}}{r_1 - r_2}\,.$$

Puisque les quantités de lumière émise $(I)_n$ sont proportionelles aux nombres d'électrons piégés $(n')_n$, nous retrouvons les droites des Fig. 3 et 4 dont les pentes sont égales à $\log \pi$.

4. Conclusion

Le modèle le plus simple que l'on pourrait proposer pour le centre FX_1^*, associé au pic P_1 serait le centre F', décrit comme deux électrons et une lacune négative le centre X_1 serait alors un autre centre F. Le modèle le plus simple que l'on pourrait proposer por le centre FX_2^* serait un centre FM, ou trois électrons et deux lacunes négatives, le centre X étant alors le centre M. Ce modèle justifierait l'augmentation importante du rapport I_2/I_1, des lumières émises dans les pics P_1 et P_2, entre les deux doses d'irradiation γ, la différence essentielle entre les deux doses étant la croissance rapide des centres M.

Bibliographie

[1] J. J. Markham, Bristol conference 1954 (p. 304).

(Received February 4, 1964)

phys. stat. sol. 5, 123 (1964)

IV. Physikalisches Institut der Humboldt-Universität zu Berlin

Reaktionskinetische Untersuchungen zum Einfluß von Hafttermspektren auf die Photostrom-Beleuchtungscharakteristiken von photoleitenden Phosphoren

Von

J. VOIGT

Die Intensitäts- und Temperaturabhängigkeit der Leitungselektronenkonzentration wird in einem reaktionskinetischen Modell untersucht, das eine Erweiterung des SCHÖNschen Minimalmodells für photoleitende Phosphore auf beliebig viele Hafttermgruppen (bzw. auf Hafttermverteilungen) darstellt. Unter Bedingungen, die bei einem n-Typ Photoleiter gut erfüllt sind, wird — ohne Voraussetzung von Quasigleichgewichten — eine geschlossene Näherungslösung angegeben. Ausführlich wird der Einfluß verschiedenartiger Haftterm-spektren auf den Verlauf der Elektronenkonzentration mit der Lichtanregung, besonders im superlinearen Bereich der Elektronenkonzentration-Beleuchtungscharakteristik, untersucht. An Beispielen werden verschiedene Modellvorstellungen (diskreter Term, homogene Verteilung, Gaußverteilung) miteinander verglichen.

The dependence of the concentration of conduction electrons on light intensity and temperature is investigated using a reaction kinetic model. This model is based on SCHÖN's minimal model for photoconducting phosphors extended to include an arbitrary number of trap groups or trap distributions. A closed approximate solution is given, without assuming quasi-equilibrium and for condition which are valid for n-type photoconductors. The effect of various trap distributions on the dependence of the electron concentration on light intensity, is investigated in detail, especially in the superlinear region of the electron concentration-light intensity characteristic. Several trap distributions (a single trap level, homogeneous distributions, and Gauss distributions) are compared.

1. Einleitung

Bei der Diskussion von — bei verschiedenen Temperaturen gemessenen — Photostrom-Beleuchtungscharakteristiken von Photoleitern geht man im allgemeinen von 2-Klassenmodellen aus [1 bis 10], wobei zwischen dem eigentlichen ROSEschen 2-Klassenmodell [1, 2] und dem SCHÖNschen Minimalmodell für photoleitende Phosphore [3, 4] kein prinzipieller Unterschied besteht, wenn man die Haftterme als Zentren der Klasse 1 und die Aktivatorterme als Zentren der Klasse 2 betrachtet. Die Unterschiede zwischen beiden Modellvorstellungen liegen in den vereinfachenden Annahmen über die Verteilung der Störterme in der verbotenen Zone, die ROSE als *quasi-homogen* voraussetzte, während SCHÖN eine Lokalisierung in zwei *diskreten* Termgruppen annahm.

Die ROSEsche Annahme hat den Vorteil, daß die die Photostrom-Beleuchtungscharakteristik bestimmenden Prozesse besonders durchsichtig werden, ist jedoch für quantitative kinetische Berechnungen auf Grund von Bilanzgleichungen wenig geeignet. Umgekehrt verhält es sich mit der SCHÖNschen Annahme diskreter Terme, die somit auch den meisten bisher durchgeführten reaktionskinetischen Untersuchungen zur Intensitäts- und Temperaturabhängigkeit der Leitungselektronenkonzentration bei Photoleitern zugrunde liegt [3 bis 8]. BROSER und BROSER-WARMINSKY[9, 10] gingen in ihren Überlegungen zwar von Termverteilungen aus, sie benutzten dabei jedoch die Voraussetzung von Quasigleichgewichten zwischen den Ladungsträgern in den Bändern und den benachbarten Termsystemen. Eine geschlossene Lösung für $n = n(a, T)$ (n Leitungselektronenkonzentration, a Anregungsrate, T Temperatur) wurde von den Autoren nur für bestimmte Intensitätsbereiche und Termverteilungen angegeben.

In der vorliegenden Arbeit soll die Intensitäts- und Temperaturabhängigkeit der Leitungselektronenkonzentration in einem Modell diskutiert werden, das neben einer diskreten Aktivatortermgruppe beliebig viele diskrete Hafttermgruppen bzw. eine Hafttermverteilung enthält. Hierbei soll *ohne Voraussetzung von Quasigleichgewichten* allein durch kinetische Betrachtungen ein geschlossener, für einen hinreichend großen Bereich der Anregungsintensitäten geltender Ausdruck für die Intensitäts- und Temperaturabhängigkeit der Elektronenkonzentration im Leitungsband gewonnen werden, der es erlaubt, den Einfluß von Änderungen im Hafttermspektrum auf die Photostrom-Beleuchtungscharakteristiken von Photoleitern zu untersuchen und somit umgekehrt auch Rückschlüsse aus gemessenen Charakteristiken auf die Hafttermspektren der untersuchten Proben zuläßt. Verbunden damit sind gleichzeitig ein Vergleich und eine Diskussion der verschiedenen Modellvorstellungen (homogene Verteilung, diskreter Term, Gaußverteilung) zur Kinetik der Photoleitfähigkeit am Beispiel der Intensitäts- und Temperaturabhängigkeit der Leitungselektronenkonzentration.

2. Das reaktionskinetische Modell

Das den Rechnungen zugrunde liegende Modell (vergleiche Fig. 1) stellt eine sinnvolle Erweiterung des SCHÖNschen Minimalmodells [3, 4] für photoleitende Phosphore dar. Die diskrete Hafttermgruppe der Konzentration H ist durch N diskrete Hafttermgruppen mit den Konzentrationen H_i ($i = 1 \ldots N$) ersetzt.[1]) Es sei angenommen, daß die Hafttermgruppen nur in der oberen Hälfte der verbotenen Zone (aber beliebig) verteilt sind. Da die Lage der Aktivatortermgruppe

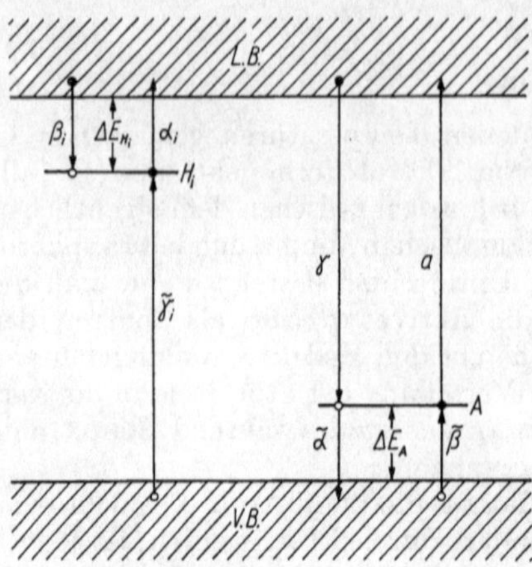

Fig. 1. Reaktionskinetisches Modell

[1]) Die im folgenden benutzten Bezeichnungen Haftterm und Aktivatorterm sind formal der SCHÖNschen Bezeichnungsweise angeschlossen, sie schließen keine Einschränkungen der physikalischen Wirkungsweise der Zentren ein.

in der unteren Hälfte der verbotenen Zone angenommen ist, braucht eine thermische Wechselwirkung nur zwischen den Hafttermgruppen und dem Leitungsband sowie der Aktivatortermgruppe und dem Valenzband berücksichtigt zu werden. Die optische Anregung, die a Elektronen pro s und cm^3 ins Leitungsband befördert, soll aus der Aktivatortermgruppe A angenommen werden. (Eine Band-Band-Anregung bzw. eine Anregung aus zusätzlichen Termen dicht über dem Valenzband führt bei den der vorliegenden Arbeit zugrunde liegenden Voraussetzungen (s. u.) im wesentlichen zu den gleichen Ergebnissen.)

Mit den aus der Fig. 1 entnehmbaren Bezeichnungen für die Übergangskoeffizienten und Anregungswahrscheinlichkeiten hat das System der Bilanzgleichungen die Form

$$\left.\begin{aligned}
\dot{n} &= a + \sum_{j=1}^{N} \alpha_j h_j - \sum_{j=1}^{N} \beta_j n (H_j - h_j) - \gamma n p_A ,\\
\dot{h}_i &= - \alpha_i h_i + \beta_i n (H_i - h_i) - \tilde{\gamma}_i h_i p_v ,\\
\dot{p}_A &= a - \tilde{\alpha} p_A + \tilde{\beta} p_v (A - p_A) - \gamma n p_A ,\\
\dot{p}_v &= \tilde{\alpha} p_A - \tilde{\beta} p_v (A - p_A) - \sum_{j=1}^{N} \tilde{\gamma}_j h_j p_v ,\\
\hline
n + \sum_{j=1}^{N} h_j &= p_A + p_v \qquad (i = 1, 2, \ldots, N) .
\end{aligned}\right\} \tag{1}$$

Hierbei bedeuten neben der Elektronenkonzentration n im Leitungsband h_i, p_A und p_v die Konzentrationen der Elektronen in den Hafttermgruppen H_i sowie von Löchern in der Aktivatortermgruppe A und dem Valenzband. Zwischen den Größen α_i und β_i bzw. $\tilde{\alpha}$ und $\tilde{\beta}$ bestehen zusätzlich die aus thermodynamischen Überlegungen [11] folgenden Relationen

$$\left.\begin{aligned}
\alpha_i/\beta_i &= N_c \exp\left\{- \frac{\Delta E_{Hi}}{k T}\right\},\\
\tilde{\alpha}/\tilde{\beta} &= N_v \exp\left\{- \frac{\Delta E_A}{k T}\right\}.
\end{aligned}\right\} \tag{2}$$

Eine Lösung für $n = n(a, T)$ aus (1) und (2) ist, wie schon die Untersuchungen zum SCHÖNschen Minimalmodell [3, 4, 7] gezeigt haben, nicht ohne Näherungen möglich. Im folgenden soll aus (1) und (2) eine Lösung gewonnen werden unter Bedingungen, die bei einem n-Typ Photoleiter im allgemeinen gut erfüllt sind:

1. $$\sum_{j=1}^{N} H_j \ll A \; ;$$

2. $$\gamma \ll (\tilde{\gamma}_i, \beta_i, \tilde{\beta}) \qquad (i = 1, 2, \ldots, N) ,$$

die Aktivatorterme seien Zentren der Klasse 2 (Sensibilisatoren), alle Haftterme Zentren der Klasse 1.

Beide Voraussetzungen bewirken im wesentlichen das an guten Photoleitern experimentell beobachtete Auftreten von zwei verschiedenen Kristallzuständen (desensibilisierter Zustand, sensibilisierter Zustand), in denen sich der Kristall je nach Temperatur und Anregungsintensität befinden kann. Die Superlinearität des Photostromes mit der Anregungsintensität ergibt sich bei diesen Voraussetzungen als Effekt der Majoritätsträgerlebensdauer, die mit der Sättigung der Haftterme (mit Elektronen) mit wachsender Anregungsintensität zunimmt.

Die aus den Gleichungen (1) und (2) mit Hilfe der Voraussetzungen 1 und 2 erhaltenen Ergebnisse bleiben – durch sinngemäßes Abwandeln entsprechender Größen sowie der Voraussetzungen 1 und 2 – auch für einen p-Typ Photoleiter gültig.

3. Allgemeine Lösung

Unter der Annahme 1 gilt für nicht extrem hohe Anregungsdichten die Abschätzung $p_A \ll A$. Mit dieser Bedingung läßt sich aus (1) in einfacher Weise eine der entsprechenden Gleichung nach dem Schönschen Minimalmodell (vergleiche [7]) völlig äquivalente Beziehung zwischen der Anregungsdichte und den Konzentrationen von Leitungs- und Haftelektronen herleiten:

$$\left.\begin{aligned} a(n) = \frac{1}{1 + \tilde{\alpha}/\tilde{\beta} A} \Bigg\{ \gamma n^2 \left[1 + \frac{\sum_{j=1}^{N} \beta_j (H_j - h_j)}{\tilde{\beta} A} \right] + n \Bigg[\sum_{j=1}^{N} \beta'_j (H_j - h_j) + \\ + \gamma \sum_{j=1}^{N} \left(1 - \frac{\alpha_j}{\tilde{\beta} A}\right) h_j \Bigg] - \sum_{j=1}^{N} \alpha'_j h_j \Bigg\}, \\ \beta'_j = \beta_j \left(1 + \frac{\tilde{\alpha}}{\tilde{\beta} A}\right), \qquad \alpha'_j = \alpha_j \left(1 + \frac{\tilde{\alpha}}{\tilde{\beta} A}\right). \end{aligned}\right\} \tag{3}$$

Für den Zusammenhang zwischen der Konzentration der Haftelektronen in der Termgruppe i und der Leitungselektronenkonzentration $h_i = h_i(n)$ erhält man weiter aus (1) das System von Bestimmungsgleichungen

$$\begin{aligned} \tilde{\gamma}_i h_i \sum_{j=1}^{N} h_j (\alpha_j + \alpha + \beta_j n) + h_i (\tilde{\beta} A + \tilde{\alpha}) [\alpha_i + \beta_i n (1 - K_i)] - \\ - (\tilde{\beta} A + \tilde{\alpha}) \beta_i n H_i = 0 \qquad (i = 1, 2, \ldots, N) \end{aligned} \tag{4}$$

mit

$$K_i = \frac{\tilde{\gamma}_i \sum_{j=1}^{N} (\beta_j H_j - \tilde{\alpha})}{\beta_i (\tilde{\beta} A + \tilde{\alpha})}. \tag{5}$$

K_i ist, in Analogie zu dem entsprechenden Ausdruck nach dem Siebenübergangsmodell definiert (siehe [7]), ein Faktor, der im wesentlichen das Verhältnis der Summe der Einfangwahrscheinlichkeiten der Elektronenhaftstellen H_i für Löcher $\tilde{\gamma}_i \sum_{j=1}^{N} H_j$ zur Einfangwahrscheinlichkeit des Aktivators A für Löcher $\tilde{\beta} A$ angibt und somit nach der Annahme 1 klein gegen eins ist.[2])

Das System (4) stellt ein nichtlineares algebraisches Gleichungssystem dar und ist im allgemeinen Fall nur numerisch zu lösen. Zwei charakteristische Termbesetzungsfunktionen erhält man leicht aus Gleichung (4), wenn man sie formal in

[2]) In der Summe über die Hafttermkonzentrationen braucht die Summation nur über die Hafttermgruppen H_i erstreckt zu werden, für die $\tilde{\gamma}_i \neq 0$ ist, d. h. die Hafttermgruppen, die als Rekombinationszentren wirken können. Damit ist die Aussage $K_i \ll 1$ um so besser erfüllt.

der Form schreibt

$$\frac{h_i}{H_i} \equiv f_i = \frac{\beta_i n}{\alpha_i + \beta_i n} \left\{ 1 + \frac{\beta_i K_i \sum_{j=1}^{N} [\alpha_j h_j - \beta_j n (H_j - h_j) + \tilde{\alpha} (n + h_j)]}{\left[\sum_{j=1}^{N} (\beta_j H_j - \tilde{\alpha})\right] (\alpha_i + \beta_i n)} \right\}^{-1} . \tag{6}$$

a) Der *erste Grenzfall* ergibt sich aus (6), wenn für alle Termgruppen H_i für alle Konzentrationen n die Abschätzung erfüllt ist:

$$\frac{\beta_i K_i \sum_{j=1}^{N} [\alpha_j h_j - \beta_j n (H_j - h_j) + \tilde{\alpha} (n + h_j)]}{\left[\sum_{j=1}^{N} (\beta_j H_j - \tilde{\alpha})\right] (\alpha_i + \beta_i n)} \ll 1 . \tag{7}$$

In diesem Fall erhält man aus (6) mit (2) in nullter Näherung für alle Termgruppen H_i die Besetzungsfunktion $f_i^{(0)} = 1 \Big/ \left\{1 + \exp\left(\frac{E_{H_i} - \zeta}{k T}\right)\right\}$, d. h. die Fermibesetzungsfunktion mit der bekannten konzentrationsabhängigen Quasifermigrenze $E_c - \zeta = k T \ln (N_c/n)$ für alle Werte von n (E_c ist die Energie des unteren Randes des Leitungsbandes). Geht man mit dieser Funktion in (3) ein, so sieht man sofort, daß in (3) alle Glieder bis auf Glieder mit dem Rekombinationskoeffizienten γ als Faktor verschwinden. Die Anregungsrate a ist in dieser Näherung also nur mit der Rekombinationsrate der direkten Rekombination im Gleichgewicht. Eine Superlinearität des Photostromes mit der Lichtanregung kann nicht auftreten (vergleiche dazu auch [6]).

Berücksichtigt man jedoch, daß nach Annahme 2 die Rate der direkten Rekombination sehr gering ist, so kann in (3) die Rate der indirekten Rekombination (über die Haftterme und das Valenzband), die in nullter Näherung verschwindet, in erster Näherung durchaus mit der Rate der direkten Rekombination vergleichbar sein und muß somit in (3) berücksichtigt werden.

In erster Näherung erhält man aus (6) mit (2) ein lineares Gleichungssystem zur Berechnung der Haftelektronenkonzentration $h_i(n)$

$$\sum_{j=1}^{N} \left\{ \frac{1}{H_j} \delta_{ij} + \frac{\beta_i K_i}{\sum_{j=1}^{N} (\beta_j H_j - \tilde{\alpha})} \frac{\beta_i n}{(\alpha_i + \beta_i n)^2} (\alpha_j + \tilde{\alpha} + \beta_j n) \right\} h_j =$$

$$= \frac{\beta_i n}{\alpha_i + \beta_i n} \left(1 + K_i \frac{\beta_i n}{\alpha_i + \beta_i n}\right) \quad (\delta_{ij} \text{ Kroneckersymbol, } i = 1, 2, \ldots, N) , \tag{8}$$

das sich allerdings ebenfalls schwer überblicken läßt und nur für eine numerische Auswertung von (3) geeignet ist. Gleichung (8) läßt sich wesentlich vereinfachen, wenn man weiter die Abschätzung

$$\alpha_i h_i - \beta_i n (H_i - h_i) \ll \tilde{\alpha} (n + h_i) \tag{9}$$

berücksichtigt, die bei einem Quasigleichgewicht zwischen Leitungs- und Haftelektronen in nullter Näherung trivialerweise erfüllt ist.

Mit (9) läßt sich aus (8) und (2) ein geschlossener Ausdruck für die Besetzungsfunktionen der Hafttermgruppen H_i in erster Näherung herleiten

$$f_i^{(1)} = f_i^{(0)} \left\{ 1 - \frac{\tilde{\alpha}\, K_i \beta_i}{(\alpha_i + \beta_i n) \sum\limits_{j=1}^{N} (\beta_j H_j - \tilde{\alpha})} \; \frac{\sum\limits_{j=1}^{N} f_j^{(0)} H_j}{1 + \sum\limits_{j=1}^{N} \left[\dfrac{f_j^{(0)\,2} H_j}{n} \; \dfrac{\tilde{\alpha}\, K_j}{\sum\limits_{j=1}^{N} (\beta_j H_j - \tilde{\alpha})} \right]} \right\}. \tag{10}$$

Setzt man (10) in (3) ein, so ergibt sich der gesuchte geschlossene Ausdruck für den Zusammenhang zwischen der Anregungsrate a und der Leitungselektronenkonzentration n

$$a(n) = \frac{1}{1 + \tilde{\alpha}/\tilde{\beta}\, A} \times$$

$$\times \left\{ \gamma\, n^2 + \gamma\, n \sum_{j=1}^{N} f_j^{(0)} H_j + \left(1 + \frac{\tilde{\alpha}}{\tilde{\beta}\, A}\right) \frac{\left(\sum\limits_{j=1}^{N} f_j^{(0)} H_j\right) \left(\sum\limits_{j=1}^{N} \tilde{\alpha}\, K_j \beta_j f_j^{(0)} H_j\right) n}{\sum\limits_{j=1}^{N} \left[(\beta_j H_j - \tilde{\alpha})\, n + \tilde{\alpha}\, K_j f_j^{(0)\,2} H_j\right]} \right\}, \tag{11}$$

der sich mit $\overline{H}(E)$ als Konzentration der Haftterme in der Volumen- und Energieeinheit für Termverteilungen auch schreiben läßt:

$$a(n) = \frac{1}{1 + \tilde{\alpha}/\tilde{\beta}\, A} \times$$

$$\times \left\{ \gamma\, n^2 + \gamma\, n \int_{E_c}^{E_v} f^{(0)}\, \overline{H}\, dE + \left(1 + \frac{\tilde{\alpha}}{\tilde{\beta}\, A}\right) \frac{\left(\int\limits_{E_c}^{E_v} f^{(0)}\, \overline{H}\, dE\right) \left(\int\limits_{E_c}^{E_v} \tilde{\alpha}\, K \beta\, f^{(0)}\, \overline{H}\, dE\right) n}{\int\limits_{E_c}^{E_v} \{(\beta\, \overline{H} - \tilde{\alpha})\, n + \tilde{\alpha}\, K\, f^{(0)\,2}\, \overline{H}\}\, dE} \right\}. \tag{12}$$

Die Gleichungen (11) bzw. (12) gelten, der bisherigen Ableitung gemäß, für Hafttermspektren, für die, in nullter Näherung, ein Quasigleichgewicht *aller* Hafttermgruppen mit dem Leitungsband vorhanden ist, für die also die Abschätzung (7) für alle Termgruppen H_i erfüllt ist. Mit der Grundannahme 1 ergibt sich aus (7) als hinreichende Bedingung hierfür

$$\alpha_1 > \tilde{\alpha}\, K_1 \tag{13}$$

für die tiefste Hafttermgruppe H_1. Nach (13) kann man also dann allgemein mit einem Quasigleichgewicht rechnen, wenn die thermische Wechselwirkung der tiefsten Hafttermgruppe mit dem Leitungsband größer ist als die (durch K_1 reduzierte) thermische Wechselwirkung der Aktivatortermgruppe mit dem Valenzband.

b) Den *zweiten* charakteristischen *Grenzfall* einer Termbesetzungsfunktion erhält man aus (6), wenn (7) verletzt ist und umgekehrt die Abschätzung

$$\frac{\beta_i K_i \sum\limits_{j=1}^{N} [\alpha_j h_j - \beta_j n\, (H_j - h_j) + \tilde{\alpha}\, (n + h_j)]}{\left[\sum\limits_{j=1}^{N} (\beta_j H_j - \tilde{\alpha})\right] (\alpha_i + \beta_i n)} \gg 1 \tag{14}$$

für alle Termgruppen H_i erfüllt ist. Mit der Grundannahme 1 entnimmt man (14), daß hierfür ebenfalls die Abschätzung (9) notwendig ist[3]) und erhält damit weiter aus (14) die notwendigen Bedingungen

$$\alpha_N \ll \tilde{\alpha}\, K_N \tag{15}$$

sowie

$$n \lessapprox \frac{\tilde{\alpha}\, K_N}{\beta_N} \tag{16}$$

für die höchste Termgruppe H_N.

Mit (14) ergibt (6) in nullter Näherung die Termbesetzungsfunktion für die Hafttermgruppe H_i

$$g_i^{(0)} = \sqrt{\frac{\tilde{\beta} A + \tilde{\alpha}}{\tilde{\alpha}} \, \frac{(\beta_i/\tilde{\gamma}_i)^2}{\sum\limits_{j=1}^{N} (\beta_j H_j/\tilde{\gamma}_j)} \, n} \, . \tag{17}$$

$g_i^{(0)}$ hängt stark vom Abstand der Aktivatortermgruppe vom Valenzband ab. Besonders bemerkenswert ist die Tatsache, daß dagegen die energetische Lage der Hafttermgruppen in $g_i^{(0)}$ *nicht* eingeht. Das bedeutet, daß mit wachsender Anregungsintensität die Füllung *aller* Termgruppen (für die (15) erfüllt ist) — im völligen Gegensatz zur Füllung der Termgruppen, für die ein Quasigleichgewicht besteht (d. h. für die (13) gilt) — nahezu *gleichmäßig* erfolgt. Besonderheiten im Füllungsprozeß können nur bei sehr unterschiedlichen Einfangquerschnitten der verschiedenen Hafttermgruppen für Elektronen bzw. Löcher auftreten.

Ob die Abschätzung (7) oder die Abschätzung (14) gilt, d. h. ob die Besetzungsfunktion (10) oder die Besetzungsfunktion (17) den Besetzungsgrad der Hafttermgruppen bestimmt, hängt, wie man (13), (15) und (16) entnimmt, sowohl vom Termspektrum in der verbotenen Zone als auch von der Anregungsintensität ab.

Bei Anregungsdichten, für die $n \gtrapprox \tilde{\alpha}\, K_N/\beta_N$ gilt, muß die Bedingung (14) durch die Bedingung (7) ersetzt werden und somit die Besetzungsfunktion $g_i^{(0)}$ durch die Fermifunktion $f_i^{(0)}$ bzw. $f_i^{(1)}$, auch wenn (15) erfüllt ist. (6) zusammen mit (15) aber auch (10) bzw. (17) entnimmt man leicht, daß für diese Konzentrationen die Termbesetzungsfunktionen (sowohl die exakte als auch die Näherungsfunktionen $f_i^{(1)}$ und $g_i^{(0)}$) gegen eins gehen, d. h. eine Sättigung der Haftterme mit Elektronen auftritt.

Schließlich läßt sich der exakten Gleichung (6) noch entnehmen, daß auch für hinreichend kleine Anregungsdichten ($n \to 0$) die Funktion $g_i^{(0)}$ durch die Funktion $f_i^{(1)}$ ersetzt werden muß, da für diesen Fall ebenfalls die Bedingung (7) an die Stelle der Bedingung (14) tritt.

Diese Aussagen sind an dem in Fig. 2 angegebenen Beispiel illustriert. Fig. 2 zeigt den Besetzungsgrad einer diskreten Hafttermgruppe, für die (15) gilt, als Funktion der Elektronenkonzentration im Leitungsband, berechnet nach der exakten Beziehung (6) (unter Berücksichtigung von (9)) sowie nach den beiden Näherungsfunktionen (10) und (17). Bei kleinen Elektronenkonzentrationen (Anregungsdichten) fällt $f_i^{(1)}$ praktisch mit der exakten Funktion zusammen, während $g_i^{(0)}$ zu große Werte liefert. Bei mittleren Elektronenkonzentrationen dagegen

---

[3]) Während im Falle des Quasigleichgewichts (9) erfüllt ist, weil die *Differenz* $\alpha_i h_i - \beta_i n (H_i - h_i)$ klein gegen $\tilde{\alpha}\, h_i$ ist, — einzeln sind beide Summanden der linken Seite von (9) groß gegenüber dem Glied auf der rechten Seite — ist im vorliegenden Fall (9) erfüllt, weil das Glied auf der rechten Seite groß gegenüber *jedem* einzelnen Glied der linken Seite ist.

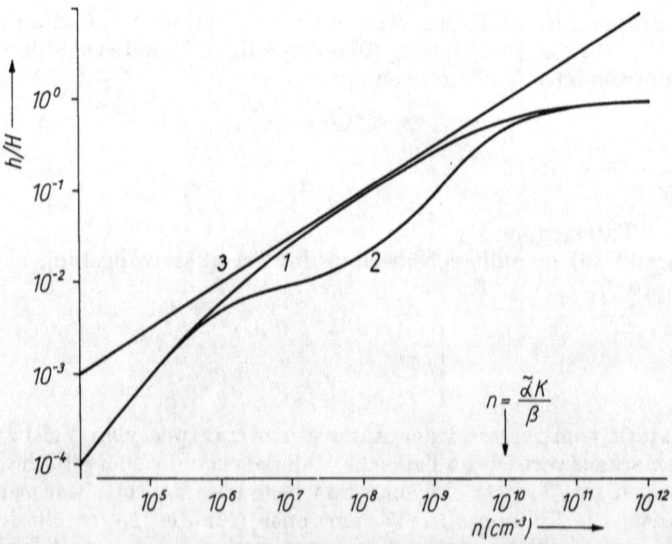

Fig. 2. Besetzungsgrad einer diskreten Hafttermgruppe (mit $\alpha \ll \tilde{\alpha} K$) in Abhängigkeit von der Leitungselektronenkonzentration. Kurve 1 berechnet nach Gleichung (6) (mit der Abschätzung (9)), Kurve 2 berechnet nach (10) $f_i^{(1)}$, Kurve 3 berechnet nach (17) $g_i^{(0)}$

ergibt $g_i^{(0)}$ die bessere Approximation der exakten Werte. $f_i^{(1)}$ liefert viel zu kleine Werte. Im Sättigungsfall ist $f_i^{(1)}$ wieder die bessere Approximation, die um so besser wird, je näher sich der Füllungsgrad der Hafttermgruppen dem Wert eins annähert. $g_i^{(0)}$ wird völlig unbrauchbar.

Drei Tatsachen sind dafür verantwortlich, daß die unter den Bedingungen eines Quasigleichgewichts zwischen allen Hafttermen und dem Leitungsband gewonnene Beziehung (11) für $a(n)$ auch für den zuletzt diskutierten Fall einer Termverteilung gültig bleibt, d. h. bei Hafttermgruppen, die bei schwacher Besetzung in keinem Quasigleichgewicht mit dem Leitungsband stehen (vergleiche dazu Fig. 2):

1. Der Besetzungsgrad der Hafttermgruppen H_i ist in dem Falle, in dem (17) gilt, auch nach der zur Berechnung von $a(n)$ benutzten Gleichung (10) so klein gegen eins, daß er aus (3) herausfällt und somit den Wert von $a(n)$ nicht verfälscht. Bestimmend ist in diesem Fall für $a(n)$ nach (3) der Term $\sum_{j=1}^{N} \beta_j \, n \, H_j$ (mit Voraussetzung 2!).

2. Bei Anregungsdichten, bei denen eine Sättigung der Hafttermgruppen merklich wird (und somit eine Beeinflussung von $a(n)$ vom Besetzungsgrad der Hafterme auftritt), muß gerade $g_i^{(0)}$ durch $f_i^{(1)}$ ersetzt werden.

3. Bei hinreichend kleinen Anregungsdichten muß ebenfalls $g_i^{(0)}$ durch $f_i^{(1)}$ ersetzt werden.

Besonders interessant und wichtig sind neben den bisher betrachteten speziellen Haftermspektren Termspektren, die sowohl Termgruppen enthalten, die bei geringer Besetzung in keinem Quasigleichgewicht mit dem Leitungsband stehen (die den Bedingungen (15) und (16) genügen), als auch Termgruppen, für die (13) erfüllt ist, d. h. für die bei allen hier betrachteten Anregungsdichten mit einem Quasigleichgewicht gerechnet werden kann. Die Schwierigkeit bei der Berechnung der Besetzungsfunktionen für die Hafttermgruppen $\bar{f}_i^{(1)}$ (Quasigleichgewicht) bzw. $\bar{g}_i^{(0)}$ (kein Quasigleichgewicht) besteht in diesem Fall darin, daß die hierzu notwendige Summation über alle Haftelektronen (vergleiche (6) unter Berücksichtigung von (9)) über *alle* Termgruppen (mit und ohne Quasigleichgewicht) erstreckt werden muß. Auf die Angabe der etwas komplizierteren Besetzungsfunktionen sei hier verzichtet, besonders, da sich zeigen läßt, daß diese spezielleren Funktionen die gesuchte Beziehung für $a(n)$ nicht beeinflussen:

Bei hinreichend kleinen Anregungsdichten wird der Besetzungsgrad *aller* Hafttermgruppen durch $\bar{f}_i^{(1)}$ beschrieben (Punkt 3, siehe Fig. 2). Für Anregungsintensitäten, für die der Besetzungsgrad der tiefliegenden Hafttermgruppen (für die (15) gilt) durch $\bar{g}_i^{(0)}$, der Besetzunsgrad der höherliegenden Termgruppen (für die (13) gilt) durch $\bar{f}_i^{(1)}$ bestimmt wird, gehen beide Funktionen *nicht* in die Beziehung für $a(n)$ ein.

Der Beitrag der Termgruppen mit Quasigleichgewicht fällt in nullter Näherung aus (3) heraus, der Beitrag der ersten Näherung ist aber klein gegenüber dem Ausdruck

$$a(n) \approx \sum_{j=1}^{N'} \beta_j \, n \, H_j \, ,$$

der sich aus (3) ergibt, wenn man berücksichtigt, daß $\bar{g}_i^{(0)} \ll 1$ gilt (sowie $\gamma \ll \beta_i$, Voraussetzung 2!). Die Summation erfolgt nur über die N' Termgruppen, die in keinem Quasigleichgewicht mit dem Leitungsband stehen.

Da, wie oben gezeigt, die Füllung der tiefliegenden Hafttermgruppen mit wachsender Anregungsintensität nahezu gleichmäßig erfolgt, wird, von einem bestimmten Bereich der Anregungsintensität ab, (in dem die Sättigung der tiefliegenden Hafttermgruppen erfolgt) für *alle* Hafttermgruppen die Abschätzung (7) erfüllt, d. h. $\bar{f}_i^{(1)}$ eine gute Näherung sein.

Somit erhält man das Ergebnis, daß auch im Falle des allgemeineren, gemischten Termspektrums der angegebene Ausdruck (11) unter den Grundannahmen 1 und 2 eine gute Näherungsformel für die Intensitäts- und Temperaturabhängigkeit der Leitungselektronenkonzentration darstellt.

4. Diskussion der Lösungsfunktionen

4.1 Allgemeine Aussagen zur Photostrom-Beleuchtungscharakteristik

Die Gleichungen (11) und (12) bringen in sehr deutlicher Weise das Wesen des den Überlegungen zugrunde liegenden Modells zum Ausdruck. Dem optischen Anregungsprozeß von Leitungselektronen, der a Elektronen pro s und cm³ ins Leitungsband bringt, stehen zwei prinzipiell verschiedene Rekombinationsprozesse gegenüber: die direkte Rekombination freier Elektronen mit Löchern in den Aktivatortermen, bestimmt durch den Rekombinationskoeffizienten γ (erster und zweiter Summand in (11) bzw. (12)) und die Rekombination der Leitungselektronen über die Haftterme H_i und das Valenzband, bestimmt durch die Größe $\tilde{\gamma}_i$ (dritter Summand in (11) bzw. (12)).

Für $K_i = 0$, d. h. $\tilde{\gamma}_i = 0$ ($i = 1, 2, 3, \ldots, N$) beschreibt (11) die Intensitäts- und Temperaturabhängigkeit der Leitungselektronenkonzentration im allgemeinsten Hafttermmodell mit N Hafttermgruppen für Elektronen. Man entnimmt (11) sofort, daß für Elektronenkonzentrationen, für die die Quasifermigrenze unterhalb der tiefsten Hafttermgruppe H_1 liegt, d. h. für die $\alpha_1 \gg \beta_1 n$ gilt, zwischen n und a ein Wurzelzusammenhang besteht. Ist wenigstens eine Hafttermgruppe besetzt, während die übrigen noch weitgehend unbesetzt sind, gilt nach (11) ein linearer Zusammenhang zwischen n und a. Für beliebige Termverteilungen sind diese Zusammenhänge komplizierter, nur bei exponentiellen Termverteilungen erhält man Potenzgesetze mit konstanten Exponenten. Die Exponenten m sind dabei mit den Abfallbreiten δE der Termverteilungen durch die Beziehung

$$m = \left(1 + \frac{k\,T}{\delta E}\right)^{-1} \tag{18}$$

verknüpft.

Sind alle Hafttermgruppen mit Elektronen besetzt, gilt nach (11) ein linearer Zusammenhang zwischen n und a, solange die Zahl der getrappten Elektronen noch groß gegen die Zahl der freien Elektronen ist (monomolekularer Fall). Wird schließlich bei hohen Anregungsdichten $n \gg \sum_{j=1}^{N} H_j$, so ergibt sich der bekannte Wurzelzusammenhang zwischen n und a (bimolekularer Fall).

Einen superlinearen Zusammenhang zwischen n und a erhält man aus (11) bzw. (12) nur dann, wenn der dritte Summand mit den beiden ersten mindestens vergleichbar ist, d. h. die Rekombinationsprozesse über die Hafterme und das Valenzband einen merklichen Teil der Gesamtrekombination ausmachen.

Da die ersten beiden Summanden in (11) mit wachsendem n unbeschränkt anwachsen, der dritte jedoch einem Sättigungswert zustrebt, liefert diese Bedingung zugleich eine Abschätzung für den oberen Endpunkt des superlinearen Bereiches von n. Man erhält aus (11)

$$n < \frac{\tilde{\alpha} \sum_{j=1}^{N} K_j \beta_j f_j^{(0)} H_j}{\gamma \sum_{j=1}^{N} \beta_j H_j}\,. \tag{19}$$

(Dabei ist $\tilde{\alpha} \ll (\tilde{\beta}\,A,\ \sum_{j=1}^{N} \beta_j H_j)$ vorausgesetzt.)

(19) gibt die Abschätzung für den oberen Endpunkt des superlinearen Bereiches von n nur in impliziter Form, da die rechte Seite von (19) noch über die Fermifunktion $f_j^{(0)}$ von n abhängt. Der Wert für diesen Punkt läßt sich somit aus (19) nur angeben, wenn das Hafttermspektrum gegeben ist. Ebenso verhält es sich mit dem unteren Einsatzpunkt der Superlinearität. Gleichung (11) entnimmt man leicht, daß für eine ausgeprägte Superlinearität

$$n > \frac{\tilde{\alpha} \sum_{j=1}^{N} K_j f_j^{(0)\,2} H_j}{\sum_{j=1}^{N} \beta_j H_j} \tag{20}$$

notwendig ist.

Gilt für die Elektronenkonzentration n, für die (20) erfüllt ist, zusätzlich die Abschätzung $n > \alpha_1/\beta_1$ zumindest für die tiefste Hafttermgruppe H_1, so ist (20) auch hinreichend für das Auftreten einer ausgeprägten Superlinearität. Aus (19) und (20) erhält man das Intervall, in dem n superlinear mit a variiert

$$\frac{\tilde{\alpha} \sum_{j=1}^{N} K_j f_j^{(0)\,2} H_j}{\sum_{j=1}^{N} \beta_j H_j} < n_{\text{superlin}} < \frac{\tilde{\alpha} \sum_{j=1}^{N} K_j \beta_j f_j^{(0)} H_j}{\gamma \sum_{j=1}^{N} \beta_j H_j}\,, \tag{21}$$

wobei, wie schon bemerkt, die Grenzen des superlinearen Bereiches selbst mehr oder weniger stark von n abhängen und bei gegebener Termverteilung erst berechnet werden müssen.

Die zwei charakteristischen, in Abschnitt 3 ausführlich diskutierten Hafttermspektren spiegeln sich auch in dem Verlauf der Elektronenkonzentration mit der Lichtanregung im superlinearen Bereich wider.

Für den Fall, daß (15) erfüllt ist, d. h. $\alpha_N \ll \tilde{\alpha}\, K$, gilt für den Einsatzpunkt der Superlinearität $\beta_N\, n_0 \approx \tilde{\alpha}\, K \ll \alpha_N$, d. h. $f_N^{(0)}(n_0) \approx 1$. Der Verlauf der Elektronenkonzentration mit der Lichtanregung im superlinearen Bereich ist nahezu unabhängig von der Verteilung der Haftterme, da bei diesen Konzentrationen praktisch alle Haftterme mit Elektronen besetzt sind. Weiterhin werden die Grenzen des superlinearen Bereiches von n unabhängig von n, und man erhält aus (21)

$$\frac{\tilde{\alpha} \sum\limits_{j=1}^{N} K_j H_j}{\sum\limits_{j=1}^{N} \beta_j H_j} < n_{\text{superlin}} < \frac{\tilde{\alpha} \sum\limits_{j=1}^{N} K_j \beta_j H_j}{\gamma \sum\limits_{j=1}^{N} \beta_j H_j}. \tag{22}$$

Für den Fall, daß (13) gilt, d. h. $\alpha_1 \ll {}^{\alpha} K_1$, ergibt sich ein starker Einfluß des Hafttermspektrums auf die Photostrom-Beleuchtungscharakteristik im superlinearen Bereich. In diesem Falle gilt zwischen den Haft- und Leitungselektronen ein Quasigleichgewicht, und die durch die konzentrationsabhängige Quasifermigrenze beschriebene Füllung der Hafttermgruppen bestimmt wesentlich die Photostrom-Beleuchtungscharakteristik. Die untere Grenze des superlinearen Bereiches wird nicht mehr durch (20) bestimmt, sondern durch die Forderung $n > \alpha_1/\beta_1$, da die Füllung der tiefsten Hafttermgruppe H_1 bei Vorhandensein eines Quasigleichgewichtes bei $n_0 \approx \alpha_1/\beta_1$ (und nicht wie bei einem Nicht-Quasigleichgewicht bei $n_0 \approx \tilde{\alpha}\, K_1/\beta_1$) merklich wird.

Für den Fall einer homogenen Termverteilung $\overline{H}(E) = \text{const}_E$ (Roseschen Modell) erhält man schließlich aus (21) in guter Näherung

$$\frac{\tilde{\alpha}\, K}{\beta} < n_{\text{superlin}} < \frac{\tilde{\alpha}\, K}{\gamma}, \tag{23}$$

da die in diesem Fall logarithmische Konzentrationsabhängigkeit der Grenzen von (21) vernachlässigbar ist. (23) entspricht vollständig der entsprechenden Beziehung nach dem Schönschen Minimalmodell (vergleiche [7]), die man leicht aus (22) für $N = 1$ erhält.

Aus beiden betrachteten Grenzfällen der Hafttermspektren erkennt man leicht den Einfluß eines beliebigen Hafttermspektrums auf die Photostrom-Beleuchtungscharakteristik im superlinearen Bereich: Hafttermgruppen, für die (bei gegebener Lage der Aktivatortermgruppe) kein Quasigleichgewicht mit dem Leitungsband besteht, lassen sich in ihrer Wirkung — unabhängig von ihrer speziellen Verteilung — durch eine einzige diskrete Termgruppe ersetzen; bei Hafttermgruppen, die mit dem Leitungsband in einem Quasigleichgewicht stehen, ist die Verteilung der Störterme für den Verlauf der Photostrom-Beleuchtungscharakteristik bestimmend. Der Grenzfall einer homogenen Verteilung entspricht dabei — wie die obigen Überlegungen zeigten — dem Fall einer diskreten Termgruppe.

Unterhalb des superlinearen Bereiches erhält man aus (11) einen linearen Zusammenhang zwischen der Elektronenkonzentration n und der Anregungsrate a, soweit es mindestens eine — tief liegende — Hafttermgruppe H_1 gibt, für die kein Quasigleichgewicht mit dem Leitungsband vorhanden ist ($\tilde{\alpha}\, K_1 \gg \alpha_1$). Da zwischen n und a, unabhängig vom Hafttermspektrum, ein Wurzelzusammenhang auftritt, wenn die Quasifermigrenze unter die tiefste Hafttermgruppe H_1 absinkt, ergeben sich für den linearen Bereich unterhalb des superlinearen die Grenzen

$$\frac{\alpha_1}{\beta_1} \lessapprox n_{\text{lin}} \lessapprox \frac{K_1 \tilde{\alpha}}{\beta_1} . \tag{24}$$

(24) entnimmt man sofort, daß der lineare Bereich verschwindet, wenn $\alpha_1 > \tilde{\alpha} K_1$ (Quasigleichgewicht zwischen H_1 und dem Leitungsband) gilt, d. h., in diesem Fall setzt nach dem sublinearen Bereich der Photostrom-Beleuchtungscharakteristik bei $n_0 \approx \alpha_1/\beta_1$ der superlineare Bereich ein.

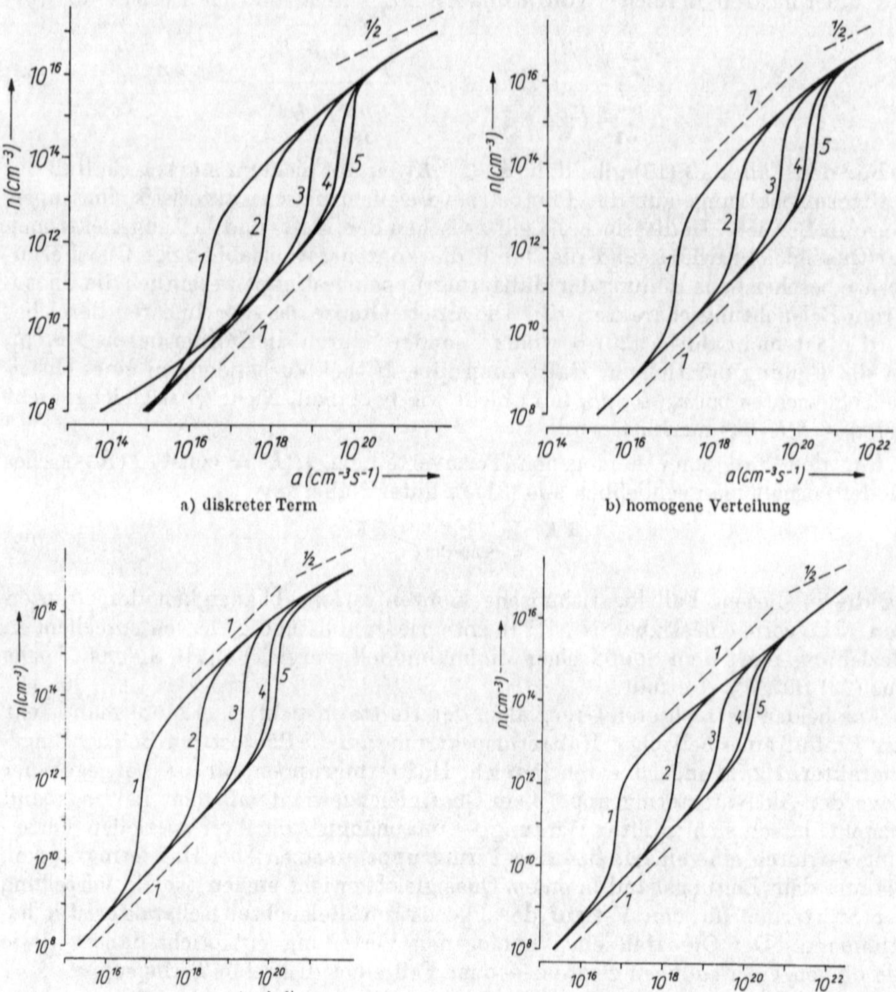

a) diskreter Term b) homogene Verteilung

c) glockenkurvenförmige Verteilung d) glockenkurvenförmige und exponentielle Verteilung

Fig. 3. Numerisch berechnete Intensitäts- und Temperaturabhängigkeit der Leitungselektronenkonzentration in reaktionskinetischen Modellen mit verschiedenen Hafttermspektren. Kurven 1: 175 °K, Kurven 2: 200 °K, Kurven 3: 225 °K, Kurven 4: 250 °K, Kurven 5: 275 °K.

4.2 Beispiele zum Hafttermeinfluß auf die Photostrom-Beleuchtungscharakteristik

Nach dieser ausführlichen Diskussion der allgemeinen Formel (11) sollen im folgenden die wesentlichen Ergebnisse anhand einiger typischer numerischer Beispiele illustriert werden.

In Fig. 3a ist die Intensitätsabhängigkeit der Leitungselektronenkonzentration für fünf verschiedene Temperaturen nach dem Modell von SCHÖN (eine diskrete Hafttermgruppe mit $\alpha \ll \tilde{\alpha} K$, kein Quasigleichgewicht) angegeben, in Fig. 3b die entsprechende Abhängigkeit nach dem Modell von ROSE (homogene Verteilung). Die Hafttermkonzentration von $H = 10^{16}\ \text{cm}^{-3}$, die bei den Kurven der Fig. 3a in einer diskreten Termgruppe 0,6 eV unter dem Leitungsband lokalisiert angenommen ist, ist bei denen der Fig. 3b über die obere Hälfte der verbotenen Zone homogen verteilt vorausgesetzt. Die Übereinstimmung beider Kurvenscharen ist auch quantitativ gut. (Das gilt sowohl für die Intensitäts- wie auch die Temperaturabhängigkeit der Leitungselektronenkonzentration.) Entsprechendes gilt für die in Fig. 3c angegebene Kurvenschar, der eine glockenkurvenförmige Hafttermverteilung mit einer Halbwertsbreite von $3\,k\,T$ zugrunde gelegt ist, die 0,6 eV unterhalb des Leitungsbandes angenommen ist. (Zur Berechnung der Integrale vom Typ $\int_{E_c}^{E_v} f^{(0)2}(E,\zeta)\,\overline{H}(E)\,dE$ siehe Anhang 1.)

Eine Verbreiterung der Hafttermgruppe hat also bei den gewählten Lagen der Haftterm- und Aktivatortermgruppe ($\alpha_N \ll \tilde{\alpha} K$) keinen Einfluß auf die Photostrom-Beleuchtungscharakteristik. Der superlineare Anstieg beginnt erst, nachdem die gesamte — endlich breite — Hafttermverteilung mit Elektronen besetzt ist.

Bei den Kurven der Fig. 3d ist angenommen, daß gegenüber denen der Fig. 3c zusätzlich eine exponentiell vom Leitungsband her abfallende Hafttermverteilung (mit $\tilde{\gamma} = 0$) vorhanden ist Die Kurven zeigen sehr gut, wie der superlineare Anstieg bei einer bestimmten Anregungsdichte in einem konstanten Anstieg zwischen 1/2 und 1 übergeht. Der Anstieg 1/2 wird auch bei hohen Anregungsdichten nicht erreicht.

Fig. 4 zeigt schließlich, zu einem besseren Vergleich der Kurvenscharen der Fig. 3a bis d, je zwei Kurven dieser Figuren bei zwei verschiedenen Temperaturen.

Charakteristisch für den Verlauf aller in Fig. 4 dargestellten Kurven im superlinearen Bereich ist, daß erstens die Superlinearität sehr ausgeprägt und somit auf einen kleinen Intensitätsbereich beschränkt ist und zweitens, daß der superlineare Anstieg selbst als Funktion der Anregungsintensität einen glockenkurvenförmigen Verlauf besitzt.

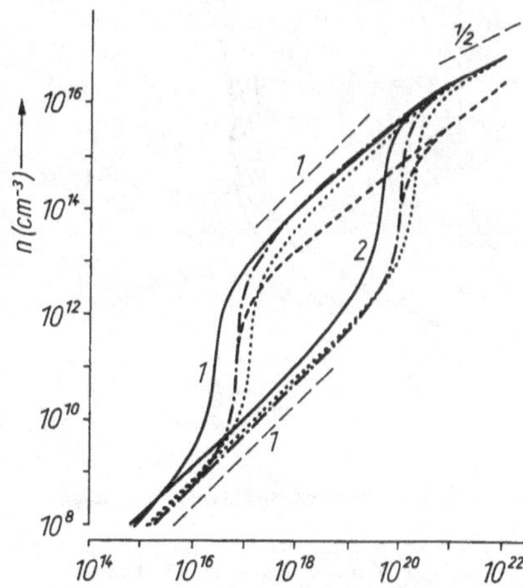

Fig. 4. Vergleich der Kurven der Fig. 3a bis d für zwei Temperaturen. Kurven 1: 175 °K, Kurven 2: 250 °K.
——— diskreter Term, ······ homogene Verteilung,
—·—· glockenkurvenförmige Verteilung,
- - - - glockenkurvenförmige und exponentielle Verteilung

Besonders deutlich wird der Einfluß verschiedener Hafttermspektren auf die Photostrom-Beleuchtungscharakteristik an den in Fig. 5a und b dargestellten Kurvenscharen. Die Kurven wurden auf Grundlage eines reaktionskinetischen Modells mit drei diskreten Termgruppen, zwei Hafttermgruppen der Konzentration H_1 und H_2 und einer Aktivatortermgruppe der Konzentration A, berechnet. Als Scharparameter wurde die energetische Lage der ersten Hafttermgruppe variiert. Fig. 5b enthält einen vergrößerten Ausschnitt des superlinearen Bereiches der in Fig. 5a angegebenen Kurvenschar. Bei Kurve 1 liegt die erste Hafttermgruppe relativ dicht am Leitungsband ($\alpha_1 \gg \tilde{\alpha} K$, Quasigleichgewicht). Eine Füllung dieser Termgruppe erfolgt erst bei Elektronenkonzentrationen, die oberhalb des durch (19) definierten oberen Endpunktes des superlinearen Bereiches von n liegen. Die Termgruppe wirkt in dieser Lage nur als reine Hafttermgruppe (trapping states) und verursacht nach dem superlinearen Teil der Charakteristik zuerst einen sublinearen Teil, ehe, nach Füllung von H_1 mit Elektronen, die Charakteristik linear wird. Bei kleineren Anregungsdichten wird die Elektronenkonzentration-Beleuchtungscharakteristik allein von der Hafttermgruppe H_2 (in ihrer relativen Lage zur Aktivatortermgruppe A) bestimmt. Da $\alpha_2 \gg \tilde{\alpha} K$ gilt, tritt (nach (24)) unterhalb des superlinearen Bereiches kein linearer Bereich auf. Es erfolgt direkt ein Übergang vom superlinearen Verhalten zum sublinearen. Der Verlauf von n im superlinearen Bereich entspricht einem typischen Verlauf nach einem Modell mit einer diskreten Termgruppe (vergleiche Fig. 4).

Bei den Kurven 2 bis 9 wandelt die Termgruppe H_1 ihren Charakter vom reinen Haftterm zum Rekombinationszentrum, die Elektronenkonzentration sinkt bei fester Anregungsintensität. Liegt die Termgruppe H_1 in Nachbarschaft (oberhalb)

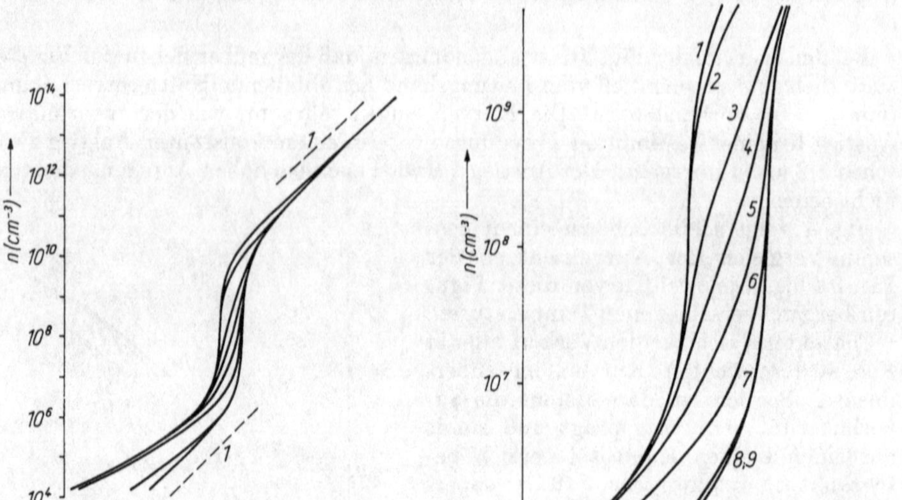

Fig. 5. Numerisch berechnete Intensitätsabhängigkeit der Leitungselektronenkonzentration in einem Modell mit drei diskreten Termgruppen

$\Delta E_A = 0{,}7$ eV, $\Delta E_2 = 0{,}9$ eV, Kurve 1: $\Delta E_1 = 0{,}5$ eV, Kurve 2: $\Delta E_1 = 0{,}6$ eV, Kurve 3: $\Delta E_1 = 0{,}7$ eV, Kurve 4: $\Delta E_1 = 0{,}75$ eV, Kurve 5: $\Delta E_1 = 0{,}8$ eV, Kurve 6: $\Delta E_1 = 0{,}85$ eV, Kurve 7: $\Delta E_1 = 0{,}95$ eV, Kurve 8: $\Delta E_1 = 1{,}05$ eV, Kurve 9: $\Delta E_1 = 1{,}25$ eV der Termgruppe H_2, so daß *beide* Termgruppen den Rekombinationsprozeß bestimmen, so treten größere Änderungen im superlinearen Teil des Kurvenverlaufs von $n(a)$ auf: Der superlineare Anstieg wird in bestimmten Intensitätsbereichen wesentlich kleiner und ist über einen endlichen Bereich von a nahezu konstant. Sinkt die Termgruppe H_1 unter die Termgruppe H_2 ab, so bestimmt wieder H_2 allein den Kurvenverlauf von $n(a)$ im und oberhalb des superlinearen Bereiches. Lediglich unterhalb des superlinearen Bereiches verursacht die erste Termgruppe einen linearen Teil der Charakteristik (nach (24)). Die Kurven 8 und 9 fallen im Rahmen der Zeichengenauigkeit vollständig zusammen.

4.3 Bemerkungen zum ROSEschen Demarkationsniveau

Nach Rose [1, 2] erhält man den oberen Endpunkt des superlinearen Bereiches n_0 aus der Bedingung, daß das Demarkationsniveau für Löcher E_{dp} für Terme der Klasse 2 (Aktivatortermgruppe) bei der Konzentration n_0 gerade mit der energetischen Lage dieser Termgruppe zusammenfällt. Aus der Definitionsgleichung für das Demarkationsniveau $\gamma\, n\, p_A = \tilde{\alpha}\, p_A$ erhält man hieraus leicht $n_0 = \tilde{\alpha}/\gamma$.

Dieser Wert stimmt mit dem Wert $n_0 = \bar{\alpha}/\gamma$ nach dem Fünfübergangsmodell [6] überein, wenn man $\tilde{\alpha} = \bar{\alpha}$ setzt, d. h. $\bar{\alpha}$ nicht als effektive Übergangswahrscheinlichkeit betrachtet. Die Überlegungen zum Siebenübergangsmodell (Minimalmodell) [7] zeigten jedoch, daß bei Vorhandensein einer großen — im Fünfübergangsmodell völlig vernachlässigten — Anhaftwahrscheinlichkeit für Löcher an Aktivatortermen $\bar{\alpha} = K\,\tilde{\alpha}$ mit $K \ll 1$ gesetzt werden muß, d. h. $\bar{\alpha}$ eine effektive Übergangswahrscheinlichkeit darstellt, die die Tatsache berücksichtigt, daß die Anhaftwahrscheinlichkeit für ein Loch an Aktivatortermen wesentlich größer als die Anhaftwahrscheinlichkeit eines Loches an den Hafttermen ist.

Während also nach Rose bei der Konzentration n_0 das Demarkationsniveau mit dem Aktivatortermniveau zusammenfallen soll, zeigen die Ergebnisse zum Siebenübergangsmodell, daß bei dieser Konzentration das Demarkationsniveau noch *oberhalb* des Aktivatortermniveaus liegt. Die Einführung mehrerer Hafttermgruppen hat zur Folge, daß die schon im Siebenübergangsmodell durch den Faktor K verkleinerte Emissionswahrscheinlichkeit eines angehafteten Loches zusätzlich durch das Verhältnis der Zahl der bei der Elektronenkonzentration n_0 besetzten zur Gesamtzahl der Haftterme verkleinert wird. Das bedeutet, daß sich das Demarkationsniveau bei der Konzentration n_0 noch weiter vom Aktivatortermniveau entfernt befindet.

Diese Unterschiede zwischen den Ergebnissen von Rose und denen der vorliegenden Arbeit wirken sich nicht auf die Bestimmung der Aktivatortermtiefe aus Messungen der Temperaturverschiebung von n_0 aus. Es gilt nämlich

$$\ln n_0 = -\frac{\Delta E_A}{k\,T} + \ln C\,. \tag{25}$$

Der Wert von C hat jedoch in den verschiedenen Modellen verschiedene Bedeutung. Nach Rose gilt $C = \tilde{\beta}\, N_v/\gamma$, nach dem Siebenübergangsmodell $C = K\,\tilde{\beta}\, N_v/\gamma$. Nach dem allgemeinen Modell läßt sich der Wert von C nur angeben, wenn das Hafttermspektrum gegeben ist.

Herrn Dr. E. Gutsche sowie Herrn Dr. S. Oberländer möchte ich für anregende Diskussionen und wertvolle Hinweise, Frau W. Leuschner für die Durchführung der numerischen Rechnungen herzlich danken.

Anhang

Bei der Berechnung von $a(n)$ nach (12) treten Integrale der Form

$$\int_{E_c}^{E_v} f(E, \zeta)\, \overline{H}(E)\, dE \quad \text{sowie} \quad \int_{E_c}^{E_v} f^2(E, \zeta)\, \overline{H}(E)\, dE$$

auf. Integrale der ersten Art berechnet man im allgemeinen durch eine Reihenentwicklung (vergleiche z. B. [12]). Mit

$$F(E) = \int_{E_c}^{E} \overline{H}(E')\, dE' \tag{A.1}$$

ergibt sich nach partieller Integration und Reihenentwicklung von $F(E)$ nach Potenzen von $(E - \zeta)$

$$\int_{E_c}^{E_v} f(E, \zeta)\, \overline{H}(E)\, dE = - \sum_{\nu=0}^{\infty} \frac{F^{(\nu)}(\zeta)}{\nu!} \int_{-\infty}^{+\infty} f'(E, \zeta)\, (E - \zeta)^{\nu}\, dE\,, \tag{A.2}$$

wobei die bestimmten Integrale der rechten Seite für ungerade ν verschwinden, für $\nu = 2\varkappa$

$$\int_{-\infty}^{+\infty} f'(E, \zeta)\, (E - \zeta)^{\nu}\, dE = -(-1)^{\varkappa+1}\, 2(\pi\, k\, T)^{2\varkappa}\, B_{2\varkappa}(2^{2\varkappa-1} - 1) \tag{A.3}$$

ergeben. Die $B_{2\varkappa}$ sind die Bernoullischen Zahlen.

Ein entsprechendes Verfahren versagt, wenn man es zur Berechnung des zweiten Integrals auf die Funktion $f \cdot H$ anwendet. Die Reihe ist in diesem Falle außerordentlich schlecht bzw. überhaupt nicht konvergent. Eine gut konvergente Reihe erhält man für das gesuchte Integral, wenn man es erst durch partielle Integration aufspaltet in

$$\int_{E_c}^{E_v} f^2(E, \zeta)\, \overline{H}(E)\, dE = \int_{E_c}^{E_v} f(E, \zeta)\, \overline{H}(E)\, dE - k\, T \int_{E_c}^{E_v} f(E, \zeta)\, \overline{H}'(E)\, dE\,. \tag{A.4}$$

Durch Anwendung des beschriebenen Verfahrens auf beide Integrale der rechten Seite erhält man schließlich

$$\int_{E_c}^{E_v} f^2(E, \zeta)\, \overline{H}(E)\, dE = \sum_{\nu=0}^{\infty} \frac{F^{(\nu)}(\zeta) - k\, T\, F^{(\nu+1)}}{\nu!} \cdot \int_{-\infty}^{+\infty} - f'(E, \zeta)\, (E - \zeta)^{\nu}\, dE\,. \tag{A.5}$$

Literatur

[1] A. Rose, Proc. IRE 43, 1850 (1955).
[2] A. Rose, Phys. Rev. 97, 322 (1955).
[3] M. Schön, Halbleiterprobleme IV, Vieweg 1958 (S. 302).
[4] M. Schön, Abh. Deutschen Akad. Wiss. Berlin 7, 2 (1960).
[5] H. A. Klasens, J. Phys. Chem. Solids 7, 175 (1958).
[6] K. W. Böer und J. Voigt, Z. Naturf. 16a, 873 (1961).
[7] J. Voigt, phys. stat. sol. 1, 257 (1961).
[8] R. H. Bube, J. Phys. Chem. Solids 1, 234 (1957).
[9] I. Broser und R. Broser-Warminsky, Ann. Phys. (Germany) 16, 361 (1955).
[10] I. Broser, Abh. Deutschen Akad. Wiss. 7, 45 (1960).
[11] W. Schottky, Z. Elektrochem. 45, 53 (1939).
[12] W. Weizel, Lehrbuch der Theoretischen Physik, Springer-Verlag 1950 (S. 1449ff.).

(Received February 5, 1964)

phys. stat. sol. 5, 139 (1964)

Physikalisch-Technisches Institut der Deutschen Akademie der Wissenschaften zu Berlin, Abteilung Theoretische Physik

Über die Bloch-Darsteller der Elektron-Elektron-Wechselwirkung

Von

W. Brauer

Ausgehend vom allgemeinen Ausdruck für den Bloch-Darsteller der Elektron-Elektron-Wechselwirkung im reduzierten Zonenschema wird ein exakter Zusammenhang mit dem Elektron-Photon Matrix-Element abgeleitet, und zwar unabhängig davon, ob Normal- oder Umklapp-Prozesse vorliegen. Speziell wird das Verhalten für kleine Wellenvektor-Differenzen betrachtet, teilweise unter Verwendung der Annahme eines Inversions-Zentrums.

Using the general expression for the Bloch-representation of the electron-electron interaction, in the reduced zone scheme, an exact relation is developed between the matrix element considered, and the matrix element of an electron-photon interaction, irrespective of Normal- or Umklapp-type processes. The behaviour of the matrix element for small wave-vector differences is studied in particular, using the assumption that a centre of inversion exists.

1. Vorbemerkungen

Seit Fröhlichs [1] erster Arbeit über die Theorie der Sekundär-Elektronenemission aus Metallen spielen die Matrixelemente der reinen oder abgeschirmten Coulomb-Wechselwirkung von Elektronen, gebildet mit den Blochschen Eigenfunktionen des jeweiligen Kristalls, eine wesentliche Rolle in verschiedenen Gebieten der Festkörper-Theorie. Fröhlich folgend verwendete man dabei fast durchweg (z. B. [2, 3, 4, 5]) das ausgebreitete Zonenschema, in dem den Vektoren $\mathfrak{K}$ des reziproken Gitters die doppelte Funktion der Beschreibung von Umklapp-(U)-Prozessen und Band-Band-Prozessen zukommt, die natürlich scharf auseinander gehalten werden müssen. Lediglich Rudberg und Slater [6] verwendeten bei ihrer Behandlung der unelastischen Streuung mittelschneller Elektronen in Metallen das reduzierte Schema und berücksichtigten in seinem Rahmen korrekt die Orthogonalitätseigenschaften der Bloch-Funktionen. Leider fand diese Arbeit nicht die ihr zukommende Beachtung, was dazu führte, daß fast 15 Jahre lang den diesbezüglichen Arbeiten schwerwiegende Fehler [2, 3] anhafteten [7].

Rudberg und Slater wiesen außerdem u. a. als erste auf einen Zusammenhang hin zwischen dem betrachteten Matrixelement und demjenigen der Elektron-Photon-Wechselwirkung. Allerdings erscheint ihr Vorgehen der Entwicklung einer Exponential-Funktion $e^{i\mathfrak{q}\mathfrak{r}} = 1 + i\,\mathfrak{q}\,\mathfrak{r} + \ldots$ unter einem Integral mit Bloch-Funktionen nicht zweckmäßig, da der dabei auftretende Bloch-Darsteller des Ortes $\mathfrak{r}$, zudem bekanntlich eine problematische Bildung [8], nicht mehr die Symmetrie des Ausgangs-Integranden $\psi^*_{\mathfrak{k}'\nu'}\, e^{i\mathfrak{q}\mathfrak{r}}\, \psi_{\mathfrak{k}\nu}$ besitzt und so z. B. nicht zum richtigen Quasi-Erhaltungssatz der Quantenzahlen führt. Der Zusammenhang mit den optischen Prozessen wurde später, unter Nichtberücksichtigung von U-Prozessen, geeigneter formuliert [4] und verallgemeinert [9].

Vor kurzem gaben Antončik und Landsberg [10] im Anschluß an eine frühere Arbeit von Kittel und Mitchell [11] eine Möglichkeit an, mittels des Oszillator-stärken-Summensatzes approximative Aussagen zu machen über die Bloch-Darsteller der Elektron-Elektron-Wechselwirkung. Sie verwendeten dabei, wie in [11], die $\mathfrak{k}\cdot\mathfrak{p}$-Approximation der Bloch-Funktionen und berücksichtigten, im reduzierten Schema, nur Normal-(N)-Prozesse. Im folgenden sollen diese Betrachtungen unter Mitberücksichtigung von U-Prozessen, ohne Verwendung der $\mathfrak{k}\cdot\mathfrak{p}$-Approximation und für den Fall durchgeführt werden, daß eines der stoßenden Elektronen sich wie ein freies Elektron verhält.

2. Das Bloch-Integral

Die Übergangswahrscheinlichkeit $P(\mathfrak{k}_1\nu_1, \mathfrak{k}_2\nu_2 \to \mathfrak{k}_1'\nu_1', \mathfrak{k}_2'\nu_2')$ zweier Kristall-Elektronen unter dem Einfluß ihrer gegenseitigen Wechselwirkung

$$H_W = \sum_{\vec{\varkappa}} \varphi_{\vec{\varkappa}}\, e^{i(\vec{\varkappa}, \mathfrak{r}_1 - \mathfrak{r}_2)} \tag{1}$$

wird bestimmt durch den Bloch-Darsteller

$$\langle \mathfrak{k}_1'\nu_1', \mathfrak{k}_2'\nu_2' \,|H_W|\, \mathfrak{k}_1\nu_1, \mathfrak{k}_2\nu_2\rangle \tag{2}$$

von H_W, wobei $\mathfrak{k}$ den reduzierten Wellenvektor, ν den Band-Index bezeichnen.

Im Fall reiner Coulomb-Wechselwirkung ist bekanntlich $\varphi_{\vec{\varkappa}} = \frac{4\pi e^2}{\Omega}\frac{1}{\varkappa^2}$, $\Omega = G^3\,\Omega_0$ Volumen des Orthonormierungs-Gebiets, Ω_0 Volumen der Elementar-Zelle.
Mit

$$\langle \mathfrak{r} \mid \mathfrak{k}\,\nu\rangle = \psi_{\mathfrak{k}\nu}(\mathfrak{r}) = \frac{1}{\sqrt{\Omega}}\, u_{\mathfrak{k}\nu}(\mathfrak{r})\, e^{i\,\mathfrak{k}\,\mathfrak{r}} \tag{3}$$

ergibt sich unter Beachtung von

$$\int_{\Omega} \Phi(\mathfrak{r})\, e^{i\,\vec{\varkappa}\,\mathfrak{r}}\, d^3\mathfrak{r} = G^3 \sum_{\mathfrak{K}} \delta_{\vec{\varkappa},\mathfrak{K}} \int_{\Omega_0} \Phi(\mathfrak{r})\, e^{i\,\mathfrak{K}\,\mathfrak{r}}\, d^3\mathfrak{r}, \qquad \Phi(\mathfrak{r} + \mathfrak{R}) = \Phi(\mathfrak{r}) \tag{4}$$

($\mathfrak{R}$ bzw. $\mathfrak{K}$ Vektoren des direkten bzw. reziproken Gitters)
folgender Ausdruck für das Matrix-Element (2):

$$\begin{aligned} &\int_{\Omega}\int_{\Omega} \psi^*_{\mathfrak{k}_1'\nu_1'}(\mathfrak{r}_1)\, \psi^*_{\mathfrak{k}_2'\nu_2'}(\mathfrak{r}_2) \sum_{\vec{\varkappa}} \varphi_{\vec{\varkappa}}\, e^{i(\vec{\varkappa}, \mathfrak{r}_1 - \mathfrak{r}_2)}\, \psi_{\mathfrak{k}_1\nu_1}(\mathfrak{r}_1)\, \psi_{\mathfrak{k}_2\nu_2}(\mathfrak{r}_2)\, d^3\mathfrak{r}_1\, d^3\mathfrak{r}_2 = \\ &= \frac{1}{\Omega_0^2} \sum_{\vec{\varkappa}\,\mathfrak{K}'\,\mathfrak{K}''} \varphi_{\vec{\varkappa}}\, \delta_{\mathfrak{k}_1 - \mathfrak{k}_1' + \vec{\varkappa}, \mathfrak{K}'}\, \delta_{\mathfrak{k}_2 - \mathfrak{k}_2' - \vec{\varkappa}, \mathfrak{K}''} \times \\ &\times \int_{\Omega_0} u^*_{\mathfrak{k}_1'\nu_1'}(\mathfrak{r}_1)\, u_{\mathfrak{k}_1\nu_1}(\mathfrak{r}_1)\, e^{i\,\mathfrak{K}'\,\mathfrak{r}_1}\, d^3\mathfrak{r}_1 \int_{\Omega_0} u^*_{\mathfrak{k}_2'\nu_2'}(\mathfrak{r}_2)\, u_{\mathfrak{k}_2\nu_2}(\mathfrak{r}_2)\, e^{i\,\mathfrak{K}''\,\mathfrak{r}_2}\, d^3\mathfrak{r}_2 . \end{aligned} \tag{5}$$

Indem wir die Summation über $\vec{\varkappa}$ ausführen, erhalten wir mit der Abkürzung

$$\frac{1}{\Omega_0} \int_{\Omega_0} u^*_{\mathfrak{k}'\nu'}(\mathfrak{r})\, u_{\mathfrak{k}\nu}(\mathfrak{r})\, e^{-i\,\mathfrak{K}\,\mathfrak{r}}\, d^3\mathfrak{r} = B^{\mathfrak{K}}_{\nu'\nu}(\mathfrak{k}', \mathfrak{k}) \tag{6}$$

für (2)

$$\sum_{\mathfrak{K}'\,\mathfrak{K}''} \varphi_{\mathfrak{k}_2 - \mathfrak{k}_2' - \mathfrak{K}''}\, \delta_{\mathfrak{k}_1 - \mathfrak{k}_1' + \mathfrak{k}_2 - \mathfrak{k}_2', \mathfrak{K}' + \mathfrak{K}''}\, B^{-\mathfrak{K}'}_{\nu_1'\nu_1}(\mathfrak{k}_1', \mathfrak{k}_1)\, B^{-\mathfrak{K}''}_{\nu_2'\nu_2}(\mathfrak{k}_2', \mathfrak{k}_2) . \tag{7}$$

Notwendig für die Möglichkeit des betrachteten Übergangs ist also die Erfüllung der Auswahl-Regel

$$\mathfrak{k}_1 + \mathfrak{k}_2 - (\mathfrak{k}_1' + \mathfrak{k}_2') = \mathfrak{K}' + \mathfrak{K}'' = -\mathfrak{K}, \tag{8}$$

die zur Unterscheidung von N – ($\mathfrak{K} = \mathfrak{o}$) bzw. U – ($\mathfrak{K} \neq \mathfrak{o}$) Prozessen führt.

Mit (8) kann man also auch schreiben

$$\langle \mathfrak{k}_1' \nu_1', \mathfrak{k}_2' \nu_2' | H_W | \mathfrak{k}_1 \nu_1, \mathfrak{k}_2 \nu_2 \rangle = \sum_{\mathfrak{K}} \delta_{\mathfrak{k}_1', \mathfrak{k}_1+\mathfrak{k}_2-\mathfrak{k}_2'+\mathfrak{K}} \sum_{\mathfrak{K}''} \varphi_{\mathfrak{k}_2-\mathfrak{k}_2'-\mathfrak{K}''} \times \times B_{\nu_1' \nu_1}^{\mathfrak{K}+\mathfrak{K}''}(\mathfrak{k}_1', \mathfrak{k}_1) \, B_{\nu_2' \nu_2}^{-\mathfrak{K}''}(\mathfrak{k}_2', \mathfrak{k}_2) \,. \tag{9}$$

Für den Fall, daß die Bindung eines der wechselwirkenden Elektronen, etwa des zweiten, an den Kristall vernachlässigbar klein ist, vereinfacht sich dieser Ausdruck beträchtlich. Die Funktionen $u_{\mathfrak{k}_2 \nu_2}$ und $u_{\mathfrak{k}_2' \nu_2'}$ werden dann gleich den „empty-lattice"-Bloch-Faktoren

$$u_{\mathfrak{k}_2 \nu_2}(\mathfrak{r}) = e^{i \mathfrak{K}_2 \mathfrak{r}}, \qquad u_{\mathfrak{k}_2' \nu_2'} = e^{i \mathfrak{K}_2' \mathfrak{r}} \tag{10}$$

wobei

$$\mathfrak{K}_2 = \mathfrak{K}_2(\mathfrak{k}_2, \nu_2), \qquad \mathfrak{K}_2' = \mathfrak{K}_2'(\mathfrak{k}_2', \nu_2') \,. \tag{11}$$

Damit wird das Bloch-Integral

$$B_{\nu_2' \nu_2}^{-\mathfrak{K}''}(\mathfrak{k}_2', \mathfrak{k}_2) = \delta_{\mathfrak{K}''+\mathfrak{K}_2-\mathfrak{K}_2', \mathfrak{o}} \tag{12}$$

und das Matrix-Element (9)

$$\varphi_{\mathfrak{k}_2-\mathfrak{k}_2'+\mathfrak{K}_2-\mathfrak{K}_2'} \sum_{\mathfrak{K}} \delta_{\mathfrak{k}_1', \mathfrak{k}_1+\mathfrak{k}_2-\mathfrak{k}_2'+\mathfrak{K}} \, B_{\nu_1' \nu_1}^{\mathfrak{K}+\mathfrak{K}_2'-\mathfrak{K}_2}(\mathfrak{k}_1', \mathfrak{k}_1) \,. \tag{13}$$

Offenbar sind

$$\overline{\mathfrak{k}_2} = \mathfrak{k}_2 + \mathfrak{K}_2 \qquad \text{und} \qquad \overline{\mathfrak{k}_2'} = \mathfrak{k}_2' + \mathfrak{K}_2'$$

die den Zuständen $|\mathfrak{k}_2 \nu_2\rangle$ und $|\mathfrak{k}_2' \nu_2'\rangle$ zugeordneten Wellenvektoren im ausgebreiteten Zonenschema. Dem entsprechen die Wellenvektordifferenzen des freien Elektrons $\mathfrak{q} = \mathfrak{k}_2 - \mathfrak{k}_2'$ im reduzierten und $\overline{\mathfrak{q}} = \mathfrak{q} + \mathfrak{K}_2 - \mathfrak{K}_2'$ im ausgebreiteten Zonenschema. Für das Matrix-Element (13) können wir dann auch schreiben

$$\varphi_{\overline{\mathfrak{q}}} \sum_{\mathfrak{K}} \delta_{\mathfrak{k}_1', \mathfrak{k}_1+\overline{\mathfrak{q}}+\mathfrak{K}} \, B_{\nu_1' \nu_1}^{\mathfrak{K}}(\mathfrak{k}_1', \mathfrak{k}_1) \,. \tag{14}$$

Wir merken an, daß

$$\lim_{\overline{\mathfrak{q}} \to \mathfrak{o}} \sum_{\mathfrak{K}} \delta_{\mathfrak{k}', \mathfrak{k}+\overline{\mathfrak{q}}+\mathfrak{K}} \, B_{\nu' \nu}^{\mathfrak{K}}(\mathfrak{k}', \mathfrak{k}) = \delta_{\nu' \nu} \,. \tag{15}$$

Außerdem ist [5]

$$|B_{\nu' \nu}^{\mathfrak{K}}(\mathfrak{k}', \mathfrak{k})| \leqq \frac{1}{\Omega_0} \int_{\Omega_0} |u_{\mathfrak{k}' \nu'}(\mathfrak{r})| \, |u_{\mathfrak{k} \nu}(\mathfrak{r})| \, d^3\mathfrak{r} =$$

$$= \frac{1}{2\,\Omega_0} \int_{\Omega_0} \{|u_{\mathfrak{k}' \nu'}(\mathfrak{r})|^2 + |u_{\mathfrak{k} \nu}(\mathfrak{r})|^2 - (|u_{\mathfrak{k}' \nu'}(\mathfrak{r})| - |u_{\mathfrak{k} \nu}(\mathfrak{r})|)^2\} \, d^3\mathfrak{r} \leqq 1 \,.$$

Das Blochsche Integral $B_{\nu' \nu}^{\mathfrak{K}}(\mathfrak{k}', \mathfrak{k})$ ist demnach eine komplexe Zahl im Einheitskreis, die sich bei $\overline{\mathfrak{q}} \to 0$ für Band-Band-Prozesse dem Nullpunkt, für Prozesse im Band dem Schnittpunkt des Einheitskreises mit der positiven reellen Achse nähert.

Wegen

$$\sum_{\mathfrak{K}} \delta_{\mathfrak{k}', \mathfrak{k}+\overline{\mathfrak{q}}+\mathfrak{K}} \, B_{\nu' \nu}^{\mathfrak{K}}(\mathfrak{k}', \mathfrak{k}) = \int_{\Omega} \psi_{\mathfrak{k}' \nu'}^{*}(\mathfrak{r}) \, e^{i \overline{\mathfrak{q}} \mathfrak{r}} \, \psi_{\mathfrak{k} \nu}(\mathfrak{r}) \, d^3\mathfrak{r} \tag{16}$$

gelingt es leicht, einen Zusammenhang herzustellen zwischen dem Elektron-Elektron-Matrixelement (14) und dem Matrix-Element der Elektron-Photon-

Wechselwirkung. Dazu multiplizieren wir (16) mit $E_{\nu'}(\mathfrak{k}') - E_\nu(\mathfrak{k}) - \frac{\hbar^2}{2m}\bar{\mathfrak{q}}^2$ und erhalten auf der rechten Seite nacheinander

$$\left[E_{\nu'}(\mathfrak{k}') - E_\nu(\mathfrak{k}) - \frac{\hbar^2}{2m}\bar{\mathfrak{q}}^2\right]\int_\Omega \psi^*_{\mathfrak{k}'\nu'}(\mathfrak{r})\, e^{i\bar{\mathfrak{q}}\mathfrak{r}}\, \psi_{\mathfrak{k}\nu}(\mathfrak{r})\, d^3\mathfrak{r} =$$

$$= \int_\Omega H_0\, \psi^*_{\mathfrak{k}'\nu'}(\mathfrak{r})\, e^{i\bar{\mathfrak{q}}\mathfrak{r}}\, \psi_{\mathfrak{k}\nu}(\mathfrak{r})\, d^3\mathfrak{r} - \int_\Omega \psi^*_{\mathfrak{k}'\nu'}(\mathfrak{r})\, e^{i\bar{\mathfrak{q}}\mathfrak{r}}\, H_0\, \psi_{\mathfrak{k}\nu}(\mathfrak{r})\, d^3\mathfrak{r} -$$

$$- \frac{\hbar^2}{2m}\bar{\mathfrak{q}}^2 \int_\Omega \psi^*_{\mathfrak{k}'\nu'}(\mathfrak{r})\, e^{i\bar{\mathfrak{q}}\mathfrak{r}}\, \psi_{\mathfrak{k}\nu}(\mathfrak{r})\, d^3\mathfrak{r} =$$

$$= \int_\Omega \psi^*_{\mathfrak{k}'\nu'}(\mathfrak{r})\, [H_0, e^{i\bar{\mathfrak{q}}\mathfrak{r}}]\, \psi_{\mathfrak{k}\nu}(\mathfrak{r})\, d^3\mathfrak{r} - \frac{\hbar^2}{2m}\bar{\mathfrak{q}}^2 \int_\Omega \psi^*_{\mathfrak{k}'\nu'}(\mathfrak{r})\, e^{i\bar{\mathfrak{q}}\mathfrak{r}}\, \psi_{\mathfrak{k}\nu}(\mathfrak{r})\, d^3\mathfrak{r} =$$

$$= -i\frac{\hbar^2}{m}\bar{\mathfrak{q}} \int_\Omega \psi^*_{\mathfrak{k}'\nu'}(\mathfrak{r})\, e^{i\bar{\mathfrak{q}}\mathfrak{r}}\, \nabla_\mathfrak{r}\, \psi_{\mathfrak{k}\nu}(\mathfrak{r})\, d^3\mathfrak{r}\,.$$

Mit (4) wird das gleich

$$-i\frac{\hbar^2}{m}\bar{\mathfrak{q}}\frac{1}{\Omega_0}\sum_{\mathfrak{K}} \delta_{\mathfrak{k}',\mathfrak{k}+\bar{\mathfrak{q}}+\mathfrak{K}} \times$$

$$\times\left\{\int_{\Omega_0} e^{-i\mathfrak{K}\mathfrak{r}}\, u^*_{\mathfrak{k}'\nu'}(\mathfrak{r})\, \nabla_\mathfrak{r}\, u_{\mathfrak{k}\nu}(\mathfrak{r})\, d^3\mathfrak{r} + i\,\mathfrak{k}\int_{\Omega_0} u^*_{\mathfrak{k}'\nu'}(\mathfrak{r})\, u_{\mathfrak{k}\nu}(\mathfrak{r})\, e^{-i\mathfrak{K}\mathfrak{r}} d^3\mathfrak{r}\right\}.$$

Vergleich mit (16) läßt daraus für den gesuchten Zusammenhang mit dem Elektron-Photon-Matrix-Element sofort folgern [9]

$$B^{\mathfrak{K}}_{\nu'\nu}(\mathfrak{k}',\mathfrak{k}) = \frac{\frac{\hbar^2}{i\,m\,\Omega_0}\,\bar{\mathfrak{q}}\int_{\Omega_0} e^{-i\mathfrak{K}\mathfrak{r}}\, u^*_{\mathfrak{k}'\nu'}(\mathfrak{r})\, \nabla_\mathfrak{r}\, u_{\mathfrak{k}\nu}(\mathfrak{r})\, d^3\mathfrak{r}}{E_{\nu'}(\mathfrak{k}') - E_\nu(\mathfrak{k}) - \frac{\hbar^2}{2m}(\bar{\mathfrak{q}}, \bar{\mathfrak{q}} + 2\,\mathfrak{k})}\,, \qquad \bar{\mathfrak{q}} = \mathfrak{k}' - \mathfrak{k} - \mathfrak{K}\,. \tag{17}$$

Diesen noch strengen Ausdruck für das Bloch-Integral $B^{\mathfrak{K}}_{\nu'\nu}(\mathfrak{k}',\mathfrak{k})$ wollen wir für kleine $\bar{\mathfrak{q}}$ bis zu quadratischen Gliedern entwickeln. Mit $u^*_{\mathfrak{k}+\mathfrak{K},\nu}(\mathfrak{r})\, e^{-i\mathfrak{K}\mathfrak{r}} = u^*_{\mathfrak{k}\nu}(\mathfrak{r})$, der Stetigkeitsvoraussetzung bzgl. $u_{\mathfrak{k}\nu}(\mathfrak{r})$ im $\mathfrak{k}$-Raum auch an der Zonenbegrenzung, und $\frac{1}{\hbar^2}\nabla_\mathfrak{k}\,\nabla_\mathfrak{k}\, E_\nu(\mathfrak{k}) = \frac{1}{m^*_\nu(\mathfrak{k})}$ erhalten wir aus (14) und (17)

$$B^{\mathfrak{K}}_{\nu'\nu}(\mathfrak{k},\mathfrak{k}) = \frac{\frac{\hbar^2}{i\,m\,\Omega_0}\left(\bar{\mathfrak{q}}, \int_{\Omega_0} u^*_{\mathfrak{k}\nu'}(\mathfrak{r})\, \nabla_\mathfrak{r}\, u_{\mathfrak{k}\nu}(\mathfrak{r})\, d^3\mathfrak{r} + \bar{\mathfrak{q}}\int_{\Omega_0} \nabla_\mathfrak{k}\, u^*_{\mathfrak{k}\nu'}(\mathfrak{r})\, \nabla_\mathfrak{r}\, u_{\mathfrak{k}\nu}(\mathfrak{r})\, d^3\mathfrak{r}\right)}{E_{\nu'}(\mathfrak{k}) - E_\nu(\mathfrak{k}) + \left(\bar{\mathfrak{q}}, \nabla_\mathfrak{k} E_{\nu'}(\mathfrak{k}) - \frac{\hbar^2}{m}\mathfrak{k} + \frac{\hbar^2}{2}\bar{\mathfrak{q}}\left(\frac{1}{m^*_\nu(\mathfrak{k})} - \frac{1}{m}\right)\right)}\,. \tag{18}$$

Wir betrachten mittels (18) zunächst Band-Band-Übergänge des Bloch-Elektrons, d. h. den Fall $\nu' \neq \nu$. Für das Glied niedrigster Ordnung ergibt sich aus (18)

$$\left.\begin{aligned} B^{\mathfrak{K}}_{\nu'\nu}(\mathfrak{k}',\mathfrak{k}) &= \frac{\hbar^2}{i\,m\,\Omega_0}\,[E_{\nu'}(\mathfrak{k}) - E_\nu(\mathfrak{k})]^{-1}\,\bar{\mathfrak{q}}\int_{\Omega_0} u^*_{\mathfrak{k}\nu'}(\mathfrak{r})\, \nabla_\mathfrak{r}\, u_{\mathfrak{k}\nu}(\mathfrak{r})\, d^3\mathfrak{r}\,,\\ \bar{\mathfrak{q}} &= \mathfrak{k}' - \mathfrak{k} - \mathfrak{K}\,, \qquad \nu' \neq \nu \end{aligned}\right\} \tag{19}$$

im Einklang mit (15). Die Relation (19) zeigt den Zusammenhang zwischen den die Elektron-Elektron-Wechselwirkung und die Elektron-Photon-Wechselwirkung bestimmenden Matrix -Elementen für kleine $\bar{\mathfrak{q}}$, in welchem Falle ein solcher Zusammenhang bekanntlich allein existiert, und zwar offenbar unabhängig davon, ob es sich um einen N- oder U-Prozeß handelt.

Unter Einführung des Oszillator-Stärken-Tensors

$$f^{\alpha,\beta}_{\nu'\nu,\mathfrak{k}} = \frac{2}{m}\,[E_{\nu'}(\mathfrak{k}) - E_\nu(\mathfrak{k})]^{-1}\,\mathfrak{p}^{\alpha}_{\nu'\nu,\mathfrak{k}}\,\mathfrak{p}^{\beta}_{\nu'\nu,\mathfrak{k}}\,;\quad \mathfrak{p}_{\nu'\nu,\mathfrak{k}} = \frac{1}{\Omega_0}\int\limits_{\Omega_0} u^*_{\mathfrak{k}\nu'}(\mathfrak{r})\,(-i\hbar\nabla_{\mathfrak{r}})\,u_{\mathfrak{k}\nu}(\mathfrak{r})\,d^3\mathfrak{r} \tag{20}$$

folgt aus (19)

$$\{E_{\nu'}(\mathfrak{k}) - E_\nu(\mathfrak{k})\}\,\{B^{\mathfrak{K}}_{\nu'\nu}(\mathfrak{k}',\mathfrak{k})\}^2 = \frac{\hbar^2}{2\,m}\,(f_{\nu'\nu,\mathfrak{k}}\,\bar{\mathfrak{q}},\bar{\mathfrak{q}}) \tag{21}$$

und daraus der Summen-Satz [10]

$$\sum_{\nu'\neq\nu}\{E_{\nu'}(\mathfrak{k}) - E_\nu(\mathfrak{k})\}\{B^{\mathfrak{K}}_{\nu\nu'}(\mathfrak{k}',\mathfrak{k})\}^2 = \frac{\hbar^2}{2\,m}\,\bar{\mathfrak{q}}^2 - \frac{\hbar^2}{2}\left(\frac{1}{m^*_\nu(\mathfrak{k})}\,\bar{\mathfrak{q}},\bar{\mathfrak{q}}\right). \tag{22}$$

Für die Betrachtung von Übergängen des Bloch-Elektrons im Band ($\nu' = \nu$) eignet sich offenbar die Formel (17) nicht ohne weiteres. In diesem Fall wollen wir das Bloch-Integral, (15) beachtend, direkt nach $\bar{\mathfrak{q}}$ entwickeln

$$B^{\mathfrak{K}}_{\nu\nu}(\mathfrak{k}',\mathfrak{k}) = 1 + \bar{\mathfrak{q}}\,\frac{1}{\Omega_0}\int\limits_{\Omega_0} u_{\mathfrak{k}\nu}(\mathfrak{r})\,\nabla_{\mathfrak{k}}\,u^*_{\mathfrak{k}\nu}(\mathfrak{r})\,d^3\mathfrak{r} + {} + \frac{1}{2}\left(\bar{\mathfrak{q}},\bar{\mathfrak{q}}\,\frac{1}{\Omega_0}\int\limits_{\Omega_0} u_{\mathfrak{k}\nu}(\mathfrak{r})\,\nabla_{\mathfrak{k}}\,\nabla_{\mathfrak{k}}\,u^*_{\mathfrak{k}\nu}(\mathfrak{r})\,d^3\mathfrak{r}\right) + \cdots.$$

Bei Vorhandensein eines Inversions-Zentrums kann stets $u^*_{\mathfrak{k}\nu}(\mathfrak{r}) = u_{\mathfrak{k}\nu}(-\mathfrak{r})$ gewählt werden, woraus das Verschwinden des ersten Integrals auf der rechten Seite folgt. Somit finden wir endlich bis auf Glieder höherer als zweiter Ordnung

$$B^{\mathfrak{K}}_{\nu\nu}(\mathfrak{k}',\mathfrak{k}) = 1 + \frac{1}{2}\left(\bar{\mathfrak{q}},\bar{\mathfrak{q}}\,\frac{1}{\Omega_0}\int\limits_{\Omega_0} u_{\mathfrak{k}\nu}(\mathfrak{r})\,\nabla_{\mathfrak{k}}\,\nabla_{\mathfrak{k}}\,u^*_{\mathfrak{k}\nu}(\mathfrak{r})\,d^3\mathfrak{r}\right),\quad \bar{\mathfrak{q}} = \mathfrak{k}' - \mathfrak{k} - \mathfrak{K}\,. \tag{23}$$

3. Schlußbemerkungen

Zusammenfassend können wir demnach feststellen: Das die Übergangswahrscheinlichkeit für Elektron-Elektron-Stöße wesentlich bestimmende Integral $B^{\mathfrak{K}}_{\nu'\nu}(\mathfrak{k}',\mathfrak{k})$ geht bei Band-Band-Prozessen linear mit $\bar{\mathfrak{q}}$ gegen 0 und ist für kleine $\bar{\mathfrak{q}}$ dem Elektron-Photon-Matrixelement proportional. Für Übergänge im Band geht das Integral gegen 1 und der erste nichtverschwindende, von $\bar{\mathfrak{q}}$ abhängige Term für kleine $\bar{\mathfrak{q}}$ ist (unter gewissen Voraussetzungen) von zweiter Ordnung. Das Verhalten von $B^{\mathfrak{K}}_{\nu'\nu}(\mathfrak{k}',\mathfrak{k})$ ist danach wesentlich verschieden, je nachdem Band-Band-Prozesse oder Prozesse im Band vorliegen. Dagegen spielt die, bekanntlich nur konventionelle, Unterscheidung zwischen N- und U-Prozessen im Verhalten des Bloch-Integrals für kleine $\bar{\mathfrak{q}}$ keine Rolle, was sich u. a. daran spiegelt, daß bei $\bar{\mathfrak{q}} \to 0$ auch für U-Prozesse $B^{\mathfrak{K}}_{\nu\nu}(\mathfrak{k}',\mathfrak{k}) \to 1$ und nicht etwa gegen

$$\frac{1}{\Omega_0}\int\limits_{\Omega_0} |u^*_{\mathfrak{k}\nu}(\mathfrak{r})|^2\,e^{-i\mathfrak{K}\mathfrak{r}}\,d^3\mathfrak{r}$$

strebt. Diese unterschiedliche Rolle wird allerdings bei Verwendung des ausgebreiteten Zonenschemas vorgetäuscht, wo Prozesse mit einem $\mathfrak{K} \neq \mathfrak{o}$ im Grenzfall verschwindender $\bar{\mathfrak{q}}$ Band-Band-Prozessen im reduzierten Schema entsprechen. Das führte verschiedentlich in der Literatur zu Verwirrungen [3, 4, 12], indem man diese Prozesse ungerechterweise als Peierlssche Umklapp-Prozesse bezeichnete und darüber hinaus noch glaubte, Schlüsse ziehen zu können über die Impuls-Bilanz der wechselwirkenden Partner. Es ist jedoch klar, daß kein allgemeiner Zusammenhang besteht zwischen der Alternative der Band-Band-Prozesse und der Prozesse im Band einerseits und der Frage, ob bei dem betrachteten Prozeß Impuls mit dem Kristall als Ganzes ausgetauscht wird oder nicht.

Es liegt danach auf der Hand, daß die im Rahmen des ausgebreiteten Zonenschemas durchgeführte Einteilung der möglichen Prozesse in solche mit $\mathfrak{K} = \mathfrak{o}$ und $\mathfrak{K} \neq \mathfrak{o}$ ganz unzweckmäßig ist; umfassen doch z. B. die letzteren u. a. U-Prozesse im Band und Band-Band-N-Prozesse, welche sich gemäß (19) und (23) für kleine $\bar{\mathfrak{q}}$ ganz verschieden verhalten. Eine gewisse Eindeutigkeit wird in den zitierten Arbeiten lediglich dadurch erreicht, daß tatsächlich stillschweigend alle U-Prozesse vernachlässigt werden. Dies ist jedoch bekanntlich nur im Falle der Wechselwirkung mit genügend langwelligem Licht eine gute Näherung.

Die Bezeichnung der übrigbleibenden Band-Band-N-Prozesse als Peierlssche Umklapp-Prozesse ist dann, wie bereits erwähnt, sehr unglücklich. So sind beispielsweise selbstverständlich auch die von Burns [12] in der Energie-Winkelverteilung von Sekundärelektronen aus Cu und Ni bemerkten peaks, wenn reell, auf Band-Band-Prozesse in Zustände mit fast kugelförmigen Energieflächen zurückzuführen und haben mit Peierlsschen Umklapp-Prozessen nichts zu tun.

Herrn Dr. H. Puff danke ich für wertvolle Diskussionen.

Literatur

[1] H. Fröhlich, Ann. Phys. (Germany) **13**, 229 (1932).
[2] D. E. Wooldridge, Phys. Rev. **56**, 562 (1939).
[3] A. J. Dekker und A. van der Ziel, Phys. Rev. **86**, 755 (1952).
[4] E. M. Baroody, Phys. Rev. **101**, 1679 (1956).
[5] H. W. Streitwolf, Ann. Phys. (Germany) **3**, 183 (1959).
[6] E. Rudberg, und J. C. Slater, Phys. Rev. **50**, 150 (1936).
[7] J. F. Marshall, Phys. Rev. **88**, 416 (1952).
[8] E. I. Blount, Solid State Physics **13**, 306 (1962).
[9] W. Brauer, Ann. Phys. (Germany) **20**, 390 (1957).
[10] E. Antoncik und P. T. Landsberg, Proc. Phys. Soc. **82**, 337 (1963).
[11] C. Kittel und A. H. Mitchell, Phys. Rev. **96**, 1488 (1954).
[12] J. Burns, Phys. Rev. **119**, 102 (1960).

(Received February 5, 1964)

phys. stat. sol. 5, 145 (1964)

Institute of Physics, Polish Academy of Sciences, Warsaw (a),
and Institute of Physics of Warsaw University (b)

Galvano- and Thermomagnetic Effects in Semiconductors with Non-Spherical and Non-Parabolic Energy Bands

By

J. Kołodziejczak (a) and S. Żukotyński (b)

Some galvanomagnetic and thermomagnetic effects are calculated on the basis of a solution of the Boltzmann equation. The energy bands for which the calculations are carried out are assumed to be non-parabolic and non-spherical. It is assumed that a relaxation time does exist, that it is isotropic, and that it depends on the energy only. The effect of strong degeneracy of the electron gas on the transport phenomena is analysed. It is shown that deviations from a parabolic band-structure may even give rise to a change of sign for some effects.

Einige galvanomagnetische und thermomagnetische Effekte wurden aus einer Lösung der Boltzmanngleichung berechnet. Die Energiebänder, für die die Rechnungen durchgeführt wurden, sind als nicht-parabolisch und nicht-kugelförmig vorausgesetzt worden. Es wird angenommen, daß eine Relaxationszeit existiert, die isotrop ist und nur von der Energie abhängt. Der Einfluß einer starken Entartung des Elektronengases auf die Transporterscheinungen wird untersucht. Es wird gezeigt, daß Abweichungen von einer parabolischen Bandstruktur zu einem Vorzeichenwechsel bei einigen Effekten führen können.

Introduction

It has been shown in a number of previously published papers [1, 2, 3, 4, 5] that the nonparabolicity of the energy bands can highly affect some of the transport phenomena in semiconductors. For example, in n-type InSb a change in the sign of the Nernst-Ettingshausen effect may be observed [3]. It has been also shown that the thermoelectric power can undergo a qualitative change when the degree of nonparabolicity is high enough [3]. Also the magnetic properties as magnetic susceptibility and the effective Landé factor depend greatly on the deviation from the parabolic structure of the energy band [6]. The existing theories dealing with non-parabolic energy bands have been developed assuming spherical symmetry of the energy surfaces. The conduction band of InSb fits these assumption quite well. In general, however, a non-spherical energy surface is to be expected. It seems reasonable to suggest that also in the case of non-spherical energy surfaces a deviation from the parabolic band structure will highly affect the transport phenomena.

In the present paper we shall deal with a special case energy surfaces, namely those which can be described by the following expression:

$$a_{\alpha\beta}\, k_\alpha\, k_\beta = \gamma(\varepsilon)\,, \tag{1}$$

where $\gamma(\varepsilon)$ is an arbitrary function of energy.

The components $a_{\alpha\beta}$ are assumed to be constant (independent of energy) and the tensor itself is obviously symmetric. The energy surfaces described by equation (1) are ellipsoids in k-space, and for $a_{\alpha\beta} = a\,\delta_{\alpha\beta}$ they become spheres.

The function $\gamma(\varepsilon)$ gives the non-parabolicity and in the particular case of $\gamma(\varepsilon) = \varepsilon$ the energy band (1) becomes parabolic. In one of our earlier papers [7] the Boltzmann equation was analysed for the class of energy bands described in general by equation (1), and the transport tensors were calculated for a selected direction of the magnetic field. Now, we shall treat this problem more generally; there will be no restrictions made concerning the configuration of the magnetic field, electric current, temperature gradient, and the orientation of the ellipsoid.

1. The Transport Tensors

The electric current and the heat flux in the sample are determined by the electric field and temperature gradient. The equations for the current density J_α and the heat flux Q_α can be linearized in terms of the electric field and temperature gradient if only these quantities are small enough. For such a case we have

$$J_\alpha = \sigma_{\alpha\beta} E_\beta - \theta_{\alpha\beta} \frac{dT}{dx_\beta}, \qquad Q_\alpha = \chi_{\alpha\beta} E_\beta - \xi_{\alpha\beta} \frac{dT}{dx_\beta}, \tag{1.1}$$

where

E_β is the electric field,

$\frac{dT}{dx_\beta}$ is the temperature gradient,

and

$\sigma_{\alpha\beta}, \theta_{\alpha\beta}, \chi_{\alpha\beta}, \xi_{\alpha\beta}$ are the transport tensors depending in general on the magnetic field.

From the Onsager relation it follows that

$$\chi_{\alpha\beta}(H) = T\, \theta_{\beta\alpha}(-H) . \tag{1.2}$$

When carrying out an experiment, only $J_\alpha, Q_\alpha, E_\beta, \frac{dT}{dx_\beta}$ are the directly measured quantities. Furthermore only J_α and $\frac{dT}{dx_\beta}$ can be easy controlled and adjusted during the experiment. For this reason it is very convenient to rewrite equations (1.1) in terms of these two easy controllable quantities:

$$E_\gamma = \varrho_{\gamma\alpha} J_\alpha + \alpha_{\gamma\alpha} \frac{dT}{dx_\alpha}, \qquad Q_\gamma = \pi_{\gamma\alpha} J_\alpha + \varkappa_{\gamma\alpha} \frac{dT}{dx_\alpha}, \tag{1.3}$$

where the new tensors are defined as follows:

$\varrho_{\gamma\alpha} = \sigma^{-1}_{\gamma\alpha}$ is the resistivity tensor,
$\alpha_{\gamma\alpha} = \sigma^{-1}_{\gamma\beta}\, \theta_{\beta\alpha}$ is the thermoelectric tensor,
$\pi_{\gamma\alpha} = \chi_{\gamma\beta}\, \sigma_{\beta\alpha}$ is the Peltier tensor,
$\varkappa_{\gamma\alpha} = \xi_{\gamma\alpha} - \chi_{\gamma\beta}\, \alpha_{\beta\alpha}$ is the thermal conductivity tensor.

And again one can show that due to the Onsager relation (1.2) the tensor $\alpha_{\gamma\alpha}$ and the tensor $\pi_{\gamma\alpha}$ are connected through the following relation:

$$\pi_{\alpha\gamma}(H) = T\, \alpha_{\gamma\alpha}(-H) . \tag{1.4}$$

The fundamental tensors $\sigma_{\alpha\beta}, \theta_{\alpha\beta}, \chi_{\alpha\beta}$ and $\xi_{\alpha\beta}$ have been already calculated for energy bands given by (1) in an earlier paper [7]. They have been found to be

$$\sigma_{\alpha\beta} = \frac{q}{(2\pi)^3} B_{\alpha\mu} \langle G_{\mu\beta} \rangle , \tag{1.5}$$

$$\theta_{\alpha\beta} = \frac{1}{(2\pi)^3} \frac{1}{T} B_{\alpha\mu} \langle (\varepsilon - \zeta)\, G_{\mu\beta} \rangle , \tag{1.6}$$

$$\chi_{\alpha\beta} = \frac{1}{(2\pi)^3} B_{\alpha\mu} \langle (\varepsilon - \zeta)\, G_{\mu\beta} \rangle , \tag{1.7}$$

$$\xi_{\alpha\beta} = \frac{1}{(2\pi)^3} \frac{1}{q\,T} B_{\alpha\mu} \langle (\varepsilon - \zeta)^2\, G_{\mu\beta} \rangle , \tag{1.8}$$

where

$$G_{\mu\beta} = u_{\mu\gamma}\, g_{\gamma\beta}\,, \tag{1.9}$$

$$B_{\alpha\mu} = 2\, a_{\alpha\nu}\, I_{\nu\mu}\,. \tag{1.10}$$

The symbol $\langle A \rangle$ is defined

$$\langle A \rangle \overset{\text{def}}{=} \int_0^\infty \left(-\frac{df_0}{d\varepsilon}\right) A(\varepsilon)\, \gamma^{3/2}(\varepsilon)\, d\varepsilon \tag{1.11}$$

and

$$I_{\nu\mu} = \int_0^\pi \int_0^{2\pi} \frac{k_\nu k_\mu}{k^2} \left(a_{\alpha\beta} \frac{k_\alpha k_\beta}{k^2}\right)^{-5/2} \sin\vartheta\, d\vartheta\, d\varphi\,. \tag{1.12}$$

The factor $(\varepsilon - \zeta)$ in equations (1.6) to (1.8) represents the kinetic energy of the electron and thus it determines the heat flux. In the earlier paper [7] instead of $(\varepsilon - \zeta)$ under the integral ε was placed and this may lead sometimes to non-accurate results. The tensor $u_{\mu\gamma}$ in (1.9) is the mobility tensor [7]

$$u_{\mu\gamma} = q\, \tau\, m_{\mu\gamma}^{-1}\,, \tag{1.13}$$

where τ is the relaxation time which depends on the energy only. The effective mass tensor is given by the band structure,

$$m_{\mu\gamma}^{-1} = \frac{1}{\hbar^2} \left(\frac{d\gamma}{d\varepsilon}\right)^{-1} 2\, a_{\mu\gamma}\,. \tag{1.14}$$

The tensor $g_{\gamma\beta}$ can be found by solving the following equation:

$$\frac{1}{c}\, \epsilon_{\alpha\beta\gamma}\, H_\alpha\, u_{\beta\mu}\, g_{\mu\nu} + g_{\gamma\nu} = \delta_{\gamma\nu}\,. \tag{1.15}$$

The carrier concentration can be expressed

$$N = \frac{1}{4\pi^3} \frac{1}{3} I \langle 1 \rangle\,, \tag{1.16}$$

where

$$I = \int_0^\pi \int_0^{2\pi} \left(a_{\alpha\beta} \frac{k_\alpha k_\beta}{k^2}\right)^{-3/2} \sin\vartheta\, d\vartheta\, d\varphi\,. \tag{1.17}$$

The scalar I is obviously an invariant of the transformation of rotation of the ellipsoid (Appendix A). From the physical point of view the meaning of this fact is that the carrier concentration does not depend on the orientation of the sample. Thus the scalar I can be expressed through the components of the tensor $a_{\alpha\beta}$ trans formed into the principial axes $a^*_{\alpha\beta}$:

$$I = \frac{4\pi}{\sqrt{a^*_{11}\, a^*_{22}\, a^*_{33}}}\,. \tag{1.18}$$

Introducing a new parameter m_d (effective mass of the density of states) such that

$$(a^*_{11}\, a^*_{22}\, a^*_{33})^{-1/2} = (2\, m_d)^{3/2}\, \hbar^{-3}\,, \tag{1.19}$$

the concentration can be expressed as follows:

$$N = \frac{1}{3\pi^2} \frac{(2\, m_d)^{3/2}}{\hbar^3} \langle 1 \rangle\,. \tag{1.20}$$

Making use of (1.12) and (1.17) we have immediately

$$a_{\nu\mu}\, I_{\nu\mu} = I\,. \tag{1.21}$$

The tensor $B_{\alpha\mu}$ given in (1.10) is diagonal and can be written as follows (Appendix A):

$$B_{\alpha\mu} = \frac{2}{3}\, I\, \delta_{\alpha\mu}\,. \tag{1.22}$$

Using (1.16) and (1.22) the fundamental tensors (1.5) to (1.8) can be rewritten in the form

$$\left.\begin{aligned} \sigma_{\alpha\beta} &= q\, N \frac{\langle G_{\alpha\beta}\rangle}{\langle 1\rangle}\,, & \theta_{\alpha\beta} &= k_0\, N \frac{\langle(\epsilon-\eta)\, G_{\alpha\beta}\rangle}{\langle 1\rangle}\,, \\ \chi_{\alpha\beta} &= T\, \theta_{\alpha\beta}\,, & \xi_{\alpha\beta} &= \frac{k_0^2}{q}\, T\, N \frac{\langle(\epsilon-\eta)^2\, G_{\alpha\beta}\rangle}{\langle 1\rangle}\,, \end{aligned}\right\} \tag{1.23}$$

where $\epsilon = \frac{\varepsilon}{k_0\, T}$ is the reduced energy and $\eta = \frac{\zeta}{k_0\, T}$ is the reduced Fermi Level.

To evaluate the tensors (1.23) it is necessary to know the form of the tensor $g_{\gamma\mu}$. From equation (1.15) it follows that

$$g_{\gamma\mu}^{-1} = \frac{1}{c}\, \epsilon_{\alpha\beta\gamma}\, H_\alpha\, u_{\beta\mu} + \delta_{\gamma\mu}\,. \tag{1.24}$$

Now we have only to find the reversal tensor to (1.24). The method of performing this operation has been outlined in Appendix B.
We obtain

$$g_{\gamma\mu} = \frac{1}{\Delta}\left\{\delta_{\gamma\mu} - \frac{1}{c^2}\, \epsilon_{\alpha\beta\gamma}\, H_\alpha\, u_{\beta\mu} + \frac{1}{c^2}\, H_\alpha\, H_\mu\, u_{\gamma\alpha}^{-1} |u|\right\}, \tag{1.25}$$

where

$$\Delta = 1 + \frac{1}{c^2}\, H_\alpha\, H_\gamma\, u_{\gamma\alpha}^{-1}\, |u|\,, \tag{1.26}$$

and $|u|$ is the determinant of the tensor $u_{\alpha\beta}$. According to equation (1.9) we have now

$$G_{\nu\mu} = \frac{1}{\Delta}\left\{u_{\nu\mu} - \frac{1}{c}\, \epsilon_{\alpha\beta\gamma}\, H_\alpha\, u_{\nu\gamma}\, u_{\beta\mu} + \frac{|u|}{c^2}\, H_\nu\, H_\mu\right\}. \tag{1.27}$$

The following part of this paper will be devoted mainly to the transport phenomena in a single band. But the many valley model can be also treated in a similar way. In the case when intervalley scattering can be neglected, separate valleys may be considered as different bands and than the transport tensors (1.5) to (1.8) are to be replaced by sums of tensors corresponding to different valleys.

2. Transport Phenomena in the Absence of a Magnetic Field

For a magnetic field $\vec{H} = 0$ the tensor $G_{\nu\mu}$ according to (1.27) is equal to the mobility tensor

$$G_{\nu\mu} = u_{\nu\mu}\,. \tag{2.1}$$

Making use of (1.13) and (1.14) we can write

$$G_{\nu\mu} = \mu\, 2\, a_{\nu\mu}\,, \tag{2.2}$$

where

$$\mu = \frac{q\,\tau}{\hbar}\left(\frac{d\gamma}{d\varepsilon}\right)^{-1}. \tag{2.3}$$

Thus the resistivity tensor $\varrho_{\gamma\alpha}$ is easily found to be

$$\varrho_{\gamma\alpha} = \sigma_{\gamma\alpha}^{-1} = \frac{1}{q\,N} \frac{\langle 1\rangle}{\langle\mu\rangle} \frac{1}{2} a_{\gamma\alpha}^{-1}, \tag{2.4}$$

and when rotating the ellipsoid it is transformed in the same manner as the tensor $a_{\gamma\alpha}^{-1}$.

The thermoelectric tensor is given by

$$\alpha_{\gamma\alpha} = \delta_{\gamma\alpha} \frac{k_0}{q} \left[\frac{\langle\epsilon\,\mu\rangle}{\langle\mu\rangle} - \eta\right]. \tag{2.5}$$

It is diagonal and its value does not depend on the anisotropy of the crystal.

The Peltier tensor can be found immediately due to the Onsager relation

$$\pi_{\gamma\alpha} = \delta_{\gamma\alpha} \frac{k_0\,T}{q} \left[\frac{\langle\epsilon\,\mu\rangle}{\langle\mu\rangle} - \eta\right]. \tag{2.6}$$

The thermal conductivity tensor may be also easily found:

$$\varkappa_{\gamma\alpha} = \frac{k_0^2}{q}\,T\,N\,2\,a_{\gamma\alpha} \left[\frac{\langle\epsilon^2\,\mu\rangle\,\langle\mu\rangle - \langle\epsilon\,\mu\rangle^2}{\langle\mu\rangle\,\langle 1\rangle}\right]. \tag{2.7}$$

From (2.7) it follows that $\varkappa_{\gamma\alpha}$ is given by $a_{\gamma\alpha}$ and the meaning of this fact is that the thermal conductivity tensor is anisotropic.

Multiplying $\varrho_{\alpha\beta}$ by $\varkappa_{\beta\gamma}$ we obtain

$$\varrho_{\alpha\beta}\,\varkappa_{\beta\gamma} = \delta_{\alpha\gamma} \left(\frac{k_0}{q}\right)^2 T \left[\frac{\langle\epsilon\,\mu\rangle\,\langle\mu\rangle - \langle\epsilon\,\mu\rangle^2}{\langle\mu\rangle^2}\right]. \tag{2.8}$$

Equation (2.8) is the Wiedemann-Franz law as formulated for this special type of energy bands.

3. Isothermal Hall Effect and Magnetoresistivity

The isothermal Hall effect and magnetoresistivity are given by the following equation:

$$E_\alpha = \varrho_{\alpha\beta}\,J_\beta\,. \tag{3.1}$$

To find the form of the resistivity tensor $\varrho_{\alpha\beta}$ we have to reverse the conductivity tensor $\sigma_{\alpha\beta}$ given by (1.23) and (1.27). (See Appendix B.) The tensor $\varrho_{\alpha\beta}$ can be immediately divided into two parts, the symmetric part $\varrho_{\alpha\beta}^s$ and the antisymmetric $\varrho_{\alpha\beta}^a$:

$$\varrho_{\gamma\mu}^s = \frac{\langle\mu\rangle\left\langle\frac{\mu}{\Delta}\right\rangle a_{\gamma\mu}^{-1} + \left[\left\langle\frac{\mu^2}{\Delta}\right\rangle^2 - \left\langle\frac{\mu}{\Delta}\right\rangle\left\langle\frac{\mu^3}{\Delta}\right\rangle\right]\frac{4}{c^2}\,|a|\,a_{\gamma\varrho}^{-1}\,a_{\mu\sigma}^{-1}\,H_\varrho\,H_\sigma}{2\,q\,N\frac{\langle\mu\rangle}{\langle 1\rangle}\left\{\left\langle\frac{\mu}{\Delta}\right\rangle^2 + \left\langle\frac{\mu^2}{\Delta}\right\rangle^2\frac{4}{c^2}\,|a|\,a_{\alpha\beta}^{-1}\,H_\alpha\,H_\beta\right\}}, \tag{3.2}$$

and

$$\varrho_{\gamma\mu}^a = \frac{1}{q\,N\,c}\,\frac{\langle 1\rangle\left\langle\frac{\mu^2}{\Delta}\right\rangle H_\delta\,\epsilon_{\delta\mu\gamma}}{\left\langle\frac{\mu}{\Delta}\right\rangle^2 + \left\langle\frac{\mu^2}{\Delta}\right\rangle^2\frac{4}{c^2}\,|a|\,a_{\alpha\beta}^{-1}\,H_\alpha\,H_\beta}. \tag{3.3}$$

It is easy to see that $\varrho_{\alpha\beta}^s$ is an even function of the magnetic field while $\varrho_{\alpha\beta}^a$ is an odd function. For this reason the Hall effect will be defined by $\varrho_{\alpha\beta}^a$, while the magnetoresistivity by $\varrho^s_{\alpha\beta}$. To separate $\varrho^s_{\alpha\beta}$ and $\varrho^a_{\alpha\beta}$ experimentally one must measure the electric field E_α for two opposite directions of the magnetic field. We shall now briefly discuss the obtained tensors in the limits of weak and strong magnetic fields.

By a weak magnetic field we shall understand a field for which the following condition is satisfied:

$$\mu^2 \frac{4}{c^2} |a| \, a^{-1}_{\alpha\beta} H_\alpha H_\beta \ll 1 . \tag{3.4}$$

Assuming this condition fulfilled we can expand the functions under the integrals into power series in terms of the magnetic field, for instance

$$\left\langle \frac{\mu}{\Delta} \right\rangle \cong \langle \mu \rangle - \langle \mu^3 \rangle \frac{4}{c^2} |a| \, a^{-1}_{\alpha\beta} H_\alpha H_\beta . \tag{3.5}$$

Thus

$$\varrho^s_{\gamma\mu}(H) = \frac{\langle 1 \rangle}{q N \langle \mu \rangle} \frac{1}{2} \left\{ a^{-1}_{\gamma\mu} + \left[\frac{\langle \mu^3 \rangle}{\langle \mu \rangle} - \frac{\langle \mu^2 \rangle^2}{\langle \mu \rangle^2} \right] \frac{4}{c^2} |a| \, H_\alpha H_\beta \, (a^{-1}_{\gamma\mu} a^{-1}_{\alpha\beta} - a^{-1}_{\gamma\alpha} a^{-1}_{\mu\beta}) \right\} \tag{3.6}$$

and

$$\varrho^a_{\gamma\mu}(H) = \frac{1}{q N c} \frac{\langle 1 \rangle \langle \mu^2 \rangle}{\langle \mu \rangle^2} H_\delta \, \epsilon_{\delta\mu\gamma} . \tag{3.7}$$

Worth mentioning is the fact that $\varrho^a_{\alpha\beta}$ in the limit of weak magnetic field does not depend on the anisotropy of the crystal and consequently the Hall effect is independent of the samples orientation.

The magnetic field is said to be strong when the following condition is satisfied:

$$\mu^2 \frac{4}{c^2} |a| \, a^{-1}_{\alpha\beta} H_\alpha H_\beta \gg 1 . \tag{3.8}$$

The symmetric and antisymmetric parts of the resistivity tensor are then given by

$$\varrho^s_{\gamma\mu}(\infty) = \frac{\langle 1 \rangle}{q N \langle \mu \rangle} \frac{1}{2} \left\{ \frac{\langle \mu \rangle \left\langle \frac{1}{\mu} \right\rangle}{\langle 1 \rangle^2} a^{-1}_{\gamma\mu} + \left[1 - \frac{\langle \mu \rangle \left\langle \frac{1}{\mu} \right\rangle}{\langle 1 \rangle^2} \right] \frac{a^{-1}_{\gamma\varrho} a^{-1}_{\mu\sigma} H_\varrho H_\sigma}{a^{-1}_{\alpha\beta} H_\alpha H_\beta} \right\} \tag{3.9}$$

and

$$\varrho^a_{\gamma\mu}(\infty) = \frac{1}{q N c} H_\delta \, \epsilon_{\delta\mu\gamma} . \tag{3.10}$$

For very strong magnetic fields saturation in the symmetric part of the magnetoresistivity tensor is observed. The antisymmetric part of the tensor is isotropic and there is no dependence on the mobility and therefore on the scattering mechanism.

Let's suppose that the "1" axis of the coordinate system is set in the direction of the electric current. From the experimental point of view in such a configuration only some of the components of the magnetoresistivity tensor are of interest, namely those which define the Hall effect and the magnetoresistivity.
The defenition of the Hall effect is

$$E_2 = R H_3 J_1 , \tag{3.11}$$

where R is the Hall constant,

$$R = \frac{1}{H_3} \varrho^a_{21} . \tag{3.12}$$

Thus for weak magnetic field according to (3.7) we have

$$R(0) = \frac{1}{q\,N\,c} \frac{\langle 1\rangle \langle \mu^2\rangle}{\langle \mu\rangle^2}, \tag{3.13}$$

and for strong magnetic field we obtain

$$R(\infty) = \frac{1}{q\,N\,c}. \tag{3.14}$$

The scattering coefficient $r = \frac{\langle 1\rangle \langle \mu^2\rangle}{\langle \mu\rangle^2}$ depends on the scattering mechanism, non-parabolicity of the band, and degree of degeneracy of the electron gas, but it does not depend on the anisotropy of the medium. This fact is of great importance for experimental determination of the carrier concentration.

Magnetoresistivity is given by $\varrho_{11}(H)$. In the case of $\vec{H} = [0, 0, H_3]$ we speak of transversal magnetoresistivity, while for $\vec{H} = [H_1, 0, 0]$ of longitudinal magnetoresistivity.

Thus the relative change of $\varrho_{11}(H_3)$ with magnetic field in the weak field region is

$$\frac{\varrho_{11}(H_3) - \varrho_{11}(0)}{\varrho_{11}(0)} = \left[\frac{\langle \mu^3\rangle}{\langle \mu\rangle} - \frac{\langle \mu^2\rangle^2}{\langle \mu\rangle^2}\right] \frac{4}{c^2} |a|\, H_3^2 \frac{a_{11}^{-1} a_{33}^{-1} - a_{13}^{-1} a_{13}^{-1}}{a_{11}^{-1}}, \tag{3.15}$$

and in the strong field limit

$$\frac{\varrho_{11}(\infty) - \varrho_{11}(0)}{\varrho_{11}(0)} = \left[\frac{\langle \mu\rangle \left\langle \frac{1}{\mu}\right\rangle}{\langle 1\rangle^2} - 1\right] \left[1 - \frac{a_{13}^{-1} a_{13}^{-1}}{a_{11}^{-1} a_{33}^{-1}}\right]. \tag{3.16}$$

As can be easily seen $\frac{\varrho_{11}(H_3) - \varrho_{11}(0)}{\varrho_{11}(0)}$ is anisotropic but the magnetic field dependence is quadratic, i. e. the same as for simple energy bands. For strong magnetic field saturation is observed. If the sample is prepared so thet the axes of the ellipsoid are along the axes of coordinate system, then only the diagonal components of the $a_{\alpha\beta}$ tensor are not equal zero. We shall call these components for the ellipsoid on the principal axes a_{11}^*, a_{22}^*, a_{33}^*. For such a particular orientation of the sample we have

$$\frac{\varrho_{11}(H_3) - \varrho_{11}(0)}{\varrho_{11}(0)} = \left|\frac{\langle \mu^3\rangle}{\langle \mu\rangle} - \frac{\langle \mu^2\rangle^2}{\langle \mu\rangle^2}\right| \frac{4}{c^2} H_3^2\, a_{11}^*\, a_{22}^* \tag{3.17}$$

and

$$\frac{\varrho_{11}(\infty) - \varrho_{11}(0)}{\varrho_{11}(0)} = \frac{\langle \mu\rangle \left\langle \frac{1}{\mu}\right\rangle}{\langle 1\rangle^2} - 1. \tag{3.18}$$

In the case when the magnetic field is in the direction of the electric current, i.e. for $\vec{H} = [H_1, 0, 0]$, the longitudinal magnetoresistivity does not depend on the magnetic field so that $\varrho_{11}(H_1) = \varrho_{11}(0)$. Thus we must emphasize that the absence of longitudinal magnetoresistivity cannot be considered as proof of that the material is isotropic.

4. Thermomagnetic Phenomena

We shall limit our interest to a small group of thermomagnetic effects only, namely those encountered in experimental practice. The thermoelectric tensor in the general form may be found easily using equations (1.6), (3.2) and (3.3) but a detailed analysis of its form does not seem to be of greater interest.

The thermoelectric power is given by α_{11} if the temperature gradient is directed along the "1" axis. In the case when the magnetic field is $\vec{H} = [0, 0, H_3]$, the thermoelectric power for a weak field is given by the following formula:

$$\alpha_{11}(H_3) = \frac{k_0}{q}\left[\frac{\langle\epsilon\,\mu\rangle\,\langle\mu^2\rangle^2}{\langle\mu\rangle^3} - \frac{\langle\epsilon\,\mu\rangle\,\langle\mu^3\rangle}{\langle\mu\rangle^2} + \frac{\langle\epsilon\,\mu^3\rangle}{\langle\mu\rangle} - \frac{\langle\mu^2\rangle\,\langle\epsilon\,\mu^2\rangle}{\langle\mu\rangle^2}\right]\frac{4}{c^2}\,|a|\,a_{33}^{-1}\,H_3^2 + $$

$$+ \frac{k_0}{q}\left[\frac{\langle\epsilon\,\mu\rangle}{\langle\mu\rangle} - \eta\right] \tag{4.1}$$

and it is seen to be anisotropic.
For $H_3 \to \infty$ we obtain

$$\alpha_{11}(\infty) = \frac{k_0}{q}\left[\frac{\langle\epsilon\rangle}{\langle 1\rangle} - \eta\right]. \tag{4.2}$$

This relation is exactly the same as in the case of an isotropic crystal and the thermoelectric power does not depend on the scattering process. Such an experiment might thus be considered as one of the most simple ways of investigating deviations from the parabolicity of the energy band, for there is no need of special orientation of the sample as well as no need of taking account of the scattering process.

The thermoelectric power for vanishing magnetic field according to (2.5) is equal to

$$\alpha_{11}(0) = \frac{k_0}{q}\left\{\frac{\langle\epsilon\,\mu\rangle}{\langle\mu\rangle} - \eta\right\}. \tag{4.3}$$

If the direction of the magnetic field is the same as that of the temperature gradient, the thermoelectric power is independent of the magnetic field and is given by (4.3). The Nernst-Ettingshausen (N-E) effect is determined by the component α_{21} of the thermoelectric tensor. The effect is defined in the following manner:

$$E_2 = P H_3 \frac{dT}{dx_1}, \tag{4.4}$$

where the Nernst-Ettingshausen coefficient is given by

$$P = \frac{1}{H_3}\,\alpha_{21}\,. \tag{4.5}$$

The component α_{21} can be easily calculated and for a weak magnetic field for P we obtain

$$P(H_3) = \frac{k_0}{q}\,\frac{1}{c}\,2\,a_{11}\,\frac{\langle\mu^2\rangle\,\langle\epsilon\,\mu\rangle - \langle\epsilon\,\mu^2\rangle\,\langle\mu\rangle}{\langle\mu\rangle^2}. \tag{4.6}$$

For $H_3 \to \infty$ the Nernst-Ettingshausen coefficient is given by

$$P(\infty) = \frac{k_0}{q}\,\frac{c}{2}\,\frac{a_{11}}{|a|\,a_{33}^{-1}\,H_3^2}\,\frac{\langle 1\rangle\left\langle\frac{\epsilon}{\mu}\right\rangle - \langle\epsilon\rangle\left\langle\frac{1}{\mu}\right\rangle}{\langle 1\rangle^2}. \tag{4.7}$$

The (N-E) effect is anisotropic both for weak and for strong magnetic fields and care must be taken when setting an experiment because if the magnetic field is not exactly perpendicular to the direction of the temperature gradient, the expression for $\alpha_{12}(H)$ becomes very complicated. On the other hand the (N-E) effect seems to be one of the best ways of finding the components of the tensor $a_{\alpha\beta}$.

5. Transport Phenomena in the Case of Strong Degeneracy

All the phenomena presented in the previous paragraphs depend on the statistical distribution of the carriers. This dependence is through the factor $\frac{df_0}{d\varepsilon}$ in the integrals $\langle A\rangle$. In the limit of strong degeneracy, i.e. for $\zeta > 0$ and $T = 0$ we have

$$-\frac{df_0}{d\varepsilon} = \delta(\varepsilon - \zeta)\,, \tag{5.1}$$

and as a result of integration with a delta function we obtain

$$\langle A\rangle = A(\zeta)\,\gamma^{3/2}(\zeta)\,. \tag{5.2}$$

For temperatures not equal to zero, but for which the condition $\frac{\zeta}{k_0 T} \gg 0$ is satisfied, the integrals $\langle A\rangle$ can be evaluated applying the method of Bethe-Sommerfeld:

$$\langle A\rangle = A(\zeta)\,\gamma^{3/2}(\zeta) + 2\sum_{n=1}^{\infty} \left|\frac{d^{2n}A\,\gamma^{3/2}}{d\varepsilon^{2n}}\right|_{\zeta} (k_0\,T)^{2n}\,\frac{(2^{2n-1}-1)\,\pi^{2n}\,|B_{2n}|}{(2\,n)\,!}\,, \tag{5.3}$$

where $|B_{2n}|$ is the absolute value of the Bernoulli number B_{2n}. We shall now analyse the thermoelectric power and the (N-E)effect in the case of strong degeneracy.

Applying (5.3) to the thermoelectric power $\alpha_{11}(0)$ (4.3) and (N-E) effect $P(0)$ (4.6), and making use of

$$\frac{d^{2n}(\epsilon\,\mu\,\gamma^{3/2})}{d\varepsilon^{2n}} = \frac{2\,n}{k_0\,T}\,\frac{d^{2n-1}\mu\,\gamma^{3/2}}{d\varepsilon^{2n-1}} + \epsilon\,\frac{d^{2n}\mu\,\gamma^{3/2}}{d\varepsilon^{2n}} \tag{5.4}$$

we obtain when leaving only the terms proportional to the temperature the following expression for $\alpha_{11}(0)$ and $P(0)$, respectively:

$$\alpha_{11}(0) = \frac{k_0}{q}\,\frac{\pi^2}{3}\,(k_0\,T)\left[\frac{1}{\mu}\,\frac{d\mu}{d\varepsilon} + \frac{3}{2}\,\frac{1}{\gamma}\,\frac{d\gamma}{d\varepsilon}\right]_{\zeta} \tag{5.5}$$

and

$$P(0) = -\frac{2}{c}\,a_{11}\,\mu\,\frac{k_0}{q}\,\frac{\pi^2}{3}\,(k_0\,T)\left|\frac{1}{\mu}\,\frac{d\mu}{d\varepsilon}\right|_{\zeta}. \tag{5.6}$$

As we have already mentioned the thermoelectric power for strong magnetic field might be of considerable interest. The Bethe-Sommerfeld method presented above can be applied in this case and it yields

$$\alpha_{11}(\infty) = \frac{k_0}{q}\,\frac{\pi^2}{2}\,(k_0\,T)\left|\frac{1}{\gamma}\,\frac{d\gamma}{d\varepsilon}\right|_{\zeta}. \tag{5.7}$$

For spherical but non-parabolic energy bands a similar discussion was carried out by Kołodziejczak and Sosnowski [3]. It was shown that the relaxation time can be expressed in general in the following form:

$$\tau = \tau_0\,k^{r-1}\left(\frac{dk}{d\varepsilon}\right)^{-1}, \tag{5.8}$$

where k is the absolute value of the wave vector and "r" is a factor which changes with the scattering process:

$r = -1$ for acoustical mode scattering,
$r = 1$ for polar scattering ($T > \theta_D$),
$r = 3$ for ionized impurity scattering.

For energy bands as discussed in the present paper the role of k^2 is played by the function $\gamma(\varepsilon)$ (this problem will be analysed in the next paragraph). Thus we shall assume that for the relaxation time the following expression may be used:

$$\tau = \tau_0' \, \gamma^{r/2} \left(\frac{d\gamma}{d\varepsilon}\right)^{-1} . \tag{5.9}$$

And in fact for a spherical energy surface we have $\gamma(\varepsilon) \sim k^2$, so that (5.9) becomes (5.8). On the other hand for a parabolic energy band $\gamma \equiv \varepsilon$ and (5.9) turns out to be the well known expression

$$\tau = \tau_0' \, \varepsilon^{r/2} . \tag{5.10}$$

Using (5.9) and (2.3) we obtain

$$\mu = \mu_0 \, \gamma^{r/2} \left(\frac{d\gamma}{d\varepsilon}\right)^{-2} , \tag{5.11}$$

where $\mu_0 = \frac{q\,\tau_0'}{\hbar^2}$.

Making use of (5.5) and (5.6) and of (5.11) we finally obtain

$$\alpha_{11}(0) = \frac{2}{3} \, \alpha_{11}(\infty) \left\{\frac{r}{2} + \frac{3}{2} - 2\,\gamma \left(\frac{d\gamma}{d\varepsilon}\right)^{-2} \frac{d^2\gamma}{d\varepsilon^2}\right\} \tag{5.12}$$

and

$$P(0) = -\frac{u_{11}}{c} \, \frac{2}{3} \, \alpha_{11}(\infty) \left\{\frac{r}{2} - 2\,\gamma \left(\frac{d\gamma}{d\varepsilon}\right)^{-2} \frac{d^2\gamma}{d\varepsilon^2}\right\} , \tag{5.13}$$

where $\alpha_{11}(\infty)$ is given by equation (5.7).

For a parabolic energy band $\gamma \equiv \varepsilon$ the second derivative $\frac{d^2\gamma}{d\varepsilon^2} = 0$ and the last terms in (5.12) and (5.13) vanish. However, if the deviation from parabolicity is big enough the last term may overcome $r/2$ or even $r/2 + 3/2$ and a change in the sign of the thermoelectric power and (N-E) effect might be observed. Such a qualitative change in the (N-E) effect was observed in n-type InSb.

In the case of strong degeneracy the concentration of current carriers is

$$N = \frac{1}{3\,\pi^2} \, \frac{(2\,m_d)^{3/2}}{\hbar^3} \, \gamma^{3/2} . \tag{5.14}$$

Making use of (5.14) it is easy to show that the following relation is satisfied:

$$\left| 2\,\gamma \left(\frac{d\gamma}{d\varepsilon}\right)^{-2} \frac{d^2\gamma}{d\varepsilon^2} \right|_{\zeta} = 3\,N\,(a_{\beta\mu}\, m_{\mu\beta})^{-1} \frac{d}{dN} (a_{\beta\mu}\, m_{\mu\beta}) , \tag{5.15}$$

where $m_{\mu\beta}$ is defined by (1.14).

For a parabolic band $m_{\mu\beta}$ is constant and $\frac{d}{dN}(m_{\mu\beta}\, a_{\beta\mu}) = 0$. From (5.14) and (5.7) it follows

$$\alpha_{11}(\infty) = \frac{k_0}{q} \left(\frac{\pi}{3}\right)^{2/3} \frac{2\,m_d\,(a_{\beta\mu}\, m_{\mu\beta})}{3\,\hbar^4\,N^{2/3}} . \tag{5.16}$$

This equation can be simplified by calculating the quantity $(\alpha_{\beta\mu}\, m_{\mu\beta})$ and this can be easily done using (1.14):

$$\alpha_{\beta\mu}\, m_{\mu\beta} = \frac{3\,\hbar^2}{2} \, \frac{d\gamma}{d\varepsilon} . \tag{5.17}$$

Thus the thermoelectric power (5.16) can be rewritten in the following form:

$$\alpha_{11}(\infty) = \frac{k_0}{q}\left(\frac{\pi}{3}\right)^{2/3} k_0\, T\, \frac{m_d^*}{\hbar^2\, N^{2/3}} \tag{5.18}$$

and

$$\left|2\,\gamma\left(\frac{d\gamma}{d\varepsilon}\right)^{-2}\frac{d^2\gamma}{d\varepsilon^2}\right|_\zeta = 3\,\frac{N}{m_d^*}\,\frac{dm_d^*}{dN}\,, \tag{5.19}$$

where

$$m_d^* = m_d\,\frac{d\gamma}{d\varepsilon}\,. \tag{5.20}$$

Of course, for a parabolic band $\frac{d\gamma}{d\varepsilon} = 1$ and $m_d^* = m_d$. In general, however, m_d^* is a function of energy, i.e. of the carrier concentration.

6. First Order Nonparabolicity

The non-parabolic structure of the energy band is determined by the shape of the function $\gamma(\varepsilon)$. Let's expand this function into a power series in terms of energy

$$\gamma(\varepsilon) = \sum_{n=0}^{k} \gamma_{n+1}\,\varepsilon^{n+1}\,. \tag{6.1}$$

The index "k" determines the order of the nonparabolicity. For $k = 0$ the nonparabolicity is said to be of the zeroth order or, simply, the band is parabolic. Because $\gamma(\varepsilon) = \varepsilon$ for a parabolic band, the coefficient $\gamma_1 = 1$. For small deviations from parabolicity it is justified to neglect higher order terms in expansion (6.1) leaving only the first two

$$\gamma(\varepsilon) = \varepsilon + \gamma_2\,\varepsilon^2\,. \tag{6.2}$$

This we shall call nonparabolicity of the first order. For such an energy band the effective mass tensor can be calculated,

$$m_{\beta\mu}^{-1} = \frac{1}{\hbar^2}\,2\,a_{\beta\mu}\,(1 + 2\,\gamma_2\,\varepsilon)^{-1}\,. \tag{6.3}$$

The density of states effective mass (5.20) is now

$$m_d^* = m_d\,(1 + 2\,\gamma_2\,\varepsilon) \tag{6.4}$$

and the factor μ given by (5.11) is now

$$\mu = \mu_0(\varepsilon - \gamma_2\,\varepsilon^2)^{r/2}\,(1 + 2\,\gamma_2\,\varepsilon)^{-2}\,. \tag{6.5}$$

All of the integrals $\langle A\rangle$ can be specified for this case, for instance the integral $\langle\epsilon\,\mu\rangle$ is equal to

$$\langle\epsilon\,\mu\rangle = \mu_0\,(k_0\,T)^{r/2+3/2}\int_0^\infty\left(-\frac{df_0}{d\epsilon}\right)\epsilon\,(\epsilon + \gamma_2^*\,\epsilon^2)^{r/2+3/2}\,(1 + 2\,\gamma_2^*\,\epsilon)^{-2}\,d\epsilon\,, \tag{6.6}$$

where

$$\gamma_2^* = k_0\,T\,\gamma_2\,.$$

It is convenient to introduce a new special symbol for this type of integrals which in the general form can be written as follows

$${}^nL_k^m = \int_0^\infty\left(-\frac{df_0}{d\epsilon}\right)\epsilon^n\,(\epsilon + \gamma_2^*\,\epsilon^2)^m\,(1 + 2\gamma_2^*\,\epsilon)^k\,d\epsilon\,. \tag{6.7}$$

Integrals of this type have already occurred in the transport theory developed for InSb [2, 3]; the conduction band in InSb is non-parabolic and the nonparabolicity is of the first order. Using the integral ${}^0L_0^{3/2}$ we can write the carrier concentration in the form

$$N = \frac{1}{3\,\pi^2}\,(k_0\,T)^{3/2}\,\frac{(2\,m_d)^{3/2}}{\hbar^3}\,{}^0L_0^{3/2}\,. \tag{6.8}$$

If we now assume strong degeneracy of the current carriers we can calculate the thermoelectric power and (N-E) effect for first order nonparabolicity. The carrier concentration is given by

$$N = \frac{1}{3\,\pi^2}\,\frac{(2\,m_d)^{3/2}}{\hbar^3}\,(\zeta + \gamma_2\,\zeta^2)^{3/2}\,. \tag{6.9}$$

Thus

$$\zeta = \frac{1}{2\,\gamma_2}\,[\sqrt{D} - 1]\,, \tag{6.10}$$

where

$$D = 1 + \left(\frac{3}{\pi}\right)^{2/3}\frac{\gamma_2\,\hbar^2}{2\,m_d}\,N^{2/3}\,. \tag{6.11}$$

The effective mass tensor and the density of states mass can be also expressed through the concentration

$$m_{\beta\mu}^{-1} = \frac{2}{\hbar^2}\,a_{\beta\mu}\,D^{-1/2} \tag{6.12}$$

and

$$m_d^* = m_d\,\sqrt{D}\,. \tag{6.13}$$

The thermoelectric power and the (N-E) effect are now given by the following expressions:

$$\alpha_{11}(0) = \frac{2}{3}\,\alpha_{11}(\infty)\left[\frac{r}{2} + \frac{3}{2} - \frac{D-1}{D}\right], \tag{6.14}$$

$$P(0) = -\,\frac{u_{11}}{c}\,\frac{2}{3}\,\alpha_{11}(\infty)\left[\frac{r}{2} - \frac{D-1}{D}\right]. \tag{6.15}$$

It can be easily seen that for $N \to \infty$, $\frac{D-1}{D} \to 1$ and for $r = 1$ i.e. for optical mode scattering a change in the sign of the (N-E) effect will be observed. This is the case for n-type InSb.

Appendix A

The integral I given by equation (1.17) is an invariant when the coordinate system is rotated:

$$I = \int\limits_0^{\pi}\int\limits_0^{2\pi}\left(a_{\alpha\beta}\,\frac{k_\alpha\,k_\beta}{k^2}\right)^{-3/2}\sin\vartheta\,d\vartheta\,d\varphi\,. \tag{A 1}$$

Let us suppose that the transformation of rotation of the coordinate system is given by the tensor $T_{\alpha\beta}$, so that

$$k_\alpha = T_{\alpha\beta}\,k'_\beta\,, \qquad a_{\alpha\beta} = T_{\alpha\varrho}\,T_{\beta\sigma}\,a_{\varrho\sigma}^*\,, \tag{A 2}$$

where $a^*_{\varrho\sigma}$ is a diagonal tensor and thus describes an ellipsoid on the principal axes. Making use of (A 2) we have

$$a_{\alpha\beta}\frac{k_\alpha k_\beta}{k^2} = T_{\alpha\varrho} T_{\beta\sigma} a^*_{\varrho\sigma} T_{\alpha\nu} T_{\beta\mu}\frac{k'_\nu k'_\mu}{k^2} = \delta_{\nu\varrho}\delta_{\sigma\mu} a^*_{\varrho\sigma}\frac{k'_\nu k'_\mu}{k^2} = a^*_{\nu\mu}\frac{k'_\nu k'_\mu}{k^2}. \quad \text{(A 3)}$$

The tensor $T_{\alpha\beta}$ is orthogonal and this gives rise to the Kronecker's deltas $\delta_{\nu\varrho}$ and $\delta_{\sigma\mu}$ in expression (A 3):

$$T_{\alpha\beta} = T^{-1}_{\beta\alpha}$$

and

$$T_{\alpha\varrho} T_{\alpha\nu} = T^{-1}_{\varrho\alpha} T_{\alpha\nu} = \delta_{\nu\varrho}. \quad \text{(A 4)}$$

Substituting (A 3) into (A 1) and carrying out integration over the whole space angle, we have

$$I = \int_0^\pi \int_0^{2\pi} \left(a^*_{\nu\mu}\frac{k'_\nu k'_\mu}{k^2}\right)^{-3/2} \sin\vartheta\, d\vartheta\, d\varphi = I' = \int_0^\pi \int_0^{2\pi} \left(a^*_{\nu\mu}\frac{k_\nu k_\mu}{k^2}\right)^{-3/2} \sin\vartheta'\, d\vartheta'\, d\varphi'. \quad \text{(A 5)}$$

The result of integration is

$$I = I' = \frac{4\pi}{\sqrt{a^*_{11} a^*_{22} a^*_{33}}}. \quad \text{(A 6)}$$

We shall now prove the relation

$$B_{\alpha\mu} = \frac{2}{3} I \delta_{\alpha\mu}. \quad \text{(A 7)}$$

According to (1.10) we have

$$B_{\alpha\mu} = 2 a_{\alpha\nu} I_{\nu\mu} = 2 T_{\alpha\varrho} T_{\nu\sigma} a^*_{\varrho\sigma} T_{\nu\delta} T_{\mu\gamma} I^*_{\delta\gamma} =$$
$$= 2 T_{\alpha\varrho} T_{\mu\gamma} \delta_{\delta\sigma} a^*_{\varrho\sigma} I^*_{\delta\gamma} = 2 T_{\alpha\varrho} T_{\mu\gamma} a^*_{\varrho\delta} I^*_{\delta\gamma}. \quad \text{(A 8)}$$

From equation (1.21) and due to the fact that I is an invariant, it is obvious that

$$I = a^*_{\varrho\delta} I^*_{\delta\varrho}. \quad \text{(A 9)}$$

$I^*_{\delta\varrho}$ can be easily calculated and for the result one obtains

$$I^*_{11} = \frac{1}{3}\frac{1}{a^*_{11}} I, \qquad I^*_{22} = \frac{1}{3}\frac{1}{a^*_{22}} I, \qquad I^*_{33} = \frac{1}{3}\frac{1}{a^*_{33}} I. \quad \text{(A 10)}$$

The tensor $I^*_{\delta\gamma}$ is diagonal and for this reason the tensor $a^*_{\varrho\delta} I^*_{\delta\gamma}$ must be also diagonal, and as it can be easily seen it is of the following form

$$a^*_{\varrho\delta} I^*_{\delta\gamma} = \delta_{\varrho\gamma}\frac{1}{3} a^*_{\alpha\beta} I^*_{\alpha\beta} = \delta_{\varrho\gamma}\frac{1}{3} I. \quad \text{(A 11)}$$

Substituting (A 11) into (A 8) we have

$$B_{\alpha\mu} = 2 T_{\alpha\varrho} T_{\mu\gamma} a^*_{\varrho\delta} I^*_{\delta\gamma} = 2 T_{\alpha\varrho} T_{\mu\gamma} \delta_{\varrho\gamma}\frac{1}{3} I =$$
$$= \frac{2}{3} T_{\alpha\gamma} T_{\mu\gamma} I = \frac{2}{3} I T_{\alpha\gamma} T^{-1}_{\gamma\mu} = \frac{2}{3} I \delta_{\alpha\mu}. \quad \text{(A 12)}$$

Appendix B

The tensor reverse to the tensor $A_{\gamma\mu}$ is given by the following expression:

$$A^{-1}_{\gamma\mu} = \frac{1}{|A|}\frac{1}{2}\epsilon_{\gamma\delta\sigma}\epsilon_{\mu\nu\varrho} A_{\nu\delta} A_{\varrho\sigma}, \quad \text{(B 1)}$$

where $|A|$ is the determinant of the tensor $A_{\gamma\mu}$. Multiplying (B 1) by $A_{\mu\gamma}$ and making use of the fact that $A^{-1}_{\gamma\mu} A_{\mu\gamma} = 3$ we have

$$|A| = \frac{1}{6} \epsilon_{\gamma\delta\sigma} \epsilon_{\mu\nu\varrho} A_{\nu\delta} A_{\varrho\sigma} A_{\mu\gamma} . \tag{B 2}$$

The tensor $A_{\gamma\mu}$ can be written as a sum of a symmetric and antisymmetric tensor:

$$A_{\gamma\mu} = A^s_{\gamma\mu} + A^a_{\gamma\mu} . \tag{B 3}$$

Substituting (B 3) into (B 1) we obtain

$$A^{-1}_{\gamma\mu} = \frac{\frac{1}{2} \epsilon_{\gamma\delta\sigma} \epsilon_{\mu\nu\varrho} [A^s_{\nu\delta} A^s_{\varrho\sigma} + A^a_{\nu\delta} A^a_{\varrho\sigma} + A^s_{\nu\delta} A^a_{\varrho\sigma} + A^a_{\nu\delta} A^s_{\varrho\sigma}]}{|A^s| + \frac{1}{2} \epsilon_{\gamma\delta\sigma} \epsilon_{\mu\nu\varrho} A^a_{\nu\delta} A^a_{\varrho\sigma} A^s_{\mu\gamma}} . \tag{B 4}$$

The symmetric and antisymmetric parts of the tensor $A^{-1}_{\gamma\mu}$ are given by

$$(A^{-1}_{\gamma\mu})^s = \frac{\frac{1}{2} \epsilon_{\gamma\delta\sigma} \epsilon_{\mu\nu\varrho} [A^s_{\nu\delta} A^s_{\varrho\sigma} + A^a_{\nu\delta} A^a_{\varrho\sigma}]}{|A^s| + \frac{1}{2} \epsilon_{\gamma\delta\sigma} \epsilon_{\mu\nu\varrho} A^a_{\nu\delta} A^a_{\varrho\sigma} A^s_{\mu\gamma}} \tag{B 5}$$

and

$$(A^{-1}_{\gamma\mu})^a = \frac{\frac{1}{2} \epsilon_{\gamma\delta\sigma} \epsilon_{\mu\nu\varrho} [A^s_{\nu\delta} A^a_{\varrho\sigma} + A^a_{\nu\delta} A^s_{\varrho\sigma}]}{|A^s| + \frac{1}{2} \epsilon_{\gamma\delta\sigma} \epsilon_{\mu\nu\varrho} A^a_{\nu\delta} A^a_{\varrho\sigma} A^s_{\mu\gamma}} . \tag{B 6}$$

The authors wish to express their gratitude to Professor L. Sosnowski for valuable discussions and critical remarks on the subject.

References

[1] J. Kołodziejczak, Acta phys. Polon. **20**, 289 (1961).
[2] J. Kołodziejczak, Acta phys. Polon. **20**, 379 (1961).
[3] J. Kołodziejczak and L. Sosnowski, Acta phys. Polon. **21**, 399 (1962).
[4] J. Kołodziejczak, L. Sosnowski, and W. Zawadzki, International Conference on Semiconductor Physics, Exeter 1962.
[5] W. Zawadzki, phys. stat. sol. **2**, 385 (1962).
[6] W. Zawadzki, phys. stat. sol. **3**, 1421 (1963).
[7] S. Żukotyński and J. Kołodziejczak, phys. stat. sol. **3**, 990 (1963).

(Received February 6, 1964)

phys. stat. sol. 5, 159 (1964)

Institut für angewandte Physik der Reinststoffe Dresden der Deutschen Akademie der Wissenschaften zu Berlin

Restwiderstandsverhältnis, Durchmesser-Effekt und Stromabhängigkeit des Widerstandsverhältnisses von zonengeschmolzenem Wolfram bei tiefen Temperaturen

Von

K.-H. BERTHEL

Das Widerstandsverhältnis $r(T) = R(T)/R(273)$ elektronenstrahlzonengereinigter Wolframeinkristalle wird zwischen 1,4 und 27 °K untersucht. Die extrapolierten Restwiderstandsverhältnisse $r_0 = R(0)/R(273)$ liegen zwischen 3 und $65 \cdot 10^{-6}$. Die Abweichungen von der Matthiessenschen Regel, die nicht erfüllt ist, werden ermittelt. Im gesamten Temperaturbereich erhöht das Eigenmagnetfeld des Probenstromes den Widerstand der Wolframproben. Die Abhängigkeit des Widerstandsverhältnisses vom Durchmesser der Proben wurde zwischen 14 und 20 °K gemessen und daraus das Produkt aus freier Weglänge λ und Widerstandsverhältnis des kompakten Materials r_∞ berechnet ($r_\infty \cdot \lambda = 3{,}8 \cdot 10^{-6}$ cm).

The resistance ratio $r(T) = R(T)/R(273)$ of electron-beam zone-refined tungsten single crystals is studied over the temperature range 1.4 to 27 °K. The extrapolated residual resistance ratios $r_0 = R(0)/R(273)$ range from 3 to $65 \cdot 10^{-6}$. The results are compared with Matthiessen's rule. Throughout the whole temperature range, the resistivity of the samples is found to be increased by the magnetic field of the sample current. Between 14 and 20 °K, the dependence of the resistivity ratio on the diameter of the samples is measured, and the product of the mean free path λ and the bulk resistance ratio r_∞ ($r_\infty \cdot \lambda = 3.8 \times 10^{-6}$ cm) is calculated in terms of the experimental results.

Einleitung

Nach dem Verfahren der Elektronenstrahl-Zonenschmelze ist es möglich, Wolframeinkristalle mit einem Restwiderstandsverhältnis $R(0)/R(273)$ zwischen $3 \cdot 10^{-6}$ und $65 \cdot 10^{-6}$ herzustellen [1]. Unter diesen Voraussetzungen kann der an anderen Metallen [2, 3] beobachtete Einfluß der Probenoberfläche auf den spezifischen elektrischen Widerstand auch für Wolfram nachgewiesen werden. Das große Verhältnis von freier Weglänge der Elektronen zum Probendurchmesser gestattet weiterhin, die Wirkung des Magnetfeldes des Probenstromes auf den Widerstand der Probe zu beobachten [4].

MEISSNER [5], VAN DEN BERG [6] und WHITE und WOODS [7] haben bereits die Temperaturabhängigkeit des spezifischen elektrischen Widerstandes von nach dem van Arkel-de Boer-Verfahren hergestellten Wolframeinkristallen untersucht, ohne daß Weglängeneffekte infolge der geringeren Reinheit des Materials diskutiert werden konnten.

Der spezifische elektrische Realwiderstand $\varrho(T)$ eines Metalls setzt sich aus verschiedenen Beiträgen, die den einzelnen Streuprozessen der Leitungselektronen entsprechen, und Mischgliedern, die die Wechselwirkung der Streuprozesse erfassen, zusammen:

$$\varrho(T) = \varrho_i(T) + \varrho_0 + \Delta\varrho_0(T) + \varrho(d, T) + \Delta\varrho(H) . \qquad (1)$$

$\varrho_i(T)$ ist der spezifische elektrische Widerstand des ideal reinen kompakten Materials als Funktion der Temperatur T. Durch Verunreinigungen und Störungen des Gitteraufbaus wird der spezifische Restwiderstand ϱ_0 verursacht. $\Delta\varrho_0(T)$ berücksichtigt die Abweichungen von der Matthiessenschen Regel [8, 9]. $\varrho(d, T)$ erfaßt den zusätzlichen Widerstand, der durch die Streuung der Leitungselektronen an der Oberfläche der Probe mit dem Durchmesser d entsteht. $\Delta\varrho(H)$ wird durch die Änderung des spezifischen Widerstandes unter dem Einfluß eines Magnetfeldes H verursacht.

Die Berechnung des spezifischen elektrischen Realwiderstandes aus den gemessenen Widerständen wird bei Proben, deren Querschnitt über die Meßlänge nicht konstant ist, erschwert. Die unsichere Bestimmung der geometrischen Dimensionen liefert einen wesentlich größeren Fehler als die elektrische Messung. Es wird deshalb das Realwiderstandsverhältnis $r(T)$ ermittelt, welches als Quotient $R(T)/R\,(273)$ (Widerstand einer Probe bei einer beliebigen Temperatur durch Widerstand bei 0 °C) definiert und bis auf eine vernachlässigbar kleine Korrektur infolge der thermischen Ausdehnung der Probe gleich dem Verhältnis der spezifischen Widerstände bei entsprechenden Temperaturen ist:

$$r(T) = \frac{R(T)}{R(273)} = \frac{\varrho(T)}{\varrho(273)}\,. \tag{2}$$

Für elektronenstrahlzonengeschmolzenes Wolfram gilt

$$\frac{\varrho(273) - \varrho_i(273)}{\varrho(273)} \leqq 10^{-4}\,. \tag{3}$$

Unter Berücksichtigung der Gleichungen (1), (2) und (3) erhält man für das Realwiderstandsverhältnis

$$r(T) = r_i(T) + r_0 + \Delta r_0(T) + r(d, T) + \Delta r(H)\,, \tag{4}$$

wobei die einzelnen Terme die Widerstandsverhältnisse der entsprechenden Glieder der Gleichung (1) repräsentieren.

r_0, $\Delta r_0(T)$, $r(d, T)$ und zum Teil $\Delta r(H)$ werden in der vorliegenden Arbeit diskutiert. Über die Temperaturabhängigkeit des Widerstandsverhältnisses und die Änderung des Probenwiderstandes im äußeren transversalen Magnetfeld wird an anderer Stelle berichtet [10].

Probenmaterial und Meßanordnung

Die ein- bis dreimal elektronenstrahlzonengeschmolzenen W-Einkristalle hatten eine Länge von 80 bis 130 mm und einen Durchmesser von 1,5 bis 4,5 mm. Die Widerstände der Proben zwischen Zimmertemperatur und Heliumtemperatur reichten von 10^{-3} bis $10^{-9}\,\Omega$. Ihre Messung erfolgte mit Gleichstrom. Probenspannung und Meßstrom wurden mit einem Diesselhorst-Kompensator bestimmt. Zur Nullanzeige diente ein Fotoelementkompensationsverstärker mit einer Empfindlichkeit von $2 \cdot 10^{-9}$ V/Skt. Durch gleichzeitige Kommutation von Proben- und Kompensationsstrom konnten alle Thermospannungen eliminiert werden. Den Meßstrom von 1; 2,5; 5 und 10 A lieferte ein elektronisch stabilisiertes Netzgerät. Die zeitlichen Schwankungen des Stromes waren geringer als 10^{-3}%/min. Die Stromkontakte, Kupferzylinder mit einer dem Probendurchmesser angepaßten Bohrung, wurden auf die galvanisch verkupferten W-Einkristalle gelötet. Ihr Kontaktwiderstand war selbst nach mehrmaligem Abkühlen der Probe kleiner als 10 $\mu\Omega$. Die Spannungssonden bestanden aus punktförmigen Preßkontakten.

Fig. 1. Die Differenz der Widerstandsverhältnisse $r(T, J) - r(T, J = 21{,}3\text{ A})$ als Funktion des Probenstromes J bei Heliumtemperaturen

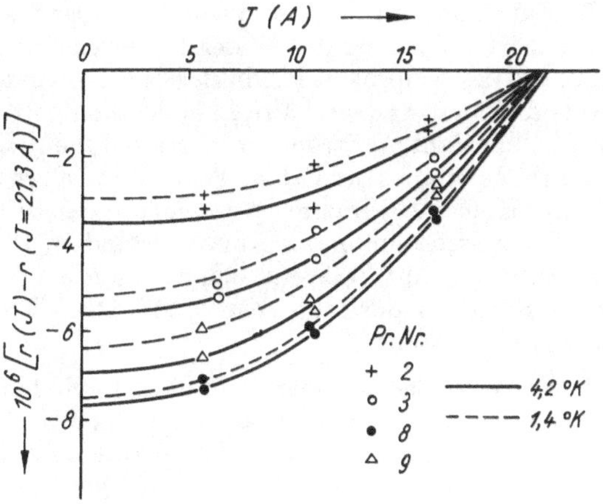

Um einen guten Wärmekontakt zu gewährleisten, wurden die Proben direkt in flüssiges Helium, Neon oder flüssigen Wasserstoff eingetaucht. Eine Zusatzheizung am Boden des Gefäßes sorgte für eine intensive Rührung des Temperaturbades, so daß keine Temperaturdifferenzen in der Flüssigkeit oder zwischen Flüssigkeit und Probe auftraten. Die Temperatur wurde aus dem Dampfdruck ermittelt, der mit einem Torrostaten während der Messung auf $\pm$ 0,5 Torr konstant gehalten werden konnte. Für Proben, deren Durchmesser kleiner als 3,5 mm ist, betrug der absolute Fehler des Widerstandsverhältnisses weniger als $\pm 1 \cdot 10^{-6}$.

Das Widerstandsverhältnis als Funktion des Stromes

Ströme von 10 A erzeugen an der Oberfläche einer stabförmigen Probe von 2 mm ∅ eine Induktionsflußdichte von 20 Gauß. Für sehr geringe Widerstandsverhältnisse, z. B. $r(T) = 10^{-5}$, kann dieses Magnetfeld zu einer Änderung des Widerstandsverhältnisses führen. Überträgt man die Verhältnisse auf den Fall des transversalen Magnetfeldes, so erhält man für Wolfram eine Widerstandserhöhung der Oberflächenschicht um ca. 100%. Die Verhältnisse im transversalen Magnetfeld können nicht ohne Einschränkungen auf das Eigenmagnetfeld des Probenstromes übertragen werden. Zwar sind Magnetfeld und Probenstrom immer senkrecht zueinander, aber die Stärke des Feldes nimmt vom Rand nach der Mitte des Stabes vom Maximalwert auf Null ab. Eine eventuell auftretende Widerstandsänderung verhält sich ähnlich.

Fig. 1 zeigt die Änderung des Widerstandsverhältnisses einiger Proben als Funktion des Probenstromes. Als Ordinate wurde, da für $J = 0$ kein Meßwert vorliegt, die Differenz zwischen Widerstandsverhältnis bei beliebigem Strom und Widerstandsverhältnis für den Maximalstrom von 21,3 A aufgetragen. Die ausgezogenen Kurven wurden bei 4,2 °K und die gestrichelten bei 1,4 °K ermittelt.

Die Meßpunkte werden durch eine quadratische Abhängigkeit vom Strom am besten angenähert. Die Extrapolation auf $J = 0$ erfolgt ebenfalls mit dieser quadratischen Funktion. Kleinere Ströme als 5 A konnten nicht verwendet werden, weil dann die Meßfehler mit dem Effekt vergleichbar sind.

In Anlehnung an die Verhältnisse im transversalen Magnetfeld wird in Fig. 2 die relative Änderung des Widerstandsverhältnisses für 21,3 A Probenstrom als Funktion des reziproken Produktes aus Probendurchmesser d und extrapoliertem Nullfeld-Widerstandsverhältnis $r\,(J=0)$ aufgetragen. Der Ausdruck $1/d \cdot r\,(I=0)$ ist für konstanten Strom proportional dem Quotienten aus dem Magnetfeld des Probenstromes und dem Widerstandsverhältnis $r\,(J=0)$, entspricht also der im Kohler-Diagramm verwendeten Abszisse. Die experimentellen Punkte lassen sich durch eine glatte Kurve verbinden. Für große Werte von $1/d \cdot r\,(J=0)$ tritt Sättigung auf, während das normale Kohler-Diagramm für W eine quadratische Funktion darstellt (Kurve 2). Die Abweichung vom Kohler-Diagramm hat zwei Ursachen:

1. Die Widerstandsänderung nimmt nach dem Probeninnern ab. Jede Schicht hat eine andere Widerstandsänderung, und der Gesamtwiderstand der Probe besteht aus einer unendlichen Anzahl parallelgeschalteter Widerstände, deren Größe eine Funktion des Radius ist. Dadurch wird die Stromdichte inhomogen und der Probenstrom nach innen gedrängt. Da die mittlere freie Weglänge der Elektronen, der Bahnradius der Elektronen im gegebenen Magnetfeld und die Probendimension die gleiche Größenordnung haben, werden die Verhältnisse sehr kompliziert und ihre mathematische Behandlung unmöglich.

2. Für die reinsten Proben ist auch die freie Weglänge der Elektronen größer als der Probendurchmesser. Der Anteil des Oberflächenwiderstandes am Gesamtwiderstand kann dann durchaus größer als die Summe aus Ideal- und Restwiderstand sein. Das führt, wie OLSEN [2] und COTTI [11] an In nachweisen, zu Sättigungserscheinungen für die Widerstandsänderung im Magnetfeld.

Experimentell wird auch zwischen 14 und 20 °K eine Änderung des Widerstandsverhältnisses in Abhängigkeit vom Strom beobachtet (Tabelle 1, letzte Spalte). Bei diesen Temperaturen haben die Wolframeinkristalle Realwiderstandsverhältnisse $R(T)/R(273)$ zwischen 1 und $4 \cdot 10^{-4}$. Die relative Änderung des Widerstandsverhältnisses durch das Magnetfeld des Probenstromes von 10 A ist für alle Proben geringer als 2 %. Die freie Weglänge der Ladungsträger beträgt nach (8) bei 14 °K ca. 0,4 mm und bei 20 °K ca. 0,1 mm.

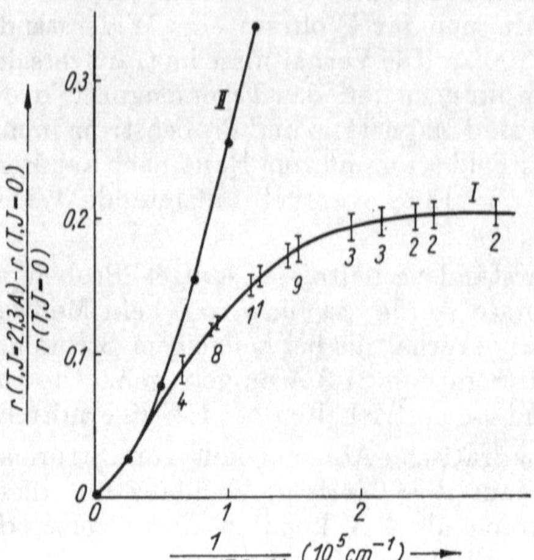

Fig. 2. Die relative Änderung des Widerstandsverhältnisses $[r\,(T, J = 21{,}3\,\mathrm{A}) - r\,(T, J = 0)]/r(T, J = 0)$ als Funktion des reziproken Produktes aus Durchmesser d und Widerstandsverhältnis $r\,(T, J{=}0)$ der Probe bei einem Probenstrom von 21,3 A

Tabelle 1

Die experimentelle und berechnete Änderung des Widerstandsverhältnisses einiger Proben bei einer Stromänderung von 5 auf 10 A für verschiedene Temperaturen

Probe	⌀ (cm)	T (°)	$10^6[r(T, J=10\text{ A}) - r(T, J=5\text{ A})]$ berechnet	gemessen
1	0,23	14	1,2	1,1
		15	1,1	1,2
		17	0,7	0,7
		20	0,6	0,6
3	0,18	15	1,6	1,4
10.2	0,32	14	0,6	0,6
		17	0,5	0,9
		20	0,3	0,6
11.4	0,15	14	2,3	2,1
		17	1,4	1,2
		20	0,9	0,9

Ein homogenes transversales Magnetfeld, das dem Feld eines Stromes von 10 A an der Oberfläche einer 2 mm starken Probe entspricht, verursacht für Widerstandsverhältnisse von 1 bis $4 \cdot 10^{-4}$ bei Wolfram eine relative Änderung des Widerstandsverhältnisses von einigen Prozent [10]. Unter dieser Voraussetzung $\Delta\varrho(H)/\varrho\,(H=0) \ll 1$ ist eine genäherte Berechnung der Änderung des Widerstandsverhältnisses durch das Eigenmagnetfeld des Probenstromes möglich.

Man kann sich den Gesamtleitwert S der Probe als Summe der Leitwerte konzentrischer Zylinderschichten der Probe, deren spezifischer Widerstand durch das in der jeweiligen Schicht konstante Eigenmagnetfeld um einen entsprechenden Betrag erhöht ist, vorstellen,

$$S = R(T)^{-1} = \int\limits_{a=0}^{a_0} \frac{2\pi a}{l\,\varrho\,(H=0)\left[1 + \dfrac{\Delta\varrho(H_s)}{\varrho\,(H=0)}\right]}\,da\,, \tag{5}$$

mit l Meßlänge der Probe, a_0 Radius der Probe, a Abstand der konzentrischen infinitesimal dünnen Schichten gleichen Widerstandes von der Probenachse.

Der Zusammenhang zwischen $\dfrac{\Delta\varrho(H_s)}{\varrho\,(H=0)}$ und Magnetfeld H_s der Schichten kann, wie im transversalen Fall, durch das Justi-Kohler-Diagramm dargestellt werden:

$$\frac{\Delta\varrho(H_s)}{\varrho\,(H=0)} = k\left(\frac{H_s}{r\,(H_s=0)}\right)^p, \tag{6a}$$

mit

$$H_s = \frac{J\,a}{2\pi a_0^2}\,, \tag{6b}$$

wobei die Konstanten k und p aus dem Kohlerdiagramm [10] ermittelt werden. Die Beziehung (6b) gilt unter der Voraussetzung homogener Stromdichte in der

Probe, die im vorliegenden Fall für $\Delta\varrho(H)/\varrho\ (H = 0) \ll 1$ näherungsweise erfüllt ist. J ist der Probenstrom.

Werden alle Glieder mit $\{\Delta\varrho(H)/\varrho(H = 0)\}^m$ für $m \geqq 2$ wegen $\Delta\varrho(H)/\varrho\ (H = 0) \ll 1$ vernachlässigt, so folgt aus (5), (6a) und (6b) für die relative Widerstandsänderung durch das Eigenmagnetfeld des Probenstromes

$$\frac{\Delta r(H)}{r(H=0)} = \frac{2}{2+p}\, k\left(\frac{J}{2\,\pi\, a_0\, r\,(H=0)}\right)^p = \frac{2}{2+p}\, \frac{\Delta\varrho(H_0)}{\varrho\,(H=0)}\,, \tag{7}$$

wobei H_0 die Feldstärke an der Oberfläche der Probe für den Strom J und $\frac{\Delta\varrho(H_0)}{\varrho\,(H=0)}$ die relative Widerstandserhöhung der Oberflächenschicht im äquivalenten homogenen transversalen Magnetfeld darstellen. Aus dem Kohlerdiagramm für niedrige Magnetfelder (vgl. hierzu [10]) wurde $p = 1{,}75$ und $k = 3{,}4 \cdot 10^{-11}\ (\text{cm/A})^p$ ermittelt.

Die nach (7) berechnete Änderung des Widerstandsverhältnisses verschiedener Proben bei verschiedenen Temperaturen enthält die vorletzte Spalte der Tabelle 1. Es zeigt sich, daß die berechneten Werte innerhalb der Fehlergrenzen gut mit den experimentellen Ergebnissen übereinstimmen.

Der Einfluß der Probendimensionen auf das Widerstandsverhältnis

In [2, 3, 12, 13] wurde bereits an anderen Metallen der Einfluß der Probendimensionen auf das Widerstandsverhältnis untersucht. Der Effekt beruht auf der zusätzlichen Streuung der Leitungselektronen an der Oberfläche der Probe. Die Änderungen des Widerstandsverhältnisses sind nach den Theorien von Nordheim [14] und Dingle [15] näherungsweise proportional dem Quotienten aus freier Weglänge λ der Elektronen im kompakten Material und Probendurchmesser d.

Um die Abhängigkeit vom Probendurchmesser untersuchen zu können, benötigt man Proben mit gleichem Restwiderstand aber unterschiedlichem Durchmesser. Normalerweise werden dafür aus ein und demselben Ausgangsmaterial Proben mit verschiedenem Durchmesser hergestellt. Das läßt sich mit dem Elektronenstrahl-Zonenschmelzverfahren nicht verwirklichen. Selbst wenn gleiches Ausgangsmaterial mit unterschiedlichem Durchmesser eingesetzt wird, sind die Reinheitsgrade und damit der Restwiderstand nach dem Schmelzen nicht gleich. Auch eine mechanische Bearbeitung ist nicht möglich, weil die dabei entstehenden Gitterfehler den Restwiderstand um ein Vielfaches erhöhen und sich nicht restlos ausheilen lassen.

Ohne mechanische Beanspruchung läßt sich das Widerstandsverhältnis einer Probe für verschiedene Durchmesser bestimmen, indem die Probe schrittweise elektrolytisch abgetragen und gemessen wird. Geprüft wurde das Verfahren, indem von zwei Proben ungefähr gleicher Reinheit eine Probe doppelt so oft abgetragen und gemessen wurde wie die andere. Die Erhöhung des Widerstandsverhältnisses für gleiche Durchmesseränderung war, unabhängig von der Anzahl der Abtragungsstufen, für beide Proben innerhalb der Fehlergrenzen gleich.

Die Empfindlichkeit des Widerstandsverhältnisses gegen jede Erhöhung der Anzahl der Gitterfehler begrenzt den Durchmesser nach kleinen Werten. Nach oben ist dem Durchmesser der Proben durch das Verfahren des tiegellosen Zonenschmelzens und die Empfindlichkeit der elektrischen Meßanordnung eine weitere Grenze gesetzt. Es wurden die Proben 11 ($r_0 = 6 \cdot 10^{-6}$) und 12 ($r_0 = 3 \cdot 10^{-6}$)

Fig. 3. Die Änderung des Widerstandsverhältnisses $r(T, d) - r(T, d = 3{,}2\,\text{cm})$ in Abhängigkeit vom Durchmesser d der Probe

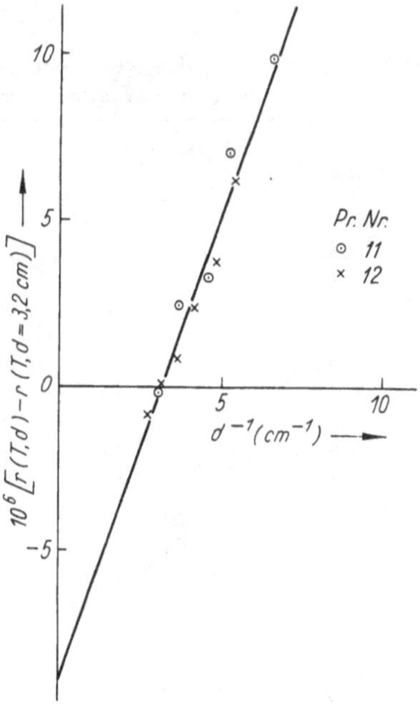

bei Temperaturen zwischen 14 und 20 °K gemessen, wobei der Durchmesser von 4,5 mm auf 1,5 mm abgetragen wurde. Die Ergebnisse enthält Fig. 3. Die Änderung des Widerstandsverhältnisses mit dem Durchmesser ist klein gegenüber dem Realwiderstandsverhältnis für die jeweilige Temperatur und zwischen 14 und 20 °K unabhängig von der Temperatur. Die experimentellen Punkte in Fig. 3 stellen Mittelwerte für den gesamten Temperaturbereich dar. Als Ordinate wurde die Differenz von Widerstandsverhältnis bei beliebigem Durchmesser und Widerstandsverhältnis bei einem Durchmesser von 3,2 mm gewählt, um die Punkte für beide Proben leichter vergleichen zu können. Innerhalb der Meßgenauigkeit können die experimentellen Ergebnisse durch eine Gerade angenähert werden. Nach NORDHEIM [14] und DINGLE [15] wird aus dem Anstieg der Geraden das Produkt aus freier Weglänge λ der Elektronen und Widerstandsverhältnis des kompakten Materials r_∞ berechnet:

$$\lambda\, r_\infty = 3{,}8 \cdot 10^{-6}\ \text{cm}\,. \tag{8}$$

Für Einbandleiter kann daraus die Anzahl der Ladungsträger pro Atom n/n_A bestimmt werden. Für Wolfram erhält man $n/n_A = 0{,}3$, wobei zu berücksichtigen ist, daß für Wolfram als Zweibandleiter die Voraussetzungen der Theorie nicht generell erfüllt sind.

Die von ALEKSANDROV [3] und OLSEN [2] für Aluminium, Zinn, Kadmium und Indium gefundene Abhängigkeit des Oberflächenwiderstandes von der Temperatur wurde zwischen 14 und 20 °K für Wolfram nicht beobachtet. Auch die von BLATT und SATZ [16] abgeleitete Formel kann mit dem Experiment nicht in Übereinstimmung gebracht werden.

Das Restwiderstandsverhältnis

Das Restwiderstandsverhältnis r_0 ist charakteristisch für die chemische und kristallographische Reinheit der Proben. In [1] wurde über den Einfluß verschiedener Parameter des Elektronenzonenschmelzprozesses auf das Restwiderstandsverhältnis berichtet. Deshalb sollen nur die mittlere freie Weglänge, die sich für die einzelnen Proben aus ihrem Restwiderstand bei Heliumtemperaturen ergibt, und die Temperaturabhängigkeit des Restwiderstandes behandelt werden. Spalte 4 der Tabelle 2 enthält die Restwiderstandsverhältnisse der einzelnen Proben. Die Werte wurden aus den experimentellen Ergebnissen berechnet, indem jeweils auf $d \to \infty$, $T \to 0$ und $J \to 0$ extrapoliert wurde.

Tabelle 2

Der Durchmesser d, das Restwiederstandsverhältnis r_0 und die nach (5) geschätzte mittlere freie Weglänge der Ladungsträger der Wolframproben

Proben-Nr.	d (mm)	Anzahl der Zonendurchgänge	$10^6\, r_0$	λ (mm)
1	2,4	1	26,1	2
2	2,2	2	6,5	7
3	1,8	3	16	3
4	2,5	1	50,4	0,8
5	4,3	1	67	0,5
6	3,6	2	3,2	13
7	3,0	3	6,4	7
8	1,8	1	51,7	0,8
9	1,8	1	26,7	2

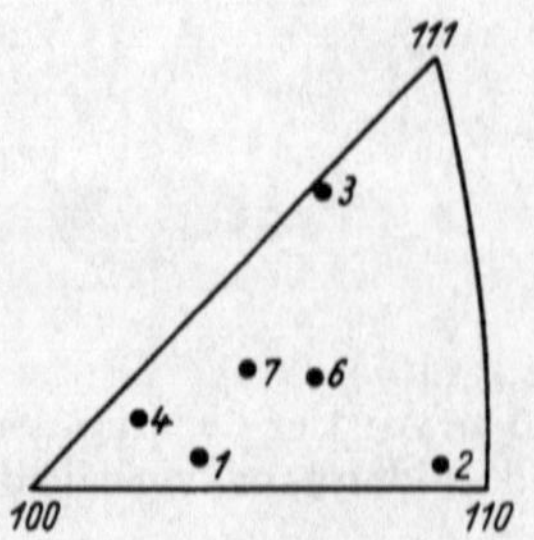

Fig. 4. Die Orientierung einiger Wolframeinkristalle (Richtung der Stabachse

Aus den Restwiderstandsverhältnissen der Proben wurde nach (8) eine mittlere freie Weglänge abgeschätzt (Spalte 5 der Tabelle 2). Der Durchmesser der Proben 2 und 6 ist ca. viermal kleiner als die freie Weglänge. Der Realwiderstand dieser Proben unterhalb 4,2 °K wird überwiegend durch das Oberflächenwiderstandsverhältnis $r(d, T)$ bestimmt. Die Sicherheit der Extrapolation auf den unendlichen Durchmesser ist für diese Proben gering, und der Fehler ihrer Restwiderstandsverhältnisse kann 50% betragen. Für alle übrigen Proben liegt das Verhältnis von freier Weglänge zum Probendurchmesser λ/d zwischen 0,1 und 2. Für diese Proben ist der Anteil des Oberflächenwiderstandes am Gesamtwiderstand kleiner. Er erreicht für die Proben 3 und 7 noch 50%. Änderungen des Restwiderstandes infolge höherer Reinheit können aber noch gut beobachtet werden.

Die Temperaturabhängigkeit des Restwiderstandes

Die Matthiessensche Regel ist für Wolfram nicht erfüllt. Der Realwiderstand ist, abgesehen vom Oberflächenwiderstand, immer größer als die Summe aus Rest- und Idealwiderstand. Kohler [8] leitete für dieses stets positive Zusatzglied folgende allgemeine Formel ab:

$$\Delta r_0(T) = \frac{\gamma\, r_i \cdot \beta\, r_0}{\gamma\, r_i + \beta\, r_0}\,. \tag{9}$$

Krautz und Schultz [17] untersuchten plastisch verformte Wolframproben mit Restwiderstandsverhältnissen zwischen 0,001 und 0,6 und ermittelten die Konstanten β und γ der Gleichung (9). Ihre Ergebnisse zeigten, daß β von Restwiderstand und Temperatur nicht abhängt.

Die Restwiderstandsverhältnisse elektronenstrahlgeschmolzener Wolframproben sind so gering, daß schon für 17 °K die Bedingung $\beta\, r_0 \ll \gamma r_i$ erfüllt ist. Dann folgt aus Gleichung (9)

$$\Delta r_0(T) = \beta\, r_0 \,. \tag{10}$$

Das erlaubt, β aus Messungen des Realwiderstandes von Proben mit verschiedenen Restwiderständen, aber gleichem Durchmesser bei Helium- und Wasserstofftemperaturen zu ermitteln. Gleicher Durchmesser ist Voraussetzung, weil sonst eine eventuell vorhandene Änderung des Oberflächenwiderstandes mit der Temperatur die Temperaturabhängigkeit des Restwiderstandes verfälscht. Extrapoliert man die gemessenen Realwiderstände für zwei Proben (r_1 und r_2) mit gleichem Durchmesser auf $J = 0$ und setzt Gleichung (10) in Gleichung (4) ein, so erhält man für β

$$\beta = \frac{r_0\,(T, J = 0) - r_2\,(T, J = 0)}{r_1\,(T = 0, J = 0) - r_2\,(T = 0, J = 0)} - 1 \,. \tag{11}$$

Tabelle 3 enthält die nach dieser Gleichung für Gruppen von Proben mit fast gleichem Durchmesser berechneten β-Werte. Der für Probe 6 und 7 berechnete β-Wert ist mit großen Fehlern behaftet, weil die Differenz der Widerstandsverhältnisse klein ist und die Durchmesser ungleich sind. Ein Vergleich mit den Werten von Krautz und Schultz [17] liefert volle Übereinstimmung und bestätigt, daß β nicht merklich vom Restwiderstand abhängt.

Die Ermittlung von γ aus Ergebnissen an zonengeschmolzenen Proben ist nicht möglich. Oberhalb 14 °K liegt die Änderung, die durch γ an $\Delta r_0(T)$ verursacht wird, innerhalb der Fehlergrenzen. Unterhalb 4,2 °K ist $r_i(T)$ so klein, daß $\beta\, r_0 > \gamma\, r_i$ ist. Dann folgt aus Gleichung (9) $\Delta r_0(T) = \gamma\, r_i(T)$, und Gleichung (4) reduziert sich auf

$$r(T) = r_0 + (1 + \gamma)\, r_i(T) + r(d, T) \,. \tag{12}$$

Die Temperaturabhängigkeit des Restwiderstandes kann dann nicht von der des Idealwiderstandes getrennt werden.

Tabelle 3

Berechnung der Konstanten β aus Messungen des Realwiderstandes bei Wasserstoff- und Heliumtemperaturen nach Gleichung (11). l und k sind Indizes, die den Probennummern entsprechen

$$a_{lk} = r_l\,(T, J = 0) - r_k\,(T, J = 0) \qquad T > 17\ °\mathrm{K}$$
$$b_{lk} = r_l\,(T = 0\,, J = 0) - r_k\,(T = 0, J = 0)$$

Proben-Nr. l	k	$10^6\, a_{lk}$	$10^6\, b_{lk}$	β
2	1	22,5	19,1	0,18
2	4	50,9	43,6	0,17
3	8	41,5	35,7	0,16
3	9	12,6	10,7	0,18
7	5	68	59	0,16
7	6	– 5,6	– 3,7	0,5 (?)

Zonengeschmolzene Proben mit genügend hohem Restwiderstand standen nicht zur Verfügung. Deshalb wurden die Ergebnisse von VAN DEN BERG [6] und WHITE und WOODS [7] unter Berücksichtigung des Idealwiderstandsverhältnisses elektronenzonengeschmolzener Proben ausgewertet. Für die Funktion $1/\Delta r_0(T) = f\{1/r_i(T)\}$ erhält man Kurven, die darauf hindeuten, daß γ temperaturabhängig ist. Die große Streuung der Meßpunkte erlaubt jedoch keine sicheren Aussagen über den Wert und die Temperaturabhängigkeit von γ.

Ein Einfluß der Orientierung der Wolframkristalle auf die in der vorliegenden Arbeit untersuchten elektrischen Eigenschaften wurde nicht beobachtet.

Herrn Prof. Dr. E. REXER danke ich sehr herzlich für sein stets förderndes Interesse am Fortgang der Arbeit. Besonderer Dank gilt dem Leiter der Arbeitsstelle für Tieftemperaturphysik Dresden der Deutschen Akademie der Wissenschaften, Herrn Prof. Dr. BEWILOGUA, und dem Leiter des Tieftemperaturlabors des Fritz-Haber-Institutes Berlin der Max-Planck-Gesellschaft, Herrn Dr. G. KLIPPING, für die großzügige Unterstützung bei den Tieftemperaturmessungen und Herrn Dipl.-Phys. K. SCHLAUBITZ für viele anregende Diskussionen.

Literatur

[1] K.-H. BERTHEL, E. LONGO und K. SCHLAUBITZ, Reinststoffe in Wissenschaft und Technik, Internationales Symposium Dresden 1961, Akademie-Verlag, Berlin 1963.
[2] J. L. OLSEN, Helv. phys. Acta **31**, 713 (1958).
[3] B. N. ALEKSANDROV, Zh. eksper. teor. Fiz. **43**, 399 (1962).
[4] K.-H. BERTHEL, Vortrag auf der 3. Internationalen Konferenz über Physik und Technik der tiefen Temperaturen, Prag 1963; Tagungsbericht in Vorbereitung.
[5] W. MEISSNER und A. VOIGT, Ann. Phys. **7**, 761, 892 (1930).
[6] G. J. VAN DEN BERG, Physica **14**, 111 (1948).
[7] G. K. WHITE und S. B. WOODS, Canad. J. Phys. **35**, 656 (1957).
[8] M. KOHLER, Z. Phys. **126**, 495 (1949).
[9] E. H. SONDHEIMER und A. H. WILSON, Proc. Roy. Soc. **A 190**, 435 (1947).
[10] K.-H. BERTHEL, phys. stat. sol., demnächst.
[11] P. COTTI, Helv. phys. Acta **33**, 517 (1960).
[12] E. R. ANDREW, Proc. Phys. Soc. **A 62**, 77 (1949).
[13] F. MONTARIOL und R. REICH, C. R. Acad. Sci. (Paris) **254**, 3357 (1962); **254**, 3535 (1962).
[14] L. NORDHEIM, Act. Sci. A. Ind. No. **131**, Paris 1934.
[15] R. B. DINGLE, Proc. Roy. Soc. **A 201**, 545 (1950).
[16] F. J. BLATT und H. G. SATZ, Helv. phys. Acta **33**, 1007 (1960).
[17] E. KRAUTZ und H. SCHULTZ, Z. Naturf. **9a**, 125 (1959).

(Received February 6, 1964)

phys. stat. sol. 5, 169 (1964)

Physikalisch-Technisches Institut der Deutschen Akademie der Wissenschaften zu Berlin, Bereich Elektronische Halbleiter

Zur Messung der Diffusionslänge der Minoritätsträger in Halbleitern

Von

G. JUNGK und H. MENNIGER

Mittels Lichtsondenabtastung wird die Ortsabhängigkeit des p-n-Photoeffektes bzw. des Randschichtphotoeffektes an schräg geschliffenen Proben gemessen und daraus die Diffusionslänge bestimmt. Es können Diffusionslängen $\geqq 10\ \mu m$ gemessen werden, die bei gegebener Temperatur unabhängig von der Größe der Oberflächenrekombinationsgeschwindigkeit, des Reflexionsvermögens und der Quantenausbeute sind. Die Methode wurde durch Messung an Silizium geprüft.

Предложен метод измерения диффузионных длин на клиновидных образцах при помощи светового зонда из измерении p-n-фотоэффекта. Таким путём можно определить диффузионные длины $\geqq$ 10 мк, которые получаются независящими при данной температуре от скорости поверхностной рекомбинации, коэффициента отражения и квантового выхода. Метод проверялся на кремнии.

1. Einleitung

Zur Bestimmung der Diffusionslänge bzw. der Lebensdauer von Ladungsträgern in Halbleitern sind zwar eine Reihe von Methoden bekannt, doch ergeben sich oft prinzipielle Schwierigkeiten bei der Interpretation der Meßergebnisse. So erlauben die aus nichtstationären Messungen gewonnenen Zeitkonstanten nur dann eine Zuordnung zur Lebensdauer der Minoritäts- oder Majoritätsträger, wenn der Rekombinationsprozeß im einzelnen bekannt ist. Photoleitungsmethoden sind im allgemeinen problematisch, da entweder beide Trägertypen in gleicher Konzentration angeregt werden oder aber nicht gezeigt werden kann, daß reine Minoritäts- oder Majoritätsträgeranregung vorliegt. Bestimmungen der Diffusionslänge aus den Absolutwerten reiner Minoritätsträgereffekte wie p-n-Photoeffekt und PEM-Effekt setzen die Kenntnis anderer Halbleiter-Parameter wie Oberflächenrekombinationsgeschwindigkeit und Reflexionsvermögen voraus. Messungen der räumlichen Verteilung injizierter Ladungsträger werden ebenfalls durch die Oberflächenrekombinationsgeschwindigkeit beeinflußt. Dazu kommen die in letzter Zeit untersuchten Umladungseffekte bei optischer Anregung im Störstellengebiet, die die Diffusionslänge verändern können [1, 2]. Lebensdauermessungen, bei denen Hafteffekte durch Nebenlicht ausgeschaltet werden, können dadurch leicht verfälscht werden.

2. Methode zur Messung der Diffusionslänge

Als Methode zur Bestimmung der Diffusionslänge der Minoritätsträger bietet sich der p-n-Photoeffekt an, wobei unter experimentell erfüllbaren Voraussetzungen die oben angeführten prinzipiellen Fehlermöglichkeiten ausgeschlossen werden können. Für ein dickes p-n-Photoelement ist bei Beleuchtung senkrecht zum p-n-Übergang die Kurzschlußstromdichte gegeben durch [1])

$$j_{sc} = -2\,e\,(1 - R)\,I\,\eta\,\frac{1}{1 + \frac{s\,L}{D}}\exp\left(-\frac{w}{L}\right), \tag{1}$$

mit

R Reflexionsvermögen,
I auffallende Intensität in Quanten pro cm²s,
η Zahl der erzeugten Ladungsträger pro Zahl der absorbierten Quanten,
s Oberflächenrekombinationsgeschwindigkeit,
L Diffusionslänge der Minoritätsträger,
D Diffusionskoeffizient und
w Abstand vom Erzeugungsort der zusätzlichen Ladungsträger zum p-n-Übergang (Basisdicke).

Die Abhängigkeit des Kurzschlußstromes i_{sc} von w kann an einem Schrägschliff mit einer Lichtsonde gemessen werden (siehe Fig. 1). Nach Gleichung (1) folgt aus der Exponentialabhängigkeit des Kurzschlußstromes unmittelbar die Diffusionslänge L. Ist die Oberfläche der Probe unter dem Winkel α zur Ebene des p-n-Überganges angeschliffen, so ergibt sich[2])

$$L = -\frac{\operatorname{tg}\alpha}{\frac{d}{dx}\ln i_{sc}}. \tag{2}$$

Die Methode setzt voraus, daß

1. bezüglich des Absorptionskoeffizienten $\varkappa$ und der Diffusionslänge die Bedingung $(\varkappa L)^2 > 1$ erfüllt ist;

2. für die Basisdicke an der dünnsten Stelle die Beziehung $\frac{w}{L} \geqq 3/2$ gilt;

3. jede Art von Nebenlicht (die L beeinflussen kann [1, 2]) ausgeschaltet wird;

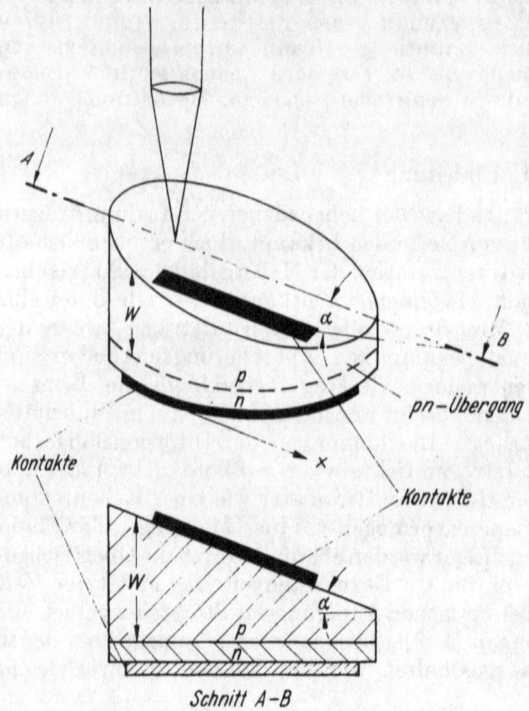

Fig. 1. Silizium p-n-Element mit Schrägschliff und Gold-Kontakten

---

[1]) Die Formel gilt mit einem Fehler $\leqq 5\%$ für $\frac{w}{L} \geqq 3/2$ und wurde aus der in [3] für reine Oberflächenanregung angegebenen Beziehung abgeleitet.

[2]) Obwohl in dieser Arbeit nur der eindimensionale Fall betrachtet wird, zeigt eine strenge Analyse des Diffusionsproblems, daß die gleichen Ausdrücke auch für beliebige Abmessungen der Lichtsonde gelten [4].

4. während einer Messung alle Parameter aus (1), d. h. R, η, s, D und L, die experimentell festgelegte Intensität I und der Durchmesser der Lichtsonde auf der Meßstrecke Δx konstant sind. Die Forderung bezüglich s und D entfällt für $\frac{sL}{D} \ll 1$.

Da die nach (2) berechnete Diffusionslänge L unabhängig vom Absolutwert des Kurzschlußstromes ist, können beliebige ortsunabhängige Veränderungen von R, s, η und D durch die anregende Strahlung oder auch zwischen den Meßreihen auftreten, ohne die Bestimmung von L zu beeinflussen. Eine Intensitätsabhängigkeit der Diffusionslänge kann mit dieser Methode direkt ermittelt werden.

Um eine eventuelle Nichtlinearität der p-n-Übergänge auszuschließen, kann bei der Lichtsondenabtastung der Kurzschlußstrom durch Variation der Intensität I konstant gehalten und die jeweilige Intensität gemessen werden. Die Diffusionslänge folgt aus

$$L = \frac{\operatorname{tg} \alpha}{\frac{d}{dx} \ln I}. \tag{3}$$

Diese Methode hat den Nachteil, daß die intensitätsabhängigen Veränderungen der Parameter (z. B. der Oberflächenrekombinationsgeschwindigkeit) bereits innerhalb einer Meßreihe entlang der Strecke Δx auftreten können und so die Bestimmung von L verfälschen.

Unter bestimmten Voraussetzungen eignet sich auch die Leerlaufspannung V_{oc} des p-n-Photoeffektes zur Messung von L. Dabei wird dieselbe Anordnung verwendet. Allgemein gilt

$$V_{oc} = \frac{kT}{e} \ln\left(1 + \frac{i_{sc}}{i_{sp}}\right), \tag{4}$$

mit i_{sp} Sättigungssperrstrom der Diode.

1. Für $\frac{i_{sc}}{i_{sp}} \gg 1$ folgt die Diffusionslänge aus dem linearen Anstieg der Leerlaufspannung

$$L = -\frac{kT}{e} \frac{\operatorname{tg} \alpha}{\frac{d}{dx} V_{oc}}; \tag{5}$$

2. für $\frac{i_{sc}}{i_{sp}} \ll 1$ aus dem exponentiellen Anstieg

$$L = -\frac{\operatorname{tg} \alpha}{\frac{d}{dx} \ln V_{oc}}. \tag{6}$$

Bei Zimmertemperatur wird der erste Fall bei Leerlaufspannungen >35 mV, der zweite Fall bei Leerlaufspannungen <5 mV mit einem Fehler $\leqq 5\%$ erreicht. Bei vorgegebener Probe kann man erwarten, durch Variation der Intensität oder des Ortes stets ein Gebiet mit linearer bzw. exponentieller Ortsabhängigkeit der Leerlaufspannung zu erreichen und damit L zu bestimmen.[3])

[3]) Der Sonderfall $\frac{i_{sc}}{i_{sp}} = 1$ ergibt bei Zimmertemperatur eine Leerlaufspannung von $V_{oc} = \frac{kT}{e} \ln 2 \approx 17{,}9$ mV. Durch Änderung der Lichtintensität oder des Anregungsortes kann dieser Wert eingestellt werden. Aus dem zugehörigen Kurzschlußstrom kann dann der Sättigungssperrstrom der Diode bestimmt werden.

3. Experimentelle Prüfung der Methode

Die Untersuchungen wurden an p-leitenden Siliziumproben mit einem durch Phosphordiffusion hergestellten p-n-Übergang durchgeführt. Die Homogenität der planparallelen Proben wurde durch Messung der Ortsunabhängigkeit des Kurzschlußstromes überprüft und danach die Scheiben gemäß Fig. 1 schräg angeschliffen (Schliffwinkel $\alpha = 2°$ bzw. $4°$). Die Kristalle wurden mit aufgedampftem Gold bzw. Leitsilber auf der gesamten Unterseite und auf der Oberseite mit zwei parallelen Streifen kontaktiert (siehe Fig. 1).

Die Lichtsonde hatte einen Durchmesser von 0,8 mm. Als Lichtquelle diente eine Wolframprojektionslampe (375 W) bzw. eine Quecksilberhöchstdrucklampe HBO 200; die Spektraluntersuchungen wurden mit einem Zeiss-Spiegel-Monochromator mit Flintglasprisma durchgeführt. Die Intensität des Lichtes konnte durch Drahtgitter variiert und mit einem Vakuumthermoelement gemessen werden. Es wurden Messungen sowohl bei Gleichlicht als auch bei Wechsellicht (14,2 Hz) durchgeführt und jedes Nebenlicht ausgeschlossen. Die Proben wurden mit einem Mikrometerfeintrieb bewegt (Ablesegenauigkeit 10^{-2} mm). Der Kurzschlußstrom des p-n-Photoeffektes wurde bei Gleichlichteinstrahlung mit einem Zeiss-Skalengalvanometer[4]) oder einem Lichtmarkengalvanometer[5]) gemessen. Bei Wechsellichteinstrahlung ergibt sich der Kurzschlußstrom aus dem Spannungsabfall an einem geeigneten Arbeitswiderstand.[6]) Leerlaufspannungen wurden bei Gleichlichteinstrahlung mit einem Schwingkondensatorverstärker[7]) bzw. bei Wechsellichteinstrahlung mit einem Röhrenvoltmeter[6]) gemessen.

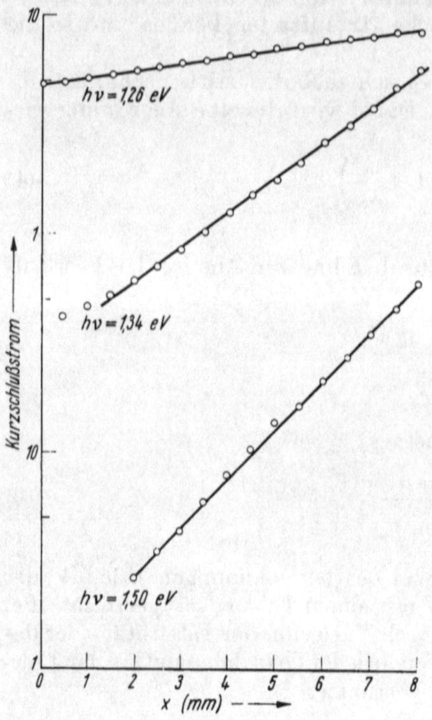

Fig. 2. Ortsabhängigkeit des Kurzschlußstromes eines Silizium-p-n-Elementes (gemäß Fig. 1); $\alpha = 2°$; bei verschiedenen Photonenenergien der anregenden Strahlung

In Fig. 2 ist für eine Probe die Ortsabhängigkeit des Kurzschlußstromes bei konstanter Intensität, jedoch verschiedener Wellenlänge der anregenden Strahlung wiedergegeben. Die nach (2) berechnete „Diffusionslänge" in Abhängigkeit von der Photonenenergie ist in Fig. 3 dargestellt. Für Photonenenergien $h\nu \geqq 1{,}4$ eV ist diese Größe unabhängig von der Wellenlänge der anregenden Strahlung und gleich der gesuchten Diffusionslänge. Die gleiche Diffusionslänge erhält man bei Anregung mit Hilfe des Metallinterferenzfilters 900 nm. Bei Intensitätsänderungen um

[4]) Kleinster meßbarer Strom $\approx 10^{-10}$ A, $R_i \approx 1000\ \Omega$.

[5]) Typ LG 1-1 (VEB Geräte- und Reglerwerke, Teltow), kleinster meßbarer Strom $\approx 10^{-8}$ A, $R_i \approx 50\ \Omega$.

[6]) Spannungsmessung mit Philips Breitband-Millivoltmeter GM 6012.

[7]) Typ FH 408, Frieseke & Höpfner, Erlangen.

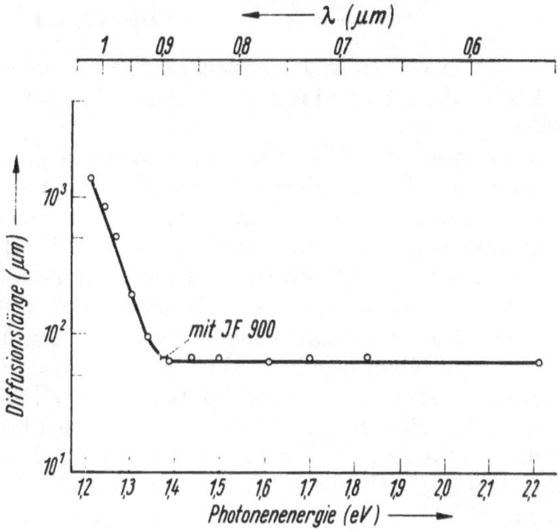

Fig. 3. Spektralabhängigkeit der nach (2) bestimmten „Diffusionslänge“

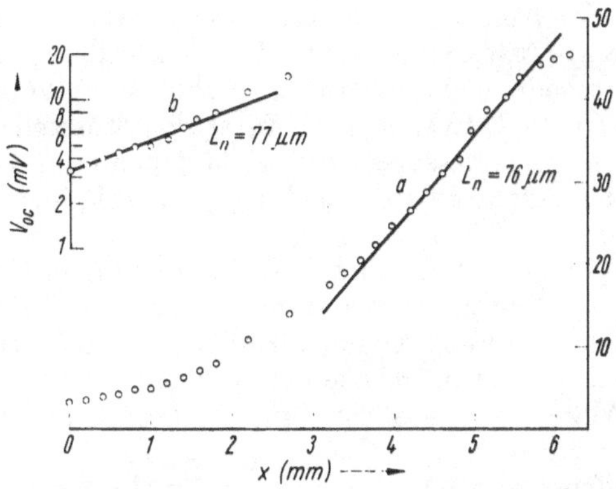

Fig. 4. Ortsabhängigkeit der Leerlaufspannung eines Silizium-p–n-Elementes (gemäß Fig. 1); $\alpha = 2°$; bei Grundgitteranregung (Metallinterferenzfilter 900 nm). Kurve *a* im linearen Maßstab; Kurve *b* im halblogarithmischen Maßstab für kleine Leerlaufspannungen

eine Größenordnung wurden in diesem Spektralgebiet keine Änderungen der Diffusionslänge festgestellt. Messungen bei verschiedener Kontaktierung (Änderung des Kontaktmaterials) bzw. an verschiedenen Oberflächen (geschliffen oder poliert) einer Probe ergaben zwar verschiedene Absolutwerte des Kurzschlußstromes, aber völlig übereinstimmende Diffusionslängen. An einigen Proben wurde auch die Methode des konstanten Kurzschlußstromes mit variabler Intensität benutzt und die Diffusionslänge nach (3) berechnet. Die Diffusionslängen, die nach diesen beiden Methoden ermittelt wurden, weichen um 10 bis 20% voneinander ab. Die Untersuchungen der Ortsabhängigkeit der Leerlaufspannung ergeben die erwarteten linearen bzw. exponentiellen Abhängigkeiten (siehe Fig. 4). Die in den beiden Gebieten nach (5) bzw. (6) berechneten Diffusionslängen stimmen mit der aus dem Kurzschlußstrom ermittelten überein. Wird mit dem gesamten Spektrum einer Wolframlampe oder einer Quecksilberhöchstdrucklampe angeregt, so sind die Diffusionslängen stark intensitätsabhängig und bis zu fünfmal größer als mit Grundgitteranregung.

An undiffundierten p-leitenden Siliziumproben konnte durch Aufdampfen einer Aluminiumschicht auf die mit CP4 geätzte Unterseite ein Randschicht-Photoeffekt erreicht werden. Die Ortsunabhängigkeit des Kurzschlußstromes an einer planparallelen Probe wurde geprüft und danach mit Hilfe des Schrägschliffes die Diffusionslänge wie oben bestimmt. An einer Probe mit einem spezifischen Widerstand von etwa 500 Ωcm wurde eine Diffusionslänge von 600 µm gemessen.

4. Diskussion

Bei der Auswertung der experimentellen Kurven dürfen Meßpunkte am Rand der Probe (der Abstand muß groß gegenüber der Basisdicke w sein) nicht benutzt werden.

Die Grenzen der Methode sind durch Probenabmessung, möglichen Schliffwinkel α und Empfindlichkeit der Messung von Strom- bzw. Spannungsunterschieden gegeben. Nimmt man Proben mit einem Schliffwinkel von 1°, eine Meßstrecke von 1 mm (zur Prüfung der Abhängigkeit sind dann 10 Meßpunkte im 0,1 mm Abstand möglich) und Meßwertunterschiede von 10% an, so erhält man nach (2) für $L_{\min} = 3\ \mu$m. Für Si ergibt sich wegen der Bedingung $(\varkappa L)^2 > 1$ allerdings $L_{\min} \approx 10\ \mu$m. Die obere Grenze wird im allgemeinen durch die Abmessungen der Proben gegeben. Da Anschliffwinkel und Ortskoordinate mit großer Genauigkeit gemessen werden können, ist der Fehler für die gesuchte Diffusionslänge $\leqq 5\%$. Weicht die Meßstrecke Δx von der durch die Schliffebene vorgebenen Richtung um 10° ab, so ergibt sich ein Fehler von 2%.

Die Unterschiede in den Diffusionslängen, die nach den beiden Kurzschlußstrommethoden (i_{sc} = const bzw. I = const) gefunden wurden, liegen also außerhalb des Meßfehlers. Die Abweichungen können durch intensitätsabhängige Veränderungen von s oder R bzw. s und R erklärt werden.

Die bei gemischter Anregung (Störstellen- und Grundgitterlicht einer Wolframlampe bzw. HBO 200) beobachtete größere ,,Diffusionslänge" ist auf die bei dieser Methode nicht statthafte Volumenanregung zurückzuführen (eventuell wurde auch die Diffusionslänge durch den Störstellenanteil beeinflußt [1, 2]). Die Ergebnisse der Messung der Leerlaufspannung V_{oc} ergab die erwartete lineare Ortsabhängigkeit bereits bei $V_{oc} > 30$ mV und eine exponentielle Ortsabhängigkeit bei $V_{oc} < 7$ mV.

Alle Resultate sind unabhängig von der Größe der Oberflächenrekombinationsgeschwindigkeit, wodurch Fehler, die bei vielen anderen Lebensdauermeßmethoden auftreten können, vermieden werden. Die meßtechnisch einfache Anordnung bei Messungen mit konstanter Intensität mit einem Metallinterferenzfilter und Wolframlampe ist auch für routinemäßige Untersuchungen im Basismaterial von großflächig diffundierten p–n-Bauelementen geeignet. Der Randschicht-Photoeffekt gestattet auch am undiffundierten Material die Diffusionslänge zu messen. Damit könnte z. B. der Einfluß einer Temperung oder Diffusion auf die Lebensdauer untersucht werden.

Herrn Dr. K. Thiessen danken wir herzlich für viele fördernde Diskussionen und wertvolle Hinweise. Für Diskussionen zum Diffusionsproblem danken wir Herrn Dr. H. Puff.

Literatur

[1] F. M. Berkovsky, R. R. Kasymova und S. M. Ryvkin, Fiz. tverd. Tela **5**, 524 (1963).
[2] G. Jungk, H. Menniger und K. Thiessen, phys. stat. sol., Veröffentlichung demnächst.
[3] E. S. Rittner, Photoconductivity Conference, Wiley, New York 1956 (S. 215).
[4] H. Puff, phys. stat. sol., Veröffentlichung demnächst.

(Received February 7, 1964)

phys. stat. sol. 5, 175 (1964)

Max-Planck-Institut für Metallforschung, Stuttgart

Zur Theorie des Kontrastes von elektronenmikroskopisch abgebildeten Gitterfehlern

Von

M. WILKENS

Es wird die dynamische Theorie der Elektronenbeugung in gestörten Kristallen neu formuliert. Abweichend von den Differentialgleichungen von HOWIE und WHELAN [2], die die Ortsabhängigkeit der Amplituden der primären und der reflektierten Welle beschreiben, werden in der vorliegenden Arbeit die Gitterstörungen dadurch berücksichtigt, daß die Anregungsstärken der Wellenfelder innerhalb des Kristalls als ortsabhängige Größen eingeführt werden. Man gelangt zu einfachen Differentialgleichungen, die auch im Falle dynamischer Beugung analytische Näherungslösungen erlauben. An einem Beispiel wird gezeigt, daß bereits eine erste Näherung qualitativ gute Übereinstimmung mit vergleichbaren Kontrastkurven zeigt, die HOWIE und WHELAN mit elektronischen Rechenmaschinen gewonnen haben.

A new formulation of the dynamical theory of electron diffraction in distorted crystals has been derived. This treatment differs from the differential equations of HOWIE and WHELAN [2], who describe the dependence of the amplitude of the primary and the reflected waves on the depth-coordinates of the thin foil. The lattice distortions are taken into account by the corresponding dependence of the excitation strength of the wave fields inside the crystal. Simple differential equations are obtained from which good approximations can be derived also in the dynamical case of diffraction. An example is given in which it is shown that a first approximation gives qualitatively good agreement with comparable curves obtained by HOWIE and WHELAN using a digital computer.

1. Einleitung

Die bei elektronenmikroskopischer Abbildung von Kristallbaufehlern zu beobachtenden Kontraste sind ihrer Natur nach Beugungserscheinungen, die durch die Interferenzwechselwirkung der Elektronen mit dem ortsabhängigen Verzerrungszustand des Gitters in der Nähe des Gitterfehlers entstehen. HIRSCH, HOWIE und WHELAN [1] haben eine erste Theorie zur Berechnung dieser Kontrasterscheinungen entwickelt. Diese sogenannte kinematische Theorie führt die Berechnung des Kontrastes bei gegebenem Gitterfehler auf die Lösung eines Integrals zurück, das bei einfachen Gitterfehlern, z. B. geraden Versetzungen, analytisch zu lösen ist. Die kinematische Theorie ist aber nur dann gültig, wenn die Einstrahlrichtung der Elektronen hinreichend weit vom Braggschen Winkel der betreffenden Netzebenenschar entfernt ist, was häufig nicht der Fall ist. Andererseits hat sie in vielen Fällen zu guter Übereinstimmung zwischen berechneten und beobachteten Kontrasterscheinungen geführt und damit wesentlich zu einem physikalischen Verständnis des Beugungskontrastes beigetragen.

Beobachtet man dagegen bei einer Einstrahlrichtung, die genau oder doch nahezu genau mit dem Braggschen Winkel übereinstimmt, so gilt die dynamische Beugungstheorie. Es treten „dynamische" Kontrasterscheinungen auf, die mit der kinematischen Theorie nicht zu erklären sind. Für diesen dynamischen Kontrastfall haben HOWIE und WHELAN [2] ein System von linearen Differentialgleichungen erster Ordnung zwischen den Amplituden des primären und des reflektierten Strahls aufgestellt, deren Koeffizienten die ortsabhängigen Ableitungen der Atomverschiebungen enthalten. Eine Integration dieser Differentialgleichungen (Howie und Whelan [3]) für verschiedene Arten von Gitterfehlern führte in der Tat zu guter Übereinstimmung zwischen beobachteten und berechneten dynamischen Kontrasterscheinungen.

Wegen mathematischer Schwierigkeiten wurden bei diesen Berechnungen die Differentialgleichungen mit Hilfe einer elektronischen Rechenmaschine numerisch integriert. Bei der Vielzahl der Arten und Konfigurationen von Gitterfehlern wäre aber eine analytische Lösung der Differentialgleichungen sehr wünschenswert, etwa um die Abhängigkeit des Kontrastes von bestimmten Parametern der Versetzungskonfiguration abschätzen zu können. Gevers [4] teilt zu diesem Zweck die Kristallfolie in zwei (näherungsweise) ungestörte Bereiche oberhalb und unterhalb der Versetzung und einen stark gestörten Bereich in der Nähe der Versetzung ein. Für die „ungestörten" Bereiche benützt Gevers die analytisch bekannten Lösungen der dynamischen Theorie und behandelt die Beugung im stark gestörten Bereich mit einer Art kinematischen Näherung.

Das Verfahren von Gevers ist wegen der etwas willkürlichen Aufteilung der Folie in „ungestörte" und „gestörte" Bereiche nicht sehr befriedigend. Wir wollen deshalb im folgenden versuchen, auf anderem Wege zu analytischen Näherungsverfahren zu gelangen. Das Wesentliche dieses Weges soll kurz erläutert werden. Im sogenannten Zweistrahlfall kann der Wellenzustand im ungestörten Gitter durch eine Überlagerung von zwei Wellenfeldern W_a und W_b beschrieben werden, wobei jedes Wellenfeld aus je einer ebenen Welle K_{oa} oder K_{ob} in Richtung des Primärstrahls und einer ebenen Welle K_{ga} oder K_{gb} in Richtung des reflektierten Strahls besteht. Die Wellenvektoren dieser vier ebenen Wellen sind in bekannter Weise mit den Dispersions- oder Anregungsflächen verbunden, wie es in Fig. 1 skizziert ist, siehe z. B. von Laue [5]. Howie und Whelan fassen die Amplituden der etwas verschieden gerichteten Wellen K_{oa} und K_{ob} bzw. der Wellen K_{ga} und K_{gb} zu den Amplituden T und S der sogenannten Pendellösung zusammen und beschreiben den lokalen Wellenzustand im gestörten oder ungestörten Gitter durch die Ortsabhängigkeit der Amplituden T und S.

Andererseits kann der Wellenzustand im ungestörten Gitter völlig eindeutig durch die Stärken beschrieben werden, mit denen die Wellenfelder W_a und W_b angeregt sind. Wir bezeichnen die Anregungsstärken mit den Symbolen A und B,

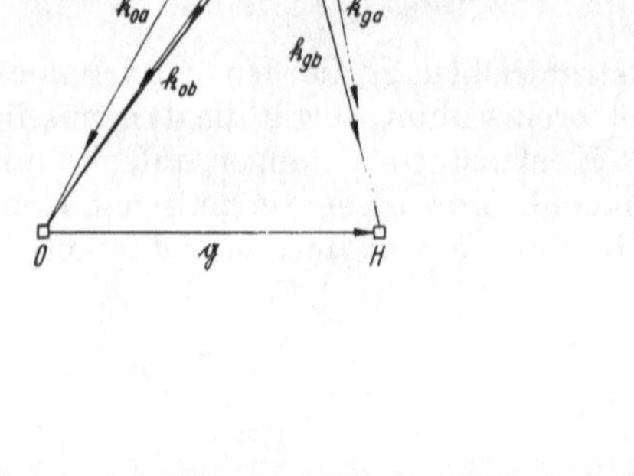

Fig. 1. Konstruktion der Wellenvektoren mit Hilfe der Dispersionsflächen im reziproken Gitter

wobei A zum Wellenfeld W_a und B zum Wellenfeld W_b gehört. Im ungestörten Gitter sind die A und B konstant.

Abweichend von HOWIE und WHELAN beschreiben wir nun den Beugungsvorgang im gestörten Gitter durch eine örtliche Abhängigkeit der A und B. Wie in der vorliegenden Arbeit gezeigt wird, gelangt man mit diesem Ansatz zu einfachen und übersichtlichen linearen Differentialgleichungen erster Ordnung zwischen den A und B, die nicht nur im kinematischen Fall, sondern auch im dynamischen Fall die Anwendung von Bornschen Näherungsverfahren erlauben. Um ein Maß für die Genauigkeit dieser Näherung zu erhalten, wird in einem Beispiel (Schraubenversetzung parallel zur Folie, rein dynamische Beugung) die erste Näherung der Kontrastfunktion mit der entsprechenden maschinenberechneten Kontrastfunktion von HOWIE und WHELAN verglichen.

In einem Anhang wird gezeigt, daß ein zweiter Ansatz zur Definition der Anregungsstärken möglich ist, der in engem Zusammenhang mit der sogenannten PENNING-POLDER-Näherung [6] bei Röntgenbeugung an gestörten Kristallen steht.

2. Beugung im ungestörten Gitter

Wir behandeln zuerst einige Ergebnisse der Beugung im ungestörten Gitter, die als Ausgangsbasis für die folgenden Betrachtungen benötigt werden. Fig. 2 zeigt eine Kristallfolie, bei der die Foliennormale $\boldsymbol{n}$ senkrecht auf der Normalen $\boldsymbol{g}$ der reflektierenden Netzebenenschar steht (symmetrischer LAUE-Fall). Für eine gegebene Einstrahlrichtung der Primärwelle schreiben wir die Amplitude des Elektronenzustandes im Kristall in der Form

$$\psi(\boldsymbol{r}) = V(z) \exp\left[2\pi i\left((\boldsymbol{K}_o, \boldsymbol{r}) + \frac{s}{2} z\right)\right] + W(z) \exp\left[2\pi i\left((\boldsymbol{K}_g, \boldsymbol{r}) - \frac{s}{2} z\right)\right], \quad (1)$$

dabei bedeuten $\boldsymbol{K}_o$ und $\boldsymbol{K}_g$ die Wellenvektoren der Primärwelle bzw. der reflektierten Welle außerhalb des Kristalls (Die Brechung an der Oberfläche wurde vernachlässigt.). s ist der in [1] eingeführte Parameter zur Charakterisierung der Einstrahlrichtung,

$$s = g \cdot \Delta\Theta\,, \quad (2)$$

mit $g = |\boldsymbol{g}|$ reziproker Netzebenenabstand derjenigen Netzebenenschar, an der die Wellen gebeugt werden, $\Delta\Theta$ Abweichung der Einstrahlrichtung vom Braggschen Winkel.

In der dynamischen Theorie ([5,2]) ergibt sich, daß die Funktionen $V(z)$ und $W(z)$ in folgender Weise darzustellen sind:

$$\left.\begin{aligned} V(z) &= v_a \cdot \exp(\pi i p z) + v_b \cdot \exp(-\pi i p z)\,, \\ W(z) &= w_a \cdot \exp(\pi i p z) + w_b \cdot \exp(-\pi i p z)\,. \end{aligned}\right\} \quad (3)$$

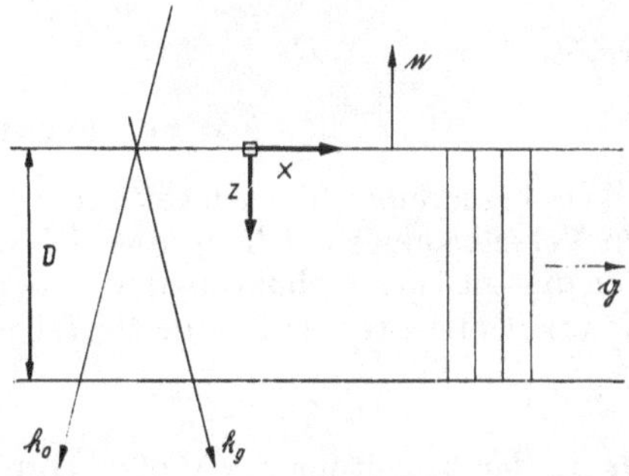

Fig. 2. Orientierung und Koordinatenachsen der Kristallfolie

Dabei ist

$$p = (\sigma^2 + s^2)^{1/2} \,, \tag{4}$$

σ reziproke Extinktionslänge.

Die Konstanten v_a, v_b, w_a, w_b gehorchen den Bedingungen

$$v_a = q_a \cdot w_a, \qquad v_b = q_b \cdot w_b, \qquad q_a = \frac{-s + p}{\sigma}\,, \qquad q_b = -\frac{s + p}{\sigma}\,. \tag{5}$$

Gleichung (1) kann dann in folgender Form geschrieben werden:

$$\psi(\boldsymbol{r}) = v_a \exp\left(2\pi i\,(\boldsymbol{K}_{oa}, \boldsymbol{r})\right) + v_b \exp\left(2\pi i\,(\boldsymbol{K}_{ob}, \boldsymbol{r})\right) + \\ + w_a \exp\left(2\pi i\,(\boldsymbol{K}_{ga}, \boldsymbol{r})\right) + w_b \exp\left(2\pi i\,(\boldsymbol{K}_{gb}, \boldsymbol{r})\right), \tag{6}$$

wobei in der Konstruktion im reziproken Gitter die Wellenvektoren $\boldsymbol{K}_{oa}$ und $\boldsymbol{K}_{ga}$ bzw. $\boldsymbol{K}_{ob}$ und $\boldsymbol{K}_{gb}$ an den Dispersions- oder Anregungsflächen D_a bzw. D_b ansetzen (siehe Fig. 2). Die Faktoren q_a und q_b sind die auf den Dispersionsflächen D_a bzw. D_b vorgeschriebenen Amplitudenverhältnisse der primären zur reflektierten Welle. Andererseits können in der Darstellung von (1) die Funktionen V und W als die Amplituden der sogenannten Pendellösung aufgefaßt werden.

Unter Benützung der Amplitudenverhältnisse in (5) führen wir jetzt Linearkombinationen von V und W als neue Funktionen ein.

$$\left.\begin{aligned} [V(z) - q_b \cdot W(z)] \cdot \exp(-\pi i p z) &= A(z)\,, \\ [V(z) - q_a \cdot W(z)] \cdot \exp(+\pi i p z) &= B(z)\,. \end{aligned}\right\} \tag{7}$$

Die Umkehrungen lauten

$$\left.\begin{aligned} A \cdot \exp(\pi i p z) - B \cdot \exp(-\pi i p z) &= W \frac{2p}{\sigma}\,, \\ A \cdot q_a \cdot \exp(\pi i p z) - B \cdot q_b \cdot \exp(-\pi i p z) &= V \frac{2p}{\sigma}\,. \end{aligned}\right\} \tag{8}$$

Diese Linearkombinationen sind so gewählt, daß für das Wellenfeld W_a

$$A = \text{const}, \; B \equiv 0$$

und für das Wellenfeld W_b

$$A \equiv 0, \; B = \text{const}$$

gilt. Man erkennt das leicht anhand der Gleichungen (3) und (5). Die Konstanten A und B sind also ein Maß für die Anregung der Wellenfelder W_a und W_b. Die Randbedingungen am oberen Rand der Folie lauten $V(0) = 1$, $W(0) = 0$, woraus sich mit (7)

$$A = 1, \; B = 1 \tag{9}$$

ergibt.

3. Beugung im gestörten Gitter

Wir beschreiben die Abweichungen von der idealen Gitterperiodizität durch ein Verschiebungsfeld $\boldsymbol{R}(\boldsymbol{r})$, das sich auf ein ungestörtes Gitter beziehen möge. Von diesem Verschiebungsfeld wird nur die auf den Netzebenenabstand normierte Komponente u senkrecht zur Netzebenenschar benötigt,

$$u = (\boldsymbol{g}, \boldsymbol{R})\,. \tag{10}$$

Die in der Einleitung erwähnten Differentialgleichungen von HOWIE und WHE-

LAN [2], die die Amplituden T und S des primären und des reflektierten Strahls außerhalb des Kristalls miteinander verknüpfen, führen wir in einer an unsere Amplituden V und W angepaßten Form ein. Mit den Transformationen

$$V = T \exp\left(-\pi i (u + s z)\right), \qquad W = S \exp\left(\pi i (u - s z)\right) \tag{11}$$

folgt aus [2]

$$\left.\begin{aligned} V_z + i\pi (u_z + s) \cdot V &= i \pi \sigma W, \\ W_z - i\pi (u_z + s) \cdot W &= i \pi \sigma V. \end{aligned}\right\} \tag{12}$$

In der sogenannten Säulennäherung [1] ist nur die z-Koordinate unabhängige Variable der Funktionen V und W, während die in u bzw. u_z enthaltene x-Koordinate als Parameter von V und W aufzufassen ist. In jeder „Säule" kann das Verschiebungsfeld $u = u(z)$ so normiert werden, das $u(0) = 0$ ist.

Wir nehmen jetzt an, daß die Beugung im gestörten Kristall ebenfalls mit zwei Wellenfeldern beschrieben werden kann, deren Anregungspunkte entsprechend der Einfallsrichtung auf den Dispersionsflächen des dem gestörten Kristall zugeordneten ungestörten Kristalls liegen mögen. Die Störungen der Gitterperiodizität werden berücksichtigt, indem die Anregungsstärken abweichend von Abschnitt 1 als Funktionen des Ortes aufgefaßt werden. (Eine andere Möglichkeit zur Definition der Anregungsstärken im gestörten Kristall wird im Anhang untersucht.)

Wir behandeln in den Definitionsgleichungen (7) und (8) die Anregungsstärken A und B als Funktionen von z und gehen damit in die Differentialgleichungen (12) ein.

Nach einigen Umordnungen erhält man

$$\left.\begin{aligned} A_z &= -i\pi u_z\left[\frac{-s}{p} A + \frac{s+p}{p} \exp(-2\pi i p z)\, B\right], \\ B_z &= -i\pi u_z\left[\frac{s}{p} B + \frac{-s+p}{p} \exp(2\pi i p z)\, A\right]. \end{aligned}\right\} \tag{13}$$

Vorerst sei die reziproke Extinktionslänge σ und damit p (siehe (4)) als reell vorausgesetzt. Dann läßt sich (13) in anschaulicher Weise interpretieren. Man denke sich eine eng lokalisierte Störung des Gitters. u_z sei also nur in einem begrenzten Intervall zwischen $z = z_0 - \Delta$ und $z_0 + \Delta$ von Null verschieden. Die Lösung von (13) vor dem Störgebiet folgt aus den Randbedingungen (9): $A = 1$ und $B = 1$ für $z < z_0 - \Delta$. Nach dem Störgebiet – d. h. $z > z_0 + \Delta$ – gilt auf jeden Fall wieder $A = \text{const}$ und $B = \text{const}$, wobei die Konstanten von 1 verschieden sein können. In unserer Sprechweise bewirken die Gitterstörungen demnach einen Wechsel der Anregungsstärken der beiden Wellenfelder. Im allgemeinen Fall ist aus (13) sofort abzulesen, daß die Anregungsstärken um so schwächer ortsabhängig sind, je geringer die Verschiebungsableitungen u_z sind. Hat man die Lösungen der Differentialgleichungen (13), so folgen die gesuchten Amplituden der primären und der reflektierten Welle aus den Transformationsgleichungen (8).

Damit ist unser Ziel erreicht. Wir haben die dynamische Theorie der Beugung im gestörten Kristall so formuliert, daß die Anregungsstärken der beiden Wellenfelder zur Kennzeichnung des Wellenzustandes benützt werden.

Zur besseren Anpassung an die experimentellen Befunde haben HOWIE und WHELAN [2, 3] und HASHIMOTO, HOWIE und WHELAN [7] rein formal eine komplexe Extinktionslänge eingeführt, die analog zur Röntgenbeugung die sogenannte anormale Absorption bewirkt. Wir setzen

$$\sigma = \sigma_0 + i\,\tau_0\,,$$

wobei nach den genannten Autoren bei niedrig indizierten Reflexen $\tau_0/\sigma_0 = 0{,}1$ die experimentellen Befunde am besten wiedergibt. In guter Näherung gilt dann

$$p = (\sigma^2 + s^2)^{1/2} = p_0 + i\,p_i\,, \qquad p_0 \cong (\sigma_0^2 + s^2)^{1/2}\,, \qquad p_i \cong \tau_0 \cdot \sigma_0 \cdot (\sigma_0^2 + s^2)^{-1/2}\,.$$

Obgleich die Gleichung (13) bei komplexen σ bzw. p genauso gültig ist wie bei reellen Werten, müssen die A und B etwas verändert werden, damit sie weiterhin als Anregungsstärken aufzufassen sind.

Den bei $p_i \neq 0$ sich ergebenden Dämpfungsfaktor im Exponentialausdruck in (7) bringen wir auf die rechte Seite und fügen einen Dämpfungsfaktor hinzu, der die normale Absorption berücksichtigt. Die Anregungsstärken nennen wir dann A_τ und B_τ.

$$\left.\begin{aligned} A_\tau &= A \cdot \exp\,(-\,\pi\,p_i\,z - \mu\,z)\,,\\ B_\tau &= B \cdot \exp\,(+\,\pi\,p_i\,z - \mu\,z)\,.\end{aligned}\right\} \tag{14}$$

Dabei ist μ der normale Absorptionskoeffizient der Amplituden, der für Kontrastfragen unerheblich ist. Aus physikalischen Gründen muß aber $\mu > \tau_0$ gelten. Unter stillschweigender Berücksichtigung von (14) können wir der Einfachheit halber weiterhin von den A und B als den Anregungsstärken sprechen.

4. Näherungsverfahren

Zur weiteren analytischen Behandlung ist es zweckmäßig, Gleichung (13) etwas umzuformen. Mit

$$a = A \cdot \exp\left(-\,\pi\,i\,\frac{s}{p}\,u\right), \qquad b = B \cdot \exp\left(\pi\,i\,\frac{s}{p}\,u\right) \tag{15}$$

folgt

$$\left.\begin{aligned} a_z &= -\,i\,\pi\,\frac{s+p}{p} \cdot u_z \cdot \exp\left(-\,2\,\pi\,i\left(\frac{s}{p}\,u + p\,z\right)\right) \cdot b\,,\\ b_z &= -\,i\,\pi\,\frac{-s+p}{p} \cdot u_z \cdot \exp\left(+\,2\,\pi\,i\left(\frac{s}{p}\,u + p\,z\right)\right) \cdot a\,.\end{aligned}\right\} \tag{16}$$

Wegen der Normierung $u(0) = 0$ gelten die gleichen Randbedingungen wie in (9),

$$a(0) = 1, \quad b(0) = 1. \tag{17}$$

Die Gleichung (16) erlaubt für verschiedene Spezialfälle Näherungslösungen.

1. Wir setzen $|s| \gg \sigma$, z. B. $s > 0$. Dann ist $p \approx s$. Mit den Randbedingungen (17) ergibt sich

$$a = 1 - 2\,\pi\,i \int_0^z u_z \cdot \exp\,(-\,2\,\pi\,i\,(u_z + s\,\zeta))\,d\zeta\,, \qquad b = 1\,. \tag{18}$$

Geht man von den Anregungsstärken a und b wieder zu den Amplituden V und W des primären und des reflektierten Strahls zurück, so findet man

$$\left.\begin{aligned} &V \cdot \exp\,(\pi\,i\,(u + s\,z)) = 1\,,\\ &W \cdot \exp\,(-\,\pi\,i\,(u + s\,z)) = \frac{i}{s} \cdot \sin \pi\,(u + s\,z) \cdot \exp\,(-\,\pi\,i\,(u + s\,z)) -\\ &\qquad\qquad - \frac{i\,\pi}{s}\,K(z, -1, -s)\,.\end{aligned}\right\} \tag{19}$$

Die Funktion K führen wir hier gleich in allgemeiner Form ein, in der sie weiter unten benötigt wird. Sie ist definiert mit

$$K(z, c_1, c_2) = \int_0^z u_z \cdot \exp\left(2\pi i\,(c_1 u + c_2 \xi)\right) d\xi\,. \tag{20}$$

Dieses Ergebnis für V und W entspricht bis auf unwesentliche Phasenfaktoren gerade der kinematischen Näherung von HIRSCH, HOWIE und WHELAN in der partiell integrierten Form, siehe Anhang von [1].

2. Wir setzen voraus, daß die Verzerrungen u_z klein sind, so daß auch die Veränderungen der Anregungsstärken klein bleiben. Man kann dann das Bornsche Näherungsverfahren anwenden. Ausgehend von den Lösungen des ungestörten Gitters schreiben wir

$$\left.\begin{aligned} a &= a_0 + \varepsilon a_1 + \varepsilon^2 a_2 + +\,,\\ b &= b_0 + \varepsilon b_1 + \varepsilon^2 b_2 + +\,. \end{aligned}\right\} \tag{21}$$

Geht man mit diesem Ansatz in (16) ein und ordnet nach dem Entwicklungsparameter ε unter der Annahme, daß u_z von der Größenordnung ε ist, so folgt

$$\left.\begin{aligned} \varepsilon a_1 &= -i\pi\frac{s+p}{p} K\left(z, \frac{-s}{p}, -p\right); \qquad \varepsilon b_1 = -i\pi\frac{-s+p}{p} K\left(z, \frac{s}{p}, p\right),\\ \varepsilon^2 a_2 &= -\pi^2\frac{\sigma^2}{p^2}\int_0^z K\left(\xi, \frac{s}{p}, p\right) K_z\left(\xi, \frac{-s}{p}, -p\right) d\xi\,,\\ \varepsilon^2 b_2 &= -\pi^2\frac{\sigma^2}{p^2}\int_0^z K\left(\xi, \frac{-s}{p}, -p\right) K_z\left(\xi, \frac{s}{p}, p\right) d\xi\,. \end{aligned}\right\} \tag{22}$$

Es sei darauf hingewiesen, daß die Funktionen $K(z, c_1, c_2)$ und $K(z, -c_1, -c_2)$ nur bei reellen c_1 und c_2 zueinander konjugiert komplex sind.

3. Ist das z-Intervall $z_0 - \Delta < z < z_0 + \Delta$, in dem die Verschiebungsableitungen u_z wesentlich von Null verschieden sind, klein gegen die effektive Extinktionslänge, also $2\Delta \ll p^{-1}$, so kann man im Bornschen Näherungsverfahren von einer anderen Näherung ausgehen. Für eine nullte Näherung wird u_z als Deltafunktion in $z = z_0$ angenommen. Gleichung (16) hat die dann exakte Lösung

$$\left.\begin{aligned} a_0 &= \alpha \exp\left(\pi i\frac{-s+p}{p} u\right) + (1-\alpha)\exp\left(-\pi i\frac{s+p}{p} u\right),\\ b_0 &= \beta \exp\left(\pi i\frac{+s+p}{p} u\right) + (1-\beta)\exp\left(+\pi i\frac{s-p}{p} u\right),\\ \alpha &= \frac{s+p}{2p}\left(1 - \exp\left(-2\pi i p z_0\right)\right),\\ \beta &= \frac{s-p}{2p}\left(\exp\left(2\pi i p z_0\right) - 1\right). \end{aligned}\right\} \tag{23}$$

Geht man mit dem Ansatz (21) unter Benützung dieser nullten Näherung in die Differentialgleichung (16) ein und betrachtet dabei

$$u_z\left[\exp\left(\pm 2\pi i p\,(z - z_0)\right) - 1\right]$$

als klein von der Größenordnung des Entwicklungsparameters ε, so erhält man als erste Näherung, auf die wir uns beschränken,

$$\left.\begin{aligned}\varepsilon a_1 = -i\pi\frac{s+p}{p}\Big[\beta\Big\{K\Big(z,\frac{-s+p}{2p},-p\Big)-\exp(-2\pi i p z_0)\,K\Big(z,\frac{-s+p}{2p},0\Big)\Big\}+\\ +(1-\beta)\Big\{K\Big(z,\frac{-s-p}{2p},-p\Big)-\exp(-2\pi i p z_0)\,K\Big(z,\frac{-s-p}{2p},0\Big)\Big\}\Big],\\ \varepsilon b_1 = -i\pi\frac{-s+p}{p}\Big[\alpha\Big\{K\Big(z,\frac{s+p}{2p},p\Big)-\exp(2\pi i p z_0)\,K\Big(z,\frac{s+p}{2p},0\Big)\Big\}+\\ +(1-\alpha)\Big\{K\Big(z,\frac{s-p}{2p},p\Big)-\exp(2\pi i p z_0)\,K\Big(z,\frac{s-p}{2p},0\Big)\Big\}\Big].\end{aligned}\right\}\quad(24)$$

Damit haben wir aus den Differentialgleichungen (16) neben der bekannten kinematischen Näherung zwei weitere Näherungen abgeleitet, die im dynamischen Kontrastfall anzuwenden sind. Die eine Näherung betrifft die Ausläufer der Kontrastfunktionen. Die andere Näherung ist dann anzuwenden, wenn die Integrationssäule in enger Nachbarschaft der Versetzung liegt.

Wie man leicht feststellt, gehen diese beiden neuen Näherungen, wenn man $|s| \gg \sigma$ setzt, in die kinematische Näherung über.

5. Anwendung auf ein Beispiel

Wenn eine Schraubenversetzung parallel zur Folie die Ursache für die Verschiebungsableitung u_z ist, so lauten bei allen drei Näherungsverfahren die benötigten Integrale K nach (20)

$$K(D, c_1, c_2) = \frac{n}{2\pi}\int_0^D \frac{x}{x^2+(\xi-z_0)^2}\exp(i\,c_1\,\varphi + 2\pi i\,c_2\,\xi)\,d\xi\,. \quad (25)$$

Dabei ist $n = (\boldsymbol{g}, \boldsymbol{b})$, $\boldsymbol{b}$ Burgersvektor der Schraubenversetzung, $\boldsymbol{g}$ Beugungsvektor, $u(z) = \frac{n\varphi}{2\pi}$ mit $\operatorname{tg}\varphi = \frac{z-z_0}{x}$. Der Durchstoßpunkt der Versetzung durch die Bildebene in Fig. 1 liegt bei $x = 0$, $z = z_0$, D Foliendicke.

Integrale dieser Art mit ganzzahligem Parameter c_1 haben HIRSCH, HOWIE und WHELAN [1] behandelt. Den Fall $c_1 = m/3$ (m ganzzahlig) hat GEVERS [8] untersucht.

In der vorliegenden Arbeit wollen wir die Näherungslösungen auf einen einfachen Fall anwenden, der aber als extremes Beispiel für dynamischen Kontrast gilt. Wir untersuchen den Kontrast bei rein dynamischer Beugung, d. h. $s = 0$ für eine parallel zur Folie liegende Schraubenversetzung mit $n = 1$. Dabei begnügen wir uns mit der ersten Näherung in den Ausläufern der Kontrastfunktionen und mit der nullten Näherung bei $x = 0$. Solange in dem untersuchten Bereich der Kontrastfunktion die Bedingung $z_0 > |x|$ gilt, erhält man die benötigte Funktion $K\,(D, 0, \pm\sigma)$ in guter Näherung, wenn man in (25) erst von $-\infty$ bis $+\infty$ integriert. Bei der Rückintegration von den unendlichen bis zu den endlichen Grenzen reicht dann eine partielle Integration über den Exponentialfaktor als Näherung aus. Man erhält so

$$\begin{aligned}K(D,0,\pm\sigma) = \frac{n}{2}\,x\Big\{\frac{1}{|x|}\exp(\pm 2\pi i\sigma z_0)\exp(-2\pi\sigma|x|)\mp\\ \mp i\,\frac{1}{2\pi\sigma}\Big[\frac{\exp(\pm 2\pi i\sigma D)}{x^2+(D-z_0)^2}-\frac{1}{x^2+z_0^2}\Big]\Big\}++\,. \quad (26)\end{aligned}$$

Mit (17), (21) und (22) gilt dann

$$a(D) = 1 - i\pi K(D, 0, -\sigma) + + ,$$
$$b(D) = 1 - i\pi K(D, 0, +\sigma) + + .$$

Geht man mit diesen Ergebnissen zurück zu den Amplituden V und W, so folgt schließlich

$$V(D) = \cos \pi \sigma D - \frac{i\pi n}{2} \cdot \cos \pi \sigma (D - 2 z_0) \frac{x}{|x|} \exp(-2\pi\sigma |x|) - $$
$$- \frac{i n x}{2\pi\sigma} \sin \pi \sigma D \left[\frac{1}{x^2 + (D - z_0)^2} + \frac{1}{x^2 + z_0^2}\right] + + , \tag{27}$$

$$W(D) = i \sin \pi \sigma D + \frac{\pi n}{2} \cdot \sin \pi \sigma (D - 2 z_0) \frac{x}{|x|} \exp(-2\pi\sigma |x|) +$$
$$+ \frac{n x}{2\pi\sigma} \cos \pi \sigma D \left[\frac{1}{x^2 + (D - z_0)^2} - \frac{1}{x^2 + z_0^2}\right] + + . \tag{28}$$

Faßt man die V und W bei gegebener Foliendicke D als Funktionen von x und z_0 auf, so gelten die leicht ablesbaren Symmetriebeziehungen

$$V(D, x, z_0) = V(D, x, D - z_0) , \tag{29}$$
$$W(D, x, z_0) = W(D, -x, D - z_0) . \tag{30}$$

Die Beziehung (29) gilt auch für die exakte Lösung, wie Howie und Whelan [2] mit Hilfe der Streumatrixmethode gezeigt haben. Andererseits haben sie gezeigt, daß die Beziehung (30) i. a. nicht streng erfüllt sein muß. Höhere Näherungen ergeben also eventuell Verstöße gegen (30).

Um einen Vergleich mit den Ergebnissen von Howie und Whelan [3] zu haben, führen wir die anormale Absorption mit $\sigma = \sigma_0 + i\tau_0$, $\tau_0/\sigma_0 = 0{,}1$ ein. Die Fo-

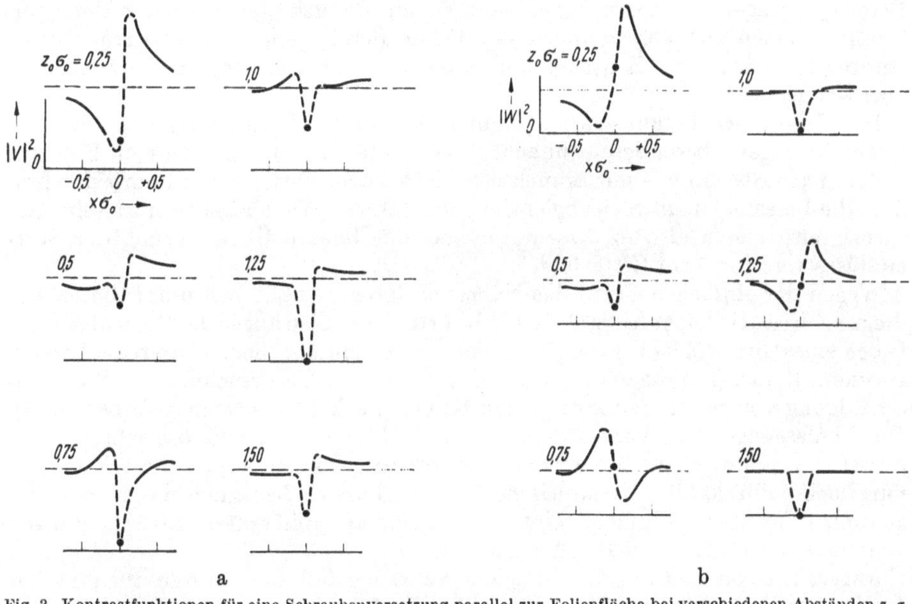

Fig. 3. Kontrastfunktionen für eine Schraubenversetzung parallel zur Folienfläche bei verschiedenen Abständen $z_0 \sigma_0$ von der Folienoberfläche. $(\boldsymbol{b}, \boldsymbol{g}) = 1$, Foliendicke $D \sigma_0 = 3$. Die gestrichelte Horizontallinie gibt die Intensität im großen Abstand von der Versetzung an. a) Intensität $|V|^2$ der Primärwelle, b) Intensität $|W|^2$ der reflektierten Welle

liendicke betrage drei Extinktionslängen, $\sigma_0 D = 3$, ferner sei $n = 1$. Fig. 3 zeigt die Intensitäten $|V|^2$ und $|W|^2$ der Primärwelle und der gebeugten Welle als Funktion der x-Koordinate für verschiedene Abstände z_0 der Versetzung von der Folienoberfläche. Die ausgezogenen Kurven im Bereich $0{,}2 \leqq |x|\, \sigma_0 \leqq 0{,}7$ wurden aus (27) und (28) gewonnen. Der Punkt bei $x = 0$ folgt aus der hier streng gültigen Näherung (23). In dem von der Näherung nicht erfaßten Bereich wurden die Kurven unter Berücksichtigung des Punktes bei $x = 0$ gefühlsmäßig gestrichelt weiter geführt. Vergleicht man diese Ergebnisse mit den entsprechenden Kurven der Fig. 8a in [3], für die die gleichen Parameter n, D, z_0, τ_0/σ_0 gelten, so findet man gute Übereinstimmung. Alle wesentlichen Einzelheiten der maschinengerechneten Kurven lassen sich in dem analytisch gewonnenen Ergebnis wiederfinden. Das gilt besonders im Bereich der Ausläufer. Im Bereich $0{,}2 \lesssim |x|\, \sigma_0 \lesssim 0{,}4$ ergibt die benützte erste Näherung etwas zu hohe Intensitäten, ohne daß dadurch aber qualitative Veränderungen der Kontrastfunktionen entstehen. Größere Abweichungen ergeben sich nur bei $z_0 \sigma_0 = 0{,}25$ und $2{,}75$. Das rührt wahrscheinlich davon her, daß in diesen Fällen die einfache Näherung (26) nicht ausreicht.

6. Diskussion

Ausgangspunkt der vorliegenden Arbeit war der Wunsch, die Differentialgleichungen von HOWIE und WHELAN so umzuformen, daß eine analytisch klare Trennung zwischen den Beugungserscheinungen am ungestörten Gitter und den Veränderungen dieser Beugungen an den Gitterstörungen ermöglicht wird. Das gelang auf einfache Weise, indem nicht die Amplituden des primären und des reflektierten Strahls sondern die Anregungsstärken der zwei im Kristall existenten Wellenfelder als Ortsfunktionen betrachtet werden. Die so gewonnenen Differentialgleichungen lassen neben der bekannten kinematischen Näherung auch im dynamischen Beugungsfall zwanglos Näherungsverfahren zu, die entweder im Bereich geringer Gitterstörungen — z. B. im Bereich der Ausläufer der Kontrastfunktionen von Versetzungen — oder im Bereich eng konzentrierter Gitterstörungen — z. B. im Zentrum der Kontrastfunktionen von Versetzungen — anzuwenden sind.

Im Falle rein dynamischer Beugung ($s = 0$) wird die Näherung geringer Gitterstörungen besonders einfach. Das Integral, das in diesem Fall zur ersten, nach Abschnitt 4 gut brauchbaren Näherung führt, ist das Fourierintegral über die Verschiebungsableitung entlang der z-Achse. In der linearen Elastizitätstheorie ergibt sich also in diesem Bereich eine lineare Überlagerung der Störeinflüsse verschiedener Gitterfehler.

Wegen der einfachen Form des Näherungsintegrals läßt sich unter diesen Bedingungen relativ leicht feststellen, ob die örtlichen Ableitungen des Verschiebungsfeldes eines Gitterfehlers stark genug sind, um einen merklichen Kontrast hervorzurufen. Derartige Fragen ergeben sich z. B. bei der Untersuchung der Strahlenschädigung von neutronenbestrahltem Kupfer nach ESSMANN und WILKENS [9]. Die Abmessungen der Versetzungsringe auf {111}-Ebenen, die die sehr charakteristischen Schwarz-Weiß-Kontraste hervorrufen, können wegen ihrer Kleinheit nur noch indirekt über theoretische Untersuchungen bezüglich des Kontrastes gewonnen werden. Ähnliche Untersuchungen an kohärenten Ausscheidungen stammen von ASHBY und BROWN [10, 11].

Abgesehen von diesem sehr einfachen Näherungsfall, der bei rein dynamischer Beugung und bei kleinen Gitterstörungen gilt, führen die ersten Näherungen im Falle von Versetzungen auf Integrale, wie sie in der kinematischen Theorie bei unvollständigen Versetzungen auftreten. Wie GEVERS [8] gezeigt hat, lassen sich diese Integrale durch rasch konvergierende Reihen darstellen. Für weitere analytische Untersuchungen sollten deshalb die mathematischen Schwierigkeiten nicht allzu groß sein, zumal sich zeigen läßt, daß bei vielen Arten von Gitterfehlern der wesentliche Anteil der zweiten Nährung auf Integrale der ersten Näherung zurückgeführt werden kann. In einer weiteren Arbeit soll darauf näher eingegangen werden.

Zum Abschluß sei noch auf den Anhang verwiesen, in dem die Anregungsstärken, abweichend von Abschnitt 3, so eingeführt werden, daß kein Bezug auf ein ungestörtes Gitter notwendig ist. Man gelangt so zu Differentialgleichungen, deren Störungsglieder statt wie in Abschnitt 3 proportional zu den Verschiebungsableitungen etwa proportional zu den Gitterkrümmungen sind. Die nullten Näherungen dieser Gleichungen entsprechen der sogenannten PENNING-POLDER-Näherung [6] bei der Röntgenbeugung in gestörten Kristallen. Obgleich diese Definitionen der Anregungsstärken und die daraus folgenden Differentialgleichungen eine physikalisch bessere Beschreibung des Beugungsverhaltens in gestörten Kristallen geben, sind sie für analytische Untersuchungen nicht so geeignet.

Herrn Prof. Dr. A. SEEGER danke ich für viele anregende Diskussionen. Ferner sei der Deutschen Forschungsgemeinschaft für die Unterstützung der Untersuchungen gedankt.

Anhang

In Abschnitt 3 wurden zur Beschreibung der Wellenfelder im gestörten Gitter die Dispersionsflächen des ungestörten Gitters benützt. Das ist physikalisch offenbar nicht ganz korrekt, weil die Wahl des ungestörten Gitters bis zu einem gewissen Grade willkürlich ist. Wie gezeigt werden soll, kann diese Unkorrektheit vermieden werden. Abweichend von (7) werden die Anregungsstärken wie folgt eingeführt und mit $\mathfrak{A}$ und $\mathfrak{B}$ bezeichnet:

$$\left.\begin{aligned} [V - \mathfrak{q}_b \cdot W] \exp\left(-\pi i \int_0^z \mathfrak{p}(\xi)\, d\xi\right) &= \mathfrak{A}, \\ [V - \mathfrak{q}_a \cdot W] \exp\left(+\pi i \int_0^z \mathfrak{p}(\xi)\, d\xi\right) &= \mathfrak{B} \end{aligned}\right\} \tag{A 1}$$

mit

$$\mathfrak{q}_a = \frac{-(s + u_z) + \mathfrak{p}}{\sigma}, \qquad \mathfrak{q}_b = -\frac{(s + u_z) + \mathfrak{p}}{\sigma},$$

$$\mathfrak{p} = (\sigma^2 + (s + u_z)^2)^{1/2}.$$

Dieser Ansatz paßt das Amplitudenverhältnis am Orte z auf jeder Dispersionsfläche an die dort vorliegende Gitterorientierung an, d. h., bei Wechsel der Gitterorientierung wandern die Anregungspunkte auf den Dispersionsflächen. Das Integral im Exponenten bewirkt, daß jedes Wegelement den richtigen Beitrag zur Phase gibt. Mit den Differentialgleichungen (12) folgt

$$\left.\begin{aligned} \mathfrak{A}_z &= \frac{1}{2} \frac{-u_{zz} + \mathfrak{p}_z}{\mathfrak{p}} \left[\mathfrak{A} - \mathfrak{B} \cdot \exp\left(-\pi i \int_0^z \mathfrak{p}\, d\xi\right)\right], \\ \mathfrak{B}_z &= \frac{1}{2} \frac{u_{zz} + \mathfrak{p}_z}{\mathfrak{p}} \left[\mathfrak{A} \cdot \exp\left(2\pi i \int_0^z \mathfrak{p}\, d\xi\right) - \mathfrak{B}\right]. \end{aligned}\right\} \tag{A 2}$$

Die rechte Seite von (13) ist prop. zu u_z, während die entsprechende Gleichung hier etwa proportional zu u_{zz}, d. h. prop. zu den Gitterkrümmungen ist. Sind die Gitterkrümmungen klein und nur schwach ortsabhängig, so daß sie sich – multipliziert mit dem Exponentialfaktor – über größere Strecken ausmitteln, kann man die rechte Seite gleich Null setzen, und man erhält $\mathfrak{A} = \text{const}$ und $\mathfrak{B} = \text{const}$. Dieser Zustand ist gerade die Voraussetzung, die PENNING und POLDER [6] eingeführt haben, um den Weg und die Stärke des Energieflusses dynamisch gebeugter Röntgenstrahlen in schwach gestörten Kristallen quantitativ verfolgen zu können. (Bei Elektronenbeugung ist wegen der kleinen Braggwinkel der Unterschied zwischen der Richtung des Energieflusses und den Richtungen des primären und des reflektierten Strahls zu vernachlässigen. Das ist eine der Voraussetzungen der „Säulennäherung".)

Gleichung (13) bzw. (16) und (A 2) sind gleichwertig. Der Unterschied liegt in der Ausdehnung des Übergangsbereiches zwischen den konstanten Lösungen vor und hinter dem Störgebiet. (A 2) gibt im Bereich der PENNING-POLDER-Näherung noch (quasi-) konstante Lösungen. Das Wandern der Anregungspunkte in diesem Bereich wird in (13) rein formal durch eine entsprechende Ortsabhängigkeit der Lösungen A und B beschrieben. Obgleich (A 2) physikalisch besser begründet ist, sind (13) und (16) für das Auffinden analytischer Lösungen offenbar geeigneter.

Gleichung (A 2) legt nahe, daß der Gültigkeitsbereich der PENNING-POLDER-Näherung von einem kritischen Wert der Gitterkrümmung begrenzt wird. In dem Zusammenhang verweisen wir auf WILKENS und MEIER [12], die mit einer halbempirischen Theorie begründet haben, daß die Kontrastbreite röntgenographisch und elektronenmikroskopisch abgebildeter Versetzungen eng mit einem kritischen Wert der Gitterkrümmungen in der Nähe der Versetzungen in Beziehung steht. Dieser Ansatz findet in (A 2) eine qualitative Stütze.

Literatur

[1] P. B. HIRSCH, A. HOWIE und M. J. WHELAN, Phil. Trans. **A 252**, 499 (1960).
[2] A. HOWIE und M. J. WHELAN, Proc. Roy. Soc. **A 263**, 217 (1961).
[3] A. HOWIE und M. J. WHELAN, Proc. Roy. Soc. **A 267**, 206 (1962).
[4] R. GEVERS, phys. stat. sol. **3**, 415 (1963).
[5] M. VON LAUE, Materiewellen und ihre Interferenzen, Leipzig 1944.
[6] P. PENNING und D. POLDER, Philips Res. Rep. **16**, 419 (1961).
[7] H. HASHIMOTO, A. HOWIE und M. J. WHELAN, Proc. Roy. Soc. **A 269**, 80 (1962).
[8] R. GEVERS, Phil. Mag. **8**, 769 (1963).
[9] U. ESSMANN und M. WILKENS, phys. stat. sol. **4**, K 53 (1964).
U. ESSMANN und M. WILKENS, in Vorbereitung.
[10] M. F. ASHBY und L. M. BROWN, Phil. Mag. **8**, 1083 (1963).
[11] M. F. ASHBY und L. M. BROWN, Phil. Mag. **8**, 1649 (1963).
12] M. WILKENS und F. MEIER, Z. Naturf. **18 a**, 26 (1963).

(Received February 7, 1964)

phys. stat. sol. 5, 187 (1964)

II. Physikalisches Institut der Universität München

Die Abhängigkeit der Magnetisierungsschwankungen, der Domänenbreite und der Dispersion der leichten Richtung von den Schichtparametern einachsiger Permalloyfilme

Von

H. HOFFMANN

In [1, 2] wurden die lokalen Schwankungen der Magnetisierungsrichtung aus den lokalen Schwankungen der Anisotropierichtung berechnet. Die Erweiterung der Theorie ermöglicht es, die mittleren Magnetisierungsschwankungen explizit aus den Schichtparametern zu berechnen. Dabei zeigt sich insbesondere ein großer Einfluß der mittleren Kristallitgröße auf die Magnetisierungsschwankungen. Aus der Feldabhängigkeit der mittleren Schwankungsperiode wird die Breite der bei der Ummagnetisierung in der schweren Richtung (bei „inversen" Schichten auch in der leichten Richtung) entstehenden Domänen berechnet. Der Winkel α_{90}, der die Schwankung der leichten Richtung charakterisiert, wird ebenso wie α_{83}, α_{68}, α_{50} aus dem Feinstrukturmodell der Theorie, das durch elektronenmikroskopische Beobachtungen gestützt wird, berechnet. Dieses Modell wird mit dem von CROWTHER [12] vorgeschlagenen verglichen. Die theoretischen Ergebnisse werden anhand der in der Literatur angeführten Experimente geprüft. Sofern ein quantitativer Vergleich möglich ist, ergibt sich gute Übereinstimmung. In den meisten Fällen reichen die von den Autoren angegebenen Schichtparameter für einen quantitativen Vergleich nicht aus. Qualitativ können alle Beobachtungen (besonders die bei Variation einzelner Schichtparameter auftretenden) von den theoretischen Aussagen erklärt werden. Es wird angeregt, im Experiment den eigentlichen Schichtparametern mehr Beachtung zu schenken.

In two of the author's preceding papers [1,2] the magnetic ripple of uniaxial thin permalloy films has been established from the dispersion of the easy axis. The mean value of the fluctuation of the magnetization is calculated from the general equation of the ripple. This mean value is found to bear a marked relation to the mean crystallite size. The width of domain splitting occurring for magnetization reversal in the hard direction, is calculated from the mean wavelength of the ripple for decreasing field. The dispersion of the easy axis (angle α_{90}) is also calculated from the ripple. The model used is compared with those of CROWTHER [12]. The theoretical results are compared with published experimental values. The neglect of some of the parameters of the film allows only qualitative discussions in many cases, and here agreement between theory and experiment is good.

1. Einleitung

Zahlreiche Veröffentlichungen behandeln die magnetische Feinstruktur dünner einachsiger Permalloyschichten und weisen auf die Bedeutung dieser Feinstruktur für die magnetischen Eigenschaften der Schichten hin. Der Einfluß der verschiedenen Herstellungsparameter auf die magnetischen Eigenschaften wurde untersucht, und dabei gelangte man in vielen Fällen zu einem qualitativen Verständnis der Ergebnisse. Eine quantitative Beschreibung wird erst dann gut möglich sein, wenn die Experimentatoren statt der Aufdampfrate, der Trägertemperatur beim Aufdampfen, des Restdrucks in der Vakuumapparatur, der Trägerbeschaffenheit, einer eventuellen Temperzeit usw. die die Magnetisierungsschwankungen beeinflussenden Parameter wie mittlere Kristallitgröße, Kristallanisotropiekonstante, einachsige Anisotropiekonstante, Sättigungsmagnetisierung und Schichtdicke angeben. Die Herstellungsparameter beeinflussen selbstverständlich die Schichtparameter. Ihre Angabe kann aber die Kenntnis der Schichtparameter nicht ersetzen, solange kein eindeutiger quantitativer Zusammenhang zwischen beiden bekannt ist. Diese Forderung an das Experiment kam bereits in zwei früheren Veröffentlichungen des Autors [1, 2] zum Ausdruck, in denen die lokale Schwankung der Magnetisierungsrichtung aus der Dispersion der Vorzugsrichtung der einachsigen Anisotropie und den magnetischen Konstanten (Schichtparametern) der Schicht berechnet wurde. Die theoretische Feldabhängigkeit der mittleren Periodenlänge der Schwankungen sowie die minimale Breite der bei der Ummagnetisierung in der schweren Richtung entstehenden Bereiche stimmten mit experimentellen Ergebnissen überein [2]. Die dargelegte Theorie gab ein gutes Bild der Magnetisierungsverteilung bisher untersuchter Permalloyfilme bei Feldstärken, die größer als $(-H_c, -H_K)_{\max}$ in der leichten bzw. größer als H_K in der schweren Richtung sind. Aus dieser Verteilung läßt sich das magnetische Verhalten der Schichten in diesem Feldbereich erklären. Die Ermittlung der Feldabhängigkeit des Schwankungsquadrates der Magnetisierungsrichtung (φ^2) gibt Auskunft über das Einmünden in die Sättigung $\left(\approx J\left(1 - \frac{\varphi^2}{2}\right)\right)$. Nach Feldtkeller [3] hängt die Suszeptibilität der einachsigen Schichten wesentlich von der Amplitude der Magnetisierungsschwankungen ab.

In der vorliegenden Arbeit wird der Betrag der mittleren Magnetisierungsschwankungen aus den Schichtparametern berechnet. Es wird gezeigt, daß die Bereichsbreite der Domänenaufspaltung in der schweren Richtung durch die Größe der Magnetisierungsschwankungen bestimmt wird, so daß sich die Bereichsbreite ebenfalls aus den Schichtparametern berechnen läßt. Die Bestimmung der Dispersion der leichten Achse ist im Grunde nichts anderes als die Ermittlung der maximalen Magnetisierungsschwankungen. Die Schwankung der Vorzugsrichtung und der Winkel α, unter dem man ein Feld zur Ermittlung dieser Schwankungen anlegt, sind nicht unbedingt, wie bei der Diskussion der entsprechenden Experimente immer angenommen wird, gleich groß. Sie sind jedoch über die Schichtparameter eindeutig miteinander verknüpft und können aus ihnen berechnet werden.

Über die quantitative Bestimmung der erwähnten Größen aus den Schichtparametern sollte es möglich sein, aus der Vielfalt der vorliegenden Experimente zu einem umfassenderen Verständnis des magnetischen Verhaltens dünner Schichten zu gelangen. Systematische Untersuchungen des Einflusses von Schichtveränderungen (durch Tempern) auf die Magnetisierungsschwankungen, Domänenbreite und die Dispersion der leichten Achse stellen die aufschlußreichen Experimente von Cohen [4] dar, an denen die Gültigkeit der theoretischen Aussagen zumindest qualitativ gemessen werden kann.

2. Die Größe der Magnetisierungsschwankungen

Den vorangegangenen Arbeiten [1, 2] lagen zwei experimentelle Aussagen zugrunde, die sich gegenseitig ergänzten:

a) Aus der defokussierten elektronenmikroskopischen Abbildung ist ersichtlich, daß die Bereiche nahezu konstanter Magnetisierungsrichtung eine Vielzahl von Einzelkristalliten umfassen.

b) Die effektiven Schwankungen der Anisotropierichtung sind klein.

Die Aussage a) zeigt, daß die Kristallanisotropie der polykristallinen Schicht über viele Kristallite zu mitteln ist, und erklärt so die Feststellung b). Wie man sich bei der theoretischen Behandlung (Berechnung der Energieterme) von diesen vom Experiment gelieferten Aussagen lösen kann und wie man nur unter Beachtung des polykristallinen Charakters der Kristallenergie der Schicht die Magnetisierungsschwankungen berechnet, wurde im Anhang von [1] angegeben. Man erhält dann für die Magnetisierungsrichtung φ[1]) mit den gleichen Näherungen wie früher [1, 2] den Ausdruck

$$\varphi(x, y) = -\frac{K}{8\,A\,W} \iint\limits_F f_1(\xi, \eta)\, i\, H_0^{(1)}\left(i \sqrt{\frac{K_u}{A}(h \pm 1)} \sqrt{(x-\xi)^2 + \frac{1}{W^2}(y-\eta)^2}\right) d\xi\, d\eta, \tag{1}$$

$$W^2 = \frac{8\,dJ^2}{\sqrt{A\,K_u\,(h \pm 1)}}\,. \tag{2}$$

Zu integrieren ist über die (unendlich ausgedehnte) Schichtfläche. Bei der Herleitung von (1) wurde angenommen, daß die Magnetisierung J vollständig in der Schichtfläche (x, y-Ebene) liegt und keine Komponente in der Schichtnormalen aufweist. In (1) bedeuten x bzw. ξ die mittlere Magnetisierungsrichtung (leichte oder schwere Richtung), y bzw. η die Senkrechte dazu in der Schichtfläche, K die Anisotropiekonstante, A die Austauschkonstante, K_u die Konstante der einachsigen Anisotropie und d die Schichtdicke. $h = H/H_K$ ist die normierte Feldstärke, $H_0^{(1)}$ die Hankelfunktion, $f_1(\xi, \eta)$ ist eine Funktion von Winkelfunktionen ($-1 \leqq f_1(\xi, \eta) \leqq +1$). Das obere Vorzeichen im Ausdruck $h \pm 1$ gilt, wenn das äußere Feld und die mittlere Magnetisierung parallel zur leichten Richtung, das untere, wenn sie parallel zur schweren Richtung der einachsigen Anisotropie liegen. Im ersten Fall muß $h > -1$, im zweiten $h > 1$ sein. Für $h < -1$ in der leichten Richtung und $h < 1$ in der schweren Richtung ist die Hankelfunktion durch die Neumannfunktion zu ersetzen. Diese Fälle sollen jedoch hier nicht behandelt werden. Transformiert man in (1) $x - \xi = \xi'$; $y - \eta = \eta'$ und mittelt man $\varphi(x, y)$ über ein Gebiet, in dem die Schwankungen gekoppelt sind, so ist die mittlere Schwankung

$$\bar{\varphi} = -\frac{K}{8\,A\,W} \iint\limits_F \overline{f_1(x-\xi', y-\eta')}\, i\, H_0^{(1)}\left(i \sqrt{\frac{K_u}{A}(h \pm 1)} \sqrt{\xi'^2 + \frac{1}{W^2}\eta'^2}\right) d\xi'\, d\eta'\,. \tag{3}$$

Die f_1 sind ihrer Herleitung gemäß Winkelfunktionen, die die Lage der leichten Achsen charakterisieren und deren Werte zwischen -1 und $+1$ schwanken. Aus der Gleichverteilung der lokalen leichten Richtungen folgt, daß der Mittelwert von f_1 durch

$$|\bar{f_1}| = \frac{1}{\sqrt{2\,N}} \tag{4}$$

gegeben ist. N ist die Anzahl der (als gleich groß angenommenen) Kristallite innerhalb des Gebietes, über das gemittelt wird. Nach (1) tragen zur Schwankung $\varphi(x, y)$ der Magnetisierungsrichtung nur diejenigen N Kristallite bei, die innerhalb eines Bereichs liegen, für den das Argument der Hankelfunktion kleiner als 1 ist. Wegen des steilen Abfalls der Hankelfunktion können alle anderen Schichtbereiche

[1]) φ gibt die Abweichung von der mittleren Magnetisierungsrichtung (leichte oder schwere Richtung) an.

außer acht gelassen werden. Das Integrationsgebiet beschränkt sich somit auf eine Ellipse mit den Halbachsen

$$a = \sqrt{\frac{A}{K_u}}\,\frac{1}{\sqrt{h \pm 1}}\,, \qquad b = \sqrt{\frac{A}{K_u}}\,\frac{1}{\sqrt{h \pm 1}}\,\frac{2\,J\sqrt{2\,d}}{\{A\,K_u\,(h \pm 1)\}^{1/4}}\,.$$

Die Anzahl der bei der Mittelung zu berücksichtigenden Kristallite, deren mittlere Kantenlänge D sei, ist

$$N = \frac{\pi\,a\,b}{D^2}\,.$$

Damit erhält man

$$\bar{f}_1^2 = \frac{D^2\,K_u\,\{A\,K_u\}^{1/4}\,(h \pm 1)^{5/4}}{4\,\pi\sqrt{2}\,J\,A\sqrt{d}}\,. \tag{5}$$

Das verbleibende Integral in (3)

$$\iint\limits_F i\,H_0^{(1)}\left(i\sqrt{\frac{K_u}{A}(h \pm 1)}\sqrt{\xi'^2 + \frac{1}{W^2}\eta'^2}\right)d\xi'\,d\eta'$$

wird auf Polarkoordinaten transformiert und ergibt

$$\frac{A}{K_u}\,\frac{2\,\pi}{h \pm 1}\int\limits_0^\infty i\,r\,H_0^{(1)}(i\,r)\,dr\,.$$

Der Wert des bestimmten Integrals ist $2/\pi$ (Gröbner-Hofreiter [5]). Insgesamt erhält man durch Einsetzen dieser Werte in (3)

$$\bar{\varphi}^2 = \frac{1}{16\sqrt{2}\,\pi}\,\frac{D^2\,K^2}{J\sqrt{d}}\,\frac{1}{\{A\,K_u\,(h \pm 1)\}^{3/4}}\,. \tag{6}$$

Durch diesen Ausdruck wird der Betrag der mittleren Schwankungen der Magnetisierungsrichtung beschrieben. Es soll auch an dieser Stelle darauf hingewiesen werden, daß ein kleines Feldstärkegebiet um $+H_K$ ($h = 1$) in der schweren und $-H_K$($h = -1$) in der leichten Richtung ausgeschlossen werden muß, da dort die Näherungen der Theorie nicht mehr gelten.

(6) bestätigt die qualitativen Erwartungen (z. B. [6]), daß größere Kristallite eine größere effektive Anisotropieschwankung und damit verbunden größere Magnetisierungsschwankungen hervorrufen. Cohen [4] beobachtete bei der Temperung einachsiger Permalloyschichten eine mit der Temperzeit zunehmende Vergrößerung der Kristallite, die sich magnetisch auf Grund der anwachsenden Magnetisierungsschwankungen in zunehmendem Kontrast des ripple-Bildes äußerte. Allgemein zeigen die Angaben der experimentellen Literatur, daß die beobachteten Magnetisierungsschwankungen um so größer waren, je höher die Trägertemperatur beim Aufdampfen lag, d. h. je größer die Kristallite waren. Da die Größe der Magnetisierungsschwankungen schlecht mit hinreichender Genauigkeit bestimmbar ist, läßt sich der Einfluß der Kristallitgröße quantitativ besser an Aussagen prüfen, die aus (6) abgeleitet werden (z. B. Domänenbreite — Abschnitt 3, Dispersion der leichten Richtung — Abschnitt 4).

Der Zusammenhang zwischen den Magnetisierungsschwankungen φ und der Kristallenergie K wurde von Fuchs [7] untersucht. Er fand mit Abnahme der Kristallenergie (die sich aus der unterschiedlichen Legierungszusammensetzung

Fig. 1. Der Betrag der mittleren Schwankung der Magnetisierungsrichtung $|\overline{\varphi}|$ als Funktion der Kristallitgröße D. Die Kristallenergiekonstante K wurde als Schichtparameter variiert. Als weitere Schichtparameter wurden angenommen: $d = 1000$ Å, $J = 800$ Gauß, $K_u = 1 \cdot 10^3$ erg cm^{-3}, $A = 1 \cdot 10^{-6}$ erg cm^{-1}

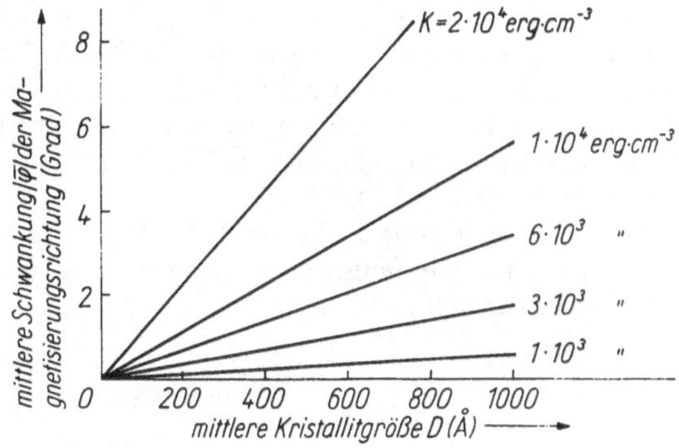

ergab) eine Abnahme der Magnetisierungsschwankungen und damit eine qualitative Bestätigung von (6).

Die Abhängigkeit der Schwankungen von der Feldstärke ist auf elektronenmikroskopischen Aufnahmen deutlich erkennbar. In Übereinstimmung mit (6) nimmt die Magnetisierungsschwankung mit von der Sättigung her abnehmender Feldstärke zu. Über den quantitativen Zusammenhang zwischen der Feldstärke und der mittleren Periodenlänge der Schwankungen wurde bereits an anderer Stelle [2] berichtet.

Die Fig. 1 zeigt die Größe der Magnetisierungsschwankungen im Feld $h = 0$ in der leichten bzw. $h = 2$ in der schweren Richtung als Funktion der Kristallitgröße D. Als Parameter wurde die Kristallenergie K (d. h. die Legierungszusammensetzung) variiert. Als quantitativer Vergleich seien die Abschätzungen von Feldtkeller [3] erwähnt, der aus Suszeptibilitätsmessungen an 81% Ni–19% Fe-Schichten unter der Voraussetzung sinusförmiger Schwankungen ripple-Amplituden von 2° bis 4° erhielt. Für die von Feldtkeller untersuchten Schichten ergibt (6) bei einer angenommenen mittleren Kristallitgröße $D = 400$ Å den Wert $|\overline{\varphi}| = 2{,}5°$.

3. Bereichsaufspaltung und Bereichsbreite

Erniedrigt man die Feldstärke nach der Sättigung in der schweren Richtung, so vergrößern sich nach (6) die Magnetisierungsschwankungen. Ebenso wächst die mittlere Schwankungsperiode λ, die in Übereinstimmung mit dem Experiment durch

$$\lambda = 2\pi \sqrt{\frac{A}{K_u}}\, \frac{1}{\sqrt{h \pm 1}} \tag{7}$$

gegeben wird (siehe [2, 2a]). Mit zunehmender Magnetisierungsschwankung φ, d. h. mit abnehmendem Feld h, vergrößert sich die Streufeldkomponente parallel zur mittleren Magnetisierungsrichtung. Bei der Ableitung von (1) war diese Komponente vernachlässigt worden [1]. Es wurde darauf hingewiesen, daß diese Näherung gerechtfertigt ist, solange die Austauschenergie die erwähnte Streufeldenergie überwiegt. Sobald die Streufeldenergie größer ist, wird die bis dahin nahezu kontinuierliche Änderung der mittleren Periodenlänge λ bei abnehmendem Feld blockiert, so daß die beobachtete Domänenaufspaltung bei der entsprechenden Blockierungsfeldstärke h_a beginnt. Die halbe Periodenlänge $b = \lambda_a/2$, die zu dieser Feldstärke h_a nach (7) gehört, ist dann etwa der Domänenbreite gleichzusetzen. Die tatsächlich beobachtete Domänenbreite ist gewiß etwas größer als die aus (7) theoretisch berechnete, da die Aufspaltung nicht abrupt bei $h = h_a$ einsetzt und da sich bei weiterer Feldverringerung gelegentlich zwei der im Entstehen begriffenen Domänen zu einer dritten größeren vereinigen. Die wahre Domänenbreite sollte aus diesem Grund um einen Faktor 2 bis 3 von der berechneten abweichen.

Nach der Ableitung in [1] sind die Variation der Energie des Streufeldes parallel zur mittleren Magnetisierungsrichtung und die des entsprechenden Austauschterms gleich groß, wenn

$$J^2 \, \bar{\varphi}_a^2 \, d \sqrt{\frac{A}{K_u}} \, \frac{1}{\sqrt{h_a \pm 1}} = A \tag{8}$$

gilt. $|\bar{\varphi}_a|$ ist die mittlere Magnetisierungsschwankung im Feld h_a. Die Gleichung (6) liefert eine zweite Beziehung zwischen diesen Größen, so daß h_a berechnet werden kann. Es ergibt sich

$$h_a \pm 1 = \frac{1}{A \, K_u} \left\{ \frac{J \, D^2 \, K^2 \sqrt{d}}{16 \sqrt{2} \, \pi} \right\}^{4/5}. \tag{9}$$

Die Fig. 2 zeigt die Feldstärke h_a als Funktion der Kristallitgröße, wobei die Kristallenergie K als Parameter variiert wird. Es ergibt sich, daß die Feldstärke h_a, bei der die Aufspaltung allmählich einsetzt, sehr stark von der Kristallitgröße und der Kristallenergie abhängt. Die Näherungen der Theorie sind gültig für alle Feldstärken oberhalb der einzelnen Kurven in Fig. 2. Es zeigt sich (Fig. 2a), daß die Gültigkeit um so näher an $h = 1$ ($H = H_K$) in der schweren und $h = -1$ ($H = -H_K$) bei inversen Schichten ($h_c > 1$) in der leichten Richtung heranreicht, je kleiner die Kristallite und je kleiner die Kristallenergie sind.

Bei der Ableitung der Theorie [1, 2] wurde H_K als konstant in der ganzen Schicht und diese als unendlich ausgedehnt angenommen. Diese Ableitung gilt nicht mehr,

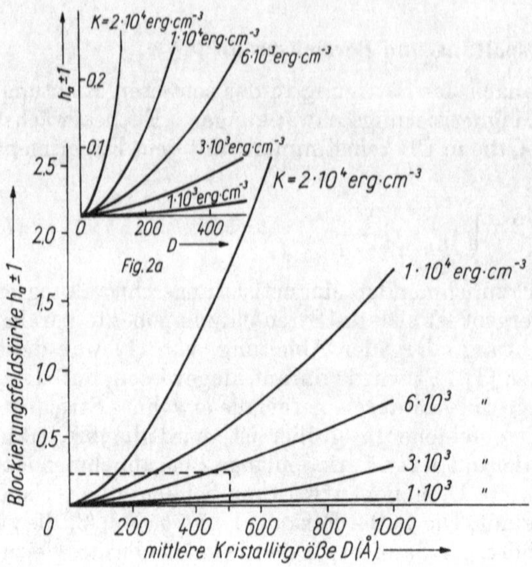

Fig. 2. Die Blockierungsfeldstärke h_a als Funktion der mittleren Kristallitgröße D. Die Kristallenergie wurde als Parameter variiert, die weiteren Konstanten sind die gleichen wie in Fig. 1. Fig. 2a gibt den in Fig. 2 eingerahmten Bereich wieder

wenn die Feldstärke so dicht bei $h = 1$ liegt, daß die mittlere Periodenlänge λ ((7)) von der Größenordnung der linearen Ausdehnung der Schichtfläche ist, da hier Randbedingungen zu beachten sind. Die Endlichkeit der Schicht verhindert also das Divergieren des Integrals in (1). In realen Schichten ist H_K nur innerhalb kleiner Bereiche der Schicht konstant, so daß die obige Feststellung bereits gilt, wenn die mittlere Periodenlänge λ von deren Größenordnung ist. Ist also die Periodenlänge, bei der nach der Theorie die Aufspaltung einsetzen sollte, größer als die Bereiche konstanter einachsiger Anisotropiefeldstärke, so ist es möglich, daß die Magnetisierungsschwankungen klein bleiben und die Aufspaltung erst unterhalb $h = 1$ beginnt. Dies wird um so eher der Fall sein, je kleiner die Kristallenergie K und die mittlere Kristallitgröße D sind. Der in [1] diskutierte Fall der Domänenaufspaltung unterhalb H_K, der bisher im Experiment nicht beobachtet wurde, scheint also durchaus realisierbar zu sein, wenn man geeignete Schichten herstellt.

Die Domänenbreite $b = \lambda_a/2$ berechnet sich aus (7) und (9) zu

$$b = \pi A \left(\frac{16\sqrt{2}\,\pi}{J\,D^2\,K^2\sqrt{d}} \right)^{2/5}. \tag{10}$$

In Fig. 3 ist die Domänenbreite als Funktion der Kristallitgröße wiedergegeben, wobei die Kristallenergie K als Parameter variiert wurde. Die übrigen Schichtparameter sind die gleichen wie in Fig. 1 und 2. Es zeigt sich, daß die Domänenbreite um so kleiner sein muß, je größer die Kristallitgröße und je größer die Kristallenergie sind. Qualitativ wird diese Aussage durch alle entsprechenden Experimente bestätigt. FELDTKELLER [8] beobachtete, daß die Domänenaufspaltung um so feiner war, je größer H_c/H_K der Schichten war. (H_c/H_K ändert sich in gleicher Richtung wie D.) COHEN [4] stellte bei seinen systematischen Temperungen der Schichten fest, daß mit zunehmender Temperdauer die Domänenbreite immer kleiner wurde. Fig. 3 zeigt, daß für Kristallitgrößen D über 500 Å die Aufspaltung bei Schichten mit $K \geqq 3 \cdot 10^3$ erg/cm³ bereits sehr fein wird. Die lokale Magnetisierungsrichtung wird sich dann wegen der großen Austauschenergie nicht weit aus der schweren Richtung herausdrehen können. Diese Struktur wurde von COHEN [4] nach fortgeschrittener Temperung beobachtet.

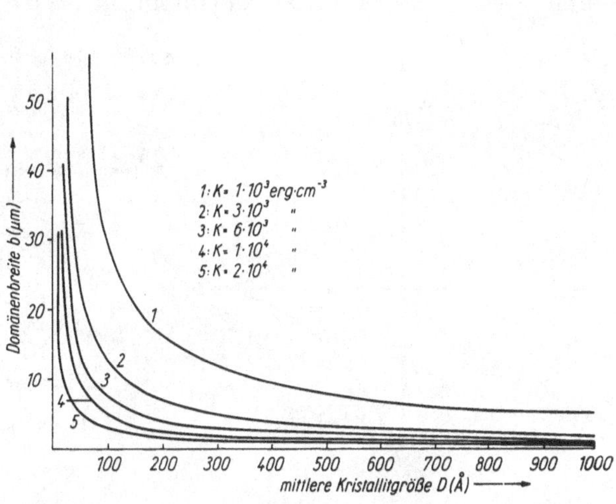

Fig. 3. Die mittlere Breite der bei der Magnetisierungsumkehr in der schweren (bzw. leichten) Richtung auftretenden Domänen als Funktion der mittleren Kristallitgröße D bei verschiedenen Kristallenergien K. Schichtkonstanten wie in Fig. 1

Bei Kristallitgrößen von 300 Å liegt die theoretische minimale Domänenbreite zwischen 2 und 4 μm. Diese Werte wurden im Experiment von Smith [9], Middelhoek [10] und Feldtkeller [11] gefunden, so daß sich auch eine quantitative Übereinstimmung zwischen Theorie und Experiment ergibt.

4. Die Schwankungen der leichten Richtung

Die Schwankungen der Magnetisierungsrichtung in den einachsigen Permalloyfilmen werden durch die lokalen Schwankungen der Vorzugsrichtung bewirkt. In den meisten Beschreibungen der Anisotropieschwankungen geht man davon aus, daß diese Schwankungen – speziell der noch zu erläuternde Winkel α_{90} – Schichtkonstanten sind. Innerhalb eines bestimmten Gebietes sollte die Anisotropievorzugsrichtung konstant sein und um einen kleinen Winkel von der mittleren Vorzugsrichtung abweichen. Die Gebiete konstanter Anisotropierichtung sollten hinreichend groß sein, so daß die gegenseitige Wechselwirkung infolge des Streufeldes und der Austauschkräfte vernachlässigbar ist. Dieses Modell beschrieb z. B. Crowther [12]. Auf diesem Modell beruhen alle Messungen des Winkels α_{90}. α_{90} (siehe Fig. 5) soll der Winkel sein, unter dem man gegen die schwere Richtung die Schicht sättigen muß, damit nach Abschalten des Feldes die Remanenz in der zum ursprünglichen Feld senkrechten Richtung 90% des Maximalwertes beträgt [13].

Bei einem streng einachsigen Verhalten einer Probe werden die Zustände stabiler Magnetisierungsrichtung durch Bereiche außerhalb und innerhalb der in Fig. 4 dargestellten Astroide, die aus der Stoner-Wohlfahrt-Theorie folgt [14], beschrieben. Das von Crowther behandelte Modell betrachtet die Schicht als Konglomerat einzelner Bereiche, deren Astroidenachsen um kleine Winkel schwanken (Fig. 5). In 5% der Schicht ist der Neigungswinkel α der Achsen größer oder gleich dem erwähnten Winkel α_{90}. Dieses Modell scheint zu einfach zu sein, um eine korrekte Beschreibung zu geben. Ungeklärt ist, warum in relativ großen Bereichen, die viele Kristallite umfassen müßten, die Anisotropierichtung konstant sein sollte. Ferner sind die elektronenmikroskopischen Bilder der Feinstruktur mit diesem Modell nicht in Einklang zu bringen, denn man erkennt auf ihnen keine hinreichend großen Bereiche konstanter Magnetisierungsrichtung. Darauf wies bereits Feldtkeller [15] hin.

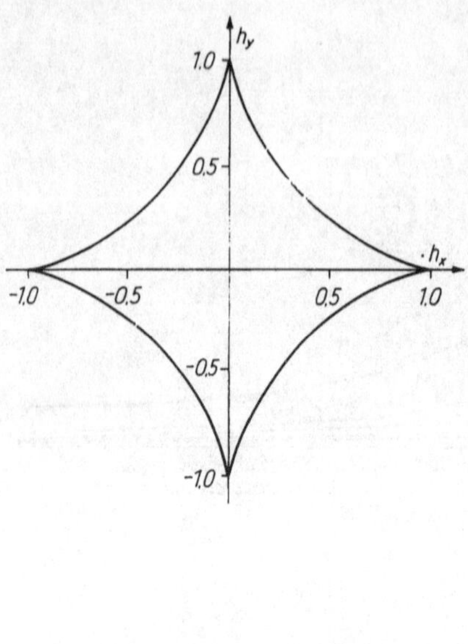

◀ Fig. 4. Die aus dem Stoner-Wohlfahrt-Modell [14] folgende Astroide

Fig. 5. Voneinander unabhängige Bereiche konstanter Anisotropierichtung entsprechend dem Modell von Crowther [12]

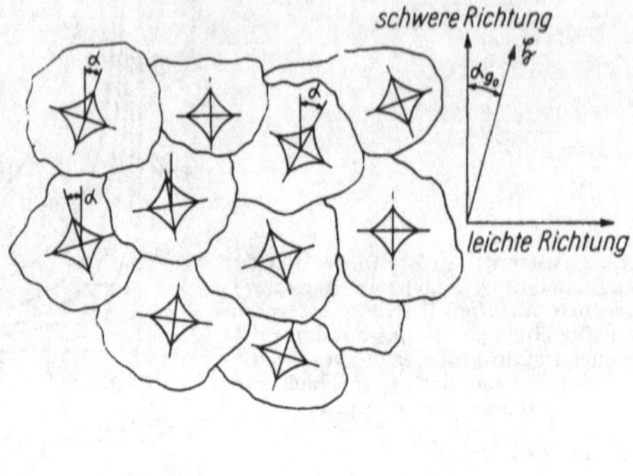

Bei der Ableitung der hier zugrunde liegenden Theorie (Anhang von [1]) wurde die Konstanz der Anisotropierichtung nur innerhalb des Einzelkristallits angenommen. Für den Einzelkristallit ist aber CROWTHERs Annahme unabhängiger Bereiche und ihrer Umklappvorgänge wegen der großen Austauschenergie hinfällig. Die „Steifheit" der Magnetisierungsrichtung mittelt die Anisotropieschwankungen über eine große Anzahl von Kristalliten. Die Größe des Gebietes, über das gemittelt wird, und damit die effektive Anisotropieschwankung hängen vom angelegten Feld ab. Einzelne unabhängige Bereiche konstanter Anisotropierichtung im CROWTHERschen Sinn tauchen in Übereinstimmung mit elektronenmikroskopischen Aufnahmen nicht auf. Deshalb entspricht der im Experiment beobachtete Winkel α_{90} auch nicht irgendwelchen spontanen Umklappvorgängen, sondern es tritt bei Verminderung des Feldes unter diesen Winkel in bestimmten Teilen der Schicht ein kontinuierlicher Übergang von den Magnetisierungsschwankungen, die von der hier zugrunde liegenden Theorie beschrieben wurden, in den blockierten Zustand ein. Es ergibt sich dabei das gleiche Bild wie bei der Domänenaufspaltung in der schweren Richtung. Wie dort kann diejenige Feldstärke ermittelt werden, bei der in 5% der Schicht die Magnetisierung infolge der Blockierung durch das Streufeld sich entgegengesetzt zu den restlichen 95% zu drehen beginnt. Daraus wird wieder die Größe des Kopplungsbereichs ermittelt. Durch die Mittelung über den Kopplungsbereich der statistisch verteilten, in den Einzelkristalliten lokalisierten Anisotropien und durch die anschließende Überlagerung mit der einachsigen Anisotropie ergeben sich die effektiven Anisotropieschwankungen. Sie hängen zwar von dem im Experiment ermittelten Winkel α_{90} ab, sind aber keineswegs immer identisch mit diesem. Aus diesem Grund ist leicht einzusehen, daß verschiedene Meßmethoden unterschiedliche Winkel α_{90} ergeben, wie CROWTHER [12] beim Vergleich zweier Methoden feststellte.

Der Berechnung von α_{90} und der mittleren Anisotropieschwankung $|\overline{\vartheta}|$ liegt folgendes Modell zugrunde (vergleiche Fig. 6): Die leichte Richtung der einachsigen Anisotropie liege in der x-Richtung, die schwere in der y-Richtung. Unter dem

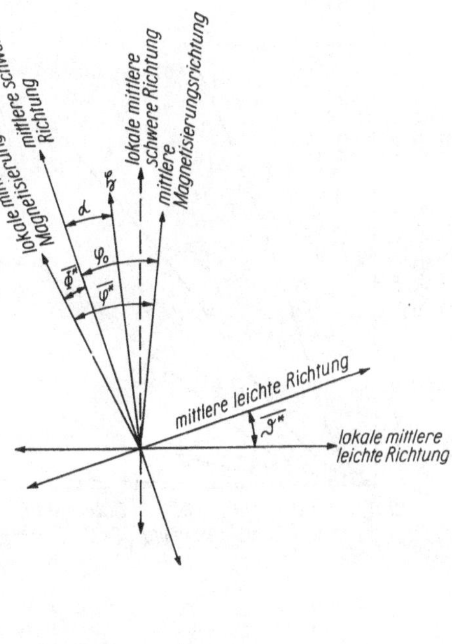

Fig. 6. Zur Berechnung der Schwankung der leichten Richtung (Winkel α_{90}). Die Lage der mittleren (über die ganze Schicht gemittelten) Magnetisierungsrichtung φ_0, der mittleren lokalen (über den Kopplungsbereich gemittelten) Anisotropievorzugsrichtung $\overline{\vartheta}^*$, der mittleren lokalen Magnetisierungsrichtung $\overline{\varphi}^*$ und einem in Richtung α anliegenden Feld H. Das Koordinatensystem ist durch die mittlere leichte und schwere Richtung der Schicht gegeben

Winkel α zur schweren Richtung werde ein Feld angelegt, welches die Schicht in dieser Richtung sättigt. Das Feld wird in zwei Komponenten parallel zur x- und y-Richtung zerlegt: $h = \sqrt{h_x^2 + h_y^2}$, so daß die Feldrichtung α durch

$$\alpha = \frac{h_x}{h_y} \tag{11}$$

gegeben ist.

Zu den Energietermen, deren Berücksichtigung im Variationsproblem auf (1) führte, tritt die magnetostatische Energie im Feld h_x hinzu. Für das Feld h in der schweren Richtung wird hier h_y gesetzt. Führt man die gleichen Näherungen ein, die der Ableitung der Gleichung (1) zugrunde lagen, so ist $K \cdot f_1(\xi, \eta)$ zu ersetzen durch $K \cdot f_1(\xi, \eta) - J\,H_x$. Man erhält anstelle von (1) die Magnetisierungsrichtung Φ zu

$$\Phi = \frac{1}{8\,A\,W} \iint\limits_F \{J\,H_x - K\,f_1(\xi,\eta)\}\, H_0^{(1)} \left(i \sqrt{\frac{K_u}{A}(h_y - 1)} \sqrt{\frac{1}{W^2}(x-\xi)^2 + (y-\eta)^2} \right) d\xi\, d\eta\,. \tag{12}$$

Es wird wie in Abschnitt 2 transformiert und gemittelt. Nach der Integration erhält man unter Berücksichtigung von (6) im Mittel eine über den gekoppelten Bereich gemittelte Magnetisierungsrichtung,

$$\overline{\Phi} = \varphi_0 + \overline{\varphi} = \frac{H_x\,J}{2\,K_u\,(h_y - 1)} \pm \frac{D\,K}{\{16\,\pi\sqrt{2}\;J\sqrt{d}\,\}^{1/2}}\,\frac{1}{\{A\,K_u\,(h_y - 1)\}^{3/8}} \tag{13}$$

(siehe Abb. 7).

Bei kleinen Winkeln α überlagern sich die durch das Feld bewirkte Drehung φ_0 der mittleren Magnetisierungsrichtung und die aus den Anisotropieschwankungen folgende, nach (6) berechnete, mittlere Magnetisierungsschwankung $\overline{\varphi}$. Man

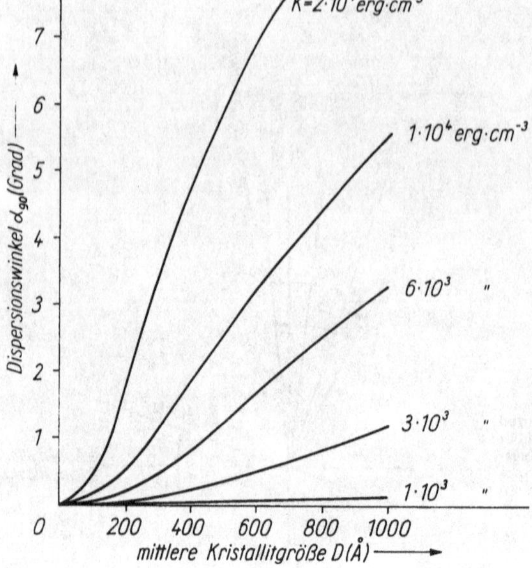

Fig. 7. Der die Schwankungen der leichten Richtung charakterisierende Winkel α_{90} als Funktion der mittleren Kristallitgröße D bei verschiedenen Kristallenergien K. Als Schichtkonstanten wurden die gleichen wie in Fig. 1 gewählt

beachte:

$$\varphi_0 = \frac{J H_x}{2 K_u (h_y - 1)} = \frac{h_x}{h_y - 1} . \text{ [2]}$$

Für große Feldstärken h ist $\overline{\Phi} \approx \varphi_0$. Verkleinern der Feldstärke bewirkt sowohl Vergrößerung von φ_0 als auch von $\overline{\varphi}$, wobei $\overline{\varphi}$ zunächst stärker anwächst. Bei kleineren Feldstärken überwiegt wieder φ_0. Domänenaufspaltung tritt ein, wenn bei der Feldstärke h_a, bei der das Streufeld parallel zur mittleren Magnetisierungsrichtung wirksam wird, der Winkel $\overline{\Phi}$ (Fig. 7) kleiner oder gleich 0 ist. Wegen der Blockierung durch das Streufeld kann sich die Magnetisierung in diesem Schichtbereich dann bei weiter abnehmendem Feld, d. h. bei Vergrößerung von φ_0, nicht über die schwere Richtung zurückdrehen (gleichzeitig verkleinert sich auch ϑ infolge der Mittelung über größere Bereiche). Geht die Feldstärke gegen 0, so dreht sich in den blockierten Bereichen die Magnetisierung entgegengesetzt zu der der restlichen Schicht in die leichte Richtung.

Zur quantitativen Berechnung von α_{90} wird ein Winkel $\overline{\Phi_{90}}$ eingeführt nach

$$\overline{\Phi_{90}} = \varphi_0 - |\overline{\varphi_{90}}| . \tag{14}$$

Die Gleichung (6) gibt ihrer Herleitung gemäß die mittlere Schwankung des „lokalen" Mittelwertes von φ an. (Als „lokaler" Mittelwert $\overline{\varphi^*}$ wird der bei der Mittelung von φ über das Kopplungsgebiet erhaltene bezeichnet.) Als wahrscheinlichste Verteilung der $\overline{\varphi^*}$ darf eine Gaußverteilung angenommen werden. Der in (14) eingeführte Winkel $|\overline{\varphi_{90}}|$ wird dann so definiert: 5% aller lokalen Mittelwerte $\overline{\varphi^*}$ der Schicht sind größer oder gleich $|\overline{\varphi_{90}}|$. Wenn in allen Bereichen mit $\overline{\varphi^*} \geqq |\overline{\varphi_{90}}|$ beim Abschalten des Feldes die Magnetisierung sich entgegengesetzt zu der im Hauptteil der Schicht in die leichte Richtung dreht, erhält man 90% der Remanenz und damit eine Relation zum Winkel α_{90}. $\overline{\varphi}_{90}$ berechnet sich nach dieser Definition aus der Gaußverteilung zu

$$0{,}95 = \frac{1}{\sqrt{2 \pi \overline{\varphi^2}}} \int\limits_{-\infty}^{\overline{\varphi_{90}}} e^{-\frac{\varphi^{*2}}{2 \overline{\varphi^2}}} d\varphi^* . \tag{15}$$

Zwischen $\overline{\varphi}^2$ und $\overline{\varphi^2}$ besteht die Relation

$$\overline{\varphi^2} = \frac{\pi}{2} \overline{\varphi}^2 .$$

Damit geht man in das Integral ein,

$$0{,}95 = \frac{1}{\pi |\overline{\varphi}|} \int\limits_{-\infty}^{\overline{\varphi_{90}}} e^{-\frac{\varphi^{*2}}{\pi \overline{\varphi}^2}} d\varphi^* .$$

Die Integration (siehe Jahnke-Emde [16]) führt auf

$$\overline{\varphi_{90}} \approx 2 |\overline{\varphi}| . \tag{15a}$$

[2]) Diese Beziehung gilt nur, solange $\operatorname{tg} \varphi_0 \approx \sin \varphi_0 \approx \varphi_0$ ist. Das ist jedoch in den Gültigkeitsgrenzen der Theorie immer der Fall.

Nach (13) und (14) erhält man mit (15a)

$$\overline{\Phi_{90}} = \varphi_0 - 2\,|\bar{\varphi}| = \frac{h_x}{h_y - 1} - \frac{D\,K}{\{4\,\pi\sqrt{2}\;J\sqrt{d}\}^{1/2}}\,\frac{1}{\{A\,K_u\,(h_y - 1)\}^{3/8}}\,. \tag{16}$$

Für die Aufspaltung unter dem Winkel α ist nötig, daß $\overline{\Phi_{90}} \leqq 0$ ist, wenn die Blokkierungsfeldstärke $h_u = \sqrt{h_{xa}^2 + h_{ya}^2}$ ist. Man erhält aus (16)

$$h_{xa} = \frac{D\,K}{\{4\,\pi\sqrt{2}\;J\sqrt{d}\}^{1/2}}\,\frac{(h_{ya} - 1)^{5/8}}{(A\,K_u)^{3/8}}\,. \tag{17}$$

Nach (11) und (17) ist

$$\alpha_{90} = \frac{h_{xa}}{h_{ya}} = \frac{D\,K}{\{4\,\pi\sqrt{2}\;J\sqrt{d}\}^{1/2}}\,\frac{1}{(A\,K_u)^{3/8}}\,\frac{(h_{ya} - 1)^{5/8}}{h_{ya}}\,.$$

Da h_{xa}/h_{ya} im allgemeinen klein ist, kann $h_{ya} = h_u$ nach (9) gesetzt werden. Man erhält

$$\alpha_{90} = \frac{\dfrac{D^2\,K^2}{8\,\pi\sqrt{2}\;A\,K_u}}{1 + \dfrac{1}{A\,K_u}\left\{\dfrac{J\,D^2\,K^2\sqrt{d}}{16\sqrt{2}\;\pi}\right\}^{4/5}} \approx \frac{D^2\,K^2}{8\,\pi\sqrt{2}\;A\,K_u}\,. \tag{18}$$

Die gelegentlich betrachteten Winkel α_{83}, α_{68}, α_{50} [12, 15] unterscheiden sich nur durch Zahlenfaktoren von α_{90}, da bei ihrer Berechnung lediglich der Wert auf der linken Seite von (15) zu ändern ist. Man erhält

$$\alpha_{83} \approx 0{,}85\,\alpha_{90}\,, \quad \alpha_{68} \approx 0{,}62\,\alpha_{90}\,, \quad \alpha_{50} \approx 0{,}41\,\alpha_{90}\,. \tag{18a}$$

Auffällig an dem Ausdruck (18) ist, daß α_{90} nur unwesentlich von der Schichtdicke abhängt. Diese Aussage von (18) stimmt mit den Experimenten von Crowther [12] überein, der bei Schichtdicken zwischen 250 Å und 2000 Å keinerlei Dickenabhängigkeit fand. Eine Schichtdickenabhängigkeit wird allerdings eintreten, sobald die Schichtparameter von der Dicke abhängen. Fig. 7 gibt die Abhängigkeit des Winkels α_{90} von der mittleren Kristallitgröße wieder, wobei die Kristallenergie als Parameter variiert wurde. Als Konstante wurden wieder $A = 1 \cdot 10^{-6}$ erg/cm und K_u pauschal gleich 10^3 erg/cm³ gesetzt. Da K_u auch etwas kleiner als $1 \cdot 10^3$ erg/cm³ sein kann (vergleiche die Zusammenstellung in [17]), können sich die in Fig. 8 dargestellten Winkel α_{90} noch um etwa einen Faktor 2 erhöhen. Die üblichen im Experiment untersuchten Schichten liegen mit ihren Parametern im Intervall $100\,\text{Å} \leqq D \leqq 700\,\text{Å}$, $0 \leqq |K| \leqq 10^4$ erg/cm³, $6 \cdot 10^2$ erg/cm³ $\leqq K_u \leqq 3 \cdot 10^3$ erg/cm³. Für diese Schichten ergibt (18) bzw. Fig. 8 Werte von α_{90} zwischen 0 und 7°. In diesem Intervall liegen auch die meisten bisher bekannten experimentellen Werte. Der Winkel kann noch etwas anwachsen, wenn zu der Kristallenergie anisotrope Spannungsenergien hinzutreten (siehe Abschnitt 5).

Für einen quantitativen Vergleich der nach (18) zu berechnenden Winkel α_{90} mit experimentell ermittelten fehlen vom Experiment her die vollständigen Angaben der Schichtparameter, so daß wieder nur eine qualitative Prüfung möglich ist. Bemerkenswert ist nach (18) die starke Änderung von α_{50} mit der mittleren Kristallitgröße D und der Kristallenergie K. Die Experimente von Cohen [4, 18] an getemperten Schichten und Schichten, die auf bekeimte Unterlagen aufgedampft wurden, bestätigen diese Aussagen. Das gleiche gilt für die Beobachtung von

LEMKE [19], daß sich beim Aufdampfen auf glatte Unterlagen kleinere α_{90} ergeben als bei rauhen Schichtunterlagen. FELDTKELLER [15], OLMEN und RUBENS [20] fanden für anwachsendes h_c ebenfalls eine Vergrößerung der Dispersion der leichten Richtung.

In der Literatur wird für α_{90} der Terminus „Dispersion der leichten Richtung" gebraucht, obwohl α_{90} nur der „Feldwinkel" ist. Dieser Ausdruck begründet sich auf dem zu einfachen Modell der unabhängigen Bereiche. Ob diese Relation auch für das hier behandelte Modell zutrifft, muß erst untersucht werden.

Die mittlere Schwankung $|\overline{\vartheta}|$ (siehe Fig. 6) der Anisotropierichtung ergibt sich aus der über den Kopplungsbereich gemittelten Kristallenergie und der einachsigen Anisotropieenergie. Die Kristallenergie wird durch den Ausdruck

$$\varepsilon_K = K\, f(\varphi, \alpha_1, \alpha_2, \alpha_3) \approx K\, f_0(0, \alpha_1, \alpha_2, \alpha_3) + K\, \varphi\, f_1(0, \alpha_1, \alpha_2, \alpha_3) + + K\, \varphi^2 f_2(0, \alpha_1, \alpha_2, \alpha_3) \tag{19}$$

gegeben, in dem die α_i die Eulerschen Winkel der Kristallitachsen sind. Die mittlere Kristallenergie im Kopplungsbereich errechnet sich aus $\frac{1}{V} \int \varepsilon_K\, dV$. Zusammen mit der einachsigen Anisotropie $\varepsilon_{K_u} = K_u \sin^2 \varphi \simeq K_u\, \varphi^2$ erhält man für den Kopplungsbereich V

$$\int \varepsilon\, dV = \int (\varepsilon_{K_u} + \varepsilon_K)\, dV = \int (K_u\, \varphi^2 + K\, f_0 + K\, \varphi\, f_1)\, dV\,. \text{ [3]} \tag{20}$$

Derjenige Winkel, für den dieser Ausdruck ein Minimum ist, gibt die lokale mittlere Anisotropierichtung $\overline{\vartheta^*}$ an. Aus (20) und Gl. (5) ergibt sich

$$|\overline{\vartheta}| = \frac{K\, D}{2} \cdot \frac{(h \pm 1)^{5/8}}{(K_u\, A)^{3/8} \left(4 \pi \sqrt{2}\, J \sqrt{d}\right)^{1/2}}\,. \tag{21}$$

Diese mittlere Anisotropieschwankung beeinflußt die Magnetisierungsfeinstruktur („effektive Anisotropieschwankung"). Wesentlich für die vorangegangenen Diskussionen ist die Feldabhängigkeit: $|\overline{\vartheta}|$ wird mit abnehmendem Feld kleiner und ist keine Schichtkonstante. Ebenso wie für die mittleren lokalen Magnetisierungsschwankungen $|\overline{\varphi^*}|$ darf für die mittleren lokalen Anisotropieschwankungen $\overline{\vartheta^*}$, die eigentliche Dispersion der leichten Richtung, die Gaußverteilung als die wahrscheinlichste Verteilung angenommen werden. Für den Winkel $|\overline{\vartheta_{90}}|$, oberhalb dessen nur noch 5% aller lokalen mittleren Anisotropieschwankungen $\overline{\vartheta^*}$ liegen, erhält man analog zur Berechnung von $\overline{\varphi_{90}}$ nach (15a) und (21)

$$|\overline{\vartheta_{90}}| = 2\,|\overline{\vartheta}| = \frac{K\, D}{(K_u\, A)^{3/8}} \cdot \frac{(h \pm 1)^{5/8}}{\left(4 \pi \sqrt{2}\, J \sqrt{d}\right)^{1/2}}\,. \tag{22}$$

Durch Einsetzen der Blockierungsfeldstärke h_a nach (9) kann der α_{90} beeinflussende Wert $|\overline{\vartheta_{90}}|_a$ berechnet werden,

$$|\overline{\vartheta_{90}}|_a = \frac{K^2\, D^2}{8 \pi \sqrt{2}\, (A\, K_u)}\,. \tag{23}$$

Für kleine Winkel α_{90} besteht somit nach (18) und (23) die einfache Relation

$$\alpha_{90} = |\overline{\vartheta_{90}}|_a\,. \tag{24}$$

[3]) In (20) wurde bereits berücksichtigt, daß $K_u \gg K|\overline{f_2}|$ ist.

Die Theorie ergibt also auch im Feinstrukturmodell für kleine Kristallitgrößen und kleine Kristallenergien, daß die jeweiligen Feldrichtungen (α_{90}, α_{83}, α_{68}, α_{50}) die Verteilung der effektiven Anisotropierichtungen bestimmen. Diese Aussage ist hier nicht selbstverständlich wie im einfachen Modell, in das sie als Voraussetzung eingeht.

Für Schichten mit größeren Anisotropieschwankungen, d. h. größeren Kristalliten und größeren Kristallenergien, bei denen der Nenner in (18) merklich von 1 abweicht, gilt

$$\alpha_{90} < |\bar{\vartheta}_{90}|_{\alpha}\,, \tag{25}$$

so daß die Meßwerte zu kleine effektive Schwankungen der leichten Richtungen angeben.

5. Schwankungen der Größe von H_k

Im Bild der vorgelegten Theorie ist es nur sinnvoll, von Schwankungen des Betrags der Anisotropiefeldstärke H_K zu sprechen, wenn man darunter lediglich den von der einachsigen Anisotropie herrührenden Anteil versteht. Solche Schwankungen, die nichts mit den Richtungsschwankungen zu tun haben, können in der Schicht gewiß auftreten. Sie lassen sich allerdings erst begründen, wenn man Klarheit über die einachsige Anisotropie selbst geschaffen hat. Diese Schwankungen waren im Abschnitt 3 gemeint, als die Möglichkeit der Domänenaufspaltung unterhalb H_K diskutiert wurde. Eine aus der Überlagerung der einachsigen Anisotropie mit lokalen anderweitigen Anisotropien resultierende Anisotropie K_r einzuführen, deren Betrag schwanken soll, ist vom Standpunkt der unabhängigen Bereiche [12] zwar verständlich, vom Standpunkt der Feinstruktur jedoch allgemein nicht mehr vertretbar. Sieht man einmal von der einachsigen Anisotropie ab, so ergibt die Mittelung der Kristallenergie über die N gekoppelten Kristallite zwar eine einzige Magnetisierungsrichtung (oder nur wenige Richtungen), in der die Energie ein absolutes Minimum aufweist, daneben gibt es aber sehr viele Magnetisierungsrichtungen, in denen die Energie ein relatives Minimum besitzt. In der unmittelbaren Nachbarschaft einer jeden beliebig vorgegebenen Richtung findet die Magnetisierung ein Energieminimum. Das entspricht nicht dem einachsigen Verhalten einer zur einachsigen Anisotropie hinzutretenden lokalen Anisotropie, welches in der Vorstellung des einfachen Modells (K_r) gefordert wird.

Im Feinstrukturmodell könnte man nur so lange von einer resultierenden Anisotropie K_r und deren Schwankungen reden, wie die möglichen Änderungen der Magnetisierungsrichtung (etwa unter Feldeinwirkung) nicht aus der jeweiligen Energiemulde herausführen. Solche Winkel liegen aber weit unterhalb der interessierenden, so daß insbesondere Umklappvorgänge damit nicht erklärt werden können.

Es ist also sinnvoll, Richtungsschwankungen der einachsigen Anisotropie aus der Überlagerung mit lokalen Anisotropien herzuleiten. Schwankungen des Betrags der Anisotropie lassen sich so kaum erklären. Diese sollten immer auf einer Schwankung des Betrags der einachsigen Anisotropie selbst beruhen. Es ist also in diesem Sinn möglich, streng zwischen Richtungs- und Betragsschwankungen zu unterscheiden.

6. Berücksichtigung weiterer Energieterme und andere Theorien

In den vorangehenden Darlegungen wurden der Einfluß nichtmagnetischer Einschlüsse in der Schicht und die Oberflächenrauhigkeit nicht berücksichtigt. In beiden Fällen wird das Streufeld auf die Magnetisierungsfeinstruktur einwirken. Dieser Effekt kann bei sorgfältiger Schichtherstellung klein gehalten werden. Einen weiteren Einfluß haben lokale anisotrope Spannungen, die in der Schicht auftreten können. Bei statistischer Verteilung dieser Spannungen ändert sich an den vorliegenden Betrachtungen nichts. Anstelle von $K\,D$ tritt in allen Formeln ein Ausdruck, der im wesentlichen durch $(K + 3/2\,\lambda_s\,\sigma) \cdot D$ (λ_s Magnetostriktionskonstante, σ Spannung) gegeben ist. Die Diskussionen über die Abhängigkeit des magnetischen Verhaltens von der Kristallitgröße bleiben somit auch für $\lambda \neq 0$ und $\sigma \neq 0$ voll erhalten. Ein Einfluß der Größe von λ_s auf die Disperion der leichten Richtung wurde von SMITH [9] an (wahrscheinlich mit großen lokalen anisotropen Spannungen behafteten) Permalloyschichten unterschiedlicher Legierungszusammensetzung nachgewiesen. Ebenso erklärt COHEN [18] die von ihm beobachteten Schwankungen. Das Nichtverschwinden von $\alpha_{\varepsilon 0}$ bei einer Legierung mit $\lambda_s = 0$ läßt sich durch die Kristallenergie begründen. In Schichten mit kleinen inneren Spannungen überwiegt der von der Kristallenergie herrührende Term.

ROTHER [21, 22, 23] berechnete ebenfalls die Periodenlänge und Amplitude der Richtungsschwankungen sowie die Domänenbreite bei der Aufspaltung. Dabei beschränkt sich die Berechnung [21] im wesentlichen auf die lineare Näherung in den Richtungsschwankungen φ. Als Ergebnis erhält ROTHER für die Amplitude φ_0 in der Terminologie der vorliegenden Arbeit

$$\varphi_0 = \gamma \frac{K}{A} D^2 .$$

Für γ berechnet ROTHER [21, 22, 23] einen mittleren Wert $\bar{\gamma} = 6$. Die Auswertung der gemessenen Domänenbreiten [22] liefert γ-Werte zwischen 100 und 200. Diese experimentellen Werte ergeben nach obigem Ausdruck für $D = 300$ Å, $K = 1 \cdot 10^4$ erg/cm^{-3}, $A = 1 \cdot 10^{-6}$ erg cm^{-1} Richtungsamplituden φ_0 in der Größenordnung 10 rad. Selbst für $\bar{\gamma} = 6$ erhält man mit $\bar{\varphi}_0 \approx 0{,}5$ rad noch einen so großen Wert, daß die Schwankungen weit außerhalb des Gültigkeitsbereichs der im vorangehenden entwickelten Theorie liegen, so daß ein Vergleich mit den Berechnungen von ROTHER nicht möglich ist.

Anhang

Bei der Berechnung des Mittelwertes $\overline{f_1^2}$ (Gleichung (5)) wurde angenommen, daß die Ausdehnung der Kristallite senkrecht zur Schichtfläche gleich der Schichtdicke ist. Wenn bei dicken Schichten mehrere Kristallite übereinanderliegen und deren Kantenlänge im Schichtquerschnitt ebenfalls D ist, so berechnet sich $\overline{f_1^2}$ aus einer größeren Anzahl N_1 von Kristalliten,

$$N_1 = N \frac{d}{D} .$$

$\overline{f_1^2}$ nach (5) ist in diesem Fall mit einem Faktor der Größe D/d zu multiplizieren. Bei der Übereinanderlagerung mehrerer Kristallite in der Schicht sind deshalb (6), (18) und (23) mit D/d, (9) mit $(D/d)^{4/5}$ und (10) mit $(d/D)^{2/5}$ zu multiplizieren.

Literatur

[1] H. HOFFMANN, Phys. kondens. Materie **2**, 32 (1964).
[2] H. HOFFMANN, J. appl. Phys., Heft 5 (1964).
[2a] H. HOFFMANN, phys. stat. sol. **5**, ca K 70 (1964), in Vorbereitung.
[3] E. FELDTKELLER, Z. Phys. **176**, 510 (1963).
[4] M. S. COHEN, J. appl. Phys. **35**, 1841 (1963).
[5] GRÖBNER-HOFREITER, Integraltafeln.
[6] E. FELDTKELLER, Z. angew. Phys. **15**, 206 (1963).
[7] E. FUCHS, Z. angew. Phys. **13**, 157 (1961).
[8] E. FELDTKELLER, persönliche Mitteilung.
[9] D. O. SMITH, J. appl. Phys. **32**, 70S (1961).
[10] S. MIDDELHOEK, Dissertation, Amsterdam 1961.
[11] E. FELDTKELLER, Z. angew. Phys. **13**, 161 (1961).
[12] T. S. CROWTHER, J. appl. Phys. **34**, 580 (1963).
[13] W. D. DOYLE, J. appl. Phys. **33**, 1769 (1962).
[14] E. C. STONER und E. P. WOHLFAHRT, Phil. Trans. Roy. Soc. **A 240**, 599 (1948).
[15] E. FELDTKELLER, J. appl. Phys. **34**, 2646 (1963).
[16] JAHNKE-EMDE, Tafeln Höherer Funktionen.
[17] Z. MALEK und W. SCHÜPPEL, phys. stat. sol. **2**, 136 (1962).
[18] M. S. COHEN, J. appl. Phys. **33**, 2968 (1962).
[19] J. S. LEMKE, J. appl. Phys. **33**, 1097 (1962).
[20] R. W. OLMEN und S. M. RUBENS, J. appl. Phys. **33**, 1107 (1962).
[21] H. ROTHER, Z. Phys. **168**, 42 (1962).
[22] H. ROTHER, Z. Phys. **168**, 148 (1962).
[23] H. ROTHER, Z. angew. Phys. **14**, 187 (1962).

(Received February 7, 1964)

phys. stat. sol. 5, 203 (1964)

Laboratoire de physique du solide, Faculté des Sciences, Orsay (S. et O.)

Effets d'anisotropie des constantes élastiques sur les dislocations dans le Titanate de Baryum dans sa phase ferroélectrique

Par

G. FONTAINE

On étudie l'énergie élastique d'une dislocation rectiligne dans un crystal de Titanate de Baryum pour différentes orientations de la ligne et de son vecteur de Burgers. Les résultats sont appliqués à l'étude des directions cristallines pour lesquelles la forme droite est instable ou métastable vis à vis de déformation effectuées dans le plan de glissement.

A detailed calculation is made of the elastic energy of a straight dislocation in a barium titanate single crystal, for various orientation line and its Burgers vector. The results are applied to the study of those crystalline directions for which the straight line is instable or metastable with respect to deformations in the gide plane.

Le but de cette note est l'étude de l'énergie élastique des dislocations dans le titanate de Baryum en fonction des orientations de la ligne et de son vecteur de Burgers dans le réseau. Cette énergie déterminée, en tenant compte de l'anisotropie des constantes élastiques [1] mesurées par BERLINCOURT et ses collaborateurs [2] à la température ordinaire, on montrera que dans certaines directions la forme droite est instable pour des déformations infinitésimales effectuées dans le plan de glissement. On étudiera enfin la stabilité d'une forme segmentée AMB par rapport à une forme rectiligne AB en considérant uniquement le glissement c'est à dire pour des segments AM et MB situés dans le plan de glissement de AB (Fig. 2b).

Le problème élastique est résolu [3, 4] pour une couronne cylindrique centrée sur la dislocation, de rayon intérieur r_0 de l'ordre de la taille du réseau et de rayon extérieur R qui dépend de la présence éventuelle d'autres dislocations dans le cristal [5]. Quand le cylindre est déformé la densité de charges électriques sur le cylindre intérieur reste constante puisqu'elle est entièrement définie quand on se donne la direction cristallographique de la dislocation. On peut toujours s'arranger pour que la densité de charge sur le cylindre extérieur reste constamment nulle au cours de la déformation. Pour cette raison nous avons utilisé les constantes élastiques à induction constante. En fait il y a une modification inhomogène de la polarisation quand on produit la déformation inhomogène de la dislocation mais dans le Titanate qui n'est pas piézoélectrique au dessus du point de transition cette modification est du second ordre par rapport à la déformation et nous la négligerons. On trouvera les principes du calcul de l'énergie élastique dans STROH [6]. Nous ne les reproduirons pas; notons seulement que l'énergie d'une dislocation n'est pas comme dans le cas isotrope la somme des énergies des composantes vis et coin mais qu'il s'introduit un terme supplémentaire d'interaction entre ces composantes.

Nous mettrons l'énergie par unité de longueur de dislocation sous la forme

$$E = \frac{K\,b^2}{4\,\pi} \log\left(\frac{R}{r_0}\right).$$

Nous avons étudié la valeur de K pour différentes orientations consignées dans le tableau suivant. La polarisation spontanée du cristal est dirigée suivant [001]:

Plan de glissement	Vecteur de Burgers	Figure
{001}	[100] ou [010]	1a
	[001]	1b
{010}	[001]	1c
	[010]	1d
	[100]	1e

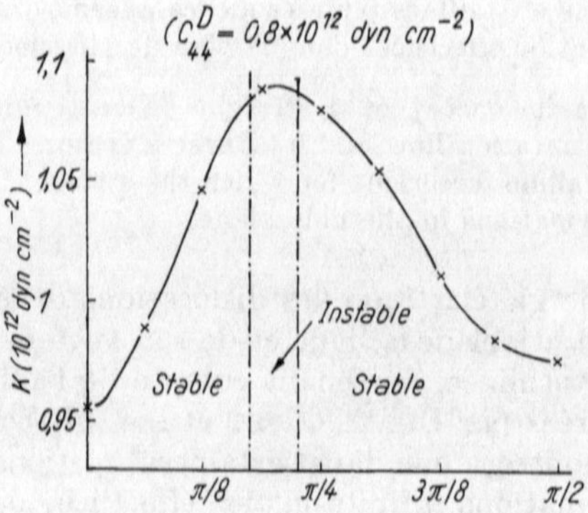

a

Fig. 1a. Energie d'une dislocation dans un plan (001), faisant un angle θ avec son vecteur de Burgers [b00]

Fig. 1b. Energie d'une dislocation dans un plan (001), faisant un angle θ avec la direction [100], de vecteur de Burgers [00b], en fonction de θ

Fig. 1c. Energie d'une dislocation dans un plan (010), faisant un angle θ avec son vecteur de Burgers [00b]

Fig. 1d. Energie d'une dislocation dans un plan (010) de vecteur de Burgers [0b0], faisant un angle θ avec la polarisation spontanée [00P]

Fig. 1e. Energie d'une dislocation dans un plan (010), faisant un angle θ avec son vecteur de Burgers [b00]

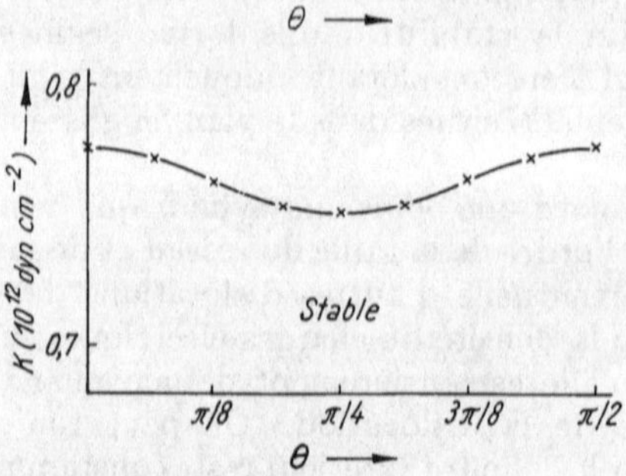

b

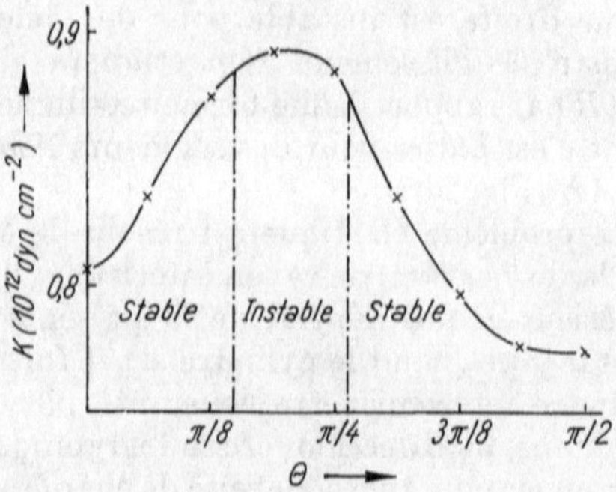

c

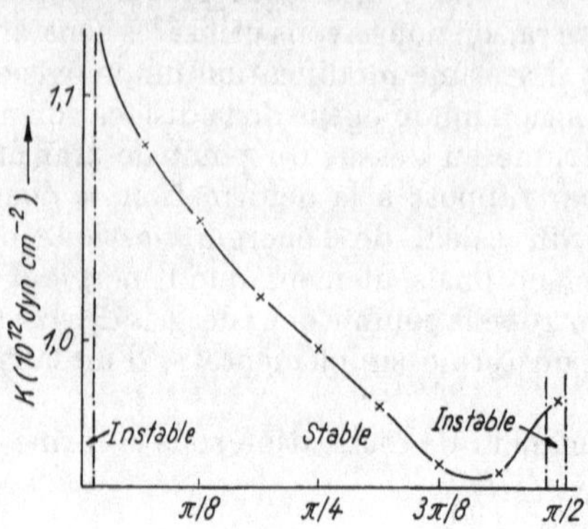

d

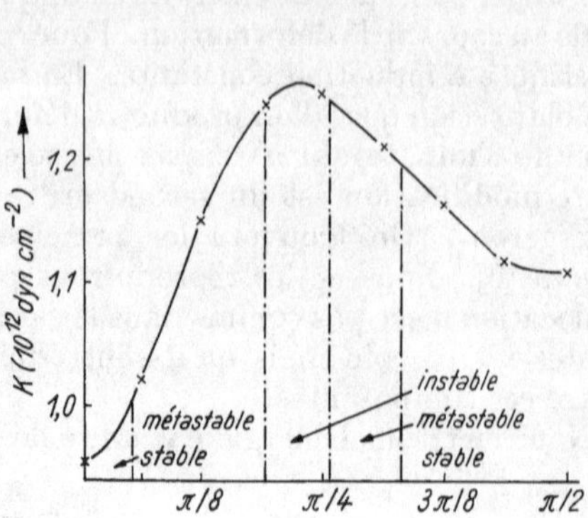

e

Les résultats sont présentés sous forme de courbes donnant $K(\theta)$, θ étant l'angle entre la dislocation et son vecteur de Burgers pour les cas a, c, e; l'angle entre la dislocation et la polarisation spontanée dans le cas d; l'angle entre la dislocation et la direction [100] dans le cas b. Toutes ces courbes sont telles que $E(\theta) = E(-\theta) = E(\theta + \pi)$.

De Wit et Koehler [7] ont montré qu'il fallait s'attendre à ce que une dislocation droite dans une direction définie par θ_0 soit instable par rapport à des ondulations infinitésimales autour de la direction moyenne θ_0 lorsque la quantité W est négative:

$$W = E(\theta_0) + \left(\frac{d^2E}{d\theta^2}\right)_{\theta=\theta_0}.$$

Évaluant la valeur de W pour les différents points des courbes tracées on peut prévoir approximativement les directions pour lesquelles la position droite n'est pas stable, nous avons porté ces directions d'instabilité sur chaque courbe tracée.

Le critère $W > 0$ n'est pas un critère de stabilité de la forme droite mais seulement un critère de métastabilité, c'est-à-dire que pour $W > 0$ la forme droite peut être stable pour des déformations infinitésimales et instables vis à vis d'une segmentation. La condition générale pour qu'une dislocation de forme segmentée AMB soit plus stable que la ligne droite AB a été étudiée par Mullins [8]. Nous rappelerons la construction géométrique utilisée dans le cas du problème a deux dimensions qui nous intéresse seul ici puisque nous envisageons uniquement le cas d'une segmentation par glissement.

a) On construit la courbe $E(\vec{u})$ qui donne la variation d'énergie en fonction de la direction $\vec{u}$.

b) On construit la forme de Gibbs-Wulff (G. W.) [9] enveloppe intérieure des droites perpendiculaires à $\vec{u}$ qui passent par les points $E(\vec{u})$.

c) On construit la courbe $\Gamma(\vec{u})$ telle que les droites perpendiculaires à $\vec{u}$ et passant par les points $\Gamma(\vec{u})$ touchent la courbe (G. W.) sans la couper, soit $P(\vec{u})$ une telle droite.

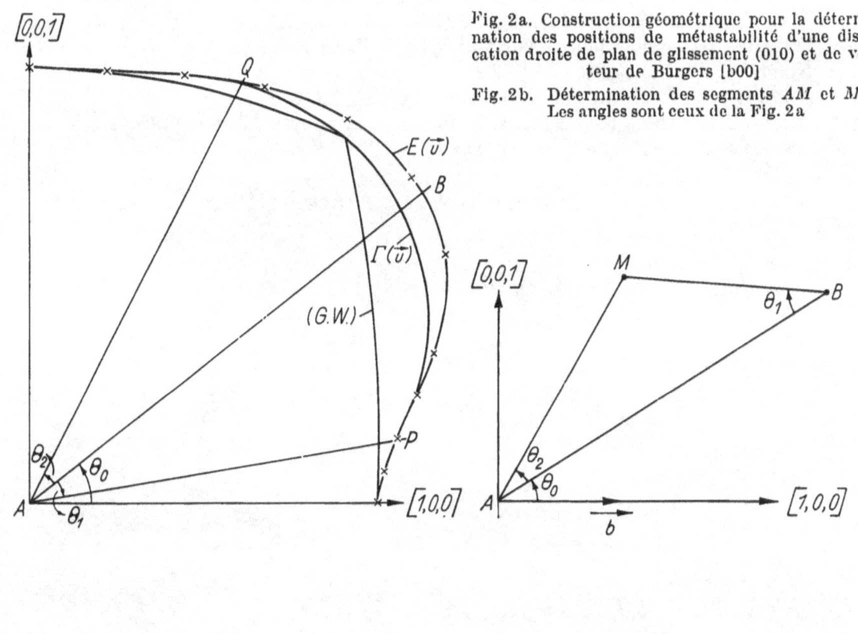

a b

Fig. 2a. Construction géométrique pour la détermination des positions de métastabilité d'une dislocation droite de plan de glissement (010) et de vecteur de Burgers [b00]

Fig. 2b. Détermination des segments AM et MB. Les angles sont ceux de la Fig. 2a

Les résultats de MULLINS sont les suivants:

1. Dans une direction $\vec{u}_0$ la forme segmentée est plus stable que la ligne droite si le point $E(\vec{u}_0)$ ne coïncide pas avec le point $\Gamma(\vec{u}_0)$.

2. La différence d'énergie entre la ligne droite et la forme segmentée est égale à $E - \Gamma$ par unité de longueur.

3. Les orientations $\vec{u}_1$ et $\vec{u}_2$ des segments obtenus à partir de la dislocation droite dans la direction $\vec{u}_0$ sont telles que:

   $P(\vec{u}_1)$ et $P(\vec{u}_2)$ passent par le point contact de $P(\vec{u}_0)$ et de (G. W.);
   $\Gamma(\vec{u}_1) = E(\vec{u}_1)$;
   $\Gamma(\vec{u}_2) = E(\vec{u}_2)$.

Nous avons étudié les courbes $\Gamma(\vec{u})$ pour les différents cas étudiés. La courbe $\Gamma(\vec{u})$ ne se distingue de la courbe $E(\vec{u})$ que dans le cas (1 e) que nous étudions en détail sur la Fig. 2. Dans tous les autres cas étudiés le critère $W > 0$ est donc un critère de stabilité. On voit sur la Fig. 2 que dans le cas (1 e) la forme droite est métastable quand la dislocation fait avec son vecteur de Burgers un angle compris entre 10° et 34° ou entre 46° et 60° à 5° près, alors que la form edroite est instable lorsque l'angle est compris entre 34° et 46°. Nous avons également montré sur les figures 2a et 2b comment déterminer les deux segments AM et MB pour une direction AB donnée. Les points P et Q sont ceux à partir desquels $\Gamma(\vec{u})$ est confondue avec $E(\vec{u})$.

Je suis heureux de remercier ici Monsieur le Professeur J. FRIEDEL qui m'a proposé ce problème et m'a constamment guidé au cours de son exécution.

Bibliographie

[1] S. G. LEKHNITZKII, Theory of the elasticity of an anisotropic body, Holden-day, San Francisco 1963.
[2] D. BERLINCOURT et H. JAFFE, Phys. Rev. **111**, 143 (1958).
[3] J. D. ESHELBY, W. T. READ et W. SHOCKLEY, Acta metall. **1**, 251 (1953).
[4] A. J. E. FOREMAN, Acta metall. **3**, 322 (1955).
[5] J. FRIEDEL, Les dislocations, Gauthier-Villars, Paris 1956.
[6] A. N. STROH, Phil. Mag. **3**, 625 (1958).
[7] D. DE WIT et J. S. KOEHLER, Phys. Rev. **116**, 1113 (1959).
[8] W. W. MULLINS et R. F. SEKERKA, J. Phys. Chem. Solids **23**, 801 (1962).
[9] C. HERRING, Phys. Rev. **82**, 87 (1951).

(Received February 8, 1964)

phys. stat. sol. 5, 207 (1964)

Institute of Solid State Physics, Czechoslovak Academy of Sciences, Prague

On the Ultimate Distribution of Impurity in the Zone Melting Process

By

B. VELICKÝ

A general solution of the problem of the ultimate distribution in the ideal zone-melting process in a finite ingot is given. In the case of long ingots the ultimate distribution at a large distance from the end is of the known PFANN form regardless of the freezing conditions of the last zone. On the other hand, such quantities as the final purification of the ingot, and the absolute value of the impurity concentration have a marked dependence on these conditions. Examples show that this dependence is not negligible in realistic cases. In particular, contrary to the accepted viewpoint, the re-refining of a cropped ingot may lead to improved purification.

Es wird eine allgemeine Lösung für die Endverteilung beim idealen Zonenschmelz-Verfahren in einem endlichen Barren gegeben. Bei langen Barren besitzt die Endverteilung weit von dem Ende des Barrens entfernt die PFANNsche Form, unabhängig von den Einfrierbedingungen der letzten Zone. Andererseits hängen solche Größen wie die Endverteilung der Verunreinigung im Barren und der Absolutwert der Verunreinigungskonzentration empfindlich von diesen Bedingungen ab. Beispiele zeigen, daß diese Abhängigkeit in tatsächlich auftretenden Fällen nicht vernachlässigbar ist. Insbesondere kann entgegen der üblichen Auffassung die erneute Reinigung eines Barrens, dessen Endteil abgeschnitten wurde, zu einer verbesserten Reinheit führen.

PFANN [1] was the first to treat the ultimate distribution of impurity in the ingot after an infinite number of zoning cycles. He has derived the equation for the ultimate distribution and also he has found its solution of the exponential form. This solution satisfies the equation exactly. Nevertheless, it must be regarded as an approximate one for most situations, because it does not respect the influence of the way of freezing of the last zone. In papers [2, 3] the exact solution of PFANN's equation was derived supposing the normal freezing of the last zone. But the method was very clumsy far from the ingot end and, thus, it was not appropriate for long ingots. VOLCHOK [4] assumed the uniform cooling of the last zone. With this assumption, he was able to find the ultimate distribution at any distance from the ingot end in an analytical form.

In present paper, there is found a general solution of the problem of the ultimate distribution and then its properties are analysed for the case of long ingots.

We suppose the ideal zone melting. Notations are: k for the distribution koefficient, $C(x)$ for the impurity concentration. The distances along the ingot are measured in the units of the zone length. The ingot is lying along the x-axis, the coordinates of its end and beginning are 0 and L, respectively. With this convention, the molten zone moves to the left. This orientation of the ingot is unusual but it is convenient in our case.

The problem to be solved is specified by the following conditions:

1. The total amount of impurity in the ingot is $C_0 \cdot L$.

2. The form of the ultimate distribution through the last zone is prescribed. Thus, for $0 < x < 1$ it holds

$$C(x) = \alpha f(x) , \tag{1}$$

the function $f(x)$ is known but α is an unknown constant.

3. At $x = 1$, $C(x)$ may possess a discontinuity. The value of $C(1 + 0)$ is given by the obvious relation

$$k\, C(1 + 0) = \int_0^1 C(x)\, dx . \tag{2}$$

4. In the interval $1 < x < L$ the function $C(x)$ satisfies PFANN's equation, which in our notations reads

$$\frac{d}{dx} C(x) = -k\, [C(x - 1) - C(x)] . \tag{3}$$

The problem of the ultimate distribution consists of determining the constant α and the distribution $C(x)$ for $x \in (1, L)$ such that conditions 1. to 4. are satisfied. It is easily seen, that the solution of the problem is unique.

PFANN's solution in our notations is

$$C(x) = A \cdot e^{-Bx} , \qquad 0 < x < L . \tag{4}$$

Here B is the non-zero root of the equation

$$B = k \cdot (e^B - 1) \tag{5}$$

and

$$A = C_0\, B\, L/1 - e^{-BL} . \tag{6}$$

PFANN's solution satisfies conditions 1, 3 and 4 automatically, but condition 2 requires $f(x) = e^{-Bx}$. For other f's, solution (4) can be taken only as an approximate one.

1. General Solution

Let us introduce "Green's function" $\Phi(x)$ defined (uniquely) by the following properties:

a) $\Phi(x) = 0$ at $x < 0$,

b) for any x, the following equation holds:

$$\frac{d}{dx} \Phi(x) = \delta(x) - k\, [\Phi(x - 1) - \Phi(x)] . \tag{7}$$

Clearly, the only point of discontinuity of $\Phi(x)$ is $x = 0$, where $\Phi(x)$ makes a unit jump. Once we know what the function $\Phi(x)$ is, we are able to give explicit formulae for the ultimate distribution.

Firstly, it can be verified in a direct way that the concentration $C(x)$ obeying the conditions 2 to 4 is given by the relation (1) and by

$$C(x) = \alpha\, k \int_0^1 d\xi\, f(\xi)\, [\Phi(x - 1) - \Phi(x - \xi - 1)] , \qquad 1 < x < L . \tag{8}$$

It is sufficient now to fit the constant α in both the equations (1) and (8) so as to satisfy the condition 1. Thus, it must be

$$\alpha \int_0^1 d\xi\, f(\xi)\, [1 + k \int_1^L dx\, (\Phi(x - 1) - \Phi(x - 1 - \xi))] = C_0\, L . \tag{9}$$

The inner integral can be further simplified by use of the property a) of $\Phi(x)$. After that, the normalization condition turns over to

$$\alpha \int_0^1 d\xi\, f(\xi) \left(1 + k \int_{L-\xi-1}^{L-1} \Phi(x)\, dx\right) = C_0 L . \tag{10}$$

Hence, the relations (8) and (10) represent the solution of the problem of the ultimate distribution. But the explicit form of $\Phi(x)$ is not determined as yet. For this purpose it is worth while to make the substitution

$$\Phi(x) = e^{kx} \varphi(x) . \tag{11}$$

Let us denote

$$\varkappa = k \cdot e^{-k} . \tag{12}$$

The function $\varphi(x)$ is zero at $x < 0$ and it satisfies an equation implied by (7):

$$\frac{d}{dx} \varphi(x) = \delta(x) - \varkappa \varphi(x-1) . \tag{13}$$

It follows, $\varphi(x)$ must be a polynomial of the n-th degree through the interval $(n, n+1)$, $n \geqq 0$ being any integer. The coefficients of all the polynomials can be determined quite simply. The result may be written in the following compact form:

$$\varphi(x) = \sum_0^\infty \frac{(-\varkappa)^l}{l!} (x-l)^l \vartheta(x-l) . \tag{14}$$

Here, $\vartheta(x)$ is the unit step function. Combining (11) and (14) we obtain the desired function $\Phi(x)$.

For great x's, $\Phi(x)$ is particularly simple. The Fourier transform $S(\omega)$ of $\varphi(x)$ defined by

$$\varphi(x) = \frac{1}{2\pi} \int_{-\infty}^{\infty} e^{i\omega x} S(\omega)\, d\omega \tag{15}$$

is obtained immediately from (13). Its continuation into the complex plane $S(z)$ is

$$S(z) = (iz + \varkappa e^{-iz})^{-1} . \tag{16}$$

A lengthy discussion of the poles of (16) gives

$$S(z) = \frac{(1-k)^{-1}}{k+iz} + \frac{(1-k-B)^{-1}}{k+B+iz} + R(z) . \tag{17}$$

The function $R(z)$ possesses only the poles of the form $(\lambda + iz)^{-1}$ and the real parts of all the λ's are greater than both k and $k+B$. Returning successively to $\varphi(x)$ and to $\Phi(x)$, we reach at the asymptotical formula[1])

$$\Phi(x) \approx \frac{1}{1-k} + \frac{1}{1-k-B} \cdot e^{-Bx} , \qquad x \to \infty . \tag{18}$$

[1]) For reader's convenience we remind that, owing to (5), the following sets of inequalities are correct simultaneously: either

$$0 < k < 1 , \qquad B > 0 , \qquad B + k > 1 ,$$

or

$$k > 1 , \qquad B < 0 , \qquad 0 < B + k < 1 .$$

It would be of interest to have an idea about the range of applicability of (18), i.e., what x may be regarded as large. No general discussion of this point was made. But the numerical calculations show that the relative error in $C(x)$ induced by (18) is of the order of 10^{-2} for $x > 4$ in the typical case $k = 0.1$. This estimate is conformable to the results of Davies [3].

2. The Ultimate Distribution in a Long Ingot

If the ingot treated is long enough that L lies inside the region, in which deviations of exact $\Phi(x)$ from (18) are no longer important for us, several of the previous results get simpler and allow for a simple interpretation.

Thus, inserting (18) into (10), we obtain the normalization constant α in a form comparable to (6),

$$\alpha = \frac{C_0 B L}{I + J - e^{-BL} K} . \tag{19}$$

By symbols I, J and K the following expressions are denoted:

$$I = B \int_0^1 f(\xi)\, d\xi , \tag{20}$$

$$J = \frac{k B}{1 - k} \int_0^1 f(\xi)\, \xi\, d\xi , \tag{21}$$

$$K = \frac{B + k}{B + k - 1} \int_0^1 f(\xi)\, (e^{B\xi} - 1)\, d\xi . \tag{22}$$

By (19) and (20), it is clear that of the total amount of impurity, the fraction

$$\Gamma = \frac{\alpha J}{C_0 L B} = \gamma \frac{1}{1 - e^{-BL} \delta} \tag{23}$$

is contained in the last zone. In (23), γ and δ are

$$\gamma = \frac{I}{I + J} , \qquad \delta = \frac{K}{I + J} . \tag{24}$$

Using (8), (18) and (19) one gets the course of the concentration $C(x)$ far from the ingot end

$$\frac{C(x)}{C_0} \approx B L \frac{\delta}{1 - e^{-BL} \delta} \cdot e^{-Bx} = \beta \cdot e^{-Bx} . \tag{25}$$

Hence, this result represents an exact proof of the intuitively well-known fact of Pfann's asymptotical behaviour of the ultimate distribution. It is clear, that the way of freezing and thus, the particular form of $f(x)$ is of no importance here. On the other hand, the parameters γ and δ depend upon $f(x)$ quite sensitively and, therefore, the quantities Γ and β do, too.

As an illustration, numerical computations were performed with $k = 0.1$ ($B = 3.61495$) for three choices of $f(x)$: 1. PFANN's distribution $f(x) = e^{-Bx}$, 2. the normal freezing distribution $f(x) = x^{k-1}$ and 3. the uniform distribution $f(x) = 1$. The only non-trivial step was the determination of K in the case 2 (see Appendix). Table 1 contains the results. For $L > 5$, the quantity $e^{-BL}\,\delta$ appears to be negligible as compared to unity being less than 10^{-7}. Thus, δ and β given in Table 1 are correct in the whole region, where the exponential approximation is reasonably accurate. Thus, in the sequence 3—1—2 the effectiveness of the purification increases. More generally, the ingot will be the purer, the closer gets the impurity in the last zone to the ingot end (assuming $k < 1$, of course).

Table 1

Case	$\gamma = \Gamma$	δ	β / L	$100\,(1 - \Gamma)$
1	0.973	1.000	3.61	2.7
2	0.990	0.470	1.70	1.0
3	0.947	3.227	11.67	5.3

In conclusion, the following problem will be analyzed. Let us form the ultimate distribution in an ingot. Now, removing the impure end and rerefining the rest till the ultimate distribution is reached, is there any further purification to be expected? PFANN, using his distribution, has given a negative answer. PFANN's analysis is not general, as we have seen, and the following simple example shows that it is misleading. Let us consider an ingot containing impurity with $k = 0.1$ and long enough that, say, the first ten zones fall into the region, in which (25) is correct. Regarding these ten zones as the rest of the ingot after removing the impure end, we have a new ingot with PFANN's distribution of impurity. Zoning this ingot with normal freezing of the last zone, we get a new ultimate distribution which departs from PFANN's one. The corresponding quantitative characteristics can be taken from Table 1. Thus, for example, the amount of impurity contained in the first nine zones is lowered on rerefining by a factor 2.7. Hence, the additional purification arises.

3. Conclusion

Relations (8), (10), (11) and (14) represent a complete solution of the problem of the ultimate distribution. They are suitable for both numerical calculations (not dealt with presently) and discussion of the general properties of the ultimate distribution. Of them, the case of long ingots was considered. The result is that far from the ingot end the ultimate distribution assumes PFANN's form in any case. In this sense, the influence of the ingot end is weak. On the other hand, the quantitative characteristics as Γ or β (equations (23) and (25)) are influenced strongly by the conditions in the last zone for ingots of any length. Thus, even very far from the ingot end, the ultimate distribution depends upon the way of freezing of the last zone. The qualitative importance of this result is clearly demonstrated on the case of rerefining of the ingot after cropping its impure end, which improves the purification of the ingot in contrast to the customary point of view.

The author is indebted to Mrs. K. TRNKOVÁ for the help in numerical work.

Appendix

The integral appearing in (22) for $f(x) = x^{k-1}$ is not elementarily integrable. But it is easily seen that

$$L = \int_0^1 x^{k-1} (e^{Bx} - 1)\, dx = \sum_1^\infty \frac{B^l}{l!} \cdot \frac{1}{l+k} . \qquad \text{(A 1)}$$

For $k < 1$, the following estimates hold:

$$L_p = \sum_1^p \frac{B^l}{l!} \cdot \frac{1}{l+k} + \sum_{p+1}^\infty \frac{B^l}{(l+1)!} < L < \sum_1^p \frac{B^l}{l!} \frac{1}{l+k} + \frac{p+2}{p+k+1} \cdot \sum_{p+1}^\infty \frac{B^l}{(l+1)!} . \text{(A 2)}$$

Using (5), (A 2) is easily transformed into

$$L_p = (1-k)\left(\frac{1}{k} + \sum_1^p \frac{B^l}{(l+1)!} \cdot \frac{1}{l+k}\right) < L < L_p + \frac{(1-k)}{p+k+1}\left(\frac{1}{k} - \sum_0^p \frac{B^l}{(l+1)!}\right) . \qquad \text{(A 3)}$$

The convergence of (A 3) is quite good. Even in the inconvenient case $k = 0.1$ it holds

$$L_8 = 12.547 < L < 12.551 .$$

For k close to unity the convergence is much better.

References

[1] W. G. PFANN, J. Metals 4, 151 (1952).
W. G. PFANN, Zone Melting, John Wiley Inc., New York 1958 (Chapter 3).
[2] I. BRAUN, Brit. J. appl. Phys. 8, 457 (1957).
[3] L. W. DAVIES, Phil. Mag. 3, 159 (1958).
[4] B. A. VOLCHOK, Fiz. tverd. Tela 4, 1071 (1962).

(Received February 8, 1964)

Erratum

In der Arbeit von A. MÖSCHWITZER und S. WAGNER:

Kalte Emission von Dünnfilmkatoden
phys. stat. sol. **4**, 357 (1964)

sind durch ein Versehen der Autoren zwei Fehler verblieben.
Auf Seite 361 muß es richtig heißen:

$$E_{\mathrm{kin}} = q \cdot |\mathfrak{E}_i| \cdot x - E_a - E_F + E_x \tag{2}$$

und

$$D(E) = \Psi\,\Psi^* = e^{-2\int_0^s k'\,dx}\,. \tag{3}$$

Außerdem muß in einem Teil der Auflage das fehlende s auf der linken Seite von Gleichung (4) ergänzt werden.

See Short Note by L. STALS and J. VAN LANDUYT

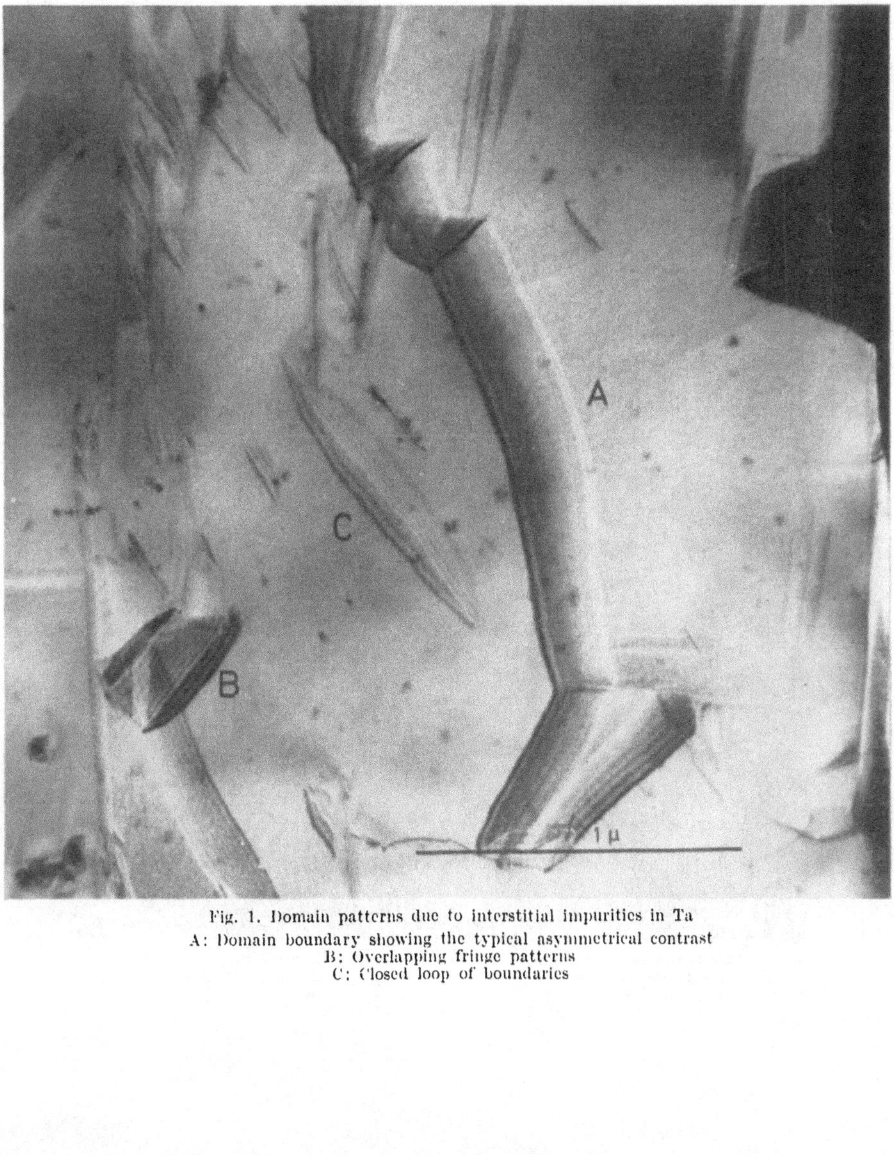

Fig. 1. Domain patterns due to interstitial impurities in Ta
A: Domain boundary showing the typical asymmetrical contrast
B: Overlapping fringe patterns
C: Closed loop of boundaries

See Short Note by L. STALS and J. VAN LANDUYT

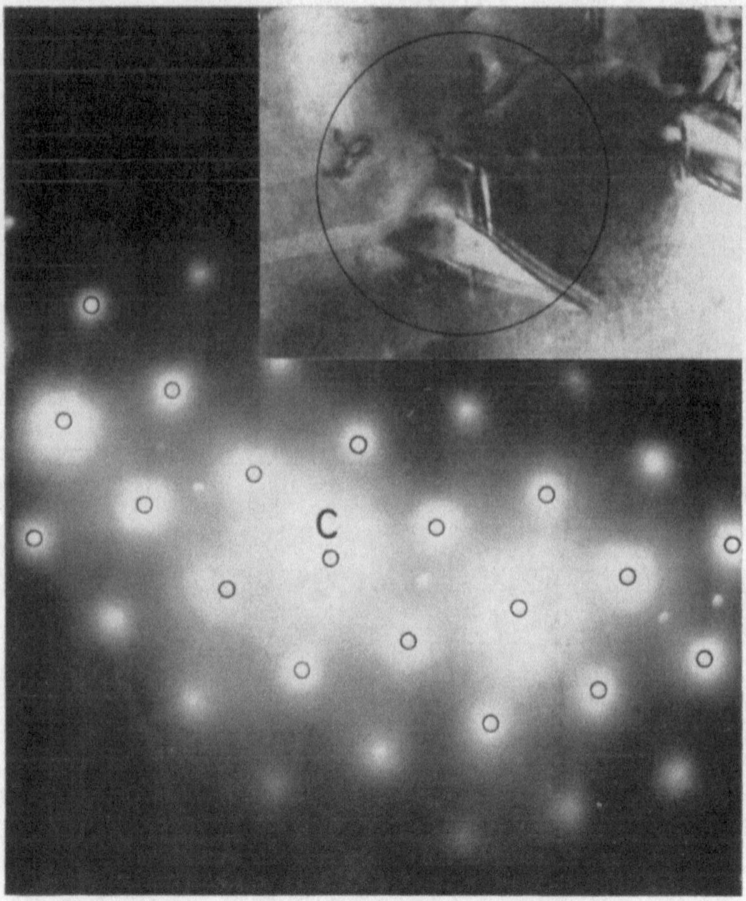

Fig. 2. Selected area diffraction pattern of the region shown in the inset [(111)-plane], Supplementary spots due to ordering of interstitials are visible

Short Notes

Solid State Physics Department, S.C.K. - C.E.N., Mol

Domain Patterns due to Interstitial Impurities in Tantalum [1)]

By

L. STALS and J. VAN LANDUYT

Recently, one of us (1) has observed domain patterns in niobium (columbium) by means of transmission electron microscopy. These domains were ascribed to internal oxidation.

Tantalum, having the same crystallographic structure as Nb (b.c.c.-with nearly the same lattice parameter) and also the same chemical properties (e.g. getter properties), was expected to show quite analogous effects.

Therefore, thin foils of high purity tantalum were annealed for 1 h at 1500 °C in a vacuum of 10^{-4} Torr, and subsequently electropolished following the same method as used by FOURDEUX and BERGHEZAN for columbium (2). Thin transparent sections were observed in a Siemens Elmiskop I, operated at 100 kV.

The same internal oxidation features as found in niobium i.e. domain patterns, were also observed in tantalum, as shown on Fig. 1. The domains presumably result from the preferential occupation of one set of interstices by impurities rather than another in a given domain. The distinction between different sets of interstices is based on the different distortion directions, associated with each set of interstices (for octahedral interstices there are three such different sets). A domain boundary would then separate regions where different sets of interstices are filled.

On Fig. 1 the domain walls are visible as fringe patterns. These fringe patterns show exactly the same features as those observed in niobium : they are not symmetrical with respect to the foil center in the bright field image, and are there-

---

1) This work is part of a research program undertaken at S.C.K.-C.E.N., Mol in behalf of the join research and development program of the agreement for cooperation between Euratom and the United States.

fore distinctly different from those due to stacking faults. It is quite clearly visible on Fig. 1,A that the first and the last fringes are opposite in nature, i.e. one is bright, the other being dark. Overlapping fringe patterns (Fig. 1,B) and closed loops of boundaries (Fig. 1,C) are frequently observed.

A detailed analysis of these fringe patterns has been published in (3). The domain walls often move in the electron microscope as a result of the electron irradiation. The same single crystal diffraction pattern due to the Ta lattice is obtained both sides of the boundary, which excludes the possibility of having a grain boundary or ordinary twin boundary. Domains extending accross grain boundaries are found. In this case the domains show refraction at the grain boundary due to the different orientations of the two grains.

Diffraction patterns taken in regions where domains are observed show supplementary spots at exactly the same positions as they do for niobium (Fig. 2). In regions where many differently oriented domains are present, three different arrays of supplementary spots have been observed. This indicates that at least three different types of domains must be possible.

In some cases, where the diffraction pattern was taken over a domain wall, the spots are slightly split. This is not the case when the diffraction pattern is taken from a region not including the domain wall. This is a direct indication for a different distortion direction both sides of the domain wall.

The observation of these domain patterns in tantalum support the proposal that in niobium as well as in tantalum, the domains are due to the systematic filling of the interstitial sites by some impurities during annealing treatments.

However, it is clear that more observations are required to obtain a complete understanding of the origin and behaviour of these domains.

References

(1) J. VAN LANDUYT and S. AMELINCKX, Appl. Phys. Letters (to be published).

(2) A. FOURDEUX and A. BERGHEZAN, J. Inst. Metals 89, 31 (1960).

(3) R. GEVERS, P. DELAVIGNETTE, H. BLANK, and S. AMELINCKX, phys. stat. sol. 4, 383 (1964).

(Received February 3, 1964)

Технологический институт им.Ленсовета, Ленинград

К расчёту характеристических температур веществ сложного состава

Б.Н. ОЩЕРИН

Выражение ПОЛИНГА (1) для связи "электроотрицательности" (X) атомов с энергиями одиночных связей физически не обосновано (2), но как полуэмпирическое оказалось полезным. Методы теоретической химии полезны для физики твёрдого тела (3). Можно приложить и уравнение ПОЛИНГА, применяемое для газов, к твёрдым телам заменив энергии одиночных химических связей энергиями образования точечных вакансий (E) в простых вещетвах и бивакансии в соединении AB.Если в такое выражение подставить полученное нами равенство $E = kn^2_{cp}\theta_o$ связывающее E с характеристической температурой в нулевом нриближении θ_o и средневзвешенным главным квантовым числом (n) электронов участвующих в связи (k-постоянная Больцмана), то получим выражение

$$(X_A - X_B)\,205 = n^2_{AB}\,\theta_{AB} - \frac{n^2_A\theta_A + n^2_B\theta_B}{2} \qquad (1)$$

из которого можно расчитать θ_{AB} по известным θ металла (4) и расчётным θ металлоида (5). В таблице 1 эти расчёты сопоставлены с более строгими расчётами приведёнными в работе (6), а также с расчётами по выведенной нами формуле Грюнайзена (5)

$$\theta = \frac{h}{k}\left(\frac{3}{4\pi N}\right)^{1/6}\left(\frac{c_P}{3\pi m_H\, a^{2/3}\, V^{2/3}\alpha}\right)^{1/2} \qquad (2)$$

и с расчётами по сжимаемости работы (7). Значения θ_o расчитанные из выражений содержащих приведённую массу требуют поправки зависящей от величины отношения масс. Условно вводим поправку ($\varkappa$) частично согласующуюся с поправкой Блэкмана (8):

M_1/M_2	1	3	5	8	13	18
$\varkappa^{1/2}$	1	1,16	1,32	1,62	2,0	2,2
$\varkappa^{1/3}$	1	1,10	1,20	1,38	1,58	1,69

Таблица 1

Характеристические температуры щёлочногаллоидных кристаллов расчитанные разными методами в нулевом приближении ($^{\circ}$K)

Вещество	расчёт из равенств		данные работы	расчёт в работе (7) с поправкой
	(1)	(2)	(6)	
LiF	720	740	770	730 (834)[1]
LiCl	510	450	440	400 (522)
LiBr	357	250	280	260 (436)
LiJ	260	195	199	181 (399)
NaF	480	430	510	469
NaCl	335	350	326	322
NaBr	246	235	223	262
NaJ	185	160	170	170 (222)
KF	340	369	334	364
KBr	187	185	177	185 (198)
KCl	249	247	240	270
KJ	146	160	132	145 (170)
RbF	252	–	228	238 (304)
RbCl	188	–	171	178 (203)
RbBr	146	–	138	148
RbJ	116	–	111	115 (125)
CsF	.191	–	–	200 (298)
CsCl	148	–	168	135 (161)
CsBr	118	–	151	109
CsJ	95	–	127	93
TlF	261	–	–	–
TlCl	198	–	–	–
TlJ	125	–	–	–

[1]) В скобках данные работы (7).

Нриведённая масса входит в расчётные выражения в разных степенях. Это учтено при внесении поправки в выражение (2) и расчёты работы (7). Пересчитанные величины лучше согласуются с работой (6). Указанные методы расчёта Θ_0 применимы к различным классам соединений бинарного состава.

Литература

(1) Л. ПОЛИНГ, Нрирода химической связи, химиздат, Москва 1947 (с. 68).

(2) В.П. СПИРИДОНОВ и В.М. ТАТЕВСКИЙ, Ж. физ. Хим. 37, 5, 995 (1963).

(3) Полупроводниковые вещества, Вопросы химической связи, ред. В.П. ЖУЗЕ, Изд-во иностранной литературы, Москва 1960.

(4) Г. УАЙТ, Экспериментальная техника в физике низких температур, Изд-во иностранной литературы, Москва 1961 (с. 358).

(5) Б.Н. ОЩЕРИН, Порошковая металлургия 2, 6, 10 и 12 (1962).

(6) G. LEIBFRIED and W. LUDWIG, Theory of anharmonic effects in crystals, Solid State Physics, Vol. 12, ed. F. SEITZ, New York 1961.

(7) S. MITRA and S. YOSHI, Physica 26, 286 (1961).

(8) М. БОРН и ХУАН КУНЬ, Динамическая теория кристаллических решёток, Изд-во иностранной литературы, Москва 1958 (с. 82).

(Received February 6, 1964)

Research Institute for Advanced Studies,
Division of the Martin Company, Baltimore

Splitting of Diffraction Lines

By
L. GOLD

In view of what appears to be general confusion or misunderstanding on the question of refraction effects, particularly in the field of electron diffraction, it may be appropriate to disclose some recent thought relating to the contribution of the index of refraction to powder diffraction analysis. The findings to be briefly discussed here suggest that the role of unsymmetrical Bragg reflections in various kinds of related diffraction experiments has not been fully appreciated.

It is important to note that refraction can lead to unusual effects under some circumstances. Thus, the Kikuchi phenomenon associated with electron diffraction represents a classic example. Again, in the domain of electron diffraction, strange splittings or so-called "extra-lines" have turned up (1, 2); the latter behavior was investigated by COWLEY and REES (3) whose explanation may not wholly be correct.

We believe that the origin of splitting of powder diffraction lines can be rendered intelligible in the following light. For simplicity, consider an array of crystallites in a powder sample with a fixed exposure of crystal face, i.e., the surface of every particle happens to be a cleavage plane like the (100) in the case of rock salt. Consequently, each set of reflecting planes will be inclined at some angle to the surface on which the radiation is incident (the unsymmetrical Bragg reflection configuration). Since certain equivalent planes form not one specific angle with a (100) but possibly several, the observed Bragg angle need not be unique: this uniqueness is ensured only when the reflecting planes lie parallel to the surface upon which the beam is incident.

The character of the splittings thus intrinsically rests on the symmetry of the crystalline material under study. Clearly high symmetry systems like those of cubic or hexagonal nature will exhibit a lower degree of splitting than those of reduced symmetry (tetragonal, monoclinic, etc). Within a given crystal class, the multiplicity of splittings becomes greater for lower symmetry combinations of exposed surface and sets of reflecting planes.

It may be recalled, for example, that the angles formed by a (100) and the other crystallographic planes in a cubic crystal are as in Table 1.

Table 1

hkl	Φ
100	0° , 90°
110	45° , 90°
111	$54^\circ 44'$
210	$26^\circ 34'$, $63^\circ 26'$, 90°
211	$35^\circ 16'$, $65^\circ 54'$
221	$48^\circ 11'$, $70^\circ 32'$
311	$25^\circ 14'$, $72^\circ 27'$

Planes with ϕ intermediate between 0° and 90° give rise to Bragg reflection and so we may interpret Table 1 to imply no splitting for 100, 110 and 111 (or in higher order 200, 220, 222, etc.). On the other hand, the remainder tabulated can lead to doublets. The highest degree of multiplicity for the splittings would affiliate with hkl having all three indices different as in the case for 531. If forbidden reflections occur in connection with face-centered and body-centered cubic structure, the splittings will, of course, occur at higher orders.

The COWLEY and REES (3) study was based upon MgO smoke with cube faces parallel to the film. They found, interestingly, that the intensities and separation of the split components varied with angle of tilt. Their table (Table 2 here) agrees but partially with theoretical deductions inferred by Table 1. However, the highest degree of multiplicity is just the pre-

Table 2

Reflection	Multiplicity
hoo	single
hhh	doublet
hho	triplet
hko	triplet
331 422 531	doublet
331, 511, 442, 622, 642	triplet

dicted triplet. The source of the discrepancies is puzzling and should be explored in terms of a fresh experimental attack, keeping in mind the anticipated resolution of the behavior.

The execution of such future research may be further abetted by not only looking for the gross features of the splittings, but also determining the degree of splitting, the separation of the lines themselves. For this purpose we provide a recently derived expression for the measured film Bragg angle θ_f in terms of the actual true value θ_B, the index of refraction μ and the angle Φ between the surface plane and the set of reflecting planes. The formula

$$\sin 2\theta_f = \mu \sin(\theta_B + \Phi) \cos(\theta_B - \Phi) \pm$$

$$\pm \cos(\theta_B + \Phi) \sqrt{1 - \mu^2 \cos^2(\theta_B - \Phi)} \qquad (1)$$

$$(\oplus \text{ sign for } \theta_B > \Phi, \ \ominus \text{ sign for } \Phi > \theta_B)$$

is universal in the sense that it applies to X-ray, electron, neutron, etc. diffraction in the domain of a well-defined thin crystal limit; strongly scattered beams fulfill the latter circumstance.

Thus for electron beams we encounter not only strong interaction with the ordered array of atoms but, furthermore, μ can be varied appreciably by regulating the accelerative voltage. In the province of X-rays, the situation is not ordinarily conducive for ready application of (1). It may be seen that the relation reduces to the more familiar Bragg angle correction formula for $\Phi = 0$. Even for the unsymmetrical Bragg reflection case ($\Phi \neq 0$), the expected zero correction results for $\mu = 1$ with

$$\sin 2\theta_r = \sin(\theta_B + \Phi) \cos(\theta_B - \Phi) \pm \cos(\theta_B + \Phi) \sin(\theta_B - \Phi)$$

where the r.h.s. may be recognized to represent sin (A + B) denoting $A = \theta_B + \Phi$, $B = \theta_B - \Phi$. While refraction is basically responsible for modifying the true Bragg angle, it should be noted that the effect becomes enhanced for $\Phi \neq 0$.

References

(1) K. LARK-HOROVITZ et al., Phys. Rev. 48, 100 (1935).

(2) L. STURKEY and L.K.FREVEL, Phys. Rev. 68, 56 (1945).

(3) J.M. COWLEY and A.L.G. REES, Proc. Phys. Soc. A 59, 289 (1947).

(Received February 17, 1964)

Physikalisches Institut der Rumänischen Akademie der Wissenschaften, Bukarest (a) und Medizinisch-Physikalisches Institut, Budapest (b)

Über die Farbzentren in NaCl:Ag- und NaCl:Ag+Ca-Kristallen

Von

V. TOPA (a) und Á. SOMLÓ (b)

Mit Silber verunreinigte Alkalihalogenide wurden in letzter Zeit mittels optischer Absorption (1 bis 3), Photolumineszenz (4), paramagnetischer Resonanz (5) usw. untersucht.

Im folgenden wird kurz über Ergebnisse berichtet, die wir bei elektrolytischer Verfärbung an NaCl:Ag und NaCl:Ag+Ca Kristallen erhielten.

Als Ausgangsstoff zur Herstellung dotierter Kristalle dienten NaCl-Kristalle, die an Luft in Porzellantiegeln gezogen waren. Diese Kristalle wurden in Sinterkorundtiegeln nochmals geschmolzen, dotiert und nach dem Kyropoulos-Verfahren gezogen.

Die so erhaltenen, mit Ag und Ag+Ca dotierten Kristalle wurden bei 450 °C elektrolytisch durch einen Strom von 2,5 mA verfärbt. Diese Stromstärke wurde für alle Kristalle durch Anlegen einer entsprechenden Spannung an die Elektroden (Wolframspitze und Platinplatte) gewährleistet.

In Fig. 1 sind für drei verfärbte NaCl:Ag Kristalle mit verschiedenen Ag-Konzentrationen die Absorptionskurven im UV und im sichtbaren Gebiet dargestellt. Es ist ersichtlich, daß bei gleichen Verfärbungsbedingungen bei wachsender Ag-Konzentration außer der 275 nm-Bande (von ETZEL und SCHULMAN (1) mit B bezeichnet) eine breite Bande zwischen 400 und 500 nm erscheint. Messungen bei der Temperatur des flüssigen Stickstoffs zeigten, daß diese Bande aus einer Ag-Kolloidbande und der F-Bande besteht. (In einigen Fällen, wie z.B. bei Kurve 1 der Fig. 1, erscheint außer der B-Bande nur die F-Bande). Die Kolloidbande ist die gleiche, die GECK (6) durch Elektronenbeschuß und nachfolgendes Tempern, BUBAKOVA (7) durch Diffusion, VAN DER VORST (8) und GOMES (9) durch thermische Behandlung in H_2-Atmosphäre erhielten. Wir sind der Meinung, daß die von

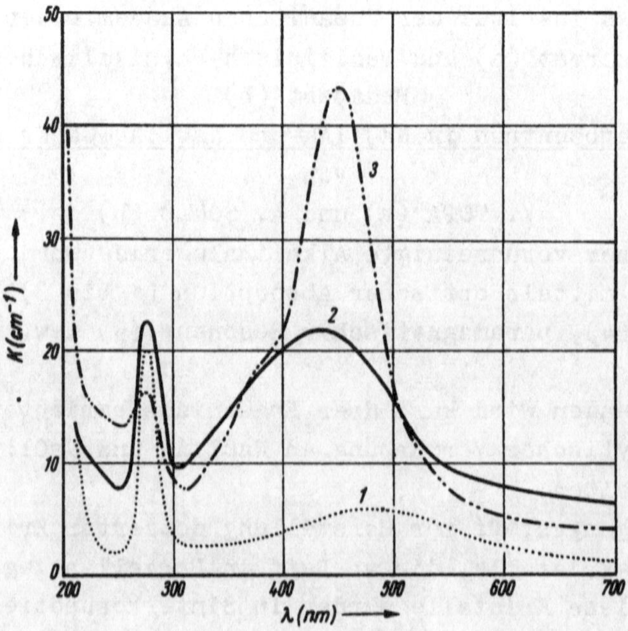

Fig. 1. Absorptionsspektren von elektrolytisch verfärbten NaCl:Ag-Kristallen

1. $c_{Ag} = 7{,}5 \cdot 10^{-4}$ M% (Zusatz zur Schmelze)
2. $c_{Ag} = 1{,}5 \cdot 10^{-3}$ M% (Zusatz zur Schmelze)
3. $c_{Ag} = 7{,}5 \cdot 10^{-3}$ M% (Zusatz zur Schmelze)

(Alle Spektren wurden bei der Temperatur des flüssigen Stickstoffs gemessen)

ETZEL und SCHULMAN bei 450 nm gefundene Bande, welche sich bei den Versuchen dieser Autoren nach 400 nm hin verschiebt, die gleiche Kolloidbande ist, die wir bei elektrolytischer Verfärbung direkt erhielten.

Aus Fig. 1 ist ferner ersichtlich, daß bei der Vergrößerung der Ag-Konzentration die B-Bande abnimmt und die Kolloidbande wächst. Um zu beweisen, daß die B-Bande und die Kolloidbande miteinander in engem Zusammenhang stehen, haben wir mit dem mit 1. bezeichneten Kristall (Fig. 1) folgende Versuche durchgeführt: Der Kristall wurde kurze Zeit auf 500 °C erwärmt, dann abgeschreckt und das Absorptionsspektrum gemessen. Dieses Verfahren wurde einige Male wiederholt. Die Absorptionskurven zeigen, daß die B-Bande bis zum Verschwinden abgebaut wird, während die Kolloidbande wächst. (Zum völligen Verschwinden der B-Bande reichten drei Wärmebehandlungen aus.)

Die benutzten Kristalle enthielten unbeabsichtigt auch Ca^{++}- und OH^{-}-Ionen. Um deren Wirkung auf die mit Ag verunreinigten Kristalle zu untersuchen, haben wir auch Kristalle bewußt mit OH und Ca verunreinigt.

Da die Absorptionskurven eines NaCl:Ag-Kristalls und eines NaCl:Ag+OH-Kristalls praktisch identisch sind (bei gleicher Ag-Konzentration und gleichen Verfärbungsbedingungen; die NaOH-Konzentration betrug 0,5 M% in der Schmelze), scheint es, daß

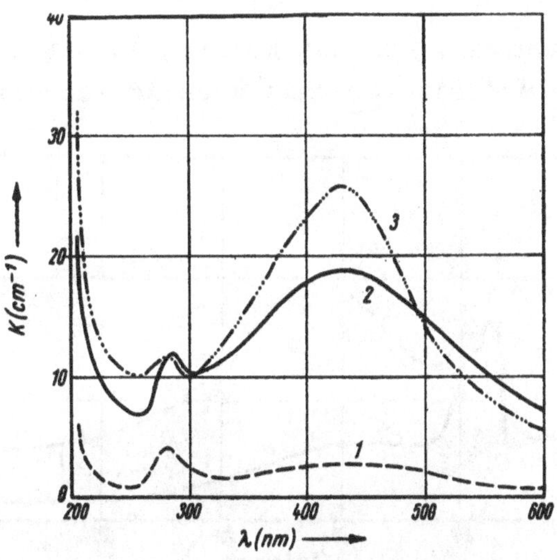

Fig. 2. Absorptionsspektren von elektrolytisch verfärbten NaCl:Ag+Ca-Kristallen

1. $C_{Ag} = 7{,}5 \cdot 10^{-4}$ M%; $C_{Ca} = 1{,}5 \cdot 10^{-1}$ M% (Zusatz zur Schmelze)
2. $C_{Ag} = 3{,}7 \cdot 10^{-3}$ M%; $C_{Ca} = 1{,}5 \cdot 10^{-1}$ M% (Zusatz zur Schmelze)
3. $C_{Ag} = 7{,}5 \cdot 10^{-3}$ M%; $C_{Ca} = 1{,}5 \cdot 10^{-1}$ M% (Zusatz zur Schmelze)

(Alle Spektren wurden bei der Temperatur des flüssigen Stickstoffs gemessen) die OH^--Ionen bei NaCl:Ag-Kristallen die Absorptionsspektren nicht beeinflussen.

Anders ist es bei den Kristallen, welche Ag+Ca-Verunreinigungen enthalten. Der Einfluß der Ca^{++}-Ionen auf die Farbzentren in Ag enthaltenden Kristallen hängt sowohl von der Ag-Konzentration als auch von der Ca-Konzentration ab. In Kristallen, die wenig Ag ($7{,}5 \cdot 10^{-4}$ M% in der Schmelze) und um zwei Größenordnungen mehr Ca enthalten, erscheint bei den gleichen Verfärbungsbedingungen die Kolloidbande; dagegen erscheinen in Kristallen ohne bewußt hinzugegebenes Ca (bei der gleichen geringen Ag-Konzentration), praktisch nur die F- und die B-Bande. Auch bei großen Ag-Konzentrationen fördert das Kalzium das Erscheinen der Ag-Kolloide, jedoch nicht im erwarteten Ausmaß.

Es ist merkwürdig, daß bei Kristallen mit der gleichen Ca-Konzentration und mit verschiedenen Ag-Konzentrationen

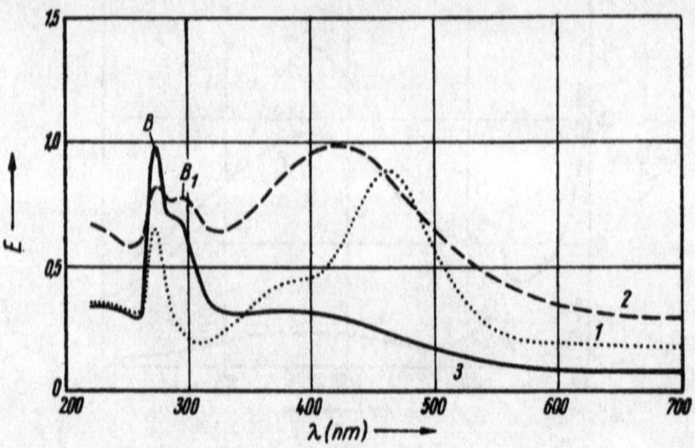

Fig. 3. Absorptionsspektren von elektrolytisch verfärbten NaCl:Ag- und NaCl:Ag+Ca-Kristallen

1. $C_{Ag} = 7{,}5 \cdot 10^{-3}$ M%; $C_{Ca} = 0$ (Zusatz zur Schmelze)
2. $C_{Ag} = 7{,}5 \cdot 10^{-3}$ M%; $C_{Ca} = 7{,}5 \cdot 10^{-1}$ M% (Zusatz zur Schmelze)
3. $C_{Ag} = 7{,}5 \cdot 10^{-4}$ M%; $C_{Ca} = 7{,}5 \cdot 10^{-1}$ M% (Zusatz zur Schmelze)

(Alle Spektren wurden bei der Temperatur des flüssigen Stickstoffs gemessen)

(Fig. 2) die Intensität der B-Bande nahezu gleich ist, obwohl die Kolloidbande bei den verschiedenen Proben unterschiedlich stark ausgeprägt ist. Durch diese Tatsache erscheint die Hypothese wahrscheinlich, daß ein Teil der B-Bande "stabiler" ist und daß die Wechselwirkung zwischen den Ag- und Ca-Ionen dies hervorruft. Während der Untersuchung der B-Bande bei der Temperatur des flüssigen Stickstoffs beobachteten wir, daß bei allen Kristallen, in denen außer Ag auch Ca vorhanden ist, die B-Bande - bei elektrolytischer Verfärbung - eine Schulter aufweist, oder daß bei größeren Wellenlängen eine abgesonderte Bande - im weiteren B_1 genannt - erscheint (Fig. 3). Es ist bemerkenswert, daß das Verhältnis der Intensitäten der B- und der B_1-Bande nicht konstant ist. Dies macht wahrscheinlich, daß es sich um zwei verschiedene Banden handelt.

Für die B_1-Bande scheint ein Elektronenzentrum verantwortlich zu sein. Es erscheint ja bei elektrolytischer Verfärbung und muß wenigstens mit einem Ag- und einem Ca-Ion im Zusammenhang stehen. Die einfachste Hypothese für ein Modell des B_1-Zentrums ist ein B-Zentrum mit einem Ca^{++}-Ion in der Nachbarschaft. Zur Bestätigung dieses Modells sind noch weitere Untersuchungen erforderlich.

Literatur

(1) H. ETZEL und J. SCHULMAN, J. chem. Phys. 22, 1549 (1954).

(2) W. MAENHOUT-VAN DER VORST und W. DEKEYSER, Physica 23, 903 (1957).

(3) M. ISHIGURO, G. OKUNO und K. KOJIMA, Mem. Inst. Sci. Ind. Res. Osaka Univ. 15, 1 (1958).

(4) V. CERNENKO, F. ZAITOV und I. LUKANTEREV, Optika i Spektroskopia t. XV, 83 (1963).

(5) C. DELBECQ, W. HAYES, M. O'BRIEN und P. YUSTER, Proc. Roy. Soc. A 271, 243 (1963).

(6) F. GECK, Z. Naturf. 12a, 562 (1957).

(7) R. BUBAKOVA, Czech. J. Phys. 7, 110 (1957).

(8) W. MAENHOUT-VAN DER VORST und W. DEKEYSER, Phil. Mag. Serie VIII,882 (1956).

(9) W. GOMES, Transactions of the Faraday Society 59, Nr. 487 1948 (1963).

(Received March 7, 1964)

Institute of Solid State Physics, Czechoslovak Academy of Sciences, Prague

Absorption Edge of ZnSb

By
M. ZÁVĚTOVÁ

The absorption edge of ZnSb was studied in the energy range 0,460 - 0,690 eV at room temperature on optically polished samples cut from p-type single crystals in directions perpendicular to the crystallographic axis a, b, c. The single crystals were prepared by Czochralski method (1) and had the acceptor concentration $n = 3\ 10^{17}\ cm^{-3}$ (as obtained from the Hall constant). The thickness of the samples was 0,05 and 0,07 cm, the irradiated surface was 1 cm^2.

The absorption coefficient K was calculated according to the formula

$$t = \frac{(1 - R)^2 \exp(-Kd)}{1 - R^2 \exp(-2Kd)}, \qquad (1)$$

(where t the transmission, d the thickness of the sample, R the reflectivity) from the experimental data on the transmission, measured in the same arrangement as CdSb (2). The value of the reflectivity R = 44 % was used for all three polarizations ($\vec{E} \parallel \vec{a}$, $\vec{E} \parallel \vec{b}$, $\vec{E} \parallel \vec{c}$) of the incident radiation and in the whole measured energy range.

In Fig. 1 $K^{1/2}$ is plotted as a function of the energy of incident radiation. The notation a, b, c corresponds to the polarized radiation with $\vec{E}$ parallel to $\vec{a}$, $\vec{b}$, and $\vec{c}$. The curve c lies on the lower energy side and is steeper then curves b and a, which lie very near each other, in contrast to the case of CdSb (3). On the lower energy side the curve for $\vec{E} \parallel \vec{b}$ lies for the values of $K < 4\ cm^{-1}$ above the other two; for higher values K the curves (a, b, c) remain in the same order as in CdSb.

ZnSb has very similar properties as CdSb. For example both these materials belong to the orthorombic system with the space group D_{2h}^{15}, the elementary cell contains 8 atoms of Sb and 8 atoms of Cd (resp. Zn), i.e. 56 valence electrons.

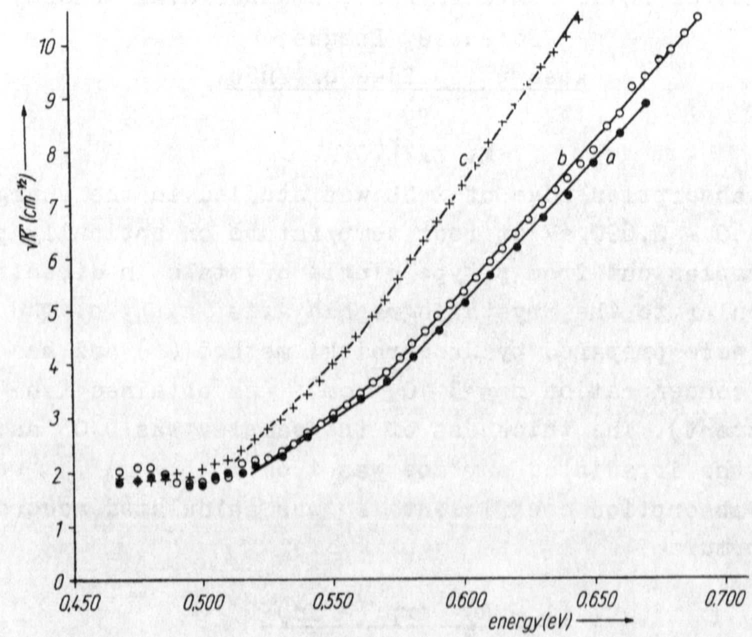

Fig. 1. The absorption edge at low levels in ZnSb at room temperature. The notation of the curves corresponds to the polarized radiation with $\vec{E}$ parallel to $\vec{a}$, $\vec{b}$, $\vec{c}$

TOMAN (4) determined the same type of chemical bond. We made a detailed analysis of the absorption edge of CdSb (2, 3) and from the similar frequency dependence of the absorption in ZnSb we suppose that in ZnSb begins the absorption with the allowed indirect transitions too.

The curves in Fig. 1 are composed of several approximately linear components but without the knowledge of the temperature dependence of the absorption we are unable to determine the temperatures of phonons which would take part in the indirect transitions. Our crystals of ZnSb are less pure than those of CdSb. We think that a higher concentration of the free carriers is responsible for the higher "background" in the ZnSb curves. Because of this background the components originating from the optical absorption associated with the phonon absorption are not apparent. For that case we have been able to determine the energy of the indirect gap only approximately to be 0,480 eV for all the three polarizations used.

TURNER (5), as far as we know, was the first to measure the absorption on the single crystals of ZnSb. He did not use the polarized light and his value of the energy gap (0,53 eV approximately) and the higher value of the background he observed may be connected with poorer purity of his material ($n = 4 \cdot 10^{18}$ cm^{-3}).

References

(1) A. HRUBÝ, J. BERÁNKOVÁ, and V. MÍŠKOVÁ, phys. stat. sol. 3, 289 (1963).

(2) M. ZÁVĚTOVÁ, Czech. J. Phys. 14 B (1964) (in print).

(3) M. ZÁVĚTOVÁ, Thesis, Inst. Solid State Phys., Czech. Acad. Sci., Prague, 1963.

(4) M. MIKŠOVSKÝ, K. ŠMIROUS, and K. TOMAN, Proc. Int. Conf. Semicond. Phys., Prague 1960 (p. 1087).

(5) W.J. TURNER, A.S. FISCHLER, and W.E. REESE, Phys. Rev. 121, 759 (1961).

(Received March 10, 1964)

Institute of Nuclear Research, Department of Nuclear Physics, Warsaw

X-Ray and Neutron Studies of the Lineage Structure in Large Aluminium Single Crystals

By

A. MODRZEJEWSKI and S. SZARRAS

An investigation was made of the macroscopic imperfections (1) in aluminium crystals which may influence the properties of monochromatic neutron beams produced by means of these crystals. The samples, which had a purity of 99.98 %, were prepared in this laboratory (2) by the Bridgman technique.

Visual observations made with a great number of large Al single crystals grown in graphite crucibles at a rate 10 to 20 mm/h show that about 1/3 of the crystals have a substructure (long, narrow subgrains) called lineage structure[1]. This substructure may be limited to a part of the crystal but may also extend over the whole volume. From the four crystals chosen for the measurements (the dimensions and orientation of the cut plates are given in Table 1) crystal No. 1 was free of this substructure.

Table 1

Crystal No.	Surface dimensions of the cut plate (in mm)	Orientation of the investigated plane	Angle between the crystal axis and the cut plane
1	50 x 120	(100)	0°
2	80 x 80	(100)	12°
3	50 x 130	(100)	0°
4	80 x 110	(111)	0°

Neutron studies were carried out using the neutron crystal-spectrometer (4) at the EWA reactor in Swierk.

1) A lineage structure is an array of small-angle boundaries nearly parallel to the growth direction of the crystal; the boundaries are tilted by $\approx 1^o$ about the growth axis (3).

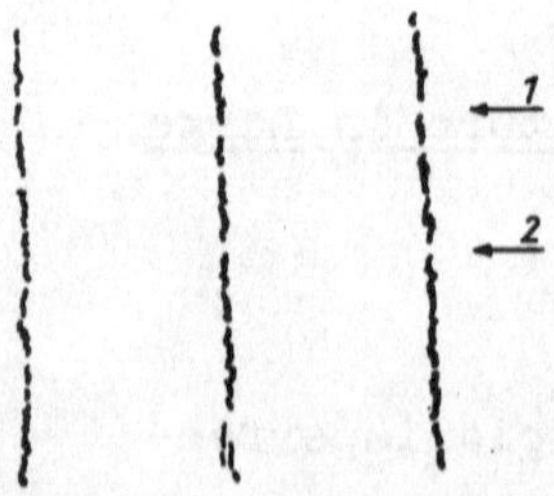

Fig. 1. Neutron rocking curves of aluminium single crystals. The curves on the left-hand side and right-hand side were obtained in the horizontal and vertical position, respectively

Fig. 1 shows eight neutron rocking curves of the four crystals listed in Table 1. The four curves shown on the left-hand side in Fig. 1 and the four on the right-hand side were obtained with horizontal and vertical crystal-axis, respectively. It is evident that for crystal No.1 both curves (the curves at the top) have a similar shape. The rocking curves of the remaining crystals differ remarkably; they are wider for the vertical position, and crystal No.3 even shows two separate peaks. The mosaic spread deduced for these crystals from the half width of the rocking curves increases from 15 to 30 or 40 minutes of arc. This indicates that some single crystals may serve as "good" monochromators in the horizontal position and may give completely different rocking-curves in the vertical position. The position of the crystals influences the broadening of the rocking curves (large increase in the mosaic spread) and also the intensity of neutrons.

X-ray studies were carried out using the back-reflection Laue method, the Schulz method (5), and mainly the Auleytner method (6). An X-ray camera (7) constructed on the basis of (6) was most useful here. Laue and Schulz photographs showed that the subgrains are tilted about the growth axis. Crystal No.1 did not show any tilting effects. The Auleytner lines obtained in the horizontal and vertical positions were similar for crystal No.1; they were straight and continuous. This result shows that this crystal is free of substructure. Fig. 2 shows three Auleytner lines taken at the ends and in the middle of crystal No.3 (the lines are parallel to the direction of crystal growth). The arrows indicate spots on the lines for

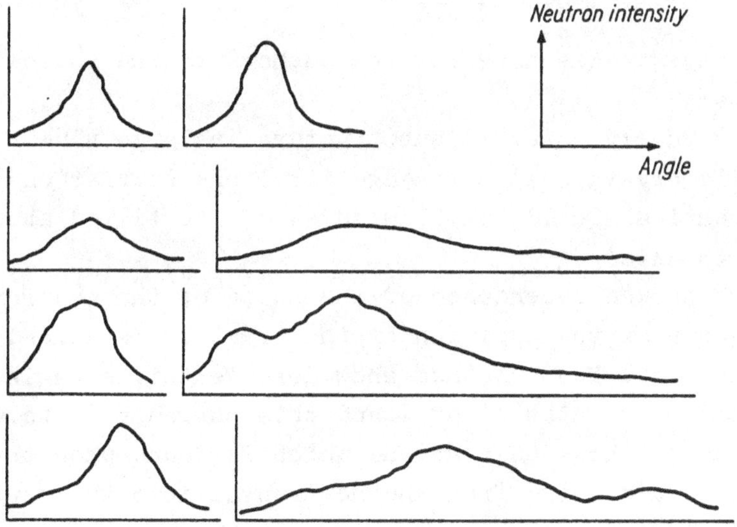

Fig. 2. Auleytner lines obtained for the two ends and the middle of crystal No.3, in the horizontal position. The two small arrows indicate the spots for which desorientation angles of the subgrains were measured

which the desorientation of the subgrains were measured. The results are compiled in Table 2. It is characteristic that the desorientation of the lattice in the vicinity of a given boundary increases in the direction of crystal growth. The same effects were obtained on the crystals No.2 and 4 (1).

Table 2

The distance from one end of the crystal (mm)		18	42	48	60	68	76	82	89	116	140
Desorientation angles of two boundaries measured on crystal No.3 (minutes of arc)	1	17	31	36	45	45	46 (47)	51	52	60 (64)	62
	2	17	22	23	25	26	24	29	50	40	53

The values in brackets were calculated from Schulz photographs.

X-ray studies have led the authors to the following conclusions:

1. The visually observed substructure in large aluminium single crystals is a lineage structure (striations); the boundaries are 10 to 100 minutes of arc tilted about the growth axis.
2. The observed dependence of the shape of the neutron rocking-curves upon the position of the crystals is caused by these striations. Most of them show desorientation angles between 15 and 30 minutes of arc, and this corresponds to the increase of the mosaic spread which is found when the crystals are rotated from the horizontal into the vertical direction.
3. In the case of long boundaries the desorientation increases in the direction of crystal growth (see Table 2).
4. Lineage structure develops gradually over a distance of a few centimetres.

The authors wish to thank Prof. B. BURAS and Prof. J. AULEYTNER for valuable remarks and discussions. Thanks are also due to R. STOJANOWSKI for performing the X-ray investigations and to J. KOBLA and H. PIOTROWSKI for their aid in the preparation of the specimens.

References

(1) A. MODRZEJEWSKI, B. BURAS, and R. CZARNECKI, Kerntechnik Nr. 5, 153 (1960).

(2) A. MODRZEJEWSKI and S. SZARRAS, Institute of Nuclear Research, Warsaw, Report No. 509/II (1964).

(3) B. CHALMERS, J. Phys. Soc. Japan 18, Suppl. III, 64 (1963).

(4) D. O'CONNOR and L. BONKOWSKI, Acta phys. Polon. 18, 226 (1959).

(5) L.G. SCHULZ, J. Metals 200, 1082 (1954).

(6) J. AULEYTNER, Acta phys. Polon. 17, 111 (1958).

(7) S. SZARRAS, L. BONKOWSKI, and J. AULEYTNER, J. sci. Instrum. 40, 20 (1963).

(Received March 11, 1964)

Physikalisch-Technisches Institut der Deutschen Akademie der Wissenschaften zu Berlin, Bereich Elektronische Halbleiter

Temperaturabhängigkeit der spektralen Verteilung der "blauen" Lumineszenz von CdS-Kristallen zwischen 65 und 300 °K

Von

H. FRIEDRICH

1. Einleitung

Die spektrale Verteilung der an der Grundgitterabsorptionskante von CdS-Kristallen auftretenden Lumineszenz (1) wurde verschiedentlich in Abhängigkeit von der Temperatur untersucht (2, 3). Danach verschieben sich die bei Temperaturen um 80 °K im blauen Spektralbereich liegenden Lumineszenzlinien mit zunehmender Temperatur nach dem grünen Spektralbereich. Zugleich werden die Emissionslinien breiter, bis schließlich nur noch eine breite Bande auftritt. Die bei Zimmertemperatur an CdS-Kristallen oft beobachtbare "grüne" Lumineszenz ist ähnlich wie die "blaue" bei 77,3 °K superlinear von der eingestrahlten Intensität abhängig, und das Maximum der Emissionsbande liegt für verschiedene Kristalle spektral verschieden (4). Oberhalb 4,2 °K hängen die Intensitäten der einzelnen Linien der blauen Lumineszenz stark von der Temperatur ab (5).

In dieser Arbeit wird die Temperaturabhängigkeit der spektralen Verteilung dieser blauen Lumineszenz bei Temperaturen oberhalb 65 °K näher untersucht und gezeigt, daß auch oberhalb 100 °K eine unterschiedliche Temperaturabhängigkeit der Intensitäten einzelner Lumineszenzlinien zu Verlagerungen des Emissionsschwerpunktes im Lumineszenzspektrum führt, ähnlich wie es bei Temperaturen unterhalb 100 °K der Fall ist (5).

2. Experimentelle Anordnung und Durchführung der Messungen

Die Photo-Lumineszenz der CdS-Kristalle wurde mit der Hg-Linie 365 nm angeregt. Das Abbildungsverhältnis der kurzbrennweitigen Quarzoptik betrug etwa 1:0,8. Der angeregte Kristallbereich wurde mit 2 vergüteten Objektiven auf den Eintrittsspalt des Spektrografen FD-S abgebildet. Der Winkel zwischen der Einstrahl- und der Beobachtungsrichtung betrug etwa 35°. Die Spektren wurden mit orthochromatischen Agfa-Raman-Platten aufgenommen[1] und mit einem Registrierphotometer ausgewertet.

Untersucht wurden nahezu spektralreine CdS-Kristalle, die nach einem modifizierten Frerichs-Verfahren aus der Dampfphase gezüchtet wurden. Die Kristalle wurden durch Aufdampfen von In im Vakuum mit Spaltelektroden versehen. Sie wurden hierbei weder erhitzt noch mit den Elektroden formiert. Die Kristalle wurden im evakuierten Meßgefäß ($1...2 \cdot 10^{-6}$ Torr) durch elektrisch isolierte Federn an den Kupferkühlfinger angedrückt. Die Temperaturkonstanz während der Messung betrug ± 1 °K.

3. Meßergebnisse

Die Lage der Linien- bzw. Bandenmaxima zwischen 65 und 300 °K bei etwa 15 verschiedenen festen Temperaturen aus den Aufnahmen der Emissionsspektren ermittelt (Fig. 1 und 2). Bei allen Kristallen ist für Temperaturen < 120 °K die Verschiebung konstant und beträgt $(2{,}6 \pm 0{,}1) \cdot 10^{-4}$ eV/Grad.

Bei 120...130 °K ändert sich die Struktur der Spektren: bei Temperaturen < 120 °K ist die Linie 2 [2] (siehe Fig. 1 und 2) die jeweils intensivste, bei Temperaturen > 130 °K dagegen Linie 3.

Die Linienverschiebung von $4...5{,}4 \cdot 10^{-4}$ eV/Grad dieser Linie 3 ist oberhalb 130 °K fast doppelt so groß wie jene bei Temperaturen ≤ 100 °K. Gleichzeitig verbreitert sich Linie 3 mit zunehmender Temperatur. Diese Änderungen in der spektralen Verteilung der blauen Lumineszenz des CdS zeigt Fig. 3 [3] für den Kristall 38.

In Fig. 4 sind in Abhängigkeit von der Temperatur die Intensitäten der einzelnen Linien aufgetragen, und zwar bezogen auf das Maximum der bei entsprechender Temperatur in-

1) Belichtungszeit 1...5 min.
2) Bei 77 °K bei 486,9 ± 0,1 nm.
3) Anstelle der breiteren Emissionsbande bei 484,3...484,8 nm (77 °K) beobachtet man bei einigen Kristallen (z.B. Kristalle 36, 45) bei 77 °K zwei schmalere Linien bei 484,1 nm und 484,8 nm. Die Emission ist bei diesen Wellenlängen stets parallel zur c-Achse polarisiert.

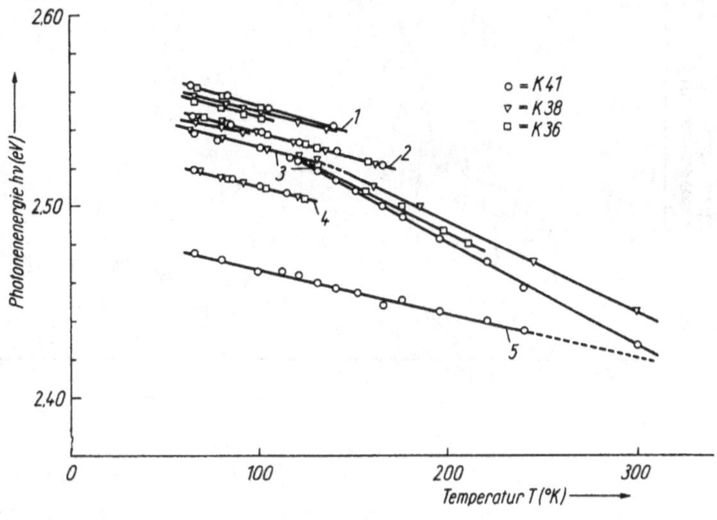

Fig. 1. Lage der Linienmaxima der blauen Lumineszenz in Abhängigkeit von der Temperatur

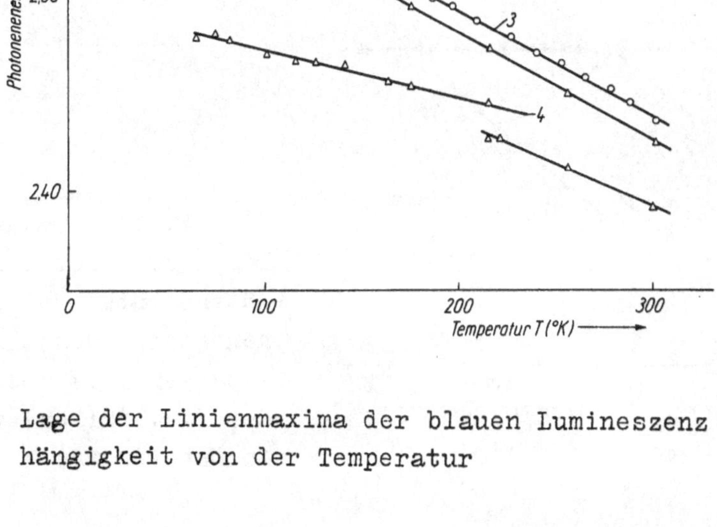

Fig. 2. Lage der Linienmaxima der blauen Lumineszenz in Abhängigkeit von der Temperatur

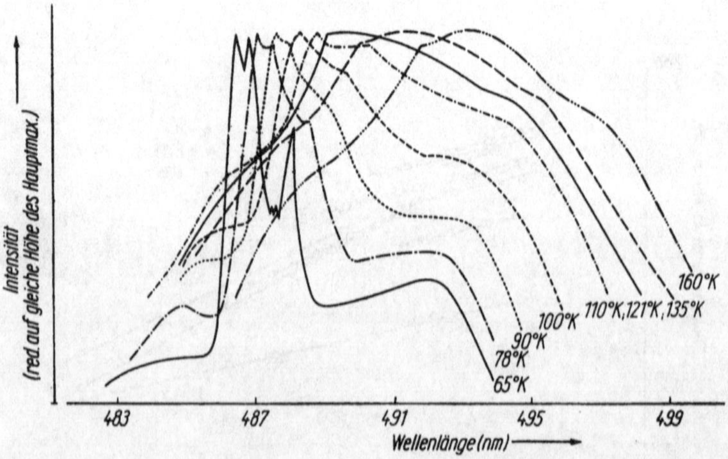

Fig. 3. Spektrale Verteilung der Intensität der blauen Lumineszenz bei verschiedenen Temperaturen für Kristall 38

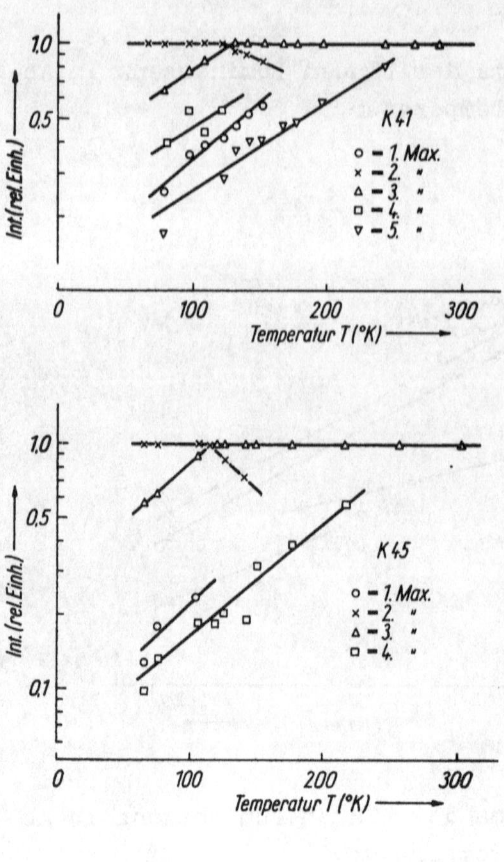

Fig. 4. Temperaturabhängigkeit der relativen Intensitäten der einzelnen Linien der blauen Lumineszenz, im oberen Teil der Fig. für Kristall 41, im unteren für Kristall 45

sivsten Linie[4].

Für 2 Kristalle (41 und 45) wurde durch Überbelichten die Temperaturabhängigkeit auch der sehr schwachen langwelligen Linien untersucht (Kurve 5 in Fig. 1 und Kurve 4 in Fig. 2). Die Linienverbreiterung ist im gesamten untersuchten Temperaturbereich konstant $(2,5 \pm 0,2) \cdot 10^{-4}$ eV/Grad.

Mit zunehmender Temperatur nimmt die Intensität dieser schwachen Linien zu (Fig. 3) und liegt bei 300 °K etwa im Emissionsmaximum der Linie 3.

Bei Kristall 45 wurde eine weitere, bei noch kleineren Photonenenergien gelegene Emissionslinie beobachtet (Kurve 5 in Fig. 2).

4. Diskussion

PEDROTTI und REYNOLDS (5) deuten die oberhalb 4,2 °K zu beobachtende starke Temperaturabhängigkeit der einzelnen Linien der blauen Lumineszenz mit einer Änderung der Besetzung von am Emissionsprozeß beteiligten Niveaus. Es liegt zunächst nahe, eine solche Erklärung auch für die bei etwa 120 °K beobachteten Änderungen in den Intensitäten der einzelnen Linien der blauen Lumineszenz heranzuziehen. Eine solche Deutung ist jedoch nicht mit der an den gleichen Kristallen beobachteten Temperaturabhängigkeit der elektrischen Eigenschaften vereinbar. Von den untersuchten Kristallen lumineszierten die Kristalle 36, 38 und 41 bei 78 °K blau und grün, die Kristalle 33 und 45 nur blau. Wie früher gezeigt wurde (6), steigt bei den bei tiefen Temperaturen grün und blau lumineszierenden Kristallen der Photostrom I_{PC} unterhalb etwa 150 °K mit abnehmender Temperatur um mehr als eine Größenordnung an, der Kurzschlußstrom des photo-elektro-magnetischen Effektes I_{PEM} fällt im gleichen Temperaturintervall ab (für Kristall 36 siehe Fig. 1 in (6)). Bei tiefen Temperaturen nur blau lumineszierende Kristalle zeigen zwischen 300 °K und 80 °K nach tiefen Temperaturen hin eine gleichmäßige schwache Zunahme von I_{PC} und I_{PEM}. Bei allen hier untersuchten CdS-Kristallen

---

4) Die Intensitäten wurden aus der Spektralaufnahme geschätzt und sind daher nicht sehr genau.

beträgt der Abstand des Quasi-Fermi-Niveaus für Löcher von der Valenzbandkante bei Anregung der Kristalle mit $5 \cdot 10^{17}$ Quanten/cm^2s bei 100 ^oK auf Grund der PEM-Messungen (6) nicht weniger als 0,1 eV. Aus der spektralen Lage der blauen Lumineszenz folgt, daß für diese verantwortliche Niveaus 0,02 bis 0,03 eV von einer der Bandkanten entfernt liegen müssen. Bei 0,02 bis 0,03 eV über dem Valenzband liegenden Niveaus ist im Temperaturbereich um 100 ^oK daher keine starke Änderung der Besetzung zu erwarten. Für bei tiefen Temperaturen grün lumineszierende Kristalle beträgt der Abstand des Quasi-Fermi-Niveaus für Elektronen vom Leitungsband bei 140 ^oK bei Anregung mit 10^{17} Quanten/cm^2s etwa 0,1 eV und bei 80 ^oK nur noch etwa 0,01 eV. Bei den bei tiefen Temperaturen nur blau lumineszierenden Kristallen nimmt I_{PC} mit abnehmender Temperatur im allgemeinen schwächer als die Elektronenbeweglichkeit zu. Das Quasi-Fermi-Niveau für Elektronen verschiebt sich im betrachteten Temperaturbereich mit abnehmender Temperatur daher nur schwach zur Leitungsbandkante hin. Bei diesen Kristallen beträgt der Abstand des Quasi-Fermi-Niveaus von der Leitungsbandkante unterhalb 140 ^oK bei Anregung mit $5 \cdot 10^{17}$ Quanten/cm^2s stets weniger als 0,02 eV. Würde die Änderung in den Linienintensitäten der blauen Lumineszenz, die bei allen Kristallen bei etwa 120 ^oK zu beobachten ist, durch eine Änderung der Besetzung der beteiligten Niveaus verursacht, so müßten somit merkliche Unterschiede im Verhalten der bei tiefen Temperaturen grün und blau und der nur blau lumineszierenden Kristalle auftreten.

Eine mögliche Erklärung besteht in der Annahme, daß die Übergangskoeffizienten temperaturabhängig sind. Dann würden bei hohen Temperaturen die Übergänge von tiefer liegenden Niveaus wahrscheinlicher sein als jene von flachen Niveaus.

Die schmalen Linien verschieben sich mit der Temperatur stets um $2{,}6 \cdot 10^{-4}$ eV/Grad nach kleineren Photonenenergien, und zwar die langwelligste auch noch bei höheren Temperaturen. Es ist daher wahrscheinlich, daß die zwischen 120 ^oK und 300 ^oK intensivste Linie der blauen Bande aus mehreren Linien mit jeweils verschiedenen von der Temperatur abhängenden Übergangskoeffizienten besteht. Hierdurch könnte die im Vergleich zu den schmaleren Linien stärkere Verschiebung der breiten Emissionsbande oberhalb 130 ^{o}K mit zunehmender Temperatur verursacht werden. Interessant ist, daß das Absorptionsspektrum sich ähnlich mit der Temperatur verschiebt wie die Lumineszenzlinien (7).

Herrn Dr. F. ECKART danke ich für sein förderndes Interesse an den Untersuchungen.

Literatur

(1) F.A. KRÖGER, Physica 7, 1 (1940).

(2) L.R. FURLANG und C.F. RAVILIONS, Phys. Rev. 98, 954 (1954).

(3) D.C. REYNOLDS, Phys. Rev. 118, 478 (1960).

(4) Y.P. SIHVONEN, D.R. BOYD und C.D. WOELKE, Phys. Rev. 113, 965 (1959).

(5) L.S. PEDROTTI und D.C. REYNOLDS, Phys. Rev. 120, 1644 (1960).

(6) H. FRIEDRICH, phys. stat. sol. 3, K56 (1963).

(7) D. DUTTON, Phys. Rev. 112, 785 (1958).

(Received March 11, 1964)

Pre-printed Titles and Abstracts

Papers to be published in "physica status solidi"
Vol. 5, No. 2

Review Article

D. GEIST, II. Physikalisches Institut der Universität Köln, Zyklotron- und Elektronenspin-Resonanz in diamagnetischen Halbleitern

Original Papers

S. SCHÄFER, H. ALEXANDER und P. HAASEN, Institut für Metallphysik der Universität Göttingen, Plastische Verformung von Germanium und Indiumantimonid im dynamischen Druckversuch Die dynamische Verformung von Ge und InSb wird im Druck untersucht und mit Zugversuchen verglichen. Es ergibt sich weitgehende Übereinstimmung der Verfestigungskurven für eingewachsene Versetzungsdichten der Größenordnung $10^4 cm^{-2}$. Die ausgeprägte Streckgrenze wird durch den Vorgang der Versetzungsmultiplikation, nicht etwa durch Sauerstoff verursacht. Die Temperatur- und Geschwindigkeitsabhängigkeit der unteren Streckgrenze wird in guter Übereinstimmung mit einer Theorie gefunden, die quasiviskose Versetzungsbewegung und elastische Versetzungswechselwirkung voraussetzt.

J. ARENDS and A.J. DEKKER, Institute for Crystal Physics, University of Groningen, Paramagnetic Resonance of F-Centers in Mixed KCl - RbCl Crystals Results are presented of paramagnetic resonance and optical measurements on F-centers in mixed crystals of KCl and RbCl. The optical absorption results are in agreement with published data. The EPR spectra are interpreted in terms of the isotropic magnetic hyperfine interaction between the F-electron and the nuclei of the six cations immediately surrounding the vacancy. This interpretation allows an identification of the individual lines observed in the EPR spectra, in terms of specific combinations of Rb^+ and K^+ ions around the F-electron. Furthermore, the EPR absorption spectrum, calculated for a given composition of the mixed crystal, agrees well with the observed spectrum.

H.D. PANDEY and B. DAYAL, Department of Physics, Banaras Hindu University, Varanasi, BRADBURN-FÜRTH Equation of State and Thermal Expansion of Face-Centered Metals The relative changes in lattice constants due to thermal expansion are calculated for seven metals, viz., Al, Ag, Cu, Au, Ni, Pt, and Pd, by means of the BRADBURN-FÜRTH equation of state (1, 2). The theoretical results at high temperatures, where this equation of state is valid, are found to be in very good agreement with experimental data.

(1) M. BRADBURN, Proc. Cambr. Phil. Soc. 39, 113 (1943).
(2) R. FÜRTH, Proc. Roy. Soc. 183, 87 (1945).

M. POLKE, Institut für angewandte Physik der Technischen Hochschule Karlsruhe, Raumladungsbegrenzte Photoströme in dünnen Schichten aus hexagonalem Selen An dünnen photoleitenden Schichten aus polykristallinem Selen wurden Strom-Spannungs-Kennlinien und Potentialverteilungen bei Zimmertemperatur in Abhängigkeit von der Bestrahlungsstärke gemessen. Mit den experimentellen Ergebnissen stimmen Berechnungen der stationären Potentialverteilungen für den belichteten Metall-Halbleiter-Kontakt bei mono- und bimolekularer Rekombination gut überein. Sie zeigen, wie die Potentialverteilungen und damit auch die Strom-Spannungs-Kennlinien entscheidend durch das Verhältnis der Rand- zur Innenkonzentration der einen beweglichen Ladungsträgersorte bestimmt werden. Darüber hinaus erhält man durch Anpassung der experimentellen an die theoretischen Ergebnisse numerische Werte für die Ladungsträgerkonzentration p und die Beweglichkeit μ. Für die benutzten Schichten ergab sich $\mu \approx 10^{-1} cm^2/V \cdot s$ sowie $p \approx 10^{11} cm^{-3}$ im Dunkeln bis $p \approx 10^{13} cm^{-3}$ bei starker Bestrahlung, dagegen eine von der Bestrahlungsstärke unabhängige Randkonzentration $p_A \approx 10^{12} cm^{-3}$ an der Grenze Selen-Gold-Kontakt.

J. MALINOWSKI, W. PLATIKANOWA, and I. PETKANCHIN, Institute of Physical Chemistry, Bulgarian Academy of Sciences,

Sofia, Photographic Processes on Bi doped AgBr Monocrystals
A study is made of the effect of bismuth on the latent image formation and development process in silver bromide. Single crystals of silver bromide are used, on the surface of which bismuth is deposited by vacuum evaporation. Elementary bismuth is found to catalyze the process of development, being even more active than silver in this respect. Mixed nuclei of silver and bismuth are shown to be more active than either of the individual metals. Bismuth ions applied to the surface of the silver bromide crystals are found to prevent the process of development, as well as hindering the formation of the latent image.

M. CANUT and J. MENDIOLA, Section of Crystal Thermodynamics, Department of Crystal Physics, Madrid, Critical Scattering of X-Rays in $NaNO_2$ and $NaNO_3$ Diffractometric measurements from 20° up to 230 ^oC have shown critical scattering of X-rays associated to several Bragg intensities in $NaNO_2$. The diffuse scattering associated to wave vectors $\bar{g}$ parallel to the polar axis [001] shows a pronounced lambda peak at the Curie point (160 ^oC) which decreases with $\bar{g}$ and it is not longer present for $|\bar{g}| \sim 3 \times 10^6$ cm^{-1}. For wave vectors along [010], critical scattering appears at about 220 ^oC, also decreasing with $\bar{g}$ and vanishing at $|\bar{g}| \sim 3.5 \times 10^6$ cm^{-1}. The shape of the iso-g diffuse intensity curves is gradual instead of being of lambda type. In the direction of [100], sharp satellites at $|\bar{g}| = \pm 3.0 \times 10^6$ cm^{-1} appear just above the Curie point (at 162 ^oC). The anomalous increasing of the scattering along [010] can be interpreted in terms of TDS_1-anharmonic, giving evidence of an anomaly in a vibrational mode, which takes place at 220 ^oC. The lambda shape of the critical scattering at the Curie point along the polar axis [001] can not be explained in terms of TDS_1-anharmonic, and it is in agreement with the general predictions of KRIVOGLAZ (1), following LANDAU (2), but particularly applied to the ferro-paraelectric transitions. The elastic constants c_{11}, c_{22}, and c_{33} and the temperature variation of c_{22} have been determined.

(1) M.A. KRIVOGLAZ, Zh. exper. theor. Phys. 34, 281 (1958).

(2) L. LANDAU, Phys. Z. SU 12, 124 (1937).

H. BROSS, Institut für theoretische und angewandte Physik der Technischen Hochschule Stuttgart, Zur Theorie bewegter Versetzungen Für eine kontinuierliche Verteilung bewegter Versetzungen werden in der Näherung der linearen Elastizitätstheorie Differentialgleichungen für das Gesamtverschiebungsfeld und für die elastischen Verzerrungen abgeleitet, die formal mittels der Greenschen Dyaden der Elastizitätstheorie gelöst werden können. Die Lagrangesche Funktion für bewegte Versetzungen wird angegeben, aus der sich durch Anwendung des Prinzips der kleinsten Wirkung eine Bewegungsgleichung für die Ausbreitung der plastischen Distortion gewinnen läßt. Durch eine vierdimensionale Formulierung des Problems wird erreicht, daß alle Beziehungen der Versetzungsdynamik eine formale Ähnlichkeit zu den bekannten Beziehungen der Versetzungsstatik erreichen.

N. KRATOCHVÍLOVÁ and B. ŠESTÁK, Institute of Physics, Czechoslovak Academy of Sciences, Prague, Slip Propagation over the Grain Boundaries at Plastic Deformation of Fe-3% Si Alloys The behaviour of slip bands on the boundaries between grains with dimension of 5 to 10 mm was studied for an Fe-3% Si alloy. The samples were deformed at room temperature by bending with a velocity of $\approx 10^{-5}$ cm/s. The dislocations in the slip bands were made visible by etching. It was found that the propagation of slip bands over the grain boundaries is caused by the nucleation of slip bands in the neighbouring grain. Nucleation is connected with dislocation accumulation near boundaries. It occurs on one side of a boundary and is caused by the additional stress from the accumulated dislocations which are situated on the other side of the boundary.

W. MAENHOUT-VAN DER VORST and F. VAN CRAEYNEST, Laboratorium voor Kristallografie en Studie van Vaste Stoffen, Gent, The Charging of ZnO in Function of Pressure and Nature of Surrounding Gas Pure ZnO, electrophotographic ZnO, and silicon resin were charged in a positive and a negative corona discharge. The experiments were performed at different pressures and in different gases such as dry air, pure oxygen, pure nitrogen, and pure argon. The pressure range was 760 to 5×10^{-5} mm Hg.

Pure ZnO and electrophotographic ZnO layers behave very differently when treated in the same manner. The saturation potential is lower for pure than for electrophotographic ZnO, charged pure ZnO is less sensitive to white light than the electrophotographic layer and a damage effect on the ZnO grains was observed when charged at low pressures.

P. PETRESCU et P. KOVÁCS, Academia Republicii Populare Romine, Institutul de Fizica, Bucuresti, Emission exo-électronique des monocristaux électroluminescents de ZnS On a étudié l'émission exo-électronique et l'électroluminescence de quelques monocristaux de ZnS en fonction de la tension appliquée, ainsi que leur localisation sur le cristal. On a observé un parallélisme remarquable entre ces deux phénomènes en ce qui concerne la variation de l'intensité avec le champ et leur distribution spatiale. On a discuté la signification physique de certains aspects sélectifs observés.

В.Н. КАШЕЕВ, Институт Физики Академии Наук Латвийской ССР, Рига, К термодинамике гайзенберговского ферромагнетика Различие в способахрасцепления уравнений для спиновых температурных функций Грина прослежено при вычислении намагниченности, восприимчивости и спиновой теплоемкости гайзенберговского ферромагнетика в окрестности точки Кюри и в парамагнитной области.

H.W. STREITWOLF, Physikalisch-Technisches Institut der Deutschen Akademie der Wissenschaften, Berlin, Über die Symmetrien beim Gitterproblem Aus der Kristallsymmetrie werden mit Hilfe gruppentheoretischer Überlegungen über die Invarianzen der dynamischen Matrix strenge Aussagen über die Polarisation der Gitterschwingungen gemacht.

P. SCHILLER, Institut für theoretische und angewandte Physik der Technischen Hochschule Stuttgart und Max-Planck-Institut für Metallforschung, Stuttgart, Zum mechanischen Relaxationsspektrum im Kupfer Es wird ein einfaches Modell zur Deutung der bislang unerklärten Relaxationsmaxima in verformtem Kupfer beschrieben. Dabei wird eine Wechselwirkung zwischen Punktfehlern und Versetzungen zu Grunde gelegt, die dazu führt, daß bei Diffusionssprüngen der Punktfehler die Versetzung mitgenommen wird und so makroskopisch eine durch die Länge des mitgeschleiften Versetzungsstückes verstärkte Abgleitung beobachtet wird. Das Modell ist in der Lage, einige der von KOIWA und HASIGUTI(1) beobachteten Maxima zu erklären.

(1) M. KOIWA und R.R. HASIGUTI, Acta metall. 11 (1963).

K.-H. BERTHEL, Deutsche Akademie der Wissenschaften zu Berlin, Institut für angewandte Physik der Reinststoffe, Dresden, Der spezifische elektrische Widerstand von elektronenstrahl-zonengeschmolzenem Wolfram zwischen 1,4 und 27 °K Von Wolframeinkristallen mit einem Restwiderstandsverhältnis R_o/R_{273} zwischen 3 und $67 \cdot 10^{-6}$ wurde das Idealwiderstandsverhältnis im Temperaturbereich des flüssigen Heliums, Wasserstoff und Neons ermittelt. Zwischen 1,4 und 4,2 °K wird die Temperaturabhängigkeit des Widerstandes stark vom Durchmesser der Proben beeinflußt. In diesem Bereich ist für die reinsten Proben die mittlere freie Weglänge der Elektronen größer als der Probendurchmesser. Oberhalb 14 °K läßt sich für alle Proben ein einheitliches Idealwiderstandsverhältnis angeben. Von 19 bis 27 °K kann der Widerstandsverlauf durch eine Bloch-Grüneisen-Funktion $r_i \sim T^5$ dargestellt werden.

F. FORLANI and N. MINNAJA, Laboratorio di Ricerche Elettroniche, Milano, Space-Charge-Assisted Tunneling of Electrons in Si-SiO_2-Al Structures The preparation of a structure is described which permits a study of the field emission of electrons from a semiconductor into a dielectric film. The external electrodes are Si and Al, while the dielectric film consists of thermally grown silicon dioxide having a thickness of about 180 Å. Measurements are made of capacity characteristics at room temperature and current-voltage characteristics between liquid nitrogen temperature and 100 °C. These curves are described by various relationships. Four conduction regions are distinguished in the forward direction and two in the reverse direction.

E. VOTAVA, Union Carbide European Research Associates, Brussels, Eine neue Methode zur Herstellung verformungsfreier Einkristall-Zugproben hochschmelzender Metalle und einige Ergebnisse über die plastische Deformation von Niob-Einkristallen Es wird eine neue Methode beschrieben, komplette Einkristall-

Zugproben hochschmelzender Metalle im Elektronenstrahlofen verformungsfrei herzustellen. Die Reinheitsprüfung solcher Kristalle zeigt, daß die Reinigung größtenteils durch Abdampfen der Unreinheiten erfolgt und nur von einem sehr kleinen Zonenschmelzeffekt überlagert wird. Zugversuche an nach dieser Methode hergestellten Niob-Einkristallen ergaben, daß die plastischen Eigenschaften stark von der Orientierung abhängen. Von den drei Eckenorientierungen zeichnet sich die <100>- Orientierung durch die größte Höchstlast bzw. auch größte Höchstlast- und Bruchdehnung aus und hat eine zweistufige Verfestigung. Die <110>- Orientierung zeigt dagegen nur eine einstufige, jedoch steile Verfestigung. Bei der <111>- Orientierung kann kein einheitlicher Kurventyp angegeben werden: Diese Orientierung zeigt eine "wiederholte Entfestigung". Im Inneren des stereographischen Grunddreieckes erfolgt die Ausbildung eines "easy glide"-Bereiches, der jedoch etwas verschieden ist, je nachdem ob die Kristallachsen von<100> oder <110> in das Innere verschoben werden. Dem "easy glide"-Bereich folgt eine Verfestigungsstufe und eine Erholungsstufe. Das Zentrum des "easy glide"-Bereiches scheint in der Nähe von<123> zu liegen. Alle untersuchten Niob-Einkristalle zeigten ausgeprägte Streckgrenzeneffekte, deren Abfall orientierungsabhängig ist, aber auch durch den Grad der Verformungsfreiheit der Kristalle bestimmt wird. Von den drei Eckenorientierungen hat die <111>-Orientierung den kleinsten und die <110>-Orientierung den größten Streckgrenzenabfall. Außerdem beobachtet man eine Tendenz zu großen Streckgrenzeneffekten längs <110> — <112> . Diese Resultate werden in Abhängigkeit der möglichen betätigten Gleitebenen diskutiert und die beobachteten Streckgrenzeneffekte auf das Verhalten der Versetzungen zwischen oberer und unterer Streckgrenze zurückgeführt.

Original Papers published in "Fizika Tverdogo Tela"
Vol. 6, No. 2

L.A. FOMENKO, Natural Ferromagnetic Resonance in Ferrites
A phenomenological analysis is made of natural ferromagnetic resonance, for the case in which strong damping occurs, taking into account the displacement of the domain walls. The treatment is based on an equation of motion which includes a damping term proportional to the rate of change of the magnetisation vector. Expressions are obtained for the effective internal field and the damping ratio (α). α is found to lie between 0.4 and 0.9 for typical ferrites. If the natural ferromagnetic resonance and the displacement of the domain walls give rise to two well-separated regions of dispersion, the resonance is little affected by this displacement and the resonance parameters can be deduced from experiment in a simple manner. For the case in which these two regions of dispersion coincide, an approximate formula is derived for α, and an interpretation given of the empirical relationship $f_{fs} \approx f_{o\ rot}$. It is found that the accuracy of this relationship decreases with increasing separation of the two regions of dispersion. This separation is determined by the values of α and $f_u(\mu_{a\ displ.} - 1)/M_s$, or by K_1/λ_s(1) (K_1 magnetic anisotropy constant, λ_s saturation value of the magnetostriction coefficient). The results are in agreement with experimental data.
(1) L.A. FOMENKO, Zh. eksper. teor. Fiz. 21, 1201 (1951) and Ukrainskii Fiz. Zh. 64, 669 (1958).

K.V. SHALIMOVA, L.P. PAVLOV, and I.A. KARETNIKOV, Moscow, Structure of the Photocurrent Spectra of Polycrystalline CdS Layers The spectral distribution of the photocurrent in CdS layers is measured at 300 and 77 °K, using modulated and unmodulated light. A fine structure is observed only if the layers are prepared at substrate temperatures above 300 °C. The maxima in the spectral distribution for unmodulated light coincide with those for modulated light, and with minima in the absorption spectrum.

V.L. BROUDE and S.M. KOCHUBEI, Kiev, Exciton Spectra in Solid Solutions A theoretical study is made of the absorption of light in organic solid solutions. The results agree with experimental data for the position and relative intensities of absorption lines in (C_6H_6 + C_6D_6) and (C_6H_6 + C_6H_5D) crystals.

L.N. OVANDER, Kiev, Form of the Raman Tensor in Crystals A group-theoretical analysis is made of the Raman tensor. Piezoelectric crystals are considered in detail.

V.N. GENKIN, Gorki, Theory of Cross-Relaxation A quantum-mechanical treatment is given of cross-relaxation processes in which simultaneous re-orientation of two and three spins occurs.

V.M. VINOKUROV and V.G. STEPANOV, Kazan, Electron Paramagnetic Resonance of Mn^{2+} in CaF_2, SrF_2, and BaF_2 Single Crystals Values are given for the coefficients in the spin Hamiltonians.

P.V. PAVLOV, V.A. PANTELEEV, and A.V. MAIOROV, Gorki, Diffusion of Antimony in Silicon along Dislocations The diffusion equation is solved numerically for the case of diffusion in a tube-shaped region surrounding a dislocation. An experimental study is made of the diffusion of Sb in silicon. The coefficient of diffusion of Sb along dislocations is found to be 4.5×10^2 exp (-69900 kcal per mole/RT)$cm^2 s^{-1}$.

I.M. SUKHODREVA, Detection of Dislocations Formed during the Diffusion of Phosphorus in Silicon, by Measurements of the Anomalous Transmission of X-Rays An investigation is made of the structure of a crystal region which contains P atoms, introduced by diffusion, by measuring the anomalous transmission of X-rays through this region. It is found that the diffusion leads to the formation of dislocations which penetrate more deeply than the diffusion front. Studies are made of the nature and direction of these dislocations.

V.L. STRIZHEVSKII, Kiev, Theory of the Non-Linear Transformation of Light in Matter A phenomenological treatment is given of the dispersion relation for the non-linear dielectric tensor. A general method is proposed which enables the amplitude of the vibrational modes to be calculated to first order. The results are applied to the transmission of light through a plate-shaped crystal possessing the symmetry D_3, and agreement with experimental data is obtained. A microscopic treatment is given of first-order effects in an arbitrary crystalline medium.

V.V. EREMENKO and E.V. MATYUSHKIN, Kharkov, Spectral Distribution of Photoconductivity in Cadmium Sulphide Single Crystals under Constant and Pulsed Illumination The spectral distribution of the steady-state and pulsed photoconductivity in CdS is measured at 77 °K. It is found that the maxima of the pulsed photoconductivity coincide with maxima in the absorption spectrum, and, for part of the investigated samples, these coincide with minima in the steady-state photoconductivity.

V.V. EREMENKO and E.V. MATYUSHKIN, Kharkov, Diffusion of Excitons and Electrons in Cadmium Sulphide Crystals The displacement of excitons and electrons due to diffusion is estimated from experimental data (1). The results are compared with estimates given by other authors and theoretical values.

(1) V.V. EREMENKO and E.V. MATYUSHKIN, Fiz. tverd. Tela 6, 402 (1964).

YU.N. OBRAZTSOV, Leningrad, Theory of Thermomagnetic Effects in Metals and Semiconductors in Quantising Magnetic Fields It is shown that the magnetic moments of the conduction electrons make an appreciable contribution to the thermomagnetic tensors in the presence of quantising magnetic fields. Expressions are given for these contributions.

V.F. KORYAGIN and B.N. GRECHUSHNIKOV, Moscow, EPR Spectrum of Cr^{3+} in a Pseudo-Cubic Crystal Field Measurements are made of the electron paramagnetic resonance of Cr^{3+} in ScF_3. The following values are observed: $g = 1.967 \pm 0.001$, zero-field splitting < 11 Oe, and hyperfine-splitting constant ≈ 13 Oe. It is found that the crystal field acting upon the Cr^{3+} ions has near cubic symmetry.

V.G. BARYAKHTAR and O.I. SINEPOLSKII, Scattering of Slow Neutrons in an Antiferromagnetic having a Small Ferromagnetic

Component A treatment is given of the elastic and inelastic scattering of slow polarised neutrons in antiferromagnetics having a small ferromagnetic component (Mn, Ni, and Co carbonates). Scattering is observed from planes having an even sum of indices (in addition to the scattering from "odd" planes) and this is found to be proportional to the square of the mean magnetic-moment. It is shown that a beam of non-polarised neutrons becomes polarised due to the interference of magnetic and nuclear scattering. The degree of polarisation of such a beam is proportional to the antiferromagnetic and ferromagnetic moments for scattering from "odd" and "even" planes, respectively.

E.D. DEVYATKOVA, V.P. ZHUZE, A.V. GOLUBKOV, V.M. SERGEEVA, and I.A. SMIRNOV, Leningrad, Thermal Conductivity in Sm, Pr, and their Mono-Chalcogenides The thermal conductivity ($\varkappa$) of Sm, Pr, SmS, PrS, PrSe, and PrTe is measured between 80 and 460 ^{o}K. It is shown that, in this temperature range, phonons make a significant contribution to $\varkappa$, their mean free path being limited by phonon-phonon and phonon-electron scattering.

I.B. BERSUKER, Kishinev, Inversion-Induced Acoustic Absorption in Hydrated Copper Salt Crystals, in the Presence of a Magnetic Field An analysis is made of ultra- and hypersonic resonance-absorption in hydrated copper-salts possessing trigonal symmetry, due to transitions between levels which have an inverted electron-distribution in the presence of a magnetic field. Wave-functions are given for the levels in octahedral $Cu(H_2O)_6^{2+}$ complexes in a magnetic field, and expressions are derived for the resonance frequencies and transition probabilities. The acoustic absorption coefficient is determined by the zero-field splitting and the propagation direction and polarisation of the acoustic wave, and is independent of the magnetic-field strength. It is shown that this effect can be detected by measurements of acoustic absorption and observation of the partial saturation of EPR lines.

N.G. ZHDANOVA and S.G. KALASHNIKOV, Moscow, Temperature Dependence of the Photoconductive Decay in Copper-Doped Germanium The photoconductive decay in n-type Ge which occurs after photo-ionisation of the Cu level 0.26 eV below the conduction band, is studied between 60 and 235 ^{o}K. It is found that the capture-coefficient of this level for electrons has a temperature dependence of the form exp $[(-T_0/T)^{1/3}]$ rather than exp $(-\Delta E/kT)$. This agrees with a model proposed in (1) which involves a tunnelling of electrons through a barrier surrounding the Cu centre. The cross-section for photo-ionisation is found to be independent of temperature.

(1) V.L. BONCH-BRUEVICH, Fiz. tverd. Tela, Supplement II, 182 (1959).

L.E. GUREVICH and I.V. IOFFE, Leningrad, Theory of Current Instabilities in the Presence of Impact Ionisation

A treatment is given of the current instabilities which occur in cylindrical and plate-shaped intrinsic semiconductors in the presence of parallel electric and magnetic fields. It is assumed that free carriers are generated by impact ionisation and recombine at the surface, thus leading to a transverse concentration-gradient. Expressions are derived for the critical field and the frequency of the oscillations. It is shown that, in general, the instabilities have a limited amplitude ("convective instabilities" (1)), whereas increasing amplification occurs when the mobilities of the electrons and holes are equal ("absolute instabilities" (1)). Under certain conditions, helical waves can be excited in cylindrical samples.

(1) L.D. LANDAU and E.M. LIFSHITS, Mechanics of Condensed Media, Chapter II, Moscow, 1954 (in Russian).

A.I. SLUTSKER, A.E. GROMOV, and V.S. PSHEZHETSKII, Leningrad, Structure and Strength of Needle-Shaped Polyoxymethylene Crystals Prepared by Directional Polymerisation

Small- and large-angle X-ray investigations are made of the structure of needle-shaped polyoxymethylene crystals which form when trioxane crystals are irradiated during polymerisation. The mechanical strength of the samples is also measured. A discussion of the results is given.

E.D. TRIFONOV, Leningrad, Shape of Bands in the Optical Spectra of Crystals Containing Impurities and in the Mössbauer

Spectrum The shape of an absorption band due to impurities is related to the distribution function of the atomic displacements which accompany an electronic transition in the impurity centre. A similar relation is obtained for the Mössbauer spectrum.

D.G. ANDRIANOV and V.I. FISTUL, Magnetoresistance in Heavily Doped n-Type Germanium in Weak Magnetic Fields Measurements are made of the magnetoresistance coefficients along the [100] and [110] axes in Ge samples with As concentrations varying between 10^{16} and $2 \times 10^{19} cm^{-3}$, at 77 and 300 °K. It is found that even with a high impurity concentration the conduction band contains four spheroidal valleys along the [111] axes. Values are given for the anisotropy parameter $K = K_m/K_\tau$ ($K_m = m_\parallel/m_\perp$, $K_\tau = \tau_\parallel/\tau_\perp$), assuming that K_τ is independent of energy.

S.A. FEDULOV, P.B. LADYSHINSKII, L.I. PYATIGORSKAYA, and YU.N. VENEVTSEV, Moscow, Complete Phase-Diagram of the System $PbTiO_3 - BiFeO_3$ An investigation is made of the structure and electric and magnetic properties of $PbTiO_3 - BiFeO_3$. The complete phase-diagram is constructed from these and earlier data. It is found that, in a certain composition-range, this system possesses peculiar dielectric and magnetic properties.

G.E. GURGENISHVILI, Tbilisi, Combined Resonance in Deformed p-Type Germanium and Silicon It is shown theoretically that at low temperatures combined resonance occurs at two frequencies in p-type Ge and Si samples which are heavily deformed along the [001] or [111] directions. In contrast to (1) the present calculation is performed for arbitrary values of k_z and γ_2/γ_3 (γ_2, γ_3 coefficients in the effective Hamiltonian).
(1) G.E. GURGENISHVILI, Fiz. tverd. Tela 5, 2070 (1963).

M.G. MILVIDSKII and S.P. GRISHINA, Moscow, Segregation of Impurities at Internal Boundaries in Heavily Doped Silicon Crystals A discussion is given of the segregation of arsenic atoms at a special type of crystal imperfection in Si described in (1). An estimate is given of the degree of segregation (ΔC) in a crystal during growth from the melt. The spatial distribution of ΔC is deduced from measurements of the distribution of resistivity, which are performed by a probe technique. It is shown that the presence of these imperfections leads to large gradients in the distribution of impurities.

(1) V.G. FOMIN, M.G. MILVIDSKII, and S.P. GRISHINA, Kristallografiya 2, 9 (1964).

V.YA. FRIDMAN and A.A. SHPUNT, Novosibirsk, Detection of Dislocations in Lithium Fluoride Whiskers of Width less than 20 μm A special technique is described for the etching of thin samples. Measurements are made of the density and distribution of dislocations in different types of LiF whiskers.

A.A. MOSTOVSKII, L.G. TIMOFEEVA, and O.A.TIMOFEEV, Influence of Deviations from Stoichiometric Composition on the Photoelectric Properties of Arsenic and Antimony Chalcogenide Layers Prepared by Evaporation It is found that deviations from stoichiometric composition in Sb_2S_3, As_2S_3, and As_2Se_3 layers lead to changes in conductivity, its activation energy, and the kinetics of photoconductivity. The changes in these kinetics are attributed to changes in the concentration of trapping levels.

I.N. POLANDOV and V.A. MYLOV, Moscow, Dielectric Properties of Polycrystalline $Ba(Ti, Zr)O_3$ Solid Solutions in the Vicinity of the Transition Point, at High Pressures The temperature dependence of the permittivity (ε) of polycrystalline $Ba(Ti_{0.9}Zr_{0.1})O_3$ is measured in weak electric fields, at pressures up to 6100 $kg \cdot cm^{-2}$. It is shown that the ε vs T curves are shifted towards low temperatures with increasing pressure, and also that the Curie-Weiss law $\varepsilon \sim (T - \Theta)^{-1}$ is still valid at high pressures. The pressure coefficient of the Curie temperature is found to be -3.8×10^{-3} $^{\circ}C/kg \cdot cm^{-2}$.

YA.A. KRAFTMAKHER, Novosibirsk, Vacancy Formation in Molybdenum The formation of vacancies in Mo is studied by measuring the heat capacity between 1300 and 2500 $^{\circ}K$. The relative concentration of vacancies is found to be given by N_V/N_L = 300 exp (-2.24 eV/kT) and to reach 4.3 % at the melting point.

A.G. ARONOV and G.E. PIKUS, Leningrad, Susceptibility in the Presence of Crossed Electric and Magnetic Fields The susceptiblity of a semiconductor in crossed electric and magnetic fields is calculated to first order, neglecting the scattering of carriers. It is shown that such measurements allow the contribution of free carriers to be separated from the total susceptibility. A discussion is given of experimental problems.

V.K. SUBASHIEV and G.B. DUBROVSKII, Leningrad, Quantum Yield of the Internal Photoeffect in Heavily Doped Semiconductors It is shown that the presence of strong free carrier absorption may substantially decrease the photoconductive quantum-yield (η) over a considerable wavelength-range near the absorption edge. Expressions and diagrams are given for the spectral distribution of η in Ge and Si, for various concentrations of electrons and holes.

V.I. SOLOVEV, Influence of Fe^{2+} Impurities on the Ferromagnetic Resonance in Polycrystalline Yttrium Ferrites A study is made of ferromagnetic resonance in polycrystalline yttrium ferrites containing Fe^{2+} impurities. A decrease of the resonance field is observed at low temperatures and this is attributed to the formation of an "induced" internal field which has uniaxial symmetry. The formation kinetics of this field are studied at various temperatures.

M.I. RODAK, Moscow, Possible Consequences of Changes of the Spin Temperatures in Solids On the basis of (1) a treatment is given of the steady-state stimulated emission which may occur in systems having a single resonance line, at frequencies near a flank of this line, and in systems having two close-lying lines, due to cross-relaxation during saturation.
(1) B.N. PROVOTOROV, Phys. Rev. 128, 75 (1962).

A.G. AKHMEDOV and R.A. DAUTOV, Kazan, Relaxation and Spin Diffusion of F^{19} Nuclei in CaF_2 An anisotropic spin-spin relaxation time is observed for F^{19} nuclei in a natural CaF_2 crystal. The coefficient of spin diffusion is estimated from the results. It is found that the magnetisation reaches equilibrium by two distinct stages.

I.I. KONDILENKO, V.E. POGORELOV, and V.L. STRIZHEVSKII, Kiev, Frequency Dependence of Raman Scattering in Quartz and

Calcite Crystals. An experimental and theoretical study is made of the spectral distribution of Raman scattering in quartz and calcite crystals. The agreement between experiment and theory is satisfactory.

E.I. KONDORSKII, A.V. CHEREMUSHKINA, and N. KURBANIYAZOV, Moscow, Hall Effect in Ferromagnetic Metals and Alloys The theory of the spontaneous Hall-field in ferromagnetics (1 to 4) is generalised on the following basis: The spontaneous magnetisation is partially or completely due to electrons which make no significant contribution to the conductivity (this is the case in the rare-earth metals), these electrons being scattered by impurities as well as phonons. An interpretation is given of the linear term in the empirical relationship $R_s = a\varrho + b\varrho^2$ (5) (R_s Hall coefficient, ϱ resistivity). The temperature dependences of R_s and ϱ are measured for Fe-Ni, Fe-Mo, and Fe-Al alloys. From the present results, and the values of the "spontaneous" Nernst-Ettingshausen coefficients obtained in (6, 7), conclusions are drawn as to the type of carriers contributing to the spontaneous Hall-field.

(1) R. KARPLUS and J.M. LUTTINGER, Phys. Rev. 95, 1154 (1954).
(2) J.M. LUTTINGER, Phys. Rev. 112, 195 (1958).
(3) YU.P. IRKHIN and V.G. SHAVROV, Zh. eksper. teor. Fiz. 42, 1233 (1962).
(4) YU.P. IRKHIN and SH.SH. ABELSKII, Fiz. Metallov Metallovedenie 14, 641 (1962).
(5) A.V. CHEREMUSHKINA, Vestnik Moskovskogo Gosudarstvennogo Universiteta No. 2, 7 (1957) and No. 1, 7 (1958).
(6) E.I. KONDORSKII, Zh. eksper. teor. Fiz. 45, 511 (1963).
(7) R.P. IVANOVA, Fiz. Metallov Metallovedenie 8, 852 (1959).

N.E. KASK, L.S. KORNIENKO, and M. FAKIR, Moscow, Electron Paramagnetic Resonance and Spin-Lattice Relaxation of Nd^{3+} in CaF_2 Single Crystals The paramagnetic resonance and spin-lattice relaxation of Nd^{3+} in CaF_2 are studied at 9500 MHz. It is found that these ions occupy tetragonal and rhombic lattice-sites. A discussion is given of the influence of the dipole-dipole interaction on the EPR spectrum.

G.E. GURGENISHVILI, M.G. PKHAKADZE, and Z.K. SARALIDZE, Tbilisi, Magneto-Optical Absorption in the Valence Band of Germanium A theoretical study is made of the magneto-optical transitions from the lowest to the two upper valence bands in Ge. Expressions are derived for the matrix elements, for different directions of polarisation of the incident light. Intensities and frequencies are calculated for the transitions, in the limiting case of large quantum-numbers.

L.L. KORENBLIT, D.V. MASHOVETS, and S.S. SHALYT, Leningrad, Structure of the Conduction Band, and Scattering Mechanism for Electrons in Indium Arsenide The Hall coefficient, thermal e.m.f., and susceptibility of n-type InAs are measured as functions of magnetic field strength and electron concentration at 77 ^{o}K. The E(k) relation for the conduction band is deduced from the results. This relation is found to agree with the theoretical treatment (1) for electron concentrations below 10^{18} cm^{-3}, whereas for higher concentrations it deviates from this theory. The measurements of the zero-field thermal e.m.f. show that the scattering parameter r changes from 1/2 to 3/2 when the electron concentration changes from 10^{16} to 1 or 5 x 10^{19} cm^{-3}.

(1) E.O. KANE, J. Phys. Chem. Solids 1, 1915 (1962).

E.I. RASHBA and V.I. SHEKA, Kiev, Theory of Combined Resonance at Acceptor Centres According to (1), intense combined resonance is to be expected for large-radius acceptor centres in InSb-type crystals. This is due to the large spin-orbital splitting of the valence bands, and the absence of an inversion centre. A more detailed treatment of this resonance is given in the present paper, on the basis of the effective-mass formalism. The resonance intensity is found to be anisotropic. It is shown that the non-relativistic cubic terms in the Hamiltonian are the most significant ones in the case of InSb. An estimate indicates that, for certain directions, the intensity of the combined resonance is six orders of magnitude larger than that of paramagnetic resonance (in undeformed samples). High combined-resonance peaks are also to be expected for deformed samples. A discussion is given of the experimental detection of combined resonance.

(1) E.I. RASHBA and V.I. SHEKA, Fiz. tverd. Tela 6, 141 (1964).

V.V. PANCHENKO, Volgograd, Temperature Dependence of the Permittivity of Ionic Crystals It is shown that the permittivity of several alkali-halide crystals has a non-linear temperature dependence. For crystals possessing the NaCl structure a correlation is found between this dependence and the temperature dependence of the coefficient of thermal expansion.

A.A. GRINBERG, Leningrad, Coherent Emission of Long-Wavelength Phonons by Non-Equilibrium Carriers in Semiconductors Coherent phonons are emitted by periodically injected minority-carriers when their drift velocity is equal to the acoustic velocity of the crystal. The amplitude of the resultant acoustic wave should be of the order of 10^{-6} cm under typical conditions and considerably larger in very pure samples.

E.I. VIOLIN and G.F. KHOLUYANOV, Leningrad, Recombination Radiation and Electrical Properties of Diffused p-n Junctions in Silicon Carbide Measurements are made of the spectral distribution of the recombination radiation from SiC p-n junctions, and its dependence on light intensity and temperature between 80 and 800 °K. The junctions are prepared by diffusion of Al into n-type SiC samples. The results are found to be different from data obtained with alloyed junctions, and this is thought to be due to differences in the Fermi level. Current-voltage characteristics in the forward direction and capacity vs voltage plots are also given.

I.I. FEDOTOV, Ryazan, ΔE-Effect in Barium Titanate The Young's modulus (E) of $BaTiO_3$ ceramics is measured as a function of temperature, electric field strength, and the time for which this field is applied, by an ultrasonic technique. The E vs temperature curves have a minimum near the Curie point. The field dependence of E is described by a "butterfly-shaped" hysteresis curve. The polarisation-induced change in E(ΔE-effect) depends upon the temperature, field strength, and time of polarisation. A correlation exists between the behaviour of ΔE and that of the polarisation (P). It is shown that $\Delta E/E = A + BP^2$.

YU.F. KOMNIK, Kharkov, A Possible Explanation of the Decrease of the Lattice Constant in Thin Layers The decrease of the lattice constant in thin layers which has been reported, e.g., in (1), is here related to the compression of very small crystallites due to surface tension. Experimental evidence for this interpretation is given by measurements on Ag, Al, Pb, and Bi condensates.

(1) T.B. RYMER, Proc. Roy. Soc. A 235, 274 (1956).

A.M. VASILEV, Moscow, Spin-Lattice Relaxation of F-Centres in Alkali Halide Crystals A treatment is given of the saturation and relaxation of the spins of F-centre electrons, assuming that the relaxation is determined by contact interaction with the surrounding nuclei (1). The experimental data (2) are discussed in detail. An experimental method is proposed which enables the contact relaxation to be separated from other relaxational mechanisms.

(1) M.F. DEIGEN and V.YA. ZEVIN, Zh. eksper. teor. Fiz. 39, 1126 (1960).

(2) W.D. OHLSEN and D.F. HOLCOMB, Phys. Rev. 126, 1953 (1962).

Short Notes published in "Fizika Tverdogo Tela"
Vol. 6, No. 2

V.V. GALAVANOV, Leningrad
On the Paper by I.M. TSIDILKOVSKII: "Scattering of Electrons and Holes in Alloyed InSb, InAs, and GaAs", Fiz. tverd. Tela 4, 2539 (1962)

I.M. TSIDILKOVSKII, Sverdlovsk
Scattering of Carriers in InSb-Type Compounds (Reply to the preceding Short Note)

E.E. CHAPUTOVICH, Moscow
Influence of Hydrostatic Pressure on the Band Gap in Tellurium

G.D. GUSEINOV and G.A. AKHUNDOV, Baku
Anisotropy of the Conductivity and Hall Coefficient in p-Type TlSe

V.A. KOVARSKII and E.P. SINYAVSKII, Kishinev
A Theory of Non-Radiative Transitions which does not involve the Condon Approximation

U.KH. KOPVILLEM, Kazan
Virtual Temperature

V.V. KHIZHNYAKOV, Tartu
Nuclear Polarisability, Dispersion, and Reflection Coefficient in the Vicinity of a Mössbauer Line

T.E. KHARLAMOVA and D.A. TAIROVA, Leningrad
Effects of Nuclear Radiation on Silicon Carbide p-n Junctions

ZH.I. ALFEROV, V.V. GALAVANOV, N.S. ZIMOGOROVA, and R.F. KAZARINOV
Recombination Radiation from a $p-n-n^+$ Structure in Indium Antimonide

L.M. BELYAEV and G.G. BENDRIKOVA, Moscow
Influence of Spontaneous Polarisation on the Quantum Yield of Photo-Stimulated Emission of Exo-Electrons from Triglycine Sulphate Crystals

S.S. SHALYT, P.V. PARFENEV, and V.M. MUZHDABA, Leningrad
Evidence of a New Type of Oscillation of the Transverse Magnetoresistance Coefficient

YU.A. FILIPPOV, Leningrad
Statistics of Secondary-Electron Emission from Glass

List of Short Notes

PRIERE d'adresser toute correspondance au

physica status solidi, Berlin C 2, Neue Schönhauser Str. 20

ou Buchhandlung Hermann Nold, 1 Berlin 45, Drakestr. 39.

Ce Journal est destiné à la publication des résultats de la recherche fondamentale dans le domaine entier de la Physique de l'Etat Solide.

Il paraîtra le Ier de chaque mois.

Il comportera:

1. Des exposés d'ensemble de mise au point sur les questions d'actualité de la Physique du Corps solide proposés par la Rédaction du Journal.
2. Des travaux originaux, n'ayant pas été ni ne devant pas être publiés ailleurs, contenant des résultats nouveaux, acceptés par la Rédaction du Journal (reçus au plus tard le 8 de chaque mois et paraissant dans le fascicule 50 jours après).
3. Des courtes communications de résultats de recherche, paraissant dans la partie du journal imprimée par procédé d'off-set sous la responsabilité personelle de l'auteur (reçues au plus tard le 12 de chaque mois et paraissant dans le fascicule 16 jours après).
4. Prétirage des titres et résumés des travaux devant paraître dans ce Journal ainsi que de ceux du journal soviétique „Физика Твердого Тела" (Fizika tverdogo Tela) (le derniers, traduits en anglais).

Recommandations aux auteurs

Les manuscrits seront acceptés et publiés en français, allemand, anglais et russe.
Les auteurs sont priés:

1. de présenter les manuscrits, si possible deux exemplaires par publication (excepté pour les courtes communications), écrits à la machine en recto seulement, avec double espacement. Les manuscrits des travaux originaux ne doivent pas dépasser, si possible, 20 pages et ceux des courtes communications 3 pages.
2. d'indiquer le nom et les initiales des prénoms des auteurs, ainsi que le lieu d'origine du travail.
3. de joindre un court résumé du travail d'au maximum 10 lignes, si possible aussi dans une deuxième des langues mentionnées plus haut.
4. de dessiner les croquis et figures sur des feuilles séparées et d'envoyer les photographies (seulement pour les exposés d'ensemble et les travaux originaux) sur papier blanc.
5. de présenter sur une feuille séparée les notes explicatives qui seront à joindre aux figures. Dans le cas de souhaits particuliers relatifs à la grandeur des figures, de le noter expressément sur chacune d'elles.
6. de joindre sur une feuille séparée les références bibliographiques dans l'ordre cité, rédigées dans l'ordre usuel (v. ce fascicule).
7. d'observer les recommandations de l'organisation „I. U. P. A. P." en ce qui concerne l'emploi des unités, des symboles etc.

Deux corrections d'épreuves seront adressées aux auteurs des exposés d'ensemble et des travaux originaux.
Les corrections de la partie imprimée par procédé d'off-set seront effectuées par la rédaction.

Il sera délivré gratuitement 25 tirés à part pour les exposés d'ensemble et 75 tirés à part pour les traveaux originaux ainsi que pour les courtes communications. En outre, nous rétribuons les auteurs des exposés d'ensemble.

La Rédaction se réverse tous les droits de reproduction, de diffusion et de traduction, dans les délais légaux.

Указания авторам появляются на русском языке в следующем номере.

Einsendungen und Zuschriften

bitten wir zu richten an:

physica status solidi, Berlin C 2, Neue Schönhauser Str. 20
oder Buchhandlung Hermann Nold, 1 Berlin 45, Drakestr. 39.

Die Zeitschrift dient der Publikation von Erkenntnissen der Grundlagenforschung des gesamten Gebietes der Festkörperphysik.

Sie erscheint am 1. eines jeden Monats.

Es werden aufgenommen:

1. Zusammenfassende Berichte über aktuelle Teilgebiete der Festkörperphysik nach Vereinbarung mit der Schriftleitung.
2. Originalarbeiten, die an anderer Stelle noch nicht veröffentlicht bzw. zur Veröffentlichung eingereicht sind, soweit sie neue Erkenntnisse enthalten, nach Rezension. Annahmeschluß am 8. jedes Monats (50 Tage vor Auslieferung des Heftes).
3. Kurze Mitteilungen von Forschungsergebnissen, die im Offsetteil der Zeitschrift in ausschließlicher Verantwortung des Autors erscheinen. Annahmeschluß am 12. jedes Monats (16 Tage vor Auslieferung des Heftes).
4. Vorabveröffentlichung der Titel und Abstracts von Arbeiten, die in dieser oder in der sowjetischen Zeitschrift „Физика Твердого Тела“ (Fizika Tverdogo Tela) erscheinen (letztere in englischer Übersetzung).

Redaktionelle Hinweise

Manuskripte werden in englischer, deutscher, französischer oder russischer Sprache angenommen.

Die Autoren werden gebeten:

1. Manuskripte einseitig in Maschinenschrift mit mindestens zweizeiligem Abstand und (abgesehen von kurzen Mitteilungen) möglichst in 2 Exemplaren einzureichen. Der Manuskriptumfang sollte bei Originalarbeiten 20 Seiten, bei kurzen Mitteilungen 3 Seiten nicht überschreiten.
2. Namen und Vornameninitialen des Verfassers sowie den Ursprungsort der Arbeit anzugeben.
3. Eine kurze Zusammenfassung der Arbeit von höchstens 10 Zeilen, wenn möglich auch in einer zweiten der obengenannten Sprachen, beizufügen.
4. Zeichnungen auf besonderen Blättern und Photographien (möglichst nur für zusammenfassende Berichte und Originalarbeiten) auf weißem Papier beizufügen.
5. Abbildungsunterschriften auf einem gesonderten Blatt beizufügen und, falls bezüglich der Abbildungsgrößen besondere Wünsche bestehen, diese ausdrücklich auf den Abbildungen zu vermerken.
6. Literaturangaben in der Reihenfolge der Zitate in üblicher Weise (siehe Heft) ebenfalls auf einem gesonderten Blatt beizufügen.
7. Bei der Benutzung von Einheiten, Symbolen und dergleichen die von der IUPAP herausgegebenen Empfehlungen zu beachten.

Die Autoren erhalten von zusammenfassenden Berichten und Originalarbeiten zwei Fahnenabzüge übersandt.

Die Korrekturen des Offsetteiles werden in der Redaktion gelesen.

Von zusammenfassenden Berichten werden 25 Sonderdrucke, von Originalarbeiten und kurzen Mitteilungen 75 Sonderdrucke je Arbeit kostenlos geliefert. Zusammenfassende Berichte werden honoriert.

In the next issue, the above information will be published in English.

MIX
Papier | Fördert gute Waldnutzung
FSC® C083411

Zeitfracht Medien GmbH
Ferdinand-Jühlke-Straße 7
99095 Erfurt, Deutschland
produktsicherheit@kolibri360.de